"双一流"建设精品出版工程
"十三五"国家重点出版物出版规划项目
航天先进技术研究与应用/电子与信息工程系列

通 信 电 子 线 路

（第2版）

**RADIO FREQUENCY
ELECTRONICS CIRCUITS**

赵雅琴　侯成宇　陈　浩　主编

U0223424

哈尔滨工业大学出版社
HARBIN INSTITUTE OF TECHNOLOGY PRESS

内容简介

本书系统地对无线电通信系统组成模块的基本原理、性能特点、电路结构、电路工作原理、电路分析和设计方法等做了深入的讨论。全书共 11 章。第 1 章是通信电子线路概述,介绍通信电子线路的发展历程、无线发射机和接收机的系统模型及信道传播方式;第 2 章是高频电路基础知识;第 3 章和第 4 章是高频小信号线性放大和功率放大;第 5 章是正弦波发生电路;第 6 章和第 7 章是频谱的线性变换;第 8 章和第 9 章是角度调制电路及角度信号的解调;第 10 章是反馈控制电路;第 11 章是软件无线电。

本书定位于电子信息类通信工程、电子信息工程、信息对抗技术、遥感科学与技术、电磁场与无线技术、电子信息科学与技术、仪器科学与技术等专业本科生"通信电子线路"或"高频电子线路"课程的教材,也可作为电子信息工程、通信工程等相关领域技术人员的参考书。

图书在版编目(CIP)数据

通信电子线路/赵雅琴,侯成宇,陈浩主编. —2 版. —哈尔滨:哈尔滨工业大学出版社,2020.6(2022.6 重印)

ISBN 978 - 7 - 5603 - 8826 - 7

Ⅰ.①通…　Ⅱ.①赵…　②侯…　③陈…　Ⅲ.①通信系统－电子电路　Ⅳ.①TN91

中国版本图书馆 CIP 数据核字(2020)第 089629 号

电子与通信工程
图书工作室

策划编辑	许雅莹　杨　桦
责任编辑	李长波
封面设计	屈　佳
出版发行	哈尔滨工业大学出版社
社　　址	哈尔滨市南岗区复华四道街 10 号　邮编 150006
传　　真	0451 - 86414749
网　　址	http://hitpress.hit.edu.cn
印　　刷	哈尔滨市石桥印务有限公司
开　　本	787mm×1092mm　1/16　印张 21　字数 524 千字
版　　次	2013 年 11 月第 1 版　2020 年 6 月第 2 版
	2022 年 6 月第 2 次印刷
书　　号	ISBN 978 - 7 - 5603 - 8826 - 7
定　　价	44.00 元

"十三五"国家重点图书
电子与信息工程系列

编 审 委 员 会

序

FOREWORD

教材建设一直是高校教学建设和教学改革的主要内容之一。针对目前高校电子与信息工程教材存在的基础课教材偏重数学理论,而数学模型和物理模型脱节,专业课教材对最新知识点和研究成果跟踪较少等问题,及创新型人才的培养目标和各学科、专业课程建设全面需求,哈尔滨工业大学出版社与哈尔滨工业大学电子与信息工程学院的各位老师策划出版了电子与信息工程系列精品教材。

该系列教材是以"寓军于民,军民并举"为需求前提,以信息与通信工程学科发展为背景,以电子线路和信号处理知识为平台,以培养基础理论扎实、实践动手能力强的创新型人才为主线,将基础理论、电信技术实际发展趋势、相关科研开发的实际经验密切结合,注重理论联系实际,将学科前沿技术渗透其中,反映电子信息领域最新知识点和研究成果,因材施教,重点加强学生的理论基础水平及分析问题、解决问题的能力。

本系列教材具有以下特色:

(1)**强调平台化完整的知识体系**。该系列教材涵盖电子与信息工程专业技术理论基础课程,对现有课程及教学体系不断优化,形成以电子线路、信号处理、电波传播为平台课程,与专业应用课程的四个知识脉络有机结合,构成了一个通识教育和专业教育的完整教学课程体系。

(2)**物理模型和数学模型有机结合**。该系列教材侧重在经典理论与技术的基础上,将实际工程实践中的物理系统模型和算法理论模型紧密结合,加强物理概念和物理模型的建立、分析、应用,在此基础上总结牵引出相应的数学模型,以加强学生对算法理论的理解,提高实际应用能力。

(3)**宽口径培养需求与专业特色兼备**。结合多年来有关科研项目的科研经验及丰硕成果,以及紧缺专业教学中的丰富经验,在专业课教材编写过程中,在兼顾电子与信息工程毕业生宽口径培养需求的基础上,突出军民兼用特色;在满足一般重点院校相关专业理论技术需求的基础上,也满足军民并举特色的要求。

电子与信息工程系列教材是哈尔滨工业大学多年来从事教学科研工作的各位教授、专家们集体智慧的结晶,也是他们长期教学经验、工作成果的总结与展示。同时该系列教材的出版也得到了兄弟院校的支持,提出了许多建设性的意见。

我相信:这套教材的出版,对于推动电子与信息工程领域的教学改革、提高人才培养质量必将起到重要推动作用。

中 国 工 程 院 院 士　张乃通

哈尔滨工业大学教授

2010 年 11 月于哈工大

第 2 版前言

PREFACE

本书定位于电子信息类通信工程、电子信息工程、信息对抗技术、遥感科学与技术、电磁场与无线技术、电子信息科学与技术、仪器科学与技术等专业本科生"通信电子线路"或"高频电子线路"课程的教材,也可作为电子信息工程、通信工程等相关领域技术人员的参考书。

本书系统地对无线电通信系统组成模块的基本原理、性能特点、电路结构、电路工作原理、电路分析方法、电路设计方法、系统总体性能分析等做了深入的讨论,每章附有习题,供读者学习和检查。

本书共 11 章。第 1 章是通信电子线路概述。介绍通信电子线路的发展历程、无线发射机和接收机的系统模型及信道传播方式。

第 2 章是高频电路基础知识。主要介绍电子线路有源和无源器件的高频传输特性、谐振回路的特性及分析方法。

第 3 章和第 4 章是高频小信号线性放大和功率放大。主要介绍高频小信号放大电路的基本结构、性能特点、电路的分析和设计方法等;高频功率放大电路的基本结构、工作原理、性能特点、电路分析和设计的方法及功率合成的概念。

第 5 章是正弦波发生电路。介绍了反馈型 LC 振荡电路及其改进形式、晶体振荡器、压控振荡器等电路结构、工作原理、起振条件和稳频措施等。

第 6 章和第 7 章是频谱的线性变换。主要介绍调幅、检波、变频的基本原理、数学模型、性能特点、电路结构、电路分析和设计方法等。

第 8 章和第 9 章是角度调制电路及角度信号的解调。主要介绍调角信号的基本原理、数学模型、时频域分析方法、电路结构及工作原理、分析和设计方法等。

第 10 章是反馈控制电路。阐述了自动增益控制电路、自动频率控制电路、自动相位控制电路的工作原理、电路结构、具体应用等。

第 11 章是软件无线电。介绍了软件无线电概念的由来、基本结构等。

本书第 1～3 章、第 6～7 章、第 11 章由赵雅琴编写,第 4～5 章由陈浩编写,第 8～10 章由侯成宇编写,全书由赵雅琴统稿。何胜阳、吴龙文参加了本书的编写工作。

由于编者水平有限,书中难免存在疏漏与不足之处,望广大读者批评指正。

编　者
2020 年 4 月

目 录

CONTENTS

第 1 章

通信电子线路概述

通信电子线路也称高频电子线路(Radio Frequency Electronics Circuits,RFC),是在两地或者多地之间进行信息的发射、接收和处理的电子线路结构。所有形式的原始信息在远距离的传播之前必须经过通信电子线路转换成电磁能量;从各种传输媒介中接收到的电磁能量也必须经过通信电子线路才能转换成原来的信息形式。

携带信息的物理过程被称为信号,在数学上表示成一个或者几个独立变量的函数。信号处理理论与技术就是对携带物理信息的模拟及数字信号运用数学方法进行分析处理的方法。该信号的采集、传输、分析、处理最终要靠电子系统来完成,就是采用基本的电子线路元器件、集成电路模块等来实现。电子信息类专业知识要解决的根本问题是信息的采集、传输和处理,其知识体系主要由信号处理知识平台、电子线路知识平台、电波传播知识平台构成。

通信电子线路课程的主要目标是帮助学生建立通信系统的概念,明确通信系统的基本构成、通信信号传输的基本理论,并进一步掌握采用电子线路来设计实现通信链路的各部分模块,继而设计完整通信系统的方法。该课程是电子信息类专业的技术基础课,在信号处理理论、电子线路技术、电波传播理论之间起到了系统核心纽带的作用。

1.1　通信电子线路的发展

1837 年,Samuel Morse(莫斯)发明了第一台电子通信系统。Morse 首先将待传输的信息用 26 个英文字母和 10 个阿拉伯数字来表示,并将全部英文字母和阿拉伯数字全部用点、横线和空三种符号以不同组合形式来表示,即电信科学史上最早的编码,称"Morse 电码"。Morse 搭建了第一台基于电磁感应现象的电报机,发送端由电键和一组电池构成,传递装置为一定金属传输线,收报机装置较复杂,是由一只电磁铁及有关附件组成的。发送端按下电键,便有电流通过。按的时间短促表示点信号,按的时间长些表示横线信号。当传输线有电流通过时,接收端电磁铁便产生磁性,由电磁铁控制的笔就在纸带上记录下点或横线,实现了发送端和接收端之间点、横线和空三种符号的信息传输。

尽管该电报系统结构简单,但是包含了本书研究的现代通信电子系统包含的所有基本要素。发送端的电键和电池负责将待传输信息转换成电信号发送至金属传输线上,接收端将金属传输线上接收到的电信号转换成接收信息的符号,金属传输线即为传输信道。其基本原理框图如图 1.1 所示。

图 1.1 所示的一个完整的通信系统包括发送设备、传输媒介、接收设备三部分。发送设备的主要任务是将信源发出的原始信息转换成适合传输的信号,并发送给传输媒介。传输

媒介在发送设备和接收设备之间进行信号的传输,可以是电缆、光缆及自由空间。接收设备的功能是将从传输媒介接收到的信号转换成原始的信息。

图 1.1 电子通信系统基本原理框图

回顾无线电通信的发展历程,其中有历史性推动意义的理论或技术突破有以下几方面。1876 年,Alexander Graham Bell(贝尔)和 Thomas Alva Edison(爱迪生)发明了电话,用一根粗金属线成功实现了远距离的语音传输,开启了用电信号实现语音传输的历史。1865 年,James Clerk Maxwell(麦克斯韦)建立了无线电信号传输的理论框架,并在 1887 年得到了 Heinrich Rudolph Hertz(赫兹)的实验验证。1894 年,Guglielmo Marconi 依据 Maxwell 无线电传播理论成功通过地球大气传输了一组无线电信号,使得有线电缆不能及之处的通信成为可能。到 19 世纪末,实用化的无线电报系统投入了使用,主要实现海基与岸基设备之间、海基与海基设备之间的通信。1901 年,Guglielmo Marconi 用无线电波实现了首次越洋通信。1904 年,Sir John Ambrose Fleming 发明了二极管。1908 年,Lee DeForest 发明了三极管,实现了电信号的放大,提高了信号的传输距离。商用的无线电台始于 1920 年,开始传播幅度调制信号,此时的发射机和接收机都采用真空管技术,至 20 年代后期无线电广播已比较常见。1933 年,Major Edwin Howard Armstrong 发明了频率调制;1936 年,频率调制商用广播信号开始传播。二战之前,欧美国家已经开始研制电视机,并在战后逐渐推广开来。

尽管无线电通信系统的基本概念和基本原理自出现以来变化很小,但其实现方法和电路结构却经历了巨大变化。初始阶段的无线电通信系统是由分立元器件构成,体积大、功耗高、稳定性差;后来集成电路的出现已经大大简化了通信电子线路的设计,能够减小系统体积、提高系统性能和可靠性,降低造价;近年来出现了系统级的集成芯片,使得电路结构大大简化,体积降低,性能和可靠性有了大幅度的提升。

随着技术的进步,通信电子线路分析和设计方法也有了不断的提高。在设计的过程中,通常采用电路设计、仿真实验、实际电路测试实验相结合的方法来完成。通过 ADS、Multisim 等各种仿真工具对所分析或者设计的电路进行仿真分析和验证,仿真验证通过后再进行实验测试,大大缩短了电路设计的工期,提高了设计的效率,降低了成本。

1.2 通信电子线路的研究对象

为了更好地掌握通信电子线路的知识,本节重点以无线电广播传输原理为例介绍无线电通信系统传输过程中发射系统和接收系统的基本原理,及各部分模块的外围信号特性,明确通信电子线路的研究对象,为后面知识的学习建立宏观概念。无线电广播系统结构虽然简单,但它是目前移动通信、雷达信息传输系统等复杂无线通信系统的原型,具有代表性。

1.2.1 无线电信息发射系统组成和基本原理

为了实现信息在自由空间的远距离传输,需将要传输的信息(声音、文字、图像等)转换成无线电信号送到接收端。如何使信息传输的距离更远、更多用户同时传输是信息传输系统要考虑的两个基本问题。

声音转换成了与其同频率的交变电磁振荡信号后,可以利用天线将其向空中辐射出去。但是无线电波通过天线辐射时,天线的长度必须和电磁波的波长相近,才能有效地把电磁波辐射出去。对于声音信号而言,转换成电信号后频率范围为 20 Hz～20 kHz,波长范围为 $15 \times 10^6 \sim 15 \times 10^3$ m,如此大尺寸的天线,制造及使用都是问题。即使该尺寸的天线能够制造出来,但是各个电台所发射的信号都在 20 Hz～20 kHz 的频率范围内,接收者也无法通过频率选择出所需要的接收信号。

解决的方法是将待传送的音频信号加载到高频信号上去,将携带音频信号的高频振荡信号发射出去。这样天线尺寸可以大幅度减小,不同的电台也可以采用不同的高频振荡频率,接收端可以分辨出不同的接收信号。将待传送的信息加载到高频振荡信号上去的过程称为调制,实现调制功能的电路称为调制器,该电路称为无线电发射系统的核心功能模块。音频信息加载到高频振荡信号的幅度上去称为调幅,加载到频率上去称为调频,加载到相位上去称为调相。

无线电调幅广播发射机原理框图如图 1.2 所示。

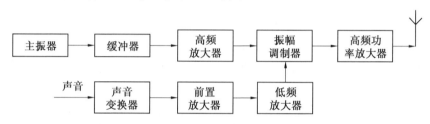

图 1.2   无线电调幅广播发射机原理框图

低频部分由声音变换器进行声电转换,通过放大器进行音频信号放大,送入调制器。高频部分由主振器产生高频振荡信号,然后进行放大,送入振幅调制器中和放大后的音频信号进行幅度调制,然后进行高频功率放大,将信号发射出去。

声音信号转化成的电信号作为待传送的信号,被称为基带信号或者调制信号,其表达式为

$$u_\Omega(t) = U_{\Omega m} \cos \Omega t \tag{1.1}$$

式中 $u_\Omega(t)$——送给调制器的调制信号的瞬时值;

　　　　$U_{\Omega m}$——振幅;

　　　　Ω——角频率。

主振器产生的高频振荡信号作为承载着基带信号的载体,被称为载波信号,其表达式为

$$u_c(t) = U_{cm} \cos(\omega_c t + \varphi) \tag{1.2}$$

基带信号和载波信号送到调制器中进行振幅调制,调制器输出的调幅波为

$$u_{AM}(t) = U_{cm}(1 + m_a \cos \Omega t) \cos(\omega_c t + \varphi) \tag{1.3}$$

式中 m_a——调幅指数。

该信号经过高频功率放大,经天线以电磁波形式辐射出去。

1.2.2   无线电信息接收系统组成和基本原理

无线电接收过程与发送过程正好相反,基本任务是通过天线将传输过来的电磁波接收

过来,并从中提取出所需要的信息。由于同一时间,接收天线接收的不仅有所需的无线电信号,还有其他不同载频的无线电信号和干扰信号,为了选择出所需要的无线电信号,需要使接收到的无线电信号通过一个选频电路,将所需要的无线电信号提取出来,把其他信号和干扰滤除掉。另外,由于从天线接收到的信号非常微弱,只有几十微伏(μV)至几毫伏(mV),需要将滤波后的高频小信号通过一级高频小信号放大器进行放大,使高频信号电压达到1 V左右。在接收端,从高频小信号放大器的输出信号将所传输的音频基带信息提取出来的过程称为解调,实现解调的电路称为解调器。幅度调制信号的解调器称为检波器,频率调制信号的解调器称为鉴频器,相位调制信号的解调器称为鉴相器。因此高频小信号放大电路的输出信号输入至检波器中,完成音频基带信号的解调提取过程。音频信号进行音频放大和功率放大,推动扬声器将音频信号转化为声音。图1.3所示的接收机结构称为直接放大式接收机。

图 1.3　无线电调幅直接放大式接收机原理框图

该接收机的特点是灵敏度高、输出功率大,适用于固定频率的接收,但在接收多个电台时,其调谐过程比较复杂,对高频小信号放大器的放大倍数和带宽的要求都非常高。

为了克服直接放大式接收机的缺点,目前都采用图1.4所示的超外差式接收机结构。该接收机的主要特点是:先把接收到的已调波信号的载波频率变换为频率较低或较高且固定不变的中间频率(简称中频),幅度变化规律保持不变;然后利用中频放大器加以放大送至检波器进行检波,解调出基带信号;随后进行低频电压放大和功率放大,通过扬声器还原出声音。

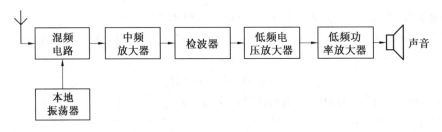

图 1.4　无线电调幅超外差式接收机原理框图

图1.4所示的超外差式接收机中频放大器的中心频率是固定不变的,而接收机的整机增益由中频放大器承担,所以在接收频率范围内增益变化小,可以实现较高的放大倍数,而且选择性也容易满足,对于本地振荡器的设计要求与输入信号同步,实现难度不大。接收机整机可以达到高灵敏度和高选择性兼顾,性能较好。

1.2.3　通信电子线路的学习对象

目前无论传输的信息为声音信号还是其他形式的信号,例如第三代、第四代、第五代移动通信系统,其无线电发射和接收系统的结构与原理都与无线电广播发送与接收的基本原理和工作过程相似。构成无线电发射和接收系统的重要组成部分中,高频小信号放大器、高频功率放大器、正弦波振荡器、幅度调制、幅度解调、混频器、频率调制、频率解调、相位调制、相位解调等模块的工作原理、性能特点、电路结构、分析和设计方法都是本课程重点讲授的内容,将在第 3 章至第 9 章中进行详细介绍。为了提高通信电子系统的性能,人们通常采用反馈控制电路,这部分内容将在第 10 章介绍。

随着技术的进步,在 1992 年美国科学家 Mitola Joe 提出了软件无线电的概念,软件无线电的基本思想是在通用的硬件平台上通过加载不同的软件来实现多频段、多模式的通信体制。软件无线电技术要求在实现的过程中模数和数模转换模块要尽可能靠近射频的前端,在后面通用的数字信号处理平台上运行不同的软件来实现不同的通信制式,其发射机和接收机的系统结构有了根本性的变化。因此,软件无线电技术被认为是继模拟通信至数字通信、固定通信至移动通信的第三次通信技术革命,本书的第 11 章将介绍软件无线电的基本概念。

1.3　无线信道及传播方式

信号从发送至接收中间要经过传输媒介。根据传输媒介的不同,通信可以分为有线通信和无线通信两大类。有线通信的传输媒介有电缆、光缆等,无线通信的传输媒介是自由空间。电磁波从发射天线辐射出去后,经过自由空间达到接收天线的传播途径有两大类:地波和天波。

地波指电磁波沿着地面弯曲表面进行传播,或者由于发射天线和接收天线距离地面较高,接收点的电磁波由直射波和地面反射波两部分合成获得。由于地球表面是有电阻的导体,当电磁波沿着其表面传播时,将有能量的损耗,且这种损耗随着电波波长的增大而减小。所以,只有长波或者超长波的信号才适合地面波的传播方式。且由于地面的导电特性短时间内不会有很大的变化,因此电波沿地面传播比较稳定。

天波传播是利用电离层的折射和反射来实现的。在距离地面 50 km 以上,空气十分稀薄,太阳辐射与宇宙射线辐射等作用十分强烈,因而空气产生了电离,产生了自由电子和离子,它们的电离密度是成层分布的,因而称为电离层。电离层从里向外可以分为 D、E、F_1、F_2 层。电磁波到达电离层后,一部分能量被电离层吸收,一部分能量被反射和折射返回地面形成天波。电磁波频率越高,电子和离子的振荡幅度越小,电离层吸收的能量越少,电波穿透的能力越强,因此电离层通信宜采用较高的频率来完成。但是,频率太高的电波会穿透电离层而达到外层空间,因此电离层通信可供采用的频率不能过高,一般只限于短波通信。

当频率继续升高时,进入超短波段后,地面波衰减极大,天波又会穿透电离层不能返回地面,所以只能采用直线(视距)传播方式。视距传播是电波从发射天线发出,沿直线传播到接收天线,如广播电视信号即属此类。由于地球表面是曲面,因此发射天线和接收天线的高度会影响这种直线传播的距离。增高天线可以提高传输距离,目前利用卫星作为地面信号的转发器可以使传播距离大大提高,这就是卫星通信。

近年来,利用对流层(或者电离层)对电波的散射作用,使得超短波(甚至微波)也能够传播到大大超过视距的范围,这就是对流层(或电离层)的散射通信。随着通信所使用的频段的提高,电波传播的情况更为复杂,大气层中的氧气和水蒸气对信号的吸收也成为需要考虑的严重问题。表 1.1 给出了无线电波频段的划分、主要特性和用途、所使用的传输媒介等。

具体的电磁波的传播理论会在其他课程中详细讨论。

表 1.1　无线电波的频段划分及用途

频带	波长	名称	传播方式	典型应用	传输媒介
$3\sim30$ kHz	$10^2\sim10$ km（超长波）	甚低频（VLF）	地波	远距离导航；声呐；电报；电话	双线
$30\sim300$ kHz	$10\sim1$ km（长波）	低频（LF）	地波	导航系统；航标信号；电报通信	双线
$0.3\sim3$ MHz	$10^3\sim10^2$ m（中波）	中频（MF）	地波或天波	调幅广播；舰船无线通信；测向；遇险和呼救	电离层反射，同轴电缆
$3\sim30$ MHz	$10^2\sim10$ m（短波）	高频（HF）	天波或地波	调幅广播；短波通信；飞机与船通信；岸与船通信	电离层反射，同轴电缆
$30\sim300$ MHz	$10\sim1$ m（超短波）	甚高频（VHF）	直线传播	电视广播；调频广播；航空通信；导航设备	电离层与对流层散射，同轴电缆
$0.3\sim3$ GHz	$10^2\sim10$ cm（分米波）	特高频（UHF）	直线传播	电视广播；雷达；遥测遥控；导航；卫星通信；移动通信	视线中继传输，对流层散射
$3\sim30$ GHz	$10\sim1$ cm（厘米波）	超高频（SHF）	直线传播	卫星通信；空间通信；微波接力；机载雷达；气象雷达	视线中继传输，视线穿透，电离层传输
$30\sim300$ GHz	$10\sim1$ mm（毫米波）	极高频	直线传播	雷达着陆系统；射电天文	视线传输
$5\times10^{11}\sim5\times10^{16}$ Hz	$6\times10^{-2}\sim6\times10^{-7}$ cm	红外线可见光紫外线	直线传播水蒸气和氧气有吸收	光通信	光纤，视线传输

习　　题

1.1　画出无线通信收发信机的原理框图,并说出各部分的功用。

1.2　无线通信为什么要用高频信号?"高频"信号指的是什么?

1.3　无线通信为什么要进行调制? 如何进行调制?

1.4　无线电信号的频段或波段是如何划分的? 各个频段的传播特性和应用情况如何?

1.5　计算机通信中的"调制和解调"与无线通信中的"调制和解调"有什么异同点?

1.6　理解电路功能模块中功能的含义,说明掌握电路功能模块的功能在设计电子线路系统中的作用。

第 2 章

高频电路基础知识

本课程主要介绍完整的通信系统的发射机和接收机的工作原理及电路结构,掌握分析电路和设计电路的方法。本章重点介绍构成通信系统发射机和接收机的基本元器件的高频特征,包括无源器件、有源器件、无源网络三大类,另外简单介绍高频耦合的概念。这部分知识为整个模拟电子线路在射频段所有集成电路、功能电路模块的基础。

2.1 概　　述

各种高频电路基本上是由有源器件、无源元件和无源网络组成的。高频电路中使用的元器件与在低频电路中使用的元器件基本相同,但是在高频段使用的是这些元器件的高频传输特性,与微波传输特性、低频传输特性、直流传输特性有本质的区别。高频电路中的元件主要是电阻(器)、电容(器)和电感(器),它们都属于无源的线性元件。高频电缆、高频接插件和高频开关等由于比较简单,这里不讨论。高频电路中完成信号的放大、非线性变换等功能的有源器件主要是二极管、晶体管和集成电路。

2.1.1 高频电路中的无源器件

1. 电阻器的高频特性

一个实际的电阻器,在低频时主要表现为电阻特性,但在高频使用时不仅表现有电阻特性的一面,而且还表现有电抗特性的一面。电阻器的电抗特性反映就是高频特性。一个电阻 R 的高频等效电路如图 2.1 所示。

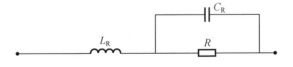

图 2.1　电阻的高频等效电路

图 2.1 中 C_R 为分布电容,L_R 为引线电感,R 为电阻。分布电容和分布电感越小,表明电阻的高频特性越好。电阻器的高频特性与制造电阻的材料、电阻的封装形式和尺寸大小有密切的关系。一般来说,金属膜电阻比碳膜电阻的高频特性要好,而碳膜电阻比绕线电阻的高频特性要好;表面封装(SMD)电阻比绕线电阻的高频特性要好;小尺寸的电阻比大尺寸的电阻的高频特性要好。频率越高,电阻器的高频特性表现越明显。在实际应用时,要尽量减小电阻器的高频特性的影响,使之表现为纯电阻。

2. 电感线圈的高频特性

电感线圈除在高频频段表现出电感 L 的特性外,还具有一定的损耗电阻 r 和分布电容。在分析一般长、中、短波频段电路时,通常忽略分布电容的影响。因而,电感线圈的等效电路可以表示为电感 L 和电阻 r 串联,如图 2.2 所示。

图 2.2　电感的高频等效电路

电阻 r 随频率的增高而增加,这主要是集肤效应的影响。所谓集肤效应是指随着工作频率的增高,流过导线的交流电流向导线表面集中的现象,当频率很高时,导线中心部分几乎没有电流流过,这相当于把导线的横截面积减小为导线的圆环面积,导电的有效面积较直流时大为减小,电阻 r 增大。工作频率越高,圆环的面积越小,导线电阻就越大。

在无线电技术中通常不是直接用等效电阻 r,而是引入线圈的品质因数这一参数来表示线圈的损耗性能。品质因数定义为无功功率与有功功率之比,即

$$Q = \frac{无功功率}{有功功率} \tag{2.1}$$

设流过电感线圈的电流为 I,则电感 L 上的无功功率为 $I^2 \omega L$;而线圈的损耗功率,即电阻 r 的消耗功率为 $I^2 r$。故由式(2.1)得到电感的品质因数为

$$Q = \frac{I^2 \omega L}{I^2 r} = \frac{\omega L}{r} \tag{2.2}$$

Q 值是一个比值,它是感抗 ωL 与损耗 r 之比。Q 值越高损耗越小,一般情况下,线圈的 Q 值通常在几十到一二百。

在电路分析中,为了计算方便,有时需要把图 2.3(a) 所示的电感与电阻串联形式的线圈等效电路转换为电感与电阻的并联形式。如图 2.3(b) 所示,图中的 L_p、R 表示并联形式的参数。

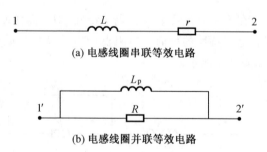

(a) 电感线圈串联等效电路

(b) 电感线圈并联等效电路

图 2.3　电感的串并联等效电路

根据等效电路的原理,在图 2.3(a) 中的 1—2 两端的导纳应等于图 2.3(b) 中 1′—2′ 两端的导纳,即

$$\frac{1}{r + j\omega L} = \frac{1}{R} + \frac{1}{j\omega L_p} \tag{2.3}$$

由式(2.2)、式(2.3)可以得到

$$R = r(1 + Q^2) \tag{2.4}$$

$$L_p = L(1 + 1/Q^2) \tag{2.5}$$

一般 $Q \gg 1$，则

$$R \approx Q^2 r = \frac{\omega^2 L^2}{r} \tag{2.6}$$

$$L_p \approx L \tag{2.7}$$

上述结果表明，一个高 Q 电感线圈，其等效电路可以表示为串联形式，也可以表示为并联形式。在两种形式中，电感值近似不变，串联电阻和并联电阻的乘积等于感抗的平方。由式(2.6)看出，r 越小，R 就越大，即损耗小，反之，则损耗大。一般地，r 为几欧的量级，变换成 R 则为几十到几百千欧。

Q 也可以用并联形式的参数表示。由式(2.6)有

$$R = \frac{\omega^2 L^2}{r} \tag{2.8}$$

将式(2.8)代入式(2.2)有

$$Q = \frac{R}{\omega L} \approx \frac{R}{\omega L_p} \tag{2.9}$$

式(2.9)表明，若以并联形式表示 Q 时，则为并联电阻与感抗之比。

3. 电容器的高频特征

一个实际的电容除表现电容特性外，也具有损耗电阻和分布电感。在分析一般米波以下频段的谐振回路时，常常只考虑电容和损耗。电容器的等效电路也有两种形式，如图 2.4 所示。

为了说明电容器损耗的大小，引入电容器的品质因数 Q，它等于容抗与串联电阻之比，即

$$Q = \frac{\dfrac{1}{\omega C}}{r} = \frac{1}{\omega C r} \tag{2.10}$$

若以并联等效电路表示，则为并联电阻和容抗之比，即

$$Q = \frac{R}{\dfrac{1}{\omega C_p}} = \omega C_p R \tag{2.11}$$

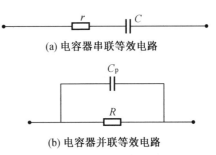

(a) 电容器串联等效电路

(b) 电容器并联等效电路

图 2.4　电容器的串、并联等效电路

电容器损耗电阻的大小主要由介质材料决定。Q 值可达几千到几万的数量级，与电感线圈相比，电容器的损耗常常忽略不计。同理，可以推导出图 2.4 串、并联电路的变换公式为

$$R = r(1 + Q^2) \tag{2.12}$$

$$C_p = C \frac{1}{1 + \dfrac{1}{Q^2}} \tag{2.13}$$

上面分析表明，一个实际的电容器，其等效电路可以表示为串联形式，也可以表示为并联形式。两种形式中电容值近似不变，串联与并联电阻的乘积等于容抗的平方。

2.1.2　高频电路中的有源器件

从原理上看，用于高频电路的各种有源器件，与用于低频或其他电子线路的器件没有根

本不同。它们是各种半导体二极管、晶体管以及半导体集成电路,这些器件的物理机制和工作原理,在电路、电子线路基础等相关课程中已详细讨论过。只是由于工作在高频范围,对器件的某些性能要求更高。随着半导体和集成电路技术的高速发展,能满足高频应用要求的器件越来越多,也出现了一些专门用途的高频半导体器件。

1. 二极管

半导体二极管在高频中主要用于检波、调制、解调及混频等非线性变换电路中,工作在低电平。因此主要用点触式二极管和表面势垒二极管(又称肖特基二极管)。两者都利用多数载流子导电机理,它们的极间电容小,工作频率高。常用的点触式二极管(如 2AP 系列)工作频率可达 $100 \sim 200$ MHz,而表面势垒二极管工作频率可高至微波范围。

另一种在高频中应用很广的二极管是变容二极管,其特点是电容随偏置电压变化。我们知道,半导体二极管具有 PN 结,而 PN 结具有电容效应,它包括扩散电容和势垒电容。当 PN 结正偏时,扩散效应起主要作用;当 PN 结反偏时,势垒电容将起主要作用。利用 PN 结反偏时势垒电容随外加反偏电压变化的机理,在制作时用专门的工艺和技术经特殊处理而制成具有较大电容变化范围的二极管就是变容二极管。变容二极管的记忆电容 C_j 与外加反偏电压 u 之间呈非线性关系。变容二极管在工作时处于反偏截止状态,基本上不消耗能量,噪声小。将它用于振荡回路中,可以做成调谐回路,也可以构成自动调谐电路等。变容管若用于振荡器中,可以通过改变电压来改变振荡信号的频率。这种振荡器称为压控振荡器(VCO),它是锁相环路的一个重要部件。调谐电路和压控振荡器也广泛用于电视接收机的高频头中。具有变容效应的某些微波二极管(微波变容器)还可以进行非线性电容混频、倍频。还有一种以 P 型、N 型和本征(I)型三种半导体构成的 PIN 二极管,它具有较强的正向电荷储存能力。它的高频等效电阻受正向直流电流的控制,是一种可调电阻。它在高频及微波电路中可以用于电可控开关、限幅器、电调衰减器或电调移相器。

2. 晶体管与场效应管

在高频中应用的晶体管仍然是双极型晶体管和多种场效应管,这些管子比用于低频的管子性能更好,在外形结构方面也有所不同。高频晶体管有两大类型:一类是做小信号放大的高频小功率管,对它们的主要要求是高增益和低噪声;另一类为高频功率放大管,除了增益外,要求其在高频有较大的输出功率。目前双极型小信号放大管,工作频率可达几吉赫兹(GHz),噪声系数为几分贝。小信号的场效应管也能工作在同样高的频率,且噪声更低。一种称为砷化镓的场效应管,其工作频率可达十几吉赫兹(GHz)以上。在高频大功率晶体管方面,在几百兆赫兹以下频率,双极型晶体管的输出功率可达十几瓦至上百瓦。而金属氧化物场效应管(MOSFET),甚至在几吉赫兹(GHz)的频率上还能输出几瓦功率。有关晶体管的高频等效电路、性能参数及分析方法将在以后章节中进行较为详细的描述。

3. 集成电路

用于高频的集成电路的类型和品种要比用于低频的集成电路少得多,主要分为通用型和专用型两种。目前通用型的宽带集成放大器,工作频率可达一二百兆赫兹,增益可达五六十分贝,甚至更高。用于高频的晶体管模拟乘法器,工作频率也可达一百兆赫兹以上。随着集成技术的发展,也生产出了一些高频的专用集成电路(ASIC),其中主要包括集成锁相环、集成调频信号解调器、单片集成接收机以及电视机中的专用集成电路等。

由于多种有源器件的基本原理在有关前修课程中已讨论过,而它的具体应用在本书各章节中将详细讨论,这里只对高频电路中有源器件的应用进行概括性的综述,下面将着重介绍和讨论用于高频中的无源网络。

2.2　串联谐振回路

2.2.1　基本原理

图 2.5(a) 是由电感 L、电容 C、电阻 R 和外加电压组成的串联振荡回路。此处 R 通常是指电感线圈的损耗;电容的损耗可以忽略。

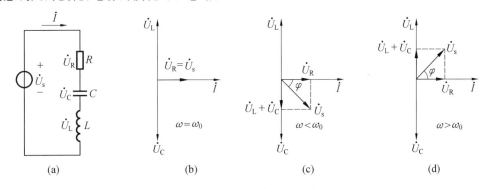

图 2.5　串联谐振回路及其矢量图

先研究上述电路的阻抗 Z,由图 2.5(a) 可知

$$Z = R + \mathrm{j}(\omega L - \frac{1}{\omega C}) = |Z|\,\mathrm{e}^{\mathrm{j}\varphi} \tag{2.14}$$

$$|Z| = \sqrt{R^2 + (\omega L - \frac{1}{\omega C})^2} \tag{2.15}$$

$$\varphi = \arctan \frac{\omega L - \dfrac{1}{\omega C}}{R} \tag{2.16}$$

回路的电抗　　　　　　　$$X = \omega L - \frac{1}{\omega C}$$

回路电流　　　　　　$$\dot{I} = \frac{\dot{U}_{\mathrm{s}}}{Z} = \frac{\dot{U}_{\mathrm{s}}}{R + \mathrm{j}(\omega L - \frac{1}{\omega C})} \tag{2.17}$$

X 随 ω 变换的曲线如图 2.6 所示。由图可见,当 $\omega < \omega_0$ 时,$X \neq 0$,$|Z| > R$;因为 $X < 0$,所以串联振荡回路阻抗是容性的,其辐角 φ 为负值。当 $\omega > \omega_0$ 时,$X \neq 0$,$|Z| > R$;因为 $X > 0$,所以串联振荡回路阻抗是感性的,其辐角 φ 为正值。在 $\omega = \omega_0$ 时,$X = 0$,$|Z| = R$,且 $\varphi = 0$,串联振荡回路阻抗为纯电阻 R,且为一最小值,这时称为串联谐振。在串联谐振时有

$$\omega_0 L - \frac{1}{\omega_0 C} = 0$$

因此得到串联谐振频率为

$$\omega_0 = \frac{1}{\sqrt{LC}}, \quad f_0 = \frac{\omega_0}{2\pi} = \frac{1}{2\pi\sqrt{LC}} \quad (2.18)$$

此时,$|Z|_{f=f_0} = R$ 达到最小值,回路电流则达到最大值,且与外加电压 $\dot{U}_s$ 同相,有

$$\dot{I}_0 = I_{max} = \frac{\dot{U}_s}{R} \quad (2.19)$$

如果 R 很小,则此时的电流将很大,这是串联谐振的特征。

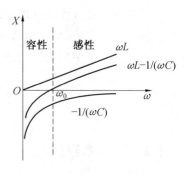

图 2.6 串联振荡回路电抗与频率的关系

在谐振时,L 与 C 上的电压 $\dot{U}_{L0}$ 与 $\dot{U}_{C0}$ 大小相等,相位正好相差 $180°$,外加电压 $\dot{U}_s$ 等于 R 上的电压降 $\dot{U}_R$。此时的矢量图如图 2.5(b) 所示。

当 $\omega < \omega_0$ 时,$\omega L < \frac{1}{\omega C}$,因此 $|\dot{U}_L| < |\dot{U}_C|$。此时的矢量图如图 2.5(c) 所示,$\dot{I}$ 超前于 $\dot{U}_s$,$\varphi < 0$。

当 $\omega > \omega_0$ 时,$\omega L > \frac{1}{\omega C}$,因此 $|\dot{U}_L| > |\dot{U}_C|$。此时的矢量图如图 2.5(d) 所示。$\dot{I}$ 滞后于 $\dot{U}_s$,$\varphi > 0$。

根据上面的讨论,可以得出当外加电压 $\dot{U}_s$ 为常数时,串联谐振回路的几个特性是:

(1) 在谐振时,$\dot{Z} = R$,$\varphi = 0$,电路电流达到最大值。

(2) 在谐振时,$\omega_0 L = \frac{1}{\omega_0 C}$,因而

$$\dot{U}_{L0} = \dot{I}_0 j\omega_0 L = \frac{\dot{U}_s}{R} j\omega_0 L = jQ\dot{U}_s \quad (2.20)$$

$$\dot{U}_{L0} = \dot{I}_0 \frac{1}{j\omega_0 C} = \frac{\dot{U}_s}{R} \frac{1}{j\omega_0 C} = -jQ\dot{U}_s \quad (2.21)$$

式中　Q—— 回路的品质因数,$Q = \frac{\omega_0 L}{R} = \frac{1}{\omega_0 CR}$。

以上二式表明,在谐振时,电感 L 或电容 C 两端的电位差等于外加电压 U_s 的 Q 倍。高频电子线路采用的 Q 值很大,往往为几十至几百,所以这时电感或电容两端的电位差要比 U_s 大几十到几百倍。例如,若 $U_s = 100$ V,$Q = 100$,则在谐振时,L 或 C 两端的电压高达 10 000 V。因此,在串联谐振回路中,必须考虑元件的耐压问题。这是串联谐振时所特有的现象。所以串联谐振又称为电压谐振。

(3) 在谐振点及其附近,电路电阻 R 是决定电流大小的主要因素;但当频率远离谐振点时,$|\omega_0 L - 1/(\omega_0 C)| \gg R$(限于 Q 较大的情形),所以这时电路电流的大小几乎和电阻 R 的大小没有关系。又已知回路 Q 值与 R 成反比,R 越大,Q 越小。这样,即可根据式(2.17)绘出在不同 R 值时的电流与频率的关系曲线,如图2.7所示。由图可知,Q 越高(即 R 越小),谐振时的电流越大,曲线越尖锐。在远离谐振频率处,电流的大小几乎相等,R 对它们的影响很小。

在实用电路中,电路的电阻 R 主要是线圈 L 的电阻,所以整个回路的 Q 值可以认为就是

线圈的 Q 值。由于 R 的值通常因为导线集肤效应等随频率升高,因而线圈的 Q 值在频率变化范围不大时,略保持不变。通常只是利用谐振频率附近的特性,频率变动范围不大,所以图 2.7 的曲线参数注明 Q 值,而不注 R 的值。

在实际应用中,通常外加信号 $\dot{U}_{\mathrm{s}}$ 的频率是固定不变的,这时要用改变回路电感 L 或电容 C 的方法,使回路达到谐振,这称为回路对外加电压的频率谐振。这时的回路称为调谐回路。

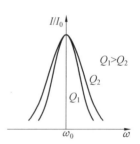

图 2.7　外加电压为常数时,Q(或 R)对 $I-\omega$ 曲线的影响

2.2.2　串联振荡回路的谐振曲线和通频带

图 2.7 所示的回路电流幅值与外加电压频率之间的关系曲线称为谐振曲线。

由式(2.17)与式(2.19)可得

$$\frac{\dot{I}}{\dot{I}_0}=\frac{R}{R+\mathrm{j}\left(\omega L-\dfrac{1}{\omega C}\right)}=\frac{1}{1+\mathrm{j}\dfrac{\omega_0 L}{R}\left(\dfrac{\omega}{\omega_0}-\dfrac{\omega_0}{\omega}\right)}=\frac{1}{1+\mathrm{j}Q\left(\dfrac{\omega}{\omega_0}-\dfrac{\omega_0}{\omega}\right)} \tag{2.22}$$

它的模为

$$\frac{I}{I_0}=\frac{1}{\sqrt{1+Q^2\left(\dfrac{\omega}{\omega_0}-\dfrac{\omega_0}{\omega}\right)^2}} \tag{2.23}$$

根据式(2.23)可画出相应的谐振曲线,如图 2.8 所示。Q 越高,谐振曲线越尖锐,对外加电压的选频作用越显著,回路的选择性能就越好。为了衡量谐振曲线的尖锐程度,先研究在谐振点附近的曲线。在实际应用中,外加电压的频率 ω 与回路谐振频率 ω_0 之差 $\Delta\omega=\omega-\omega_0$ 表示频率偏离的程度,$\Delta\omega$ 称为失谐(失调)。

图 2.8　串联振荡回路的谐振曲线

在式(2.23)中,当 ω 与 ω_0 很接近时,有

$$\frac{\omega}{\omega_0}-\frac{\omega_0}{\omega}=\frac{\omega^2-\omega_0^2}{\omega_0\omega}=\left(\frac{\omega+\omega_0}{\omega}\right)\left(\frac{\omega-\omega_0}{\omega}\right)\approx\frac{2\omega}{\omega}\left(\frac{\omega-\omega_0}{\omega}\right)=2\left(\frac{\omega-\omega_0}{\omega}\right)=2\frac{\Delta\omega}{\omega_0}$$

因此,式(2.23)可写成

$$\frac{I}{I_0}\approx\frac{1}{\sqrt{1+\left(Q\dfrac{2\Delta\omega}{\omega_0}\right)^2}} \tag{2.24}$$

所以

$$\frac{\omega L-\dfrac{1}{\omega C}}{R}=\frac{X}{R}\approx Q\frac{2\Delta\omega}{\omega_0}=Q\frac{2\Delta f}{f_0} \tag{2.25}$$

在式(2.25)中,$2\Delta\omega Q/\omega_0$ 仍具有失谐含义,所以称 $2\Delta\omega Q/\omega_0$ 为广义失谐(或称一般失

谐),用 ξ 表示。因此,式(2.24)可写成

$$\frac{I}{I_0} = \frac{1}{\sqrt{1 + \left(\dfrac{X}{R}\right)^2}} \approx \frac{1}{\sqrt{1 + \xi^2}} \tag{2.26}$$

式(2.26)称为通用形式的谐振特性方程式。应该指出,此式只适用于 ω 与 ω_0 很接近,即小量失谐的情况。

为了衡量谐振回路的选择性,引入通频带的概念。当回路的外加信号电压的幅值保持不变,频率改变为 $\omega = \omega_1$ 或 $\omega = \omega_2$ 时,回路电流等于谐振值的 $1/\sqrt{2}$ 倍,如图 2.9 所示。$\omega_2 - \omega_1$ 称为回路的通频带,其绝对值为

$$2\Delta\omega_{0.7} = \omega_2 - \omega_1 \quad \text{或} \quad 2\Delta f_{0.7} = f_2 - f_1 \tag{2.27}$$

式中 ω_1(或 f_1)和 ω_2(或 f_2)—— 通频带的边界角频率(或边界频率)。

在通频带的边界角频率 ω_1 和 ω_2 上,$I/I_0 = 1/\sqrt{2}$。这时,回路中损耗的功率为谐振时的一半(功率与回路电流的平方成正比例),所以这两个特定的边界频率又称为半功率点。由于 ω_1、ω_2 和 ω_0 很接近,即 $2\Delta\omega \ll \omega_0$,因此可用式(2.25)和式(2.26)计算。

由式(2.26)可见,在半功率点处,广义失谐 $\xi = \pm 1$。

由式(2.25),在通频带的边界角频率处,广义失谐分别为

$$\xi_2 = 2\frac{\omega_2 - \omega_0}{\omega_0}Q = 1, \quad \xi_1 = 2\frac{\omega_1 - \omega_0}{\omega_0}Q = -1$$

将上两式相减,并加以整理可得通频带的表示式为

$$2\Delta\omega_{0.7} = \frac{\omega_0}{Q} \quad \text{或} \quad 2\Delta f_{0.7} = \frac{f_0}{Q} \tag{2.27a}$$

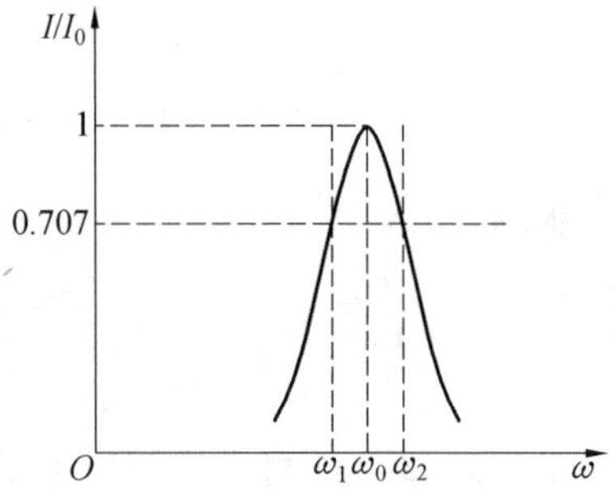

图 2.9 串联振荡回路的通频带

由式(2.27a)可见,通频带与回路的 Q 值成反比,Q 越高,谐振曲线越尖锐,回路的选择性越好,但通频带越窄。

【例 2.1】 设某一串联谐振回路的谐振频率为 600 kHz,它的 $L = 150\ \mu$H,$R = 5\ \Omega$。试求其通频带的绝对值和相对值。

解
$$Q = \frac{\omega_0 L}{R} = \frac{2\pi \times 600 \times 10^3 \times 150 \times 10^{-6}}{5} = 113$$

通频带的绝对值
$$2\Delta f_{0.7} = \frac{f_0}{Q} = \frac{600\ \text{kHz}}{113} = 5.32\ \text{kHz}$$

通频带的相对值
$$\frac{2\Delta f_{0.7}}{f_0} = \frac{1}{Q} = 8.85 \times 10^{-3}$$

【例 2.2】 如果希望回路通频带 $2\Delta f_{0.7} = 750$ kHz,设回路的品质因数 $Q = 65$。试求所需要的谐振频率。

解 由式(2.27a)得

$$f_0 = 2\Delta f_{0.7}Q = 750 \times 10^3 \times 65\ \text{Hz} = 48.75\ \text{MHz}$$

2.2.3　串联振荡回路的相位特性曲线

串联振荡回路的相位特性曲线是指回路电流相角 ψ 随频率 ω 变化的曲线。由式（2.22）与式（2.24）可求得回路电流的相位特性曲线表示式为

$$\psi = -\arctan \frac{X}{R} = -\arctan Q\left(\frac{\omega}{\omega_0} - \frac{\omega_0}{\omega}\right) \approx -\arctan Q \frac{2\Delta\omega}{\omega_0} \tag{2.28}$$

与式（2.23）相比可得，回路电流的相角 ψ 为阻抗辐角 φ 的负值，即 $\varphi = -\psi$。

在小量失谐时，可用广义失谐 ξ 表示通用形式的相位特性，式（2.28）可改写成

$$\psi = -\arctan \xi \tag{2.29}$$

根据式（2.28）可以画出具有不同 Q 值的串联振荡回路的相位特性曲线，如图 2.10 所示。由图可见，Q 值越大，相位特性曲线在 ω_0 附近的变化越陡峭。

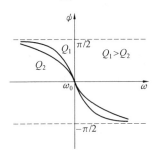

图 2.10　串联振荡回路的相位特性曲线

2.2.4　能量关系及电源内阻与负载电阻的影响

现在从能量的观点分析串联振荡回路在谐振时的性质。设谐振时的瞬时电流为

$$i = I_0 \sin \omega t$$

则电容器 C 上的电压为

$$u_C = \frac{1}{C}\int i\,dt = \frac{1}{\omega C} I_0 \sin\left(\omega t - \frac{\pi}{2}\right) = -U_C \cos \omega t$$

因此，电感内储存的瞬时能量（磁能）为

$$w_L = \frac{1}{2} Li^2 = \frac{1}{2} L I_0^2 \sin^2 \omega t \tag{2.30}$$

电容内储存的瞬时能量（电能）为

$$w_C = \frac{1}{2} C u_C^2 = \frac{1}{2} C U_C^2 \cos^2 \omega t \tag{2.31}$$

电容 C 上储存的瞬时能量最大值为

$$\frac{1}{2} C u_C^2 = \frac{1}{2} C Q^2 U_s^2 = \frac{1}{2} \frac{\omega_0^2 L^2}{R^2} U_s^2 = \frac{1}{2} L I_0^2$$

它恰好和电感所储存的瞬时能量最大值 $L I_0^2 / 2$ 相等（参看式（2.30））。图 2.11 表示电感 L、电容 C 所储存的能量 w_L、w_C 随时间变化的情况。

谐振电路电感 L 及电容 C 上储存的瞬时能量的和为

$$w = w_L + w_C = \frac{1}{2} L I_0^2 \sin^2 \omega t + \frac{1}{2} L I_0^2 \cos^2 \omega t = \frac{1}{2} L I_0^2 \tag{2.32}$$

由式（2.32）可见，w 是一个不随时间变化的常数。这说明回路中储存的能量保持不变，只是在线圈与电容器之间相互转换。由式（2.30）和式（2.31）可知，当 $t=0$、$T/2$ 和 T 时，电流 i 为零，所以 $w_L=0$，而 w_C 达到最大值。在 $t=T/4$、$3T/4$ 时，电容上电压 $u_C=0$，所以 $w_C=0$，而 w_L 达到最大值。由此可见，回路谐振时，电感线圈中的磁能与电容器中的电能周期性地转换着。电抗元件不消耗外加电动势的能量。外加电动势只提供回路电阻所消耗的

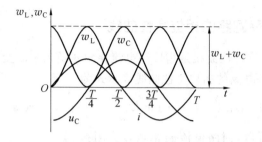

图 2.11　串联谐振回路中的能量关系

能量,以维持回路中的等幅振荡。所以谐振时回路中的电流达到最大值。

下面再看看谐振时电阻 R 所消耗的能量,R 上消耗的平均功率为

$$P_R = \frac{1}{2} I_0^2 R$$

每一周期 T 时间内,电阻上消耗的平均能量为

$$w_R = P_R T = \frac{1}{2} R I_0^2 \frac{1}{f_0} \quad (T = \frac{1}{f_0})$$

回路储存能量($w_L + w_C$)与每周期内所消耗的能量 w_R 之比为

$$\frac{(w_L + w_C)}{w_R} = \frac{\frac{1}{2} L I_0^2}{\frac{1}{2} R I_0^2 \frac{1}{f_0}} = \frac{f_0 L}{R} = \frac{1}{2\pi} \frac{\omega_0 L}{R} = \frac{Q}{2\pi}$$

或

$$Q = 2\pi \frac{回路储存能量}{每周消耗能量} \tag{2.33}$$

式(2.33)就是 Q 值的物理意义。

增大回路电阻,Q 值必然降低。当考虑信号源内阻 R_s 与负载电阻 R_L 后,电路总电阻为 $R + R_s + R_L$,因而串联回路谐振时的等效品质因数 Q_L 为

$$Q_L = \frac{\omega_0 L}{R + R_s + R_L} \tag{2.34}$$

可见 $R_s + R_L$ 的作用是使回路 Q 值降低,因而谐振曲线变钝。在极限情况下,如果信号源是恒流电源时,R_s 与 U_s 均趋于无限大,但二者之比却为定值。此时电路的 Q 值降为零,谐振曲线成为一条水平直线,完全失去了对频率的选择能力。图 2.12 即表示信号源内阻 R_s 对谐振曲线的影响。

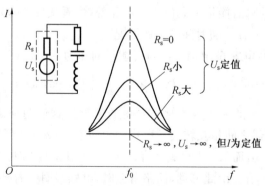

图 2.12　信号源内阻对谐振曲线的影响

由此可知,串联谐振回路适用于低内阻的电源,内阻越低,则电路的选择性越好。

2.3　并联谐振回路

2.3.1　基本原理及特性

上节指出,串联谐振回路适用于低内阻电源(理想电压源)。如果电源内阻大,则宜采用并联谐振回路。

并联谐振回路是指电感线圈 L、电容器 C 与外加信号源相互并联的振荡电路,如图 2.13 所示。由于电容器的损耗很小,可以认为损耗电阻 R 集中在电感支路中。

在研究并联振荡回路时,采用理想电流源(外加信号源内阻很大)分析比较方便。在分析时也暂时先不考虑信号源内阻的影响。

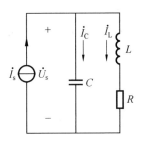

图 2.13　并联振荡回路

并联振荡回路两端间的阻抗(见图 2.13)为

$$Z = \frac{(R + j\omega L)\frac{1}{j\omega C}}{R + j\omega L + \frac{1}{j\omega C}} = \frac{(R + j\omega L)\frac{1}{j\omega C}}{R + j(\omega L - \frac{1}{\omega C})} \tag{2.35}$$

在实际应用中,通常都满足 $\omega L \gg R$ 的条件(下面分析并联回路时,都考虑此条件,除非另加说明),因此

$$Z \approx \frac{\frac{L}{C}}{R + j(\omega L - \frac{1}{\omega C})} = \frac{1}{\frac{CR}{L} + j(\omega C - \frac{1}{\omega L})} \tag{2.36}$$

设外加电流源的电流为 $\dot{I}_s$,则并联回路两端的回路电压为

$$\dot{U} = \dot{I}_s Z = \frac{\dot{I}_s}{\frac{CR}{L} + j(\omega C - \frac{1}{\omega L})} \tag{2.37}$$

采用导纳分析并联振荡回路及其等效电路比较方便,为此引入并联振荡回路的导纳。

并联振荡回路的导纳 $Y = G + jB = 1/Z$,由式(2.36)得

$$Y = G + jB = \frac{CR}{L} + j(\omega C - \frac{1}{\omega L}) \tag{2.38}$$

式中　$G = \dfrac{CR}{L}$(电导);

$\quad\quad B = (\omega C - \dfrac{1}{\omega L})$(电纳)。

因此,并联振荡回路电压的幅值为

$$U = \frac{I_s}{|Y|} = \frac{I_s}{\sqrt{G^2 + B^2}} = \frac{I_s}{\sqrt{\left(\frac{CR}{L}\right)^2 + \left(\omega C - \frac{1}{\omega L}\right)^2}} \tag{2.39}$$

由式(2.39)可见,当回路电纳 $B=0$ 时,$\dot{U}_0 = L\dot{I}_s/(CR)$。此时回路电压 $\dot{U}_0$ 与电流 $\dot{I}_s$ 同相,且 U_0 达到最大值。这称为并联回路对外加信号频率发生并联谐振。

由 $B = \omega_p C - \dfrac{1}{\omega_p L} = 0$ 的并联谐振条件,可以求出并联谐振频率 ω_p 和谐振频率 f_p 为

$$\omega_p = \frac{1}{\sqrt{LC}}, \quad f_p = \frac{1}{2\pi\sqrt{LC}} \tag{2.40}$$

与串联谐振频率相同。

当 $\omega L \gg R$ 的条件不满足时,谐振频率可从式(2.35)中导出。将式(2.35)改写成

$$Z = \frac{(R + j\omega C)\dfrac{1}{j\omega C}}{R + j(\omega L - \dfrac{1}{\omega C})} = \frac{L}{CR}\,\frac{1 - j\dfrac{R}{\omega L}}{1 + j(\dfrac{\omega L}{R} - \dfrac{1}{\omega CR})}$$

在谐振时,上式必须为实数,因而分母中的虚部和分子中的虚部必须相抵消,即

$$-\frac{R}{\omega_p L} = \frac{\omega_p L}{R} - \frac{1}{\omega_p CR}$$

由此解得准确的并联回路谐振角频率为

$$\omega_p = \sqrt{\frac{1}{LC} - \frac{R^2}{L^2}} \tag{2.41}$$

在满足 $\omega L \gg R$ 条件时,并联振荡回路谐振时的谐振电阻为

$$R_p = \frac{1}{G_p} = \frac{1}{\dfrac{CR}{L}} = \frac{L}{CR} \tag{2.42}$$

由式(2.42)可见,在谐振时,回路谐振电阻 R_p 为最大值($B=0$,$Y_p = G_p$ 为最小)。这一特性和串联振荡回路是对偶的,串联振荡回路在谐振时回路电阻呈现最小值。

和串联振荡回路一样,并联振荡回路的品质因数 Q_p 定义为

$$Q_p = \frac{\omega_p L}{R} = \frac{1}{\omega_p CR} = \frac{1}{R}\sqrt{\frac{L}{C}} \tag{2.43}$$

因此式(2.42)也可表示为

$$R_p = \frac{L}{CR} = \frac{\omega_p^2 L^2}{R} = Q_p \omega_p L = Q_p \frac{1}{\omega_p C} = \frac{1}{R\omega_p^2 C^2} \tag{2.44}$$

式(2.44)表明,在谐振时,并联振荡回路的谐振电阻等于电感支路或电容支路电抗值的 Q_p 倍。由于通常 $Q_p \gg 1$,所以回路此时呈现很大的电阻。这是并联谐振回路的极重要特性。

并联振荡回路的阻抗只有在谐振时,才是纯电阻并达到最大值。失谐时,并联振荡回路的等效阻抗 Z 包括电阻 R_e 和 X_e。与串联振荡回路相反,根据式(2.36),当 $\omega > \omega_p$ 时 $\omega C - \dfrac{1}{\omega L} > 0$,故总阻抗呈容性;当 $\omega < \omega_p$ 时,$\omega C - \dfrac{1}{\omega L} < 0$,故总阻抗呈感性。并联回路总阻抗 Z 及其电阻 R_e、电抗 X_e 随频率变化的曲线如图 2.14 所示。

并联谐振时,电容支路、电感支路的电流 $\dot{I}_C$ 和 $\dot{I}_L$ 分别为

$$\dot{I}_C = \dot{U}_0 \Big/ \frac{1}{j\omega_p C} = j\omega_p C \dot{U}_0 = j\omega_p C I_s Q_p \frac{1}{\omega_p C} = jQ_p \dot{I}_s \tag{2.45}$$

$$\dot{I}_L = \frac{\dot{U}_0}{R + j\omega_p L} \approx \frac{\dot{U}_0}{j\omega_p L} = \frac{Q_p \omega_p L \dot{I}_s}{j\omega_p L} = -jQ_p \dot{I}_s \tag{2.46}$$

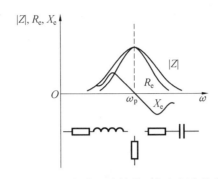

图 2.14　并联振荡回路等效阻抗与频率的关系

由以上二式可见，并联谐振时，若 $\omega L \gg R$，则电容支路与电感支路的电流大小相等，相位正好相差 $180°$，而互相抵消。此时总电流 $\dot{I}_s = \dot{I}_C + \dot{I}_L$ 趋近于零。Z_p 成为最大值 R_p。考虑到电感支路电阻 R 的影响，则 $\dot{I}_L$ 滞后于 $\dot{U}_s$ 的角度小于 $90°$，此时的矢量图如图 2.15(a) 所示。当频率低于谐振频率时，$|\dot{I}_L| > |\dot{I}_C|$。总电流 $\dot{I}_s$ 滞后于 $\dot{U}_0$，故电路阻抗呈感性，矢量图如图 2.15(b) 所示。当 $\omega > \omega_p$ 时，$\dot{I}_s$ 超前于 $\dot{U}_0$，电路阻抗呈容性，矢量图如图 2.15(c) 所示。

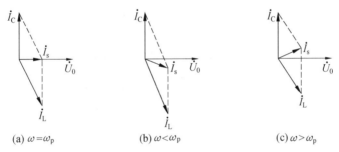

(a) $\omega = \omega_p$　　　　　(b) $\omega < \omega_p$　　　　　(c) $\omega > \omega_p$

图 2.15　并联谐振回路中的电流与电压关系

仔细研究图 2.15 可知，在考虑 R 时，Z_p 为纯阻($\dot{I}_s$ 与 $\dot{U}_0$ 同相)与 Z_p 为最大值这两个位置不一定重合。但在 Q_p 值很大时，则 Z_p 为纯阻且为最大值这两个条件几乎是重合的。

由式(2.45)与式(2.46)可知，谐振时各支路电流为总电流的 Q_p 倍。因此在谐振时，总电流虽然很小，但谐振电路内部的电流却很大，所以并联谐振又称电流谐振。这一特点与串联谐振时元件上的电压等于信号源电压 Q_p 倍的情况也恰成对偶。

2.3.2　并联振荡回路的谐振曲线、相位特性曲线和通频带

由式(2.37)可得

$$\dot{U} = \dot{I}_s Z = \frac{\dot{I}_s \dfrac{L}{C}}{R + \mathrm{j}\left(\omega L - \dfrac{1}{\omega C}\right)} = \frac{\dot{I}_s \dfrac{L}{CR}}{1 + \mathrm{j}\left(\dfrac{\omega L}{R} - \dfrac{1}{R\omega C}\right)} = \frac{\dot{I}_s R_p}{1 + \mathrm{j}Q_p\left(\dfrac{\omega}{\omega_p} - \dfrac{\omega_p}{\omega}\right)}$$

式中　　$\dot{I}_s R_p$——谐振时的回路端电压 $\dot{U}_0$，所以

$$\frac{\dot{U}}{\dot{U}_0} = \frac{1}{1 + \mathrm{j}Q_p\left(\dfrac{\omega}{\omega_p} - \dfrac{\omega_p}{\omega}\right)} \tag{2.47}$$

由式(2.47)可导出并联谐振回路的谐振曲线表示式和相位特性曲线表示式分别为

$$\frac{U}{U_0} = \frac{1}{\sqrt{1 + \left[Q_p \left(\dfrac{\omega}{\omega_p} - \dfrac{\omega_p}{\omega} \right) \right]^2}} \tag{2.48}$$

$$\psi = -\arctan Q_p \left(\frac{\omega}{\omega_p} - \frac{\omega_p}{\omega} \right) \tag{2.49}$$

当外加信号源频率 ω 与回路谐振频率 ω_p 很接近时,上两式可写成

$$\frac{U}{U_0} = \frac{1}{\sqrt{1 + \left(Q_p \dfrac{2\omega}{\omega_p} \right)^2}} = \frac{1}{\sqrt{1 + \xi^2}} \tag{2.50}$$

$$\psi = -\arctan Q_p \frac{2\Delta\omega}{\omega_p} = -\arctan \xi \tag{2.51}$$

将式(2.50)、(2.51)与式(2.26)、(2.29)进行比较可见,等式的右边相同。所以并联振荡回路通用形式的谐振特性和相位特性是与串联回路相同的,在此不再重复讨论。

应该指出,串联振荡回路谐振曲线的纵坐标是回路电流相对值 I/I_0;并联振荡回路谐振曲线的纵坐标则是回路端电压相对值 U/U_0。两者曲线形状相同的原因是:串联振荡回路谐振时,电抗为零,回路阻抗最小,所以回路电流出现最大值;并联振荡回路谐振时,电纳等于零,回路导纳最小,回路阻抗最大,所以回路端电压出现最大值。失谐时,串联振荡回路的阻抗增大,回路电流减小;并联振荡回路阻抗则减小,回路端电压也减小。

对相位特性曲线来说,串联回路的相角 ψ 是指回路电流 $\dot{I}$ 与信号源电动势 $\dot{U}_s$ 的相位差,当 $\dot{I}$ 比 $\dot{U}_s$ 超前时,$\psi > 0$,此时回路阻抗为容性,$\omega < \omega_0$。并联回路的相角 ψ 是指回路端电压 $\dot{U}$ 对信号源电流 $\dot{I}_s$ 的相位差,当 $\dot{U}$ 超前 $\dot{I}_s$ 时,$\psi > 0$,此时回路阻抗应为感性,$\omega < \omega_p$。因此,这两种电路都是在工作频率低于谐振频率时,$\psi > 0$。同样可推知,在工作频率高于谐振频率时,它们的 ψ 都为负值。因此这两种电路的相位特性曲线变化规律相同。

同样,并联振荡回路的绝对通频带为

$$2\Delta\omega_{0.7} = \frac{\omega_p}{Q_p}; \quad 2\Delta f_{0.7} = \frac{f_p}{Q_p} \tag{2.52}$$

相对通频带为

$$\frac{2\Delta\omega_{0.7}}{\omega_p} = \frac{1}{Q_p}; \quad \frac{2\Delta f_{0.7}}{f_0} = \frac{1}{Q_p} \tag{2.53}$$

因此,并联振荡回路的通频带、选择性与回路品质因数 Q_p 的关系和串联回路的情况是一样的。

以上讨论的是高 Q_p 的情况(即 $\omega L \gg R$)。如果 $\omega L \gg R$ 的条件不满足(低 Q_p 的情况),则由式(2.51)可见,并联回路谐振频率将低于高 Q_p 情况的 ω_p,这就使得谐振曲线和相位特性随着 Q_p 值而偏离。

2.3.3 信号源内阻和负载电阻的影响

考虑信号源内阻 R_s 和负载电阻 R_L 时,并联振荡回路的等效电路如图2.16所示。这时,负载电阻上的电压就等于回路两端的电压。

由于 R_s 和 R_L 的并联接入,使回路的等效 Q_L 值下降。为分析方便,把 R_s、R_L 与 R_p 等都

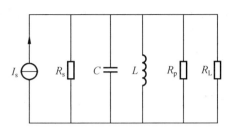

图 2.16　考虑 R_s 和 R_L 后的并联振荡回路

改写成电导形式,即

$$G_s = \frac{1}{R_s}, \quad G_L = \frac{1}{R_L}, \quad G_p = \frac{1}{R_p}$$

则回路的等效品质因数为

$$Q_L = \frac{1}{\omega_p(G_p + G_L + G_s)} \tag{2.54}$$

也可改写为

$$Q_L = \frac{Q_p}{1 + \dfrac{R_p}{R_s} + \dfrac{R_p}{R_L}} \tag{2.55}$$

式中　　Q_p —— 回路固有的品质因数,$Q_p = \dfrac{R_p}{\omega_p L} = \dfrac{1}{\omega_p L G_p}$。

由式(2.55)可知,R_s 和 R_L 越小(即 G_s 和 G_L 越大),Q_L 下降越多,因而回路通频带加宽,选择性变坏。为了与串联谐振回路相比较,现在只研究信号源内阻 R_s 对回路的影响。

式(2.53)说明,以同样的电路元件,当连成串联电路,信号源为理想电压源时的选择性,和它连成并联电路,信号源为理想电流源时所得的选择性完全相同。

另一端情形是:如果信号源为理想的电压源,它的内阻为零,那么不管并联振荡回路的阻抗等于多少,回路两端的电位差永远等于信号源电压。因此就电压来说,回路对频率毫无选择性。

如果电源内阻可以和并联回路阻抗相比较,则回路两端的电压降大小,由回路阻抗与信号源内阻的比例来决定。在谐振点,回路阻抗最大,它两端的电压降也达最大值。失谐时,回路阻抗下降,总电流加大,因而信号源内阻消耗的电压降增大,回路的电压降减小。信号源内阻越大,并联回路的电压降随频率而变化的速率越快,即电压降谐振曲线越尖锐。由此可得一个重要结论:为获得优良的选择性,信号源内阻低时,应采用串联振荡回路,而信号源内阻高时,应采用并联振荡回路。

2.3.4　信号源内阻和负载电阻的影响

凡 Q 值低于 10 的电路都可以称为低 Q 值并联回路。由于 Q 值低,因此 Z_p 为最大和 Z_p 为纯阻这两点就不一定能够重合,这要看究竟是调谐 L 还是调谐 C,以得到谐振来决定(假定工作频率固定不变):

(1)如果电阻集中在电感支路(这是最常见的情形),电容支路的电阻等于零时,若是改变 C 来获得谐振,则 Z_p 为纯阻和 Z_p 达到最大这两点是完全重合的。如果是改变 L 来获得谐振,则这两个点不能重合。

（2）如果电阻集中在电容支路，电感支路的电阻为零时，则变动 C 来获得谐振，Z_p 为纯阻和 Z_p 为最大两点不能重合；但变动 L 来获得谐振，则这两个点是重合的。

低 Q 值谐振回路的上述特性在调谐发射机谐振回路时，是相当重要的。

2.4　串、并联阻抗的等效互换与回路抽头式的阻抗变换

2.4.1　串、并联阻抗的等效互换

有时为了分析电路的方便，经常需要进行图 2.17 的串、并联等效阻抗的互换。所谓"等效"是指 AB 两端的阻抗相等。由图 2.17 可得

$$R_s + jX_s = \frac{R_p(jX_p)}{R_p + X_p} = \frac{X_p^2}{R_p^2 + X_p^2}R_p + j\frac{R_p^2}{R_p^2 + X_p^2}X_p$$

由此得到

$$R_s = \frac{X_p^2}{R_p^2 + X_p^2}R_p = \frac{X_p^2}{Z_p^2}R_p \tag{2.56}$$

$$X_s = \frac{R_p^2}{R_p^2 + X_p^2}X_p = \frac{R_p^2}{Z_p^2}X_p \tag{2.57}$$

式中　　$Z_p^2 = R_p^2 + X_p^2$。

式（2.56）、式（2.57）是并联阻抗变为串联阻抗的公式。

若将串联阻抗变换为并联阻抗，可用导纳公式

$$\frac{1}{R + jX_s} = \frac{1}{R_p} + \frac{1}{jX_p}$$

令两边的实数与虚数部分相等，即得

$$R_p = \frac{R_s^2 + X_s^2}{R_s} = \frac{Z_s^2}{R_s} \tag{2.58}$$

$$X_p = \frac{R_s^2 + X_s^2}{X_s} = \frac{Z_s^2}{X_s} \tag{2.59}$$

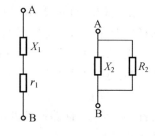

图 2.17　串、并联等效阻抗互换图

式中　　$Z_s^2 = R_s^2 + X_s^2$。

式（2.58）、式（2.59）是串联阻抗变换为并联阻抗的公式。

也可将以上的公式改换为品质因数 Q_L 的关系式：

串联电路的品质因数　　　　$$Q_{L1} = \frac{X_s}{R_s} \tag{2.60}$$

并联电路的品质因数　　　　$$Q_{L2} = \frac{R_p}{X_p} \tag{2.61}$$

将式（2.56）、式（2.57）或式（2.58）、式（2.59）代入以上两式，显然可得

$$Q_{L1} = Q_{L2} = Q_L = \frac{X_s}{R_s} = \frac{R_p}{X_p} \tag{2.62}$$

因此式（2.56）～（2.59）可改写成

$$R_s = \frac{R_p}{1 + Q_L^2} \tag{2.63}$$

$$X_s = \frac{Q_L^2}{1 + Q_L^2}X_p \tag{2.64}$$

$$R_p = (1 + Q_L^2)R_s \tag{2.65}$$

$$X_p = \left(1 + \frac{1}{Q_L^2}\right)X_s \tag{2.66}$$

当 Q_L 较高(大于 10),则上列各式可近似改写成

$$R_p \approx R_s Q_L^2 \tag{2.67}$$

$$X_p \approx X_s \tag{2.68}$$

以上两式说明:串联电路等效为并联电路后,X_p 与 X_s 性质相同,大小相等;小的 R_s 则变成大的 R_p(比 R_s 大 Q_L^2 倍)。

2.4.2　并联谐振回路的其他形式

图 2.18 是并联电路的广义形式,图中

$$Z_1 = R_1 + jX_1$$
$$Z_2 = R_2 + jX_2$$

通常的电子线路所用的回路都满足 $X \gg R$ 的条件,所以图 2.19 也假设 $X_1 \gg R_1, X_2 \gg R_2$。

在并联谐振时

$$X_1 + X_2 = 0 \tag{2.69}$$

此时回路的总阻抗为

$$Z_p = \frac{Z_1 Z_2}{Z_1 + Z_2} = \frac{(R_1 + jX_1)(R_2 + jX_2)}{(R_1 + jX_1) + (R_2 + jX_2)} = \frac{(R_1 + jX_1)(R_2 + jX_2)}{R_1 + R_2}$$

再利用 $X_1 \gg R_1, X_2 \gg R_2$ 的关系,上式变为

$$Z_p \approx -\frac{X_1 X_2}{R_1 + R_2} \tag{2.70}$$

代入谐振条件 $X_1 = -X_2$,上式可写成

$$Z_p = \frac{X_1^2}{R_1 + R_2} = \frac{X_2^2}{R_1 + R_2} \tag{2.71}$$

将上式与式(2.44)相比较,可知

$$Z_p = \frac{(\omega_p L)^2}{R_1 + R_2} = \frac{1}{(R_1 + R_2)(\omega_p C)^2} \tag{2.72}$$

与式(2.44)相比较可知,如果 R_1 和 R_2 都不很大,则可以认为 R_1 和 R_2 都是集中在电感支路内的,这时回路的 $Q_p = \omega_p L/(R_1 + R_2)$。这一观念相当重要,实际中有时很有用。

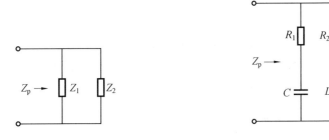

图 2.18　并联电路的广义形式　　　图 2.19　两个支路都有电阻的并联回路

2.4.3　抽头式并联电路的阻抗变换

图 2.20 是一种常用的电感抽头式并联谐振回路。由式(2.71)可得

$$Z_{ab} = \frac{X_1^2}{R_1 + R_2} = \frac{(\omega_p L_1)^2}{R_1 + R_2} \tag{2.73}$$

如果令

$$p = \frac{L_1}{L_1 + L_2} = \frac{L_1}{L} \quad (L = L_1 + L_2) \tag{2.74}$$

代入式(2.73)即得

$$Z_{ab} = \frac{(\omega_p L)^2}{R_1 + R_2} p^2 = p^2 Z_{bd} \tag{2.75}$$

式中　Z_{db}——db 两端的谐振阻抗，$Z_{db} = \dfrac{(\omega_p L)^2}{R_1 + R_2}$。

因此

$$\frac{Z_{ab}}{Z_{db}} = p^2 \tag{2.76}$$

上式说明，不改变回路参数，只改变抽头位置，即改变 p 值，就可以改变 ab 两端的等效阻抗。p 所代表的物理意义可由下式看出($R_1 \ll \omega L_1$ 时)

$$\frac{U_{ab}}{U_{db}} = \frac{L_1}{L_1 + L_2} = p \tag{2.77}$$

通常，$p < 1$，所以 $Z_{ab} < Z_{db}$。即由低抽头向高抽头转换时，等效阻抗提高 $1/p^2$ 倍；反之，由高抽头向低抽头转换时，等效阻抗为原来的 p^2 倍。

如果是导纳形式，则

$$\frac{Y_{ab}}{Y_{db}} = \frac{1}{p^2} = n^2 \tag{2.78}$$

式中　p—— 接入系数，$p = \dfrac{1}{n} = \dfrac{L_1}{L_1 + L_2} = \dfrac{L_1}{L}$。

事实上，即使不是谐振回路，以上的关系式仍然成立。对图 2.21 所示的电容抽头电路而言，接入系数

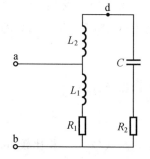

图 2.20　电感抽头式并联谐振回路

$$p = \frac{1}{n} = \frac{C}{C_1} = \frac{C_2}{C_1 + C_2} \tag{2.79}$$

式中　$C = \dfrac{C_1 C_2}{C_1 + C_2}$。

除了阻抗需要折合外，有时电压源与电流源也需要折合。

式(2.77)已给出电压源的折合公式，ab 两端电压为 db 两端电压的 p 倍。

对于图 2.22 所示的电流源电路，从 bc 端折合到 ac 端时，内阻 R_i 变成 R'_i，电流源变成 I'。显然 $R'_i = \dfrac{1}{p^2} R_i$。可以证明，当 R_i 中的电流很小时

$$I' = pI \tag{2.80}$$

最后，研究图 2.20 所示电路的谐振频率。利用式(2.69)的谐振条件可得

$$\omega_{\mathrm{p}} L_1 + (\omega_{\mathrm{p}} L_2 - \frac{1}{\omega_{\mathrm{p}} C}) = 0$$

或
$$\omega_{\mathrm{p}} (L_1 + L_2) = \frac{1}{\omega_{\mathrm{p}} C} \tag{2.81}$$

$$\omega_{\mathrm{p}} L_1 = \frac{1}{\omega_{\mathrm{p}} C} - \omega_{\mathrm{p}} L_2 \tag{2.82}$$

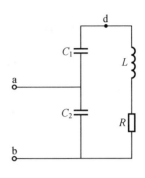

图 2.21　电容抽头电路

式(2.81) 说明,自 bd 两端看来,回路是谐振的。式 (2.82) 则说明,自 ab 两端看来,回路也是谐振的。由此可见,当回路谐振时,由回路的任何两点看去,回路都谐振于同一频率,且呈纯电阻性。其谐振频率为

$$\omega_{\mathrm{p}} = \frac{1}{\sqrt{(L_1 + L_2) C}} \tag{2.83}$$

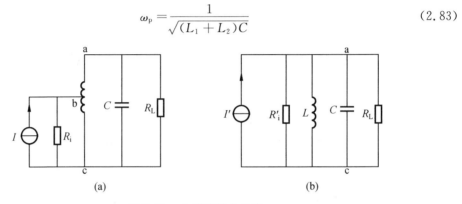

图 2.22　电流源折合电路

2.5　耦合回路

耦合回路是由两个或两个以上的电路形成的一个网络,两个电路之间必须有公共阻抗存在,才能完成耦合作用。公共阻抗如果是纯电阻或纯电抗,则称为纯耦合,如图 2.23(a)、图 2.23(b)、图 2.23(c)、图 2.23(d) 所示。如果公共阻抗由两种或两种以上的电路元件组成,则称为复耦合,如图 2.23(e) 所示。

在耦合回路中接有激励信号源的回路称为初级回路,与负载相接的回路称为次级回路。为了说明回路间的耦合程度,常用耦合系数(Coupling Coefficient)k 来表示,它的定义是:耦合回路的公共电抗(或电阻)绝对值与初次级回路中同性质的电抗(或电阻)的几何中项之比,即

$$k = \frac{|X_{12}|}{\sqrt{X_{11} X_{22}}} \tag{2.84}$$

式中　X_{12}——耦合元件电抗;

X_{11} 与 X_{22}——初级和次级回路中与 X_{12} 同性质的总电抗。

例如,图 2.23(c) 的耦合系数为

$$k = \frac{M}{\sqrt{L_1 L_2}} \tag{2.85}$$

根据耦合系数的上述定义可知,耦合系数是一个小于 1,最大等于 1 的没有量纲的正实数。

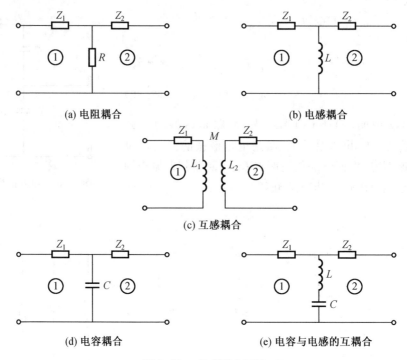

(a) 电阻耦合   (b) 电感耦合

(c) 互感耦合

(d) 电容耦合   (e) 电容与电感的互耦合

图 2.23 各式耦合回路

2.5.1 互感耦合回路的一般性质

在通信电子线路中,常采用图 2.24(a)、图 2.24(b) 两种耦合回路。图 2.24(a) 为互感耦合串联型回路;图 2.24(b) 为电容耦合并联型回路。根据 2.4.1 节的公式,串联型和并联型电路可以等效互换,可根据分析计算的方便而定。由于图 2.24 的初、次级回路都是谐振回路,因而也称为耦合振荡回路。

现以图 2.24(a) 所示的互感耦合回路为例来分析耦合回路的阻抗特性。在初级回路接入一个角频率为 ω 的正弦电压$\dot{U}_1$,初、次级回路中的电流分别用 $\dot{I}_1$ 和 $\dot{I}_2$ 表示,并标明了各电流和电压的正方向及线圈的同名端关系。

为了一般化起见,可用图 2.25 的互感耦合回路一般形式来表示图 2.24(a),图中 Z_1 代表初级回路中与 L_1 串联的阻抗,Z_2 代表次级回路的负载阻抗。Z_1 和 Z_2 可以是电阻、电容或电感,或者由这三者组成。例如图 2.24(a) 的电路,有

$$Z_1 = R_1 + \frac{1}{j\omega C_1} = R_1 - jX_{C_1}$$

$$Z_2 = R_2 + \frac{1}{j\omega C_2} = R_2 - jX_{C_2}$$

由基尔霍夫定律(Kirchhoff's law) 得出图 2.25 的回路电压方程为

$$\dot{U}_1 = \dot{I}_1(Z_1 + j\omega L_1) - \dot{I}_2(j\omega M) = \dot{I}_1 Z_{11} - j\omega M \dot{I}_2 \tag{2.86}$$

$$0 = \dot{I}_2(Z_2 + j\omega L_2) - \dot{I}_1(j\omega M) = \dot{I}_2 Z_{22} - j\omega M \dot{I}_1 \tag{2.87}$$

式中 Z_{11} —— 初级回路的自阻抗,$Z_{11} = Z_1 + j\omega L_1 = R_{11} + jX_{11}$;

          Z_{22} —— 次级回路的自阻抗,$Z_{22} = Z_2 + j\omega L_2 = R_{22} + jX_{22}$。

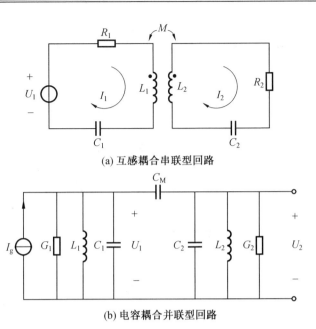

(a) 互感耦合串联型回路

(b) 电容耦合并联型回路

图 2.24   两种常用的耦合回路

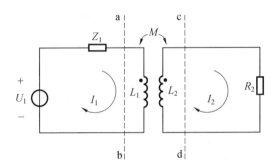

图 2.25   互感耦合回路的一般形式

解式(2.86)与式(2.87)得

$$\dot{I}_1 = \frac{\dot{U}_1}{Z_{11} + \dfrac{(\omega M)^2}{Z_{22}}} \tag{2.88}$$

$$\dot{I}_2 = \frac{\mathrm{j}\omega M \dot{I}_1}{Z_{22}} = \frac{\mathrm{j}\omega M \dfrac{\dot{U}_1}{Z_{11}}}{Z_{22} + \dfrac{(\omega M)^2}{Z_{11}}} \tag{2.89}$$

观察式(2.88)与式(2.89),可得如下的重要规则:

(1) 自初级电路 ab 两端向右方看去,由于次级电路耦合所产生的效应等效于在初级回路中串联一个反射阻抗 $(\omega M)^2/Z_{22}$。

反射阻抗 $(\omega M)^2/Z_{22}$ 又称为耦合阻抗,它是耦合回路中极重要参量。它所代表的物理意义是:次级电流 $\dot{I}_2$ 通过互感 M 的作用,在初级回路中感应的电动势 $\pm\mathrm{j}\omega M \dot{I}_2$ 对初级电流 $\dot{I}_1$ 的影响,可用一个等效阻抗 $Z_{\mathrm{fl}} = (\omega M)^2/Z_{22}$ 来表示。将 $Z_{22} = R_{22} + \mathrm{j}X_{22}$ 代入可得

$$Z_{f1} = \frac{(\omega M)^2}{Z_{22}} = \frac{(\omega M)^2}{R_{22} + jX_{22}} = \frac{(\omega M)^2}{R_{22}^2 + X_{22}^2}R_{22} - j\frac{(\omega M)^2}{R_{22}^2 + X_{22}^2}X_{22} =$$

$$R_{f1} + jX_{f1} \tag{2.90}$$

由式(2.90)可见,反射阻抗使初级电路的电阻增加 R_{f1},R_{f1} 永远为正值,代表能量损耗。反射电抗 X_{f2} 则与 X_{22} 异号,即当次级电路为电感性时,反射阻抗为电容性;当次级电路为电容性时,反射阻抗为电感性。

考虑了 Z_{f1} 后,初级回路(见图2.26)的总阻抗为

$$Z_{e1} = \left[R_{11} + \frac{(\omega M)^2}{R_{22}^2 + X_{22}^2}R_{22}\right] + j\left[X_{11} - \frac{(\omega M)^2}{R_{22}^2 + X_{22}^2}X_{22}\right] \tag{2.91}$$

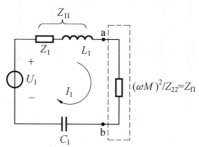

图2.26　初级等效电路

(2)自次级回路cd端向左看去,由于初级回路电流 $\dot{I}_1$ 的作用,相当于在次级回路中加入一个感应电动势 $j\omega M\dot{I}_1$,其等效电路如图2.27(a)所示。也可以将初级回路电流 $\dot{I}_1$ 的作用以一个等效电动势 $j\omega M\dot{U}/Z_{11}$ 与初级回路耦合到次级回路的反射阻抗 $Z_{f2} = (\omega M)^2/Z_{11}$ 来代表,得到如图2.27(b)的等效电路。

$$Z_{f2} = \frac{(\omega M)^2}{Z_{11}} = \frac{(\omega M)^2}{R_{11} + jX_{11}} = \frac{(\omega M)^2}{R_{11}^2 + X_{11}^2}R_{11} - j\frac{(\omega M)^2}{R_{11}^2 + X_{11}^2}X_{11} \tag{2.92}$$

式(2.92)的形式与式(2.90)的形式相似,因此关于 R_{f2} 与 X_{f2} 的性质也和 R_{f1} 与 X_{f1} 相同,在此就不重复了。

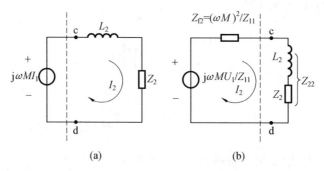

(a)　　　　　　　　　　(b)

图2.27　次级等效电路的两种形式

考虑了 Z_{f2} 之后,次级回路的总阻抗为

$$Z_{e2} = \left[R_{22} + \frac{(\omega M)^2}{R_{11}^2 + X_{11}^2}R_{11}\right] + j\left[X_{22} - \frac{(\omega M)^2}{R_{11}^2 + X_{11}^2}X_{11}\right] \tag{2.93}$$

反射阻抗的作用:耦合回路的许多重要特性是由反射阻抗 $(\omega M)^2/Z_{22}$ 决定的。当互感 M 很小时,反射阻抗也很小,因此次级回路对初级回路电流的影响极微小,此时初级回路电

流与次级回路不存在时的情形极相近。当 $M=0$ 时,反射阻抗等于零,称为单回路的情况。另一方面,当 Z_{22} 很大时,那么即使 M 相当大,但发射阻抗仍很小,故对初级回路电流的影响仍极微小。以上两种情形的物理意义可解释如下:

(1) 当 M 很小时,次级回路的感应电动势小,所以从初级回路传输至次级回路的能量也很小。

(2) 当 Z_{22} 很大时,即使 M 也很大,次级回路有较高的感应电动势,但由于 Z_{22} 大,因而 $\dot{I}_2$ 也很微弱,故从初级回路传输至次级回路的能量仍然很小。

因此只有在次级回路不太大,互感 M 又不太小时,反射阻抗 $(\omega M)^2/Z_{22}$ 才比较大。此时初级回路的电流与电压关系即受到次级回路相当大的影响。

在次级回路中所消耗的功率等于初级回路电流流过反射阻抗的电阻部分 $R_{\text{fl}}=[(\omega M)^2/(R_{22}^2+X_{22}^2)]R_{22}$ 所消耗的功率。

2.5.2　耦合振荡回路的频率特性

上面讨论的情况都是假定信号源的频率固定不变,只是改变回路参数时产生的谐振现象。但实际应用中,重要的是回路参数不变,改变信号源频率时,次级回路的电压(或电流)随频率而变化的曲线,即次级回路电压(或电流)的频率特性如何。因为由频率特性(谐振曲线)可以看出耦合振荡回路比单振荡回路的优越之处在于:耦合振荡回路的频率特性曲线更接近于理想的矩形曲线(见图 2.28),因而更适用于信号源是包含多个频率已调波信号的情况。

由于高频时使用 Y 参数等效电路比较方便,因此这里采用图 2.24(b) 所示的并联型电路为例来进行分析。所得的结果对图 2.24(a) 所示的串联型电路也是适用的,因为串、并联电路可以等效互换,电容耦合与电感(互感)耦合也没有本质的差别。

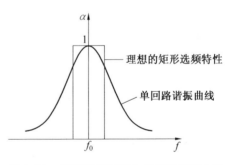

图 2.28　矩形选频特性与单回路谐振曲线

实用中初、次级回路参量往往是相同的,因此以下的讨论假定:$L_1=L_2=L$,$C_1=C_2=C$,$G_1=G_2=G$,$\omega_{01}=\omega_{02}=\omega_0$,$Q_1=Q_2=Q$,$\xi_1=\xi_2=\xi$。由图 2.24(b),写出该电路的节点电流方程为

$$\dot{I}_s=\dot{U}_1 G+\frac{\dot{U}_1}{j\omega L}+j\omega(C_1+C_M)\dot{U}_1-j\omega C_M \dot{U}_2 \tag{2.94}$$

$$0=\dot{U}_2 G+\frac{\dot{U}_2}{j\omega L}+j\omega(C_2+C_M)\dot{U}_2-j\omega C_M \dot{U}_1 \tag{2.95}$$

式中　C_M—— 耦合电容。

令 $C'=C_1+C_M=C_2+C_M$,将其代入式(2.94)和式(2.95),引入广义失谐 $\xi=Q\left(\dfrac{\omega}{\omega_0}-\dfrac{\omega_0}{\omega}\right)$,则式(2.94)可写成

$$\dot{I}_s=\dot{U}_1 G(1+j\xi)-j\omega C_M \dot{U}_2 \tag{2.96}$$

$$0 = \dot{U}_2 G(1 + \mathrm{j}\xi) - \mathrm{j}\omega C_\mathrm{M} \dot{U}_1 \tag{2.97}$$

对式(2.96)和式(2.97)求解,得

$$\dot{U}_2 = \frac{\mathrm{j}\omega C_\mathrm{M} \dot{I}_\mathrm{s}}{G^2 (1 + \mathrm{j}\xi)^2 + \omega^2 C_\mathrm{M}^2} = \frac{\mathrm{j}\omega C_\mathrm{M} \dot{I}_\mathrm{s}}{G^2 \left(1 - \xi^2 + \dfrac{\omega^2 C_\mathrm{M}^2}{G^2} + \mathrm{j}2\xi\right)} \tag{2.98}$$

$\dot{U}_2$ 的模可表示为

$$U_2 = \frac{\omega C_\mathrm{M} I_\mathrm{s}}{G^2 \sqrt{\left(1 - \xi^2 + \dfrac{\omega^2 C_\mathrm{M}^2}{G^2}\right)^2 + 4\xi^2}} \tag{2.99}$$

将反映耦合程度的耦合因数(Coupling Factor)$\eta = \dfrac{\omega C_\mathrm{M}}{G}$ 代入式(2.99),得

$$U_2 = \frac{\eta I_\mathrm{s}}{G \sqrt{(1 - \xi^2 + \eta^2)^2 + 4\xi^2}} \tag{2.100}$$

该式表示在谐振点附近,次级回路输出电压幅值随频率和耦合度变化的规律。要得到谐振曲线的相对抑制比,还需求出式(2.100)的最大值。利用导数求极值的方法可求得,当 $\eta = 1$ 时,在 $\xi = 0$ 处 U_2 出现最大值 $U_{2\max}$。将 $\eta = 1$、$\xi = 0$ 代入式(2.100),得

$$U_{2\max} = \frac{I_\mathrm{s}}{2G} \tag{2.101}$$

式(2.100)被式(2.101)除,得

$$\alpha = \frac{U}{U_{2\max}} = \frac{2\eta}{\sqrt{(1 - \xi^2 + \eta^2)^2 + 4\xi^2}} \tag{2.102}$$

这就是耦合谐振回路谐振曲线的通用表示式。它对于任何单一电抗耦合形式、任何形式的调谐方法都是适用的。这里唯一的限制条件就是信号频率只能在谐振频率附近改变,且变化范围不能太大,否则 η、Q 就不能视为常数。

将式(2.102)与单回路谐振曲线方程相比可见,谐振曲线的相对抑制比 α 不仅是 ξ 的函数,而且还是 η 的函数;不同的 η 值,曲线的形状也各异。η 之所以称为耦合因数,是因为它与耦合系数 k 成正比。η 与 k 的关系可由下式导出:

$$\eta = \frac{\omega C_\mathrm{M}}{G} = \frac{\omega C}{G} \frac{C_\mathrm{M}}{C} = Q \cdot k \tag{2.103}$$

由式(2.102)可以看出该方程是 ξ 的偶函数,因此曲线对称于 $\xi = 0$ 的坐标轴。为了便于分析,现将式(2.102)改写为

$$\alpha = \frac{U}{U_{2\max}} = \frac{2\eta}{\sqrt{(1 + \eta^2)^2 + 2(1 - \eta^2)\xi^2 + \xi^4}} \tag{2.104}$$

若以 ξ 为变量,η 为参变量,由式(2.104)可以画出图2.29所示的次级回路频率相应曲线。可以看出,不同的 η 值有不同的频率特性。

当 $\eta < 1$ 时($kQ < 1$),此时次级回路对初级回路的影响小,因而初级回路电流随频率而变化的曲线可以认为和它本身单独存在时的串联谐振曲线相同。在次级回路中的电流则可认为是由次级回路本身的串联谐振曲线与初级回路电流的谐振曲线相乘而得。因此 U_2 的变化曲线要比单回路谐振曲线更尖锐。由式(2.104)可知,在谐振点处($\xi = 0$) $\alpha = 2\eta/(1 + \eta^2) < 1$;而且 η 越小,则 U_2 越小。此时为欠耦合情形。

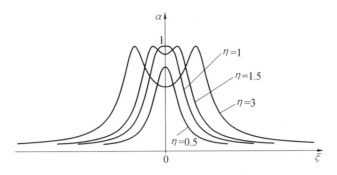

图 2.29　次级回路电压归一化的频率响应曲线

当 η 逐渐增大时,次级回路耦合到初级回路的阻抗也逐渐增加,即次级回路对初级回路的影响逐渐加强。因此,在谐振点处次级回路电流(电压)逐渐增大。而且由于初级回路因反射电阻增加,以致有效 Q 值下降,因而 I_1 的谐振曲线变钝,随之 I_2(或 U_2)的谐振曲线也变钝了。当 $\eta = 1$ 时,即达到临界耦合情形。对于互感耦合回路来说,临界耦合系数为

$$k_{\mathrm{c}} = \frac{M_{\mathrm{c}}}{\sqrt{L_1 L_2}} = \frac{M_{\mathrm{c}}}{L} = \frac{R}{\omega L} = \frac{1}{Q} \tag{2.105}$$

因而
$$\eta = k_{\mathrm{c}} Q = 1$$

由式(2.104)得

$$\alpha = \frac{2}{\sqrt{4 + \xi^4}} \tag{2.106}$$

在通频带边缘处,$\alpha = 1/\sqrt{2}$,代入式(2.106)可得 $\xi = \sqrt{2}$,因此得出通频带为

$$2\Delta f_{0.7} = \sqrt{2}\,\frac{f_0}{Q} \tag{2.107}$$

与式(2.27a)相比较可知,在 Q 值相同的情况下,$\eta = 1$ 的耦合振荡回路通频带为单振荡回路通频带的 $\sqrt{2}$ 倍。由图 2.29 可见,此时的谐振曲线仍是单峰曲线,在谐振点处,$\alpha = 1$,即 $U_2 = U_{2\max}$。这是最佳耦合下的全谐振。

继续增大耦合,$\eta > 1$,即为过耦合状态。由式(2.104)可知,其分母中的第二项 $2(1 - \eta^2)\xi^2$ 变为负值。随着 $|\xi|$ 的增大,此负值也随着增大,所以分母先是减小。当 $|\xi|$ 较大时,分母中的第三项 ξ^4 的作用比较显著,分母又随 $|\xi|$ 的增大而增大。因此,随着 $|\xi|$ 的增大,α 值先是增大,而后又减小。这样,频率特性在 $\xi = 0$ 的两边就必然出现双峰,在 $\xi = 0$ 处为谷点。正如图 2.29 中 $\eta > 1$ 的各条曲线所描述的那样,η 越大,两峰点拉开越远,谷点下凹也越厉害。可以同样证明,在两峰点处,初次级回路处于共轭匹配状态。

若以 δ 来表示谷点下凹的程度,令式(2.104)的 $\xi = 0$ 从而求得 α 值,并以符号 δ 表示,即

$$\delta = \frac{2\eta}{1 + \eta^2} \tag{2.108}$$

可见 δ 随着 η 的增大而下降。

通频带的计算方法与临界耦合时一样,令式(2.104)中的 $\alpha = 1/\sqrt{2}$,即

$$\frac{1}{\sqrt{2}} = \frac{2\eta}{\sqrt{(1 + \eta^2)^2 + 2(1 - \eta^2)\xi^2 + \xi^4}} \tag{2.109}$$

满足上式的广义失谐为

$$|\xi| = \sqrt{\eta^2 + 2\eta - 1}$$

回路的通频带为

$$2\Delta f_{0.7} = \sqrt{\eta^2 + 2\eta - 1}\,\frac{f_0}{Q} \tag{2.110}$$

问题在于 η 如何取值。根据通频带的定义,在通频带范围内 α 值应大于 $1/\sqrt{2}$,对于双峰曲线中心下陷的 δ 值也应满足这一条件。因此,令式(2.108)中 $\delta = 1/\sqrt{2}$,求得 $\eta = 2.41$。将此 η 值代入式(2.110)得

$$2\Delta f_{0.7} = 3.1\,\frac{f_0}{Q} \tag{2.111}$$

与单振荡回路相比,在 Q 值相同的情况下,它是单回路通频带的 3.1 倍。

若需计算双峰之间的宽度时,可将式(2.104)对 ξ 取导数,并令这个导数等于零,得到

$$\xi(1 - \eta^2 + \xi^2) = 0$$

它的三个根是

$$\left. \begin{array}{l} \xi_0 = 0 \\ \xi_1 = -\sqrt{\eta^2 - 1} \\ \xi_0 = +\sqrt{\eta^2 - 1} \end{array} \right\} \tag{2.112}$$

当 $\eta > 1$ 时,ξ_0 为谐振曲线的谷点,ξ_1 与 ξ_2 分别给出两个峰点的位置。当 $\eta = 1$ 时,这三个根合并成一个。当 $\eta < 1$ 时,ξ_1 与 ξ_2 为虚数,无实际意义,只有 ξ_0 有意义,它是最大点的位置。

若两峰间的宽度为 Δf_1,则可以证明

$$\frac{\Delta f_1}{f_0} \approx k \tag{2.113}$$

k 越大,双峰之间距离越远,但在谐振点的下凹也越严重。为了兼顾通频带宽,谐振点的下凹又不太严重,通常可取

$$k = 1.5 k_c \tag{2.114}$$

【例 2.3】 设 $f_0 = 465\text{ kHz}$,$\Delta f_1 = 10\text{ kHz}$,试求耦合回路所需的 Q 值。

解 由 $\Delta f_1 = k f_0$

得

$$k = \frac{10}{465} = 0.021\,5$$

因此临界耦合系数为

$$k_c = \frac{0.021\,5}{1.5} = 0.014\,34$$

于是得出

$$Q = \frac{1}{k_c} = \frac{1}{0.014\,34} = 69\,075$$

从以上已讨论过的串、并联谐振回路与耦合谐振回路可知,要获得理想的滤波特性,例如图 2.28 所示的理想矩形选频特性,是不可能的。因此需要采用逼近理想特性的方法。实际上有以下几种逼近法。

(1) 巴特沃斯(Butterworth)逼近。

用此法所实现的滤波器,它的频率特性在整个通频带内,幅频特性的幅度起伏最小或最平,故也称最平坦滤波器。

（2）切比雪夫(Chebyshev)逼近。

用此法所实现的滤波器,它的频率特性在整个通频带内,幅频特性的幅度起伏以振荡的形式均匀分布。

（3）贝塞尔(Bessel)逼近。

用此法所实现的滤波器,它的频率特性在整个通频带内,相频特性的起伏最小或最平。它的幅频特性表示式与巴特沃斯低通滤波器的幅频特性表示式类似。

（4）椭圆函数逼近。

用椭圆函数逼近方法实现的滤波器,其频率特性中的幅频特性具有陡峭的边缘或狭窄的过渡频带。

习　　题

2.1　已知某一并联谐振回路的谐振频率 $f_0 = 1\,\text{MHz}$,要求对 990 kHz 的干扰信号有足够的衰减,问该并联回路应如何设计?

2.2　试定性分析题 2.2 图所示电路在什么情况下呈现串联谐振或并联谐振状态。

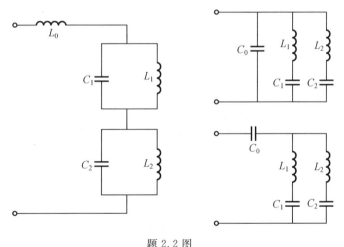

题 2.2 图

2.3　有一并联谐振回路,其电感、电容支路中的电阻均为 R。当 $R = \sqrt{L/C}$ 时(L 和 C 分别为电感和电容支路的电感值和电容值),试证明回路阻抗 Z 与频率无关。

2.4　有一并联回路在某频段内工作,频段最低频率为 535 kHz,最高频率为 1 605 kHz。现有两个可变电容器,一个电容器的最小电容量为 12 pF,最大电容量为 100 pF;另一个电容器的最小电容量为 12 pF,最大电容量为 450 pF。试问:

（1）应采用哪一个可变电容器,为什么?

（2）回路电感应等于多少?

（3）绘出实际的并联回路图。

2.5　给定串联谐振回路的 $f_0 = 1.5\,\text{MHz}$,$C_0 = 100\,\text{pF}$,谐振时电阻 $R = 5\,\Omega$。试求 Q_0 和 L_0。又若信号源电压振幅 $U_{sm} = 1\,\text{mV}$,求谐振回路中的电流 I_0 以及回路元件上的电压 U_{L0m} 和 U_{C0m}。

2.6　串联回路如题2.6图所示。信号源频率 $f_0=1\text{ MHz}$，电压振幅 $U_{sm}=0.1\text{ mV}$。将 ab 端短接，电容 C 调到 100 pF 时谐振。此时，电容 C 两端的电压为 10 V。如 ab 端开路再串接一阻抗 Z_x（电阻与电容串联），则回路失谐，C 调到 200 pF 时重新谐振，总电容两端电压变成 2.5 V。试求线圈的电感量 L、回路品质因数 Q_0 以及未知阻抗 Z_x。

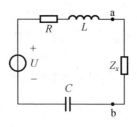

题 2.6 图

2.7　给定并联谐振回路的 $f_0=5\text{ MHz}$，$C=50\text{ pF}$，通频带 $2\Delta f_{0.7}=150\text{ kHz}$。试求电感 L、品质因数 Q_0 以及对信号源频率为 5.5 MHz 时的失调。又若把 $2\Delta f_{0.7}$ 加宽至 300 kHz，应在回路两端再并联上一个阻值多大的电阻？

2.8　并联谐振回路如题2.8图所示。已知通频带 $2\Delta f_{0.7}$，电容 C。若电路总电导为 $g_\Sigma(g_\Sigma=g_s+G_p+G_L)$，试证明

$$g_\Sigma=4\pi\Delta f_{0.7}C$$

若给定 $C=20\text{ pF}$，$2\Delta f_{0.7}=6\text{ MHz}$，$R_p=10\text{ k}\Omega$，$R_s=10\text{ k}\Omega$，求 R_L。

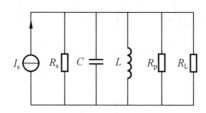

题 2.8 图

2.9　如题2.9图所示。已知 $L=0.8\ \mu\text{H}$，$Q_0=100$，$C_1=C_2=20\text{ pF}$，$C_i=5\text{ pF}$，$R_i=10\text{ k}\Omega$，$C_o=20\text{ pF}$，$R_o=5\text{ k}\Omega$。试计算回路谐振频率、谐振阻抗（不计 R_o 与 R_i 时）、有载 Q_L 值和通频带。

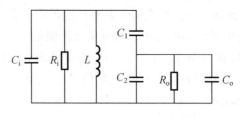

题 2.9 图

2.10　为什么耦合回路在耦合大到一定程度时，谐振曲线出现双峰？

2.11　如何解释 $\omega_{01}=\omega_{02}$，$Q_1=Q_2$ 时，耦合回路呈现下列物理现象：

(1)$\eta<1$ 时，I_{2m} 在 $\xi=0$ 处是峰值，而且随着耦合加强峰值增加；

(2)$\eta>1$ 时，I_{2m} 在 $\xi=0$ 处是谷值，而且随着耦合加强谷值下降；

(3)$\eta>1$ 时，出现双峰而且随着 η 值增加，双峰之间距离增大。

2.12　　假设有一中频放大器等效电路如题 2.12 图所示。试回答下列问题：

(1) 如果将次级线圈短路，这时反射到初级的阻抗等于什么？ 初级等效回路（并联型）应该怎么画？

(2) 如果次级线圈开路，这时反射阻抗等于什么？ 初级等效电路应该怎么画？

(3) 如果 $\omega L_2 = \dfrac{1}{\omega C_2}$，反射到初级的阻抗等于什么？

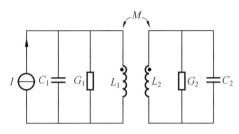

题 2.12 图

2.13　　有一个耦合回路如题 2.13 图所示。已知 $f_{01} = f_{02} = 1\ \text{MHz}$，$\rho_1 = \rho_2 = 1\ \text{k}\Omega$，$R_1 = R_2 = 20\ \Omega$，$\eta = 1$。试求：

(1) 回路参数 L_1、L_2、C_1、C_2 和 M；

(2) 图中 a、b 两端的等效谐振阻抗 Z_p；

(3) 初级回路的等效品质因数 Q_1；

(4) 回路的通频带 BW；

(5) 如果调节 C_2 使 $f_{02} = 950\ \text{kHz}$（信号源频率仍为 1 MHz），求反射到初级回路的串联阻抗。它呈感性还是容性？

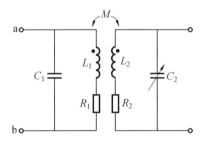

题 2.13 图

2.14　　为什么耦合回路次级电流谐振曲线（尤其在临界耦合时）与单回路相比，具有较平坦的顶部和较陡峭的边缘？

2.15　　与题 2.13 的线路形式及元件参量均相同。如欲使谐振阻抗 $R_p = 5\ \text{k}\Omega$，问耦合系数应调至多大？若使通频带等于 14 kHz，在保持 $\eta = 1$ 的情况下，回路的 Q 等于多少？

2.16　　如题 2.13 图所示的电路形式，已知 $L_1 = L_2 = 100\ \mu\text{H}$，$R_1 = R_2 = 5\ \Omega$，$M = 1\ \mu\text{H}$，$\omega_{01} = \omega_{02} = 10^7\ \text{rad/s}$，电路处于全谐振状态。试求：

(1) a、b 两端的等效谐振阻抗；

(2) 两回路的耦合因数；

(3) 耦合回路的相对通频带。

2.17 已知一 RLC 串联谐振回路的谐振频率 $f_0=300\ \text{kHz}$,回路电容 $C=2\ 000\ \text{pF}$,设规定在通频带的边界频率 f_1 和 f_2 处的回路电流是谐振电流的 $1/1.25$,问回路电阻 R 或 Q 值应等于多少才能获得 $10\ \text{kHz}$ 的通频带?它与一般通频带定义相比较,Q 值相差多少?

2.18 有一双电感复杂并联回路如题 2.18 图所示。已知 $L_1+L_2=500\ \mu\text{H}$,$C=500\ \text{pF}$,为了使电源中的二次谐波能被回路滤除,应如何分配 L_1 和 L_2?

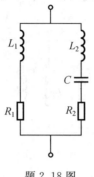

题 2.18 图

2.19 试证明 2.3.4 节关于低 Q 值并联谐振回路调谐的两点结论。

第 3 章

高频小信号放大器

在无线通信系统中,无论在发射端还是接收端,都需要对所处理的信号的幅度进行处理,例如,在接收机的前端,信号经天线耦合进入接收机后幅度较弱、信道噪声影响较大,需对其进行放大和选频滤波,实现该功能的有效元器件即为本章所介绍的高频小信号放大器。

3.1 概　　述

高频放大器与低频(音频)放大器的主要区别是二者的工作频率范围和所需通过的频带宽度都有所不同,所以采用的负载也不相同。低频放大器的工作频率低,但整个工作频带宽度很宽,例如 20~20 000 Hz,高低频率的极限相差达 1 000 倍,所以它们都是采用无调谐负载,例如电阻、有铁芯的变压器等。高频放大器的中心频率一般在几百千赫至几百兆赫,但所需通过的频率范围(频带)和中心频率相比往往是很小的,或者只工作于某一频率,因此一般都是采用选频网络组成谐振放大器或非谐振放大器。

所谓谐振放大器(Resonant Amplifier),就是采用谐振回路(串、并联及耦合回路)作为负载的放大器。根据谐振回路的特性,谐振放大器对于靠近谐振频率的信号有较大的增益;对于远离谐振频率的信号,增益迅速下降。所以,谐振放大器不仅有放大作用,而且也起滤波或选频的作用。

谐振放大器又可分为调谐放大器(通称高频放大器)和频带放大器(通称中频放大器)。前者的调谐回路需对外来的不同信号频率进行调谐;后者的调谐回路的谐振频率固定不变。

由各种滤波器(如 LC 集中选择性滤波器、石英晶体滤波器、表面声波滤波器、陶瓷滤波器等)和阻容放大器组成非调谐的各种窄带和宽带放大器,因其结构简单,性能良好,又能集成化,所以目前被广泛应用。

对高频小信号放大器来说,由于信号小,可以认为它工作在晶体管(或场效应管)的线性范围内。这就允许把晶体管看成线性元件,因此可作为有源线性四端网络(即前述的等效电路)来分析。

为了分析高频小信号放大器,首先应当了解实际运用时对它的要求如何,也就是应当先讨论它的主要质量指标。

对高频小信号放大器提出的主要质量指标如下:

(1)增益(Gain)。

放大器输出电压(或功率)与输入电压(或功率)之比,称为放大器的增益或放大倍数,用 A_u(或 A_p)表示(有时以分贝数计算)。我们希望每级放大器的增益尽量大,使得满足总增益时级数尽量少。放大器增益的大小,决定于所用的晶体管、要求的通频带宽度、是否良好的匹配和稳定的工作。

(2)通频带(Passband)。

由于放大器所放大的一般都是已调制的信号(如以后要讨论的,已调制的信号都包含一定的频谱宽度),所以放大器必须有一定的通频带,以便让必要的信号中的频谱分量通过放大器。例如普通调幅无线电广播所占带宽应为 9 kHz,电视信号的带宽为 65 MHz 等。当这些有一定带宽的高频信号通过高频放大器时,如果放大器的通频带不足,那么,在频带边缘的频率分量就不能得到应有的放大,从而引起输出信号的频率失真。

放大器的通频带如图 3.1 所示,它表示放大器的电压增压 A_u 下降到最大值 A_{u0} 的 0.7 倍(即 $1/\sqrt{2}$ 倍)时所对应的频率范围,仍用 $2\Delta f_{0.7}$ 表示。有时也称 $2\Delta f_{0.7}$ 为 3 dB 带宽,因为电压增益下降 3 dB,即等于绝对值下降至 $1/\sqrt{2}$ 。为了测量方便,还可将通频带定义为放大器的电压增益下降到最大值的 1/2 时所对应的频率范围,用 $2\Delta f_{0.5}$ 表示,也可称为 6 dB 带宽。

放大器的通频带决定于负载回路的形式和回路的等效品质因数 Q_L 。此外,放大器的总通频带随着放大级数的增加而变窄。并且,通频带越宽,放大器的增益就越小,两者是互相矛盾的。在通频带较窄的放大器(例如调幅接收机所用的高频放大器)中,这两者之间的矛盾还不突出,而在频带较宽的放大器(例如电视和雷达接收机等)中,频带和增益的矛盾变得突出。这时必须在牺牲单级增益的情况下,来保证所需的频带宽度。至于总增益,则可用加多级数的办法来满足。

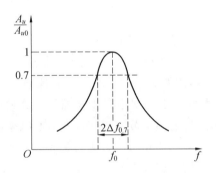

图 3.1　放大器的通频带

根据用途不同,放大器的通频带差异较大。例如,收音机的中频放大器通频带为 6~8 kHz;而电视接收机的中频放大器通频带为 6 MHz 左右。

(3)选择性(Selectivity)。

放大器从含有各种不同频率的信号总和(有用的和有害的)中选出有用信号,排除有害(干扰)信号的能力,称为放大器的选择性。

选择性指标是针对抑制干扰而言的。目前,由于无线电台日益增多,因此无线电台的干扰日益严重。干扰的情况也很复杂:有位于信号频率附近的邻近电台的干扰(邻台干扰);有特定频率的组合干扰;有由于电子器件的非线性产生的交调(Cross Modulation)、互调(Intermodulation);等等。对不同的干扰,有不同的指标要求。下面介绍两个衡量选择性的基本指标——矩形系数和抑制比。

① 矩形系数(Rectangular Coefficient)(通常说明邻近波道选择性的优劣)。

理想情况下,放大器应对通频带内的各信号频谱分量予以同样的放大,而对通频带以外的邻近波道的干扰频率分量则应完全抑制,不予放大。因此理想的放大器频率响应曲线应为矩形,但实际曲线的形状则与矩形有较大的差异,如图 3.2 所示。为了评定实际曲线与理

想矩形的接近程度,通常用矩形系数 K_r 来表示,其定义为

$$K_{r0.1} = \frac{2\Delta f_{0.1}}{2\Delta f_{0.7}} \tag{3.1}$$

$$K_{r0.01} = \frac{2\Delta f_{0.01}}{2\Delta f_{0.7}} \tag{3.2}$$

式中　$2\Delta f_{0.7}$——放大器的通频带;

　　$2\Delta f_{0.1}$ 和 $2\Delta f_{0.01}$——相对放大倍数下降至 0.1 和 0.01 处的带宽。

显然,矩形系数越接近 1,则实际曲线越接近矩形,滤除邻近波道干扰信号的能力越强。通常,频带放大器的矩形系数为 2~5。

有时不用 $2\Delta f_{0.7}$ 与 $2\Delta f_{0.1}$、$2\Delta f_{0.01}$ 之比定义矩形系数,而用 $2\Delta f_{0.5}$ 与 $2\Delta f_{0.01}$ 之比定义矩形系数(测量较方便)。例如,国产某通信机的选择性指标为 2 倍输入带宽($2\Delta f_{0.5}$)为 2.5~4.0 kHz;100 倍输入带宽($2\Delta f_{0.01}$)不大于 8 kHz。

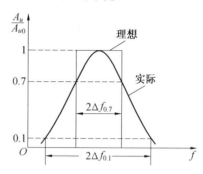

图 3.2　理想的与实际的频率特性

② 抑制比(Suppression Ratio)(或称抗拒比,通常说明某些特定频率,如中频、像频等选择性的好坏)。

如图 3.3 所示的谐振曲线,对信号频率调谐。谐振点 f_0 的放大倍数为 A_{u0}。若有一干扰,其频率为 f_n,则电路对此干扰的放大倍数为 A_u,我们就应用 $d = A_{u0}/A_u$ 表示放大器对干扰的抑制能力。$d = A_{u0}/A_u$ 通常称为对干扰的抑制比(或抗拒比),用分贝(dB)表示,则 $d(\text{dB}) = 20\lg d$。例如,当 $A_{u0} = 100$,$A_u = 1$ 时,则 $d = 100$,或 $d(\text{dB}) = 20\lg 100 = 40$。

(4)工作稳定性(Stability)。

工作稳定性是指放大器的工作状态(直流偏置)、晶体管参数、电路元件参数等发生可能的变化时,放大器的主要特性的稳定程度。一般的不稳定现象是增益变化、中心频率偏移、通频带变窄、谐振曲线变形等。极端的不稳定状态是放大器自激,致使放大器完全不能正常工作。特别是在多级放大器中,如果级数多,增益高,则自激的可能性最大。为了使放大器稳定工作,需要采取相应的措施,如限制每级的增

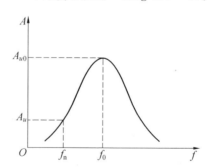

图 3.3　说明抑制比的谐振曲线

益、选择内部反馈小的晶体管、加中和电路或稳定电阻、使级间失配等,此外,在工艺结构方面如元件排列、屏蔽、接地等方面均应良好,以使放大器不自激或远离自激。

(5)噪声系数(Noise Figure)。

在放大器中,噪声总是有害无益的,因而应力求使它的内部噪声越小越好,即要求噪声系数接近 1。在多级放大器中,最前面的一、二级对整个放大器噪声系数起决定性作用,因此要求它们的噪声系数尽量接近 1。为了使放大器的内部噪声小,可采用低噪声管,正确选择工作点电流,选用合适的线路,等等。

以上这些质量指标相互之间既有联系，又有矛盾，应根据要求决定主次。例如接收机的整机灵敏度、选择性、通频带等主要取决于中放级，而噪声则主要决定于高放或混频级（无高放级时）。因此在考虑中放级时，应在满足频带要求与保证工作稳定的前提下，尽量提高增益；而在考虑高放级时，则增益成为次要矛盾，主要应尽量减小本级的内部噪声。

前文已指出，高频小信号放大器可以作为线性有源网络来分析。因此，应先求出有源部分（晶体管或场效应管）的等效电路，再与第 2 章所讨论的选频网络组合，即可对各种不同形式的高频小信号放大器用线性网络的理论来进行分析。接下来只研究晶体管作为有源器件的情况。场效应管作为有源器件的情况可以类推，从略。

3.2　晶体管高频小信号等效模型

晶体管在高频小信号运用时，它的等效电路主要有两种形式：形式等效电路（网络参数等效电路）和混合 π 等效电路（物理模拟等效电路）。

3.2.1　形式等效电路（网络参数等效电路）

形式等效电路（Formal Equivalent Circuit）是将晶体管等效为有源线性四端网络，它的优点在于通用，导出的表达式具有普遍意义，分析电路比较方便；缺点是网络参数与频率有关。例如图 3.4 表示晶体管共发射极电路。在工作时，输入端有输入电压 $\dot{U}_1$ 和输入电流 $\dot{I}_1$，输出端有输出电压 $\dot{U}_2$ 和输出电流 $\dot{I}_2$。根据四端网络的理论，需要有四个数来表示方框内的晶体管的功能。这种表征晶体管功能的数称为晶体管的参数（或参量）。

最常用的有 h、y、z 三种参数系。

如选输出电压 $\dot{U}_2$ 和输入电流 $\dot{I}_1$ 为自变量，输入电压 $\dot{U}_1$ 和输出电流 $\dot{I}_2$ 为参变量，则得到 h 参数系。

如选输入电流 $\dot{I}_1$ 和输出电流 $\dot{I}_2$ 为自变量，输入电压 $\dot{U}_1$ 和输出电压 $\dot{U}_2$ 为参变量，则得到 z 参数（阻抗参数）系。

如选输入电压 $\dot{U}_1$ 和输出电压 $\dot{U}_2$ 为自变

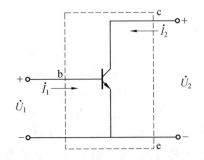

图 3.4　晶体管共发射极电路

量，输入电流 $\dot{I}_1$ 和输出电流 $\dot{I}_2$ 为参变量，则得到 y 参数（导纳参数）系。

本章采用 y 参数系分析电路。因晶体管是电流控制器件，输入输出端都有电流，采用 y 参数较为方便，很多导纳并联可直接相加，运算简单。因此，对 y 参数将进行较详细的研究。

假使电压 $\dot{U}_1$ 与 $\dot{U}_2$ 为自变量，电流 $\dot{I}_1$ 与 $\dot{I}_2$ 为参变量，由图 3.4，则有

$$\dot{I}_1 = y_i\dot{U}_1 + y_r\dot{U}_2 \tag{3.3}$$

$$\dot{I}_2 = y_f\dot{U}_1 + y_o\dot{U}_2 \tag{3.4}$$

式中　y_i —— 输出短路时的输入导纳，$y_i = \dfrac{\dot{I}_1}{\dot{U}_1}\Big|_{\dot{U}_2=0}$；

y_r —— 输入短路时的反向传输导纳，$y_r = \dfrac{\dot{I}_1}{\dot{U}_2}\Big|_{\dot{U}_1=0}$；

y_f —— 输出短路时的正向传输导纳，$y_f = \dfrac{\dot{I}_2}{\dot{U}_1}\Big|_{\dot{U}_2=0}$；

y_o —— 输入短路时的输出导纳，$y_o = \dfrac{\dot{I}_2}{\dot{U}_2}\Big|_{\dot{U}_1=0}$。

根据式（3.3）与式（3.4）可绘出晶体管的 y 参数等效电路如图 3.5 所示。应当说明，短路导纳参数是晶体管本身的参数，只与晶体管的特性有关，而与外电路无关，所以又称为内参数。根据不同的晶体管型号、不同的工作电压和不同的信号频率，导纳参数可能是实数，也可能是复数。

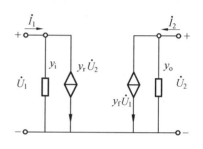

图 3.5　y 参数等效电路

晶体管接入外电路，构成放大器后，由于输入端和输出端都接有外电路，于是得出相应的放大器 y 参数，它们不仅与晶体管有关，而且与外电路有关，故又称为外参数。图 3.6(a) 为晶体管放大器的基本电路。为简明计，图中略去了直流电源，并以 Y_L 代表负载导纳，$\dot{I}_s$ 与 Y_s 代表信号源的电流与导纳。用 y 参数等效电路来代表晶体管，则可得图 3.6(b)。由图可得

$$\dot{I}_1 = y_{ie}\dot{U}_1 + y_{re}\dot{U}_2 \tag{3.5}$$

$$\dot{I}_2 = y_{fe}\dot{U}_1 + y_{oe}\dot{U}_2 \tag{3.6}$$

$$\dot{I}_2 = -Y_L\dot{U}_2 \tag{3.7}$$

式中，各 y 参数第二个下标 e 表示这是共发射极电路的参数；若为共基极或共集电极电路，则第二个下标用 b 或 c。

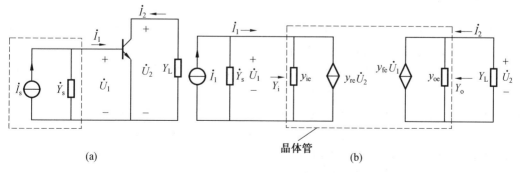

(a)　　　　　晶体管　　　(b)

图 3.6　晶体管放大器及其 y 参数等效电路

从式（3.5）～（3.7）消去 $\dot{U}_2$ 与 $\dot{I}_2$ 可得

$$\dot{I}_1 = (y_{ie} - \frac{y_{re}y_{fe}}{y_{oe} + Y_L})\dot{U}_1$$

因此输入导纳为

$$Y_i = \frac{\dot{I}_1}{\dot{U}_1} = y_{ie} - \frac{y_{re}y_{fe}}{y_{oe} + Y_L} \tag{3.8}$$

式(3.8)说明,输入导纳 Y_i 与负载导纳 Y_L 有关,这反映了晶体管有内部反馈,而这个内部反馈是由反向传输导纳 y_{re} 引起的。

求输出导纳时,应从式(3.5)、式(3.6)中消去 $\dot{I}_1$ 与 $\dot{U}_1$,求得 $\dot{U}_2$ 与 $\dot{I}_2$ 的关系,此时应将信号电流源开路(如为电压源则应短路),因而

$$\dot{I}_1 = -Y_s\dot{U}_1 \tag{3.9}$$

将式(3.9)代入式(3.5)得

$$\dot{U}_1 = \frac{-y_{re}}{y_{ie} + Y_s}\dot{U}_2 \tag{3.10}$$

将式(3.10)代入式(3.6),消去 $\dot{U}_1$,最后得

$$\dot{I}_2 = (y_{oe} - \frac{y_{re}y_{fe}}{y_{ie} + Y_s})\dot{U}_2$$

因而输出导纳为

$$Y_o = \frac{\dot{I}_2}{\dot{U}_2} = y_{oe} - \frac{y_{re}y_{fe}}{y_{ie} + Y_s} \tag{3.11}$$

式(3.11)说明,输出导纳 Y_o 与信号源导纳 Y_s 有关,这也反映了晶体管存在内部反馈,而这个内部反馈也是由 y_{re} 引起的。

最后,由式(3.6)、式(3.7)消去 $\dot{I}_2$,可得电压增益为

$$\dot{A}_u = \frac{\dot{U}_2}{\dot{U}_1} = \frac{-y_{fe}}{y_{oe} + Y_L} \tag{3.12}$$

式(3.12)说明,晶体管的正向传输导纳越大,则放大器的增益也越大。式中负号说明,如果 y_{fe}、y_{oe} 与 Y_L 均为实数,则 $\dot{U}_2$ 与 $\dot{U}_1$ 相位差 $180°$。这正是在低频放大电路中已熟知的结论。

3.2.2　混合 π 等效电路

上面分析的形式等效电路的优点是,没有涉及晶体管内部的物理过程,因而不仅适用于晶体管,也适用于任何四端(或三端)器件。

这种等效电路的主要缺点是没有考虑晶体管内部的物理过程。若把晶体管内部的复杂关系用集中元件 RLC 表示,则每一元件与晶体管内发生的某种物理过程具有明显的关系。用这种物理模拟的方法所得到的物理等效电路就是所谓的混合 π 等效电路。

混合 π 等效电路(Hybird π Equivalent Circuit)的优点在于,各个元件在很宽的频率范围内都保持常数。缺点是分析电路不够方便。

混合 π 等效电路已在"低频电子线路"等前导课中详细讨论过,这里仅给出某典型晶体管的混合 π 等效电路和元件数值,如图 3.7 所示。图中,$r_{b'e}$ 是基射极间电阻,可表示为

$$r_{b'e} = 20\beta_0 / I_E \tag{3.13}$$

图中 β_0——共发射极组态晶体管的低频电流放大系数；

I_E——发射极电流,mA。

$C_{b'e}$——发射结电容；

$r_{bb'}$——基区扩展电阻；

$r_{b'c}$——集电结的结电阻,数值较大；

r_{ce}——集电极与发射极间电阻；

C_{ce}——集电极与发射极间电容；

$g_m U_{b'e}$——晶体管放大等效电流源；

$C_{b'c}$（或称 C_c）——集电结电容。

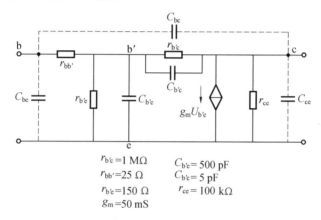

$$r_{b'c} = 1 \text{ M}\Omega \qquad C_{b'e} = 500 \text{ pF}$$
$$r_{bb'} = 25 \ \Omega \qquad C_{b'c} = 5 \text{ pF}$$
$$r_{b'e} = 150 \ \Omega \qquad r_{ce} = 100 \text{ k}\Omega$$
$$g_m = 50 \text{ mS}$$

图 3.7 混合 π 等效电路

应该指出,$C_{b'c}$ 和 $r_{bb'}$ 的存在对晶体管的高频运用是很不利的。$C_{b'c}$ 将输出的交流电压反馈一部分到输入端(基极),可能引起放大器自激。$r_{bb'}$ 在共基电路中引起高频负反馈,降低晶体管的电流放大系数。所以希望 $C_{b'c}$ 和 $r_{bb'}$ 尽量小。

$g_m \dot{U}_{b'e}$ 表示晶体管放大作用的等效电流发生器。这意味着在有效基区 b′ 到发射极 e 之间,加上交流电压 $\dot{U}_{b'e}$ 时,它对集电极电路的作用就相当于有一电流源 $g_m \dot{U}_{b'e}$ 存在。g_m 称为晶体管的跨导,可表示为

$$g_m = \beta_0 / r_{b'e} = I_c / 26 \tag{3.14}$$

式中 r_{ce}——集-射极电阻。

此外,在实际晶体管中,还有三个附加电容 C_{be}、C_{bc} 和 C_{ce},如图 3.7 中虚线所示。它们是由晶体管引线和封装等结构形成的,数值很小,在一般高频工作状态其影响可以忽略。

3.2.3 混合 π 等效电路参数与形式等效电路 y 参数的转换

通常,当晶体管直流工作点选定以后,混合 π 等效电路各元件的参数便已确定,其中有些可由晶体管手册上直接查得,另一些也可根据手册上的其他数值计算出来。但在小信号放大器或其他电路中,为了简单和方便,却以 y 参数等效电路作为分析基础。因此,有必要讨论混合 π 等效电路参数与 y 参数的转换,以便根据确定的元件参数进行小信号放大器或其他电路的设计和计算。

将图 3.5 和图 3.7(C_{be}、C_{bc} 和 C_{ce})重画,如图 3.8 所示。

则 　　　　　　输入电压 $\dot{U}_1 = \dot{U}_b$; 　　　　　输出电压 $\dot{U}_2 = \dot{U}_c$;

　　　　　　　　输入电流 $\dot{I}_1 = \dot{I}_b$; 　　　　　输出电流 $\dot{I}_2 = \dot{I}_c$ 。

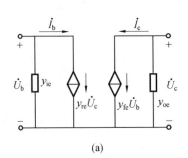
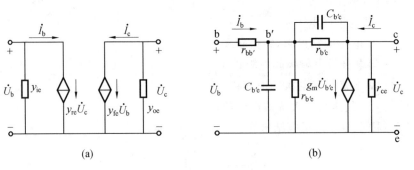

(a) 　　　　　　　　　　　　　　　　　(b)

图 3.8　y 参数及混合 π 等效电路

由图 3.8(b)用节点电流法并以 $\dot{U}_{be}$、$\dot{U}_{b'e}$ 和 $\dot{U}_{ce}$ 分别表示 b 点、b′ 点和 c 点到 e 点的电压,则可得下列方程式:

$$\dot{I}_b = \frac{1}{r_{bb'}}\dot{U}_{be} - \frac{1}{r_{bb'}}\dot{U}_{b'e} \tag{3.15}$$

$$0 = -\frac{1}{r_{bb'}}\dot{U}_{be} + \left(\frac{1}{r_{bb'}} + y_{b'e} + y_{b'c}\right)\dot{U}_{b'e} - y_{b'c}\dot{U}_{ce} \tag{3.16}$$

$$\dot{I}_c = g_m\dot{U}_{b'e} - y_{b'c}\dot{U}_{b'e} + (y_{b'c} + g_{ce})\dot{U}_{ce} \tag{3.17}$$

式中　$y_{b'e} = g_{b'e} + j\omega C_{b'e}$;

　　　$y_{b'c} = g_{b'c} + j\omega C_{b'c}$ 。

在式(3.15)～(3.17)中消去 $\dot{U}_{b'e}$,经整理 $\dot{U}_b$ 代替 $\dot{U}_{be}$, $\dot{U}_c$ 代替 $\dot{U}_{ce}$,得

$$\dot{I}_b = \frac{y_{b'e} + y_{b'c}}{1 + r_{bb'}(y_{b'e} + y_{b'c})}\dot{U}_b - \frac{y_{b'c}}{1 + r_{bb'}(y_{b'e} + y_{b'c})}\dot{U}_c \tag{3.18}$$

$$\dot{I}_c = \frac{g_m - y_{b'c}}{1 + r_{bb'}(y_{b'e} + y_{b'c})}\dot{U}_b + \left[g_{ce} + y_{b'c} + \frac{y_{b'c}r_{bb'}(g_m - y_{b'c})}{1 + r_{bb'}(y_{b'e} + y_{b'c})}\right]\dot{U}_c \tag{3.19}$$

将式(3.18)和式(3.19)与式(3.3)和式(3.4)相比较,并考虑到条件 $g_m \gg |y_{b'c}|$, $y_{b'e} \gg y_{b'c}$ 及 $g_{cc} \gg g_{b'c}$ 通常是满足的,所以可得

$$y_i = y_{ie} \approx \frac{y_{b'e}}{1 + r_{bb'}y_{b'e}} = \frac{g_{b'e} + j\omega C_{b'e}}{(1 + r_{bb'}g_{b'e}) + j\omega C_{b'e}r_{bb'}} \tag{3.20}$$

$$y_r = y_{re} \approx \frac{y_{b'c}}{1 + r_{bb'}y_{b'e}} = \frac{g_{b'c} + j\omega C_{b'c}}{(1 + r_{bb'}g_{b'e}) + j\omega C_{b'e}r_{bb'}} \tag{3.21}$$

$$y_f = y_{fe} \approx \frac{g_m}{1 + r_{bb'}y_{b'e}} = \frac{g_m}{(1 + r_{bb'}g_{b'e}) + j\omega C_{b'e}r_{bb'}} \tag{3.22}$$

$$y_o = y_{oe} \approx g_{ce} + y_{b'c} + \frac{y_{b'c}r_{bb'}g_m}{1 + r_{bb'}y_{b'e}} \approx$$

$$g_{ce} + j\omega C_{b'c} + r_{b'b}g_m\frac{g_{b'c} + j\omega C_{b'c}}{(1 + r_{bb'}g_{b'e}) + j\omega C_{b'e}r_{bb'}} \tag{3.23}$$

由以上四式可见,四个参数都是复数,为以后计算方便,可表示为

$$y_{ie} = g_{ie} + j\omega C_{ie} \tag{3.24}$$

$$y_{oe} = g_{oe} + j\omega C_{oe} \tag{3.25}$$

$$y_{\mathrm{fe}} = |y_{\mathrm{fe}}| \angle \varphi_{\mathrm{ie}} \tag{3.26}$$

$$y_{\mathrm{re}} = |y_{\mathrm{re}}| \angle \varphi_{\mathrm{re}} \tag{3.27}$$

式中　g_{ie}、g_{oe}——输入、输出电导；

C_{ie}、C_{oe}——输入、输出电容。

根据复数运算，并令 $a = 1 + r_{\mathrm{bb'}} g_{\mathrm{b'e}}$；$b = \omega C_{\mathrm{b'e}} r_{\mathrm{bb'}}$，由式(3.20)～(3.23)可得

$$g_{\mathrm{ie}} \approx \frac{a g_{\mathrm{b'e}} + b \omega C_{\mathrm{b'e}}}{a^2 + b^2} \; ; \qquad C_{\mathrm{ie}} = \frac{C_{\mathrm{b'e}}}{a^2 + b^2} \tag{3.28}$$

$$g_{\mathrm{oe}} \approx g_{\mathrm{ce}} + a g_{\mathrm{b'c}} + \frac{b \omega C_{\mathrm{b'c}} g_{\mathrm{m}} r_{\mathrm{bb'}}}{a^2 + b^2} \; ; \qquad C_{\mathrm{oe}} \approx C_{\mathrm{b'c}} + \frac{a C_{\mathrm{b'c}} g_{\mathrm{m}} r_{\mathrm{bb'}} - b g_{\mathrm{b'c}}}{a^2 + b^2} \tag{3.29}$$

$$|y_{\mathrm{fe}}| \approx \frac{g_{\mathrm{m}}}{\sqrt{a^2 + b^2}} \; ; \qquad \varphi_{\mathrm{fe}} \approx - \arctan \frac{b}{a} \tag{3.30}$$

$$|y_{\mathrm{re}}| \approx \frac{\omega C_{\mathrm{b'c}}}{\sqrt{a^2 + b^2}} \; ; \qquad \varphi_{\mathrm{re}} = -\left(\frac{\pi}{2} + \arctan \frac{b}{a} \right) \tag{3.31}$$

通常，晶体管在高频运用时，四个 y 参数都是频率的函数，与在低频时比较，输入导纳 y_{ie} 及输出导纳 y_{oe} 都比低频运用时大，而 y_{fe} 却比低频运用时小。工作频率越高，这种差别就越大。

3.2.4　晶体管的高频参数

为了分析和设计各种高频电子线路，必须了解晶体管的高频特性。下面介绍几个表征晶体管高频特性的参数。

1. 截止频率(Cut-off Frequency) f_β

共发射极电路的电流放大系数 β 将随工作频率的上升而下降，当 β 值下降至低频值 β_0 的 $1/\sqrt{2}$ 时的频率称为 β 截止频率，用 f_β 表示，如图 3.9 所示。

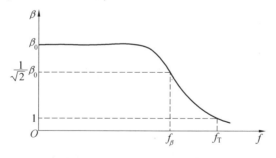

图 3.9　β 截止频率和特征频率

在"低频电子线路"等前导课中已经证明

$$\beta = \frac{\beta_0}{1 + \mathrm{j} \dfrac{f}{f_\beta}} \tag{3.32}$$

其绝对值为

$$|\beta| = \frac{\beta_0}{\sqrt{1 + \left(\dfrac{f}{f_\beta} \right)^2}} \tag{3.33}$$

由于 β_0 比 1 大得多,在频率为 f_β 时,$|\beta|$ 值降为 $\beta_0/\sqrt{2}$,但仍比 1 大得多,因此晶体管还能起放大作用。

2. 特征频率(Characteristic Frequency)f_T

当频率增高,使 $|\beta|$ 下降至 1 时,这时的频率称为特征频率,用 f_T 表示,如图 3.9 所示。根据定义,由式(3.33)得

$$\frac{\beta_0}{\sqrt{1+\left(\dfrac{f}{f_\beta}\right)^2}}=1$$

所以

$$f_T = f_\beta\sqrt{\beta_0^2-1} \tag{3.34}$$

当 $\beta_0 \gg 1$ 时,式(3.34)可近似地写成

$$f_T \approx \beta_0 f_\beta \tag{3.35}$$

特征频率 f_T 和电流放大系数 $|\beta|$ 之间还有下列简单的关系。因为 $\beta_0 \approx \dfrac{f_T}{f_\beta}$,由式(3.33)得

$$|\beta|=\frac{\beta_0}{\sqrt{1+\left(\dfrac{f}{f_\beta}\right)^2}} \approx \frac{\dfrac{f_T}{f_\beta}}{\sqrt{1+\left(\dfrac{f}{f_\beta}\right)^2}}$$

当 $f \gg f_\beta$ 时,上式分母 $\sqrt{1+\left(\dfrac{f}{f_\beta}\right)^2} \approx \dfrac{f}{f_\beta}$,故得

$$|\beta|=\frac{f_T}{f} \quad \text{或} \quad f_T=f|\beta| \tag{3.36}$$

式(3.36)表明,当 $f \gg f_\beta$ 时,特征频率 f_T 等于工作频率 f 和晶体管在该频率的 $|\beta|$ 的乘积。因此,知道了某晶体管的特征频率 f_T(由手册查得),就可以粗略地计算该管在某一工作频率 f 的电流放大系数 β。

3. 最高振荡频率(Maximum Frequency)$f_{\max}$

晶体管的功率增益 $A_p=1$ 时的工作频率称为最高振荡频率 $f_{\max}$。

可以证明

$$f_{\max} \approx \frac{1}{2\pi}\sqrt{\frac{g_m}{4r_{bb'}C_{b'e}C_{b'c}}} \tag{3.37}$$

$f_{\max}$ 表示一个晶体管所能适用的最高极限频率。在此频率工作时,晶体管已得不到功率放大。当 $f > f_{\max}$ 时,无论用什么方法都不能使晶体管产生振荡。最高振荡频率的名称也由此而来。

通常,为使电路工作稳定,且有一定的功率增益,晶体管的实际工作频率应等于最高振荡频率的 $\dfrac{1}{3} \sim \dfrac{1}{4}$。

以上三个频率参数的大小顺序是:$f_{\max}$ 最高,f_T 次之,f_β 最低。

4. 电荷储存效应(Charge Storage Effect)

晶体管中,当 PN 结正向工作时,有大量的非平衡载流子注入。以电子导电的 PN 结为

例,N 区向 P 区注入大量的电子,电子扩散到 P 区以后,在一定的路程 L_n(L_n 称为电子扩散长度)内一面继续扩散,一面与 P 区空穴复合消失。这样就在 P 区内部形成了电子的积累,并建立起一定的浓度分布。电子浓度在势垒区边界最大,沿 P 区逐渐减小。这些积累的电子从势垒区边界向 P 区内部扩散,就构成了正向电流。当某一时刻,PN 结突然由正向工作转为反向工作时,那么,在正向导电时积累在 P 区的大量电子就要被反向电场拉回到 N 区。但由于积累的电子电荷不会突然消失,所以在开始的瞬间,反向电流很大。经过一定时间以后,这些积累的电子一部分流回到 N 区,一部分在 P 区中复合掉。这时反向电流也恢复到正常情况下的反向漏电流值。这种正向导电时少数载流子积累的现象,称为电荷储存效应。由于这一效应使晶体管从正向工作快速转为反向工作时,不能立即获得小的反向饱和电流,反而瞬间通过大电流。当晶体管在高频应用时,输入交流信号从正半周到负半周的瞬间,在输出端也有电流通过,从而使输入电流和输出电流之间出现相位差,引起电流放大系数下降。在乙类和丙类放大器中会引起波形失真,降低电源效率,甚至使放大器不能正常地工作。因此,电荷储存效应使晶体管的高频性能变坏。

3.3　单调谐回路谐振放大器

图 3.10(a)为单调谐回路谐振放大器原理性电路,图中为了突出所要讨论的中心问题,故略去了在实际电路中所必加的附属电路(如偏置电路)等。由图 3.10 可知,由 LC 单回路构成集电极的负载,它调谐于放大器的中心频率。LC 回路与本级集电极电路的连接采用自耦变压器(Autotransformer)形式(抽头电路),与下级负载 Y_L 的连接采用变压器耦合。

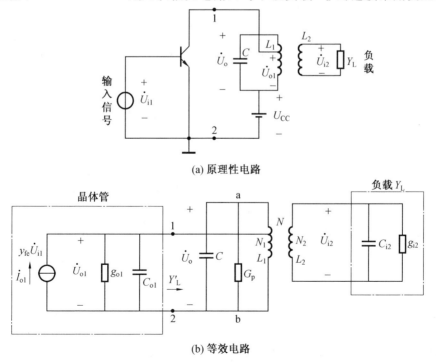

(a) 原理性电路

(b) 等效电路

图 3.10　单调谐回路谐振放大器的原理性电路与等效电路

采用这种自耦变压器－变压器耦合形式,可以减弱本级输出导纳与下级晶体管输入导纳 Y_L 对 LC 回路的影响,同时,适当选择初级线圈抽头位置与初次级线圈的匝数比,可以使负载导纳与晶体管的输出导纳相匹配,以获得最大的功率增益。

本章所讨论的是小信号放大器,因而都工作于甲类,晶体管的作用可用上节所讨论的 y 参数或混合 π 等效电路来表示。此处只画出集电极部分的 y 参数等效电路,如图 3.10(b) 所示。

图中 $\dot{I}_{o1}$ ——晶体管放大作用的等效电流源,$\dot{I}_{o1} = y_{fe} \dot{U}_{i1}$;

g_o、C_{o1} ——晶体管的输出电导与输出电容;

G_p ——回路本身的损耗,$G_p = \dfrac{1}{R_p}$;

Y_L ——负载导纳,通常也就是下一级晶体管的输入导纳,$Y_L = g_{i2} + j\omega C_{i2}$。

由图 3.10(b) 可见,小信号放大器是等效电流源与线性网络的组合,因而可用线性网络理论来求解。

3.3.1 电压增益 $\dot{A}_u$

由式(3.12)可得放大器的电压增益为

$$\dot{A}_u = \frac{\dot{U}_{o1}}{\dot{U}_{i1}} = \frac{-y_{fe}}{y_{oe} + Y'_L} \tag{3.38}$$

式中 y_{oe} ——晶体管的输出导纳,$y_{oe} = y_{o1} = g_{o1} + j\omega C_{o1}$;

Y'_L ——晶体管在输出端 1、2 两点之间的负载导纳,即下级晶体管输入导纳与 LC 谐振回路折算至 1、2 两点间的等效导纳。

显然,$y_{oe} + Y'_L$ 可以看成是 1、2 两点之间的总等效导纳。

为了计算方便,可用式(2.76)将图 3.10(b) 的所有元件参数都折算到 LC 回路两端,得到图 3.11(a),再进一步可化简为图 3.11(b)。可见它就是第 2 章所讨论的并联谐振回路。图中

$$g'_{o1} = p_1^2 g_{o1}, \quad g'_{i2} = p_2^2 g_{i2}, \quad C'_{o1} = p_1^2 C_{o1}, \quad C'_{i2} = p_2^2 C_{i2}$$

$$p_1 = \frac{N_1}{N}, \quad p_2 = \frac{N_2}{N}, \quad G'_p = G_p + g'_{o1} + g'_{i2}, \quad C_\Sigma = C + C'_{o1} + C'_{i2}$$

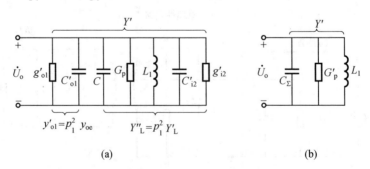

图 3.11 单调谐放大器的电路参数都折算到 LC 回路两端时的等效负载网络

由图 3.11 可知,由 LC 回路两端看来的总等效导纳为

$$Y' = p_1^2 (y_{oe} + Y'_L)$$

于是式(3.38)的电压增益可写成

$$\dot{A}_u = \frac{\dot{U}_{o1}}{\dot{U}_{i1}} = -\frac{p_1^2 y_{fe}}{Y'} \tag{3.39}$$

但由图 3.10(a)可知,本级的实际电压增益应为 $\dfrac{\dot{U}_{i2}}{\dot{U}_{i1}}$。因此

$$\dot{A}_u = \frac{\dot{U}_{i2}}{\dot{U}_{i1}} = \frac{\left(\dfrac{N_2}{N_1}\right)\dot{U}_{o1}}{\dot{U}_{i1}} = \frac{\left(\dfrac{p_2}{p_1}\right)\dot{U}_{o1}}{\dot{U}_{i1}} = \frac{p_1 p_2 y_{fe}}{Y'} \tag{3.40}$$

由图 3.11(b)可知

$$Y' = G'_P + j\left(\omega C_\Sigma - \frac{1}{\omega L_1}\right)$$

p_1、p_2 与 y_{fe} 为常数,因此,式(3.40)所表示的电压增益随频率的变化与 Y' 并联谐振曲线形式相同。

在谐振点($\omega = \omega_0$),$\omega_0 C_\Sigma = \dfrac{1}{\omega_0 L_1}$,$Y' = G'_p$,因此得到谐振点的电压增益为

$$\dot{A}_{u0} = -\frac{p_1 p_2 y_{fe}}{G'_P} = -\frac{p_1 p_2 y_{fe}}{G_p + g'_{o1} + g'_{i2}} \tag{3.41}$$

为了获得最大的功率增益,应适当选取 p_1 与 p_2 的值,使负载导纳 Y_L 能与晶体管电路的输出导纳相匹配。匹配的条件为

$$g'_{i2} = g'_{o1} + G_p = \frac{G'_P}{2}$$

即
$$p_2^2 g_{i2} = p_1^2 g_{o1} + G_p \tag{3.42}$$

通常 LC 回路本身的损耗 G_p 很小,与 $p_1^2 g_{o1}$ 相比可以忽略,因而式(3.42)变为

$$p_2^2 g_{i2} \approx p_1^2 g_{o1} = \frac{G'_P}{2} \tag{3.43}$$

于是求得匹配时所需的接入系数值为

$$p_1 = \sqrt{\frac{G'_P}{2g_{o1}}}, \qquad p_2 = \sqrt{\frac{G'_P}{2g_{i2}}} \tag{3.44}$$

将式(3.43)、式(3.44)代入式(3.41),即得在匹配时的电压增益为

$$(A_{u0})_{max} = -\frac{y_{fe}}{2\sqrt{g_{o1}g_{i2}}} \tag{3.45}$$

【例 3.1】 某高频管在 25 MHz 时,共发射极接法的 y 参数为 $g_o = 0.1 \times 10^{-3} S$,$g_i = 10^{-2} S$,$|y_{fe}| = 30$ mS。则当它作为 25 MHz 放大器时,在匹配状态的电压增益为

$$(A_{u0})_{max} = -\frac{y_{fe}}{2\sqrt{g_{o1}g_{i2}}} = \frac{30 \times 10^{-3}}{2\sqrt{0.1 \times 10^{-3} \times 10^{-2}}} = 15$$

3.3.2 功率增益 A_p

在非谐振点计算功率增益是很复杂的,一般用处不大。因此下面只讨论谐振时的功率增益。

在谐振时,图 3.10(b)可简化为图 3.12。此时的功率增益为

$$A_{p0} = \frac{P_o}{P_i}$$

式中 P_i ——放大器的输入功率；

  P_o ——输出端负载 g_{i2} 上获得的功率。

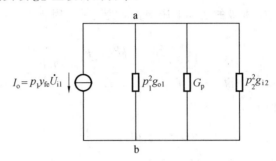

图 3.12 谐振时的简化等效电路

由图 3.10 可知 $P_i = U_{i1}{}^2 g_{i1}$

由图 3.12 可知 $P_o = U_{ab}^2 p_2^2 g_{i2} = \left(\dfrac{p_1 \mid y_{fe} \mid U_{i1}}{G'_p} \right)^2 p_2^2 g_{i2}$

因此谐振时的功率增益为

$$A_{p0} = \frac{P_o}{P_i} = \frac{p_1^2 p_2^2 g_{i2} \mid y_{fe} \mid^2}{g_{i1} (G'_p)^2} = (A_{u0})^2 \frac{g_{i2}}{g_{i1}} \tag{3.46}$$

式中 g_{i1} ——本级放大器的输入端电导；

  g_{i2} ——下一级晶体管的输入电导。

若采用相同的晶体管，则 $g_{i1} = g_{i2}$ ，因此得

$$A_{p0} = (A_{u0})^2 \tag{3.47}$$

在忽略回路损耗 G_p 时，由式(3.45)得匹配时的最大功率增益为

$$(A_{p0})_{\max} = \frac{\mid y_{fe} \mid^2}{4 g_{o1} g_{i2}} \tag{3.48}$$

考虑 G_p 损耗后，引入插入损耗(Insertion Loss) K_1 ，有

$$K_1 = \frac{回路无损耗时的输出功率 P_1}{回路有损耗时的输出功率 P'_1}$$

由图 3.12，不考虑 G_p 时，负载 $p_2^2 g_{i2}$ 上所获得的功率为

$$P_1 = U_{ab}^2 (p_2^2 g_{i2}) = \left(\frac{I_o}{p_1^2 g_{o1} + p_2^2 g_{i2}} \right)^2 (p_2^2 g_{i2})$$

在考虑 G_p 后，负载 $p_2^2 g_{i2}$ 上所获得的功率为

$$P'_1 = U_{ab}^2 (p_2^2 g_{i2}) = \left(\frac{I_o}{p_1^2 g_{o1} + p_2^2 g_{i2} + G_p} \right)^2 (p_2^2 g_{i2})$$

回路的无载 Q 值为

$$Q_0 = \frac{1}{G_p \omega_0 L} \quad 或 \quad G_p = \frac{1}{\omega_0 L Q_0}$$

它的有载 Q 值为

$$Q_L = \frac{1}{(p_1^2 g_{o1} + p_2^2 g_{i2} + G_p) \omega_0 L}$$

即
$$p_1^2 g_{o1} + p_2^2 g_{o2} = \frac{1}{Q\omega_0 L} - G_p = \frac{1}{\omega_0 L}\left(\frac{1}{Q_L} - \frac{1}{Q_0}\right)$$

将以上的 P_1、P'_1、Q_0 与 Q_L 的关系式代入 K_1 表示式,即得

$$K_1 = \frac{P_1}{P'_1} = \left(\frac{p_1^2 g_{o1} + p_2^2 g_{i2} + G_p}{p_1^2 g_{o1} + p_2^2 g_{i2}}\right)^2 = \left[\frac{\dfrac{1}{\omega_0 L Q_L}}{\dfrac{1}{\omega_0 L}\left(\dfrac{1}{Q_L} - \dfrac{1}{Q_0}\right)}\right]^2 = \left(\frac{1}{1 - \dfrac{Q_L}{Q_0}}\right)^2 \quad (3.49)$$

如用分贝(dB)表示,则有

$$K_1(\text{dB}) = 10\lg\left[1/\left(1 - \frac{Q_L}{Q_0}\right)^2\right] = 20\lg\left[1/\left(1 - \frac{Q_L}{Q_0}\right)\right] \quad (3.50)$$

式(3.50)说明,回路的插入损耗和 Q_L/Q_0 有关。Q_L/Q_0 越小,损耗就越小。考虑插入损耗后,匹配时的最大功率增益成为

$$(A_{p0})_{\max} = \frac{|y_{fe}|^2}{4 g_{o1} g_{i2}}\left(1 - \frac{Q_L}{Q_0}\right)^2 \quad (3.51)$$

此时的电压增益为

$$(A_{u0})_{\max} = \frac{|y_{fe}|}{2\sqrt{g_{o1} g_{i2}}}\left(1 - \frac{Q_L}{Q_0}\right) \quad (3.52)$$

最后应说明,从功率传输的观点来看,希望满足匹配条件,以获得 $(A_{p0})_{\max}$。但从降低噪声的观点来看,必须使噪声系数最小,这时可能不能满足最大功率增益条件。可以证明,采用共发射极电路时,最大功率增益与最小噪声系数可近似地同时获得满足。而在工作频率较高时,则采用共基极电路可以同时获得最小噪声系数与最大功率增益。

3.3.3　通频带与选择性

由式(3.40)与式(3.41)可得放大器的相对电压增益为

$$\frac{\dot{A}_u}{\dot{A}_{u0}} = \frac{G'_p}{Y'} = G'_p Z' \quad (3.53)$$

式中

$$Z' = \frac{1}{Y'} = \frac{1}{G'_p + j\left(\omega C_\Sigma - \dfrac{1}{\omega L_1}\right)} = \frac{1}{G'_p\left(1 + j\dfrac{2 Q_L \Delta f}{f_0}\right)} \quad (3.54)$$

此处　f_0 ——谐振频率,$f_0 = \dfrac{1}{2\pi\sqrt{L_1 C_\Sigma}}$;

Δf ——工作频率 f 对谐振频率 f_0 的失谐,$\Delta f = f - f_0$;

Q_L ——回路的有载品质因数,$Q_L = \dfrac{\omega_0 C_\Sigma}{G'_p} = \dfrac{1}{\omega_0 L_1 C_\Sigma}$。

由此得到

$$\frac{A_u}{A_{u0}} = \frac{1}{\sqrt{1 + \left(\dfrac{2 Q_L \Delta f}{f_0}\right)}} \quad (3.55)$$

式(3.55)与式(2.24)完全相似,因此得到通频带为

$$2\Delta f_{0.7} = \frac{f_0}{Q_L} \quad (3.56)$$

此时 $\dfrac{A_u}{A_{u0}} = \dfrac{1}{\sqrt{2}}$ 。可见 Q_L 越高,则通频带越窄。

【例 3.2】 广播接收机的中频 $f_0 = 465 \text{ kHz}$,$2\Delta f_{0.7} = 8 \text{ kHz}$,则所需中频回路 Q_L 值为

$$Q_L = \frac{f_0}{2\Delta f_{0.7}} = \frac{465 \times 10^3}{8 \times 10^3} = 57$$

若为雷达接收机,$f_0 = 30 \text{ MHz}$,$2\Delta f_{0.7} = 10 \text{ MHz}$,则所需中频回路的 Q_L 值为 $Q_L = 30/10 = 3$,这时需在中频调谐回路上并联一定数值的电阻,以增大回路的损耗,使 Q_L 值降低到所需的值。

电压增益 A_u 也可用 $2\Delta f_{0.7}$ 来表示。因为回路损耗电导 G'_p 可表示为

$$G'_p = \frac{\omega_0 C_\Sigma}{Q_L} = \frac{2\pi f_0 C_\Sigma}{f_0/2\Delta f_{0.7}} = 4\pi C_\Sigma \Delta f_{0.7}$$

代入式(3.41)得

$$\dot{A}_{u0} = -\frac{p_1 p_2 y_{fe}}{G'_p} = -\frac{p_1 p_2 y_{fe}}{4\pi \Delta f_{0.7} C_\Sigma} \tag{3.57}$$

此式说明,晶体管选定以后(即 y_{fe} 值已经确定),接入系数不变时,放大器的谐振电压增益 A_{u0} 只决定于回路的总电容 C_Σ 和通频带 $2\Delta f_{0.7}$ 的乘积。电容越大,通频带 $2\Delta f_{0.7}$ 越宽,则增益 A_{u0} 越小。

显然,电容 C_Σ 越大,通频带 $2\Delta f_{0.7}$ 越宽,则要求 G'_p 大,即 G_p 加大,使 Q_L/Q_0 的比值变大,所以电压增益就越小。

因此要想既得到高的增益,又保证足够宽的通频带,除了选用 $|y_{fe}|$ 较大的晶体管外,还应该尽量减小谐振回路的总电容量 C_Σ。C_Σ 也不可能很小。在极限的情况下,回路不接外加电容(图 3.11 中的 C_Σ),回路电容由晶体管的输出电容、下级晶体管的输入电容、电感线圈的分布电容和安装电容等组成。另外,这些电容都属于不稳定电容(随着晶体管电压变化或更换晶体管等而改变),其改变会引起谐振曲线不稳定,使通频带改变。因此,从谐振曲线稳定性的观点来看,希望外加电容大,即 C_Σ 大,以使不稳定电容的影响相对减小。

通常,对宽带放大器而言,要使放大量大,则要求 C_Σ 尽量小。这时谐振曲线不稳定是次要的,因为频带很宽。反之,对窄频带放大器,则要求 C_Σ 大些(外加电容大),使谐振曲线稳定(不会使通频带改变,以致引起频率失真)。这时因频带窄,放大量是够大的。

如前所述,放大器的选择性是用矩形系数这个指标来表示的。

由式(3.1) $K_{r0.1} = \dfrac{2\Delta f_{0.1}}{2\Delta f_{0.7}}$ 可知,当 $\dfrac{A_u}{A_{u0}} = 0.1$ 时,可求得 $2\Delta f_{0.1}$。将 $\dfrac{A_u}{A_{u0}} = 0.1$ 代入式(3.55),解之得

$$2\Delta f_{0.1} = \sqrt{10^2 - 1}\, \frac{f_0}{Q_L}$$

由式(3.56)可得

$$2\Delta f_{0.7} = \frac{f_0}{Q_L}$$

所以矩形系数为

$$K_{r0.1} = \frac{2\Delta f_{0.1}}{2\Delta f_{0.7}} = \sqrt{10^2 - 1} \approx 9.95 \tag{3.58}$$

上面所得结果表明,单调谐回路放大器的矩形系数远大于 1。也就是说,它的谐振曲线和矩形相差较远,所以其邻道选择性差。这是单调谐回路放大器的缺点。

3.3.4　级间耦合网络

图 3.10 所示的单调谐放大器的负载网络是采用自耦变压器—变压器耦合的方式,除了这种耦合网络方式之外,还可以采用如图 3.13 所示的几种级间耦合网络形式。图 3.13 中 (a)、(b)、(d)属于电感耦合电路,图 3.13(c)是电容耦合电路。图 3.13(a)、(b)、(c)适用于共发射极电路,它们的特点是调谐回路通过降压形式接入后级的晶体管,以使后级晶体管的低输入电阻与前级的高输出电阻相匹配。前级晶体管可以用线圈抽头方式接入回路,也可以直接跨在回路两端。图 3.13(d)并联—串联式主要用于输入电阻很低的共基极电路。因为这时输入电阻太小,用前面的办法,次级匝数太少,实际上难以实现。在这种情况下,次级用串联谐振电路,就更为有利。

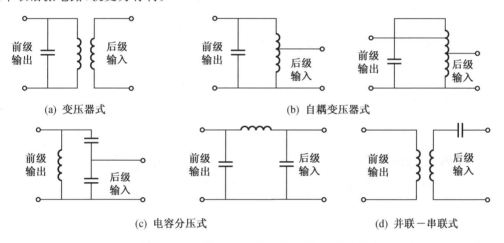

图 3.13　单调谐放大器的级间耦合网络形式

现举一个中频放大器的计算实例作为小结,并得出某些实际概念。

【例 3.3】　设计一个中频放大器,指标如下:中心频率 $f_0 = 465$ kHz,带宽 $2\Delta f_{0.7} = 8$ kHz。负载 Z_L 为下级一个完全相同的晶体管的输入阻抗,采用自耦变压器—变压器耦合网络。

解　选用某高频小功率晶体管,当 $U_{CE} = 6$ V,$I_E = 2$ mA 时,它的 y 参数为

$$g_{ie} = 1.2 \text{ mS}, C_{ie} = 12 \text{ pF}; g_{oe} = 400 \text{ μS}, C_{oe} = 9.5 \text{ pF}$$

$$|y_{fe}| = 58.3 \text{ mS}, \varphi_{fe} = -22°; |y_{re}| = 310 \text{ μS}, \varphi_{re} = -88.8°$$

设暂不考虑 y_{re} 的作用,则由式(3.8)与式(3.11)得输入导纳为

$$Y_i \approx y_{ie} = g_{ie} + j\omega C_{ie} = [1.2 \times 10^{-3} + j\omega_0(12 \times 10^{-12})]\text{S} = (1.2 + j0.035)\text{mS}$$

输出导纳为

$$Y_o \approx y_{oe} = g_{oe} + j\omega C_{oe} = (0.4 + j0.027\ 8) \text{ mS}$$

设采用图 3.10(a)的原理性电路,加上各种辅助元件,绘出如图 3.14 所示的实际电路。图中 R_1、R_2 为偏置电阻,它们的值应经过实际调整,以使 $I_E = 2$ mA。C_1 为旁路电容,它的阻抗在 465 kHz 时应远小于 R_2。例如若 $R_2 = 5$ kΩ,则 C_1 可选为 $0.05 \sim 0.1$ μF。R_e 是为偏置稳定而加的射极电阻,一般典型数值为 $500 \sim 1\ 000$ Ω。旁路电容 C_e 仍可用 0.05 ～

$0.1~\mu\text{F}$。$R_{c}C_{c}$ 为去耦电路,是为了消除多级放大器各级通过电源 U_{CC} 所引起的寄生耦合,一般可取 $R_{c}=500~\text{k}\Omega$ 左右,C_{c} 取 $0.05~\mu\text{F}$。

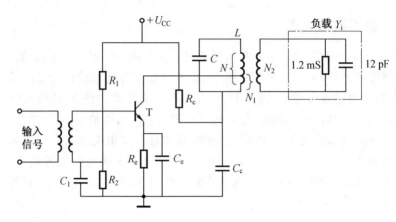

图 3.14 单调谐放大器的设计举例

设选取回路总电容 $C_{\Sigma}=200~\text{pF}$,则回路电感为

$$L=\frac{1}{\omega_0^2 C_{\Sigma}}=\frac{1}{(2\pi\times465\times10^3)^2\times200\times10^{-12}}\text{H}\approx586~\mu\text{H}$$

若回路的空载品质因数 $Q_0=100$,则回路损耗电导为

$$G_{p}=\frac{1}{Q_0\omega_0 L}=\frac{1}{100\times2\pi\times465\times10^3\times586\times10^{-6}}\text{S}\approx5.84~\mu\text{S}$$

再由通频带为 $8~\text{kHz}$,中心频率为 $465~\text{kHz}$ 的条件,例 3.2 中已求得回路有载品质因数 $Q_{L}=57$。由此求得并联到 LC 回路上的总损耗电导为

$$G'_{p}=\frac{1}{Q_{L}\omega_0 L}=\frac{1}{57\times2\pi\times465\times10^3\times586\times10^{-6}}\text{S}\approx10.2~\mu\text{S}$$

又已知 $g_{i2}=1.2~\text{mS}$,$g_{o1}=400~\mu\text{S}$。由式(3.44)可求得在匹配时的初级抽头比为

$$p_1=\frac{N_1}{N}=\sqrt{\frac{G'_{p}}{2g_{o1}}}=\sqrt{\frac{10.2\times10^{-6}}{2\times400\times10^{-6}}}\approx0.113$$

初次级的匝数比为

$$p_2=\frac{N_2}{N}=\sqrt{\frac{G'_{p}}{2g_{i2}}}=\sqrt{\frac{10.2\times10^{-6}}{2\times1.2\times10^{-6}}}\approx0.065$$

如果根据 $L=586~\mu\text{H}$ 已求得初级线圈的匝数 $N=200$,则可求得 $N_1=0.113\times200$ 匝$=22.6$ 匝,$N_2=0.065\times200$ 匝$=13$ 匝。

最后求本级的增益,由式(3.45)得

$$(A_{u0})_{\text{max}}=\frac{y_{\text{fe}}}{2\sqrt{g_{o1}g_{i2}}}=\frac{58.3\times10^{-3}}{2\sqrt{400\times10^{-6}\times1.2\times10^{-3}}}\approx42$$

或以功率增益 $(A_{p0})_{\text{max}}$ 表示,则

$$(A_{p0})_{\text{max}}=(A_{u0})_{\text{max}}^2=1\,770~\text{倍}$$

以分贝表示,则

$$(A_{p0})_{\text{max}}=10\lg 1\,770~\text{dB}\approx32~\text{dB}$$

考虑到回路的插入损耗,由式(3.50)得

$$K_1 = 20\lg\frac{1}{1-\dfrac{Q_L}{Q_0}} = 20\lg\frac{1}{1-\dfrac{57}{100}}\ \mathrm{dB} \approx 7.33\ \mathrm{dB}$$

因而净功率增益为

$$(A'_{p0})_{\max} = (A_{p0})_{\max} - K_1 = (32-7.33)\mathrm{dB} = 24.67\ \mathrm{dB}$$

3.4　多级单调谐回路谐振放大器

若单级放大器的增益不能满足要求,就要采用多级放大器。

假如放大器有 m 级,各级的电压增益分别为 A_{u1} , A_{u2} , $\cdots$, A_{um} ,显然,总增益 A_m 是各级增益的乘积,即

$$A_m = A_{u1} \cdot A_{u2} \cdot \cdots \cdot A_{um} \tag{3.59}$$

如果多级放大器是由完全相同的单级放大器组成的,即

$$A_{u1} = A_{u2} = \cdots = A_{um}$$

那么,整个放大器的总增益是

$$A_m = A_{u1}^m \tag{3.60}$$

m 级相同的放大器级联时,它的谐振曲线可由下式表示:

$$\frac{A_m}{A_{m0}} = \frac{1}{\left[1+\left(\dfrac{2Q_L\Delta f}{f_0}\right)^2\right]^{\frac{m}{2}}} \tag{3.61}$$

它等于各单级谐振曲线的乘积。所以级数越多,谐振曲线越尖锐,如图 3.15 所示。这时选择性虽很好,但通频带却变窄了。

对 m 级放大器而言,通频带的计算应满足下式:

$$\frac{1}{\left[1+\left(\dfrac{Q_L 2\Delta f_{0.7}}{f_0}\right)^2\right]^{\frac{m}{2}}} = \frac{1}{\sqrt{2}} \tag{3.62}$$

解式(3.62),可求得 m 级放大器的通频带 $(2\Delta f_{0.7})_m$ 为

$$(2\Delta f_{0.7})_m = \sqrt{2^{1/m}-1}\ \frac{f_0}{Q_L} \tag{3.63}$$

在式(3.63)中, $\dfrac{f}{Q_L}$ 等于单级放大器的通

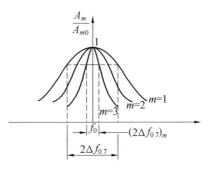

图 3.15　多级放大器的谐振曲线

频带 $2\Delta f_{0.7}$ 。因此 m 级和单级放大器的通频带具有如下的关系:

$$(2\Delta f_{0.7})_m = \sqrt{2^{1/m}-1}\ 2\Delta f_{0.7} \tag{3.64}$$

由于 m 是大于 1 的整数,所以 $\sqrt{2^{1/m}-1}$ 必定小于 1 。因此, m 级相同的放大器级联时,总的通频带比单级放大器的通频带缩小了。级数越多, m 越大,总通频带越小,如图3.15所示。

如果要求 m 级的总通频带等于原单级的通频带,则每级的通频带要相应地加宽,即必须降低每级回路的 Q_L 。这时

$$Q_L = \sqrt{2^{1/m} - 1} \, \frac{f_0}{2\Delta f_{0.7}} \tag{3.65}$$

式中　$\sqrt{2^{1/m} - 1}$ ——带宽缩减因子。

利用式(3.61),采取与在单级时求矩形系数的同样方法,可求得 m 级单调谐放大器的矩形系数为

$$K_{r0.1} = \frac{(2\Delta f_{0.1})_m}{(2\Delta f_{0.7})_m} = \sqrt{\frac{100^{1/m} - 1}{2^{1/m} - 1}} \tag{3.66}$$

【例 3.4】　若 $f_0 = 30\text{ MHz}$,所需通频带为 4 MHz,则在单级($m=1$)时,所需回路 $Q_L = \frac{f_0}{2\Delta f_{0.7}} = \frac{30}{4} = 7.5$；$m=2$ 时,所需 $Q_L = \sqrt{2^{1/2} - 1} \times \frac{30}{4} = 4.83$；$m=3$ 时,$Q_L = \sqrt{2^{1/3} - 1} \times \frac{30}{4} = 3.82$。

由此可见,m 越大,每级回路所需的 Q_L 值越低。即当通频带一定时,m 越大,则每级所能通过的频带应越宽。例如在本例中,$(2\Delta f_{0.7})_m = 4\text{ MHz}$,则当 $m=2$ 时,单级通频带 $2\Delta f_{0.7} = \frac{(2\Delta f_{0.7})_m}{\sqrt{2^{1/2} - 1}} = 6.2\text{ MHz}$；$m=3$ 时,单级 $(2\Delta f_{0.7})_m = \frac{4}{\sqrt{2^{1/3} - 1}}\text{ MHz} = 7.85\text{ MHz}$。

由式(3.57)可知,当电路参数给定时,$2\Delta f_{0.7}$ 越大,则单级增益应越低。即加宽通带是以降低增益为代价的。

由式(3.66)可列出 $K_{r0.1}$ 与 m 的关系,见表 3.1。

表 3.1　$K_{r0.1}$ 与 m 的关系

m	1	2	3	4	5	6	7	8	9	10	∞
$K_{r0.1}$	9.95	4.8	3.75	3.4	3.2	3.1	3.0	2.94	2.92	2.9	2.56

由表 3.1 可见,当级数 m 增加时,放大器的矩形系数有所改善。但是,这种改善是有限度的。级数越多,$K_{r0.1}$ 的变化越缓慢；即使级数无限加大,$K_{r0.1}$ 也只有 2.56,离理想的矩形($K_{r0.1} = 1$)还有很大的距离。

由以上分析可见,单调谐回路放大器的选择性较差,增益和通频带的矛盾比较突出。为了改善选择性和解决这个矛盾,可采用双调谐回路放大器和参差调谐放大器(多级调谐,但各级放大器谐振频率不同)。

3.5　双调谐回路谐振放大器

双调谐回路谐振放大器具有频带较宽、选择性较好的优点。图 3.16(a)所示是一种常用的双调谐回路放大器线路。集电极电路采用互感耦合的谐振回路作为负载,被放大的信号通过互感耦合加到次级放大器的输入端。晶体管 T_1 的集电极在初级线圈的接入系数为 p_1,下一级晶体管 T_2 的基极在次级线圈的接入系数为 p_2。另外,假设初、次级回路本身的损耗都很小(回路 Q 较大,G_p 很小,这是符合实际情况的),可以忽略。

图 3.16(b)表示双调谐回路放大器的高频等效电路。为了讨论方便,把图 3.16(b)的电流源 $y_{fe}\dot{U}_i$ 及输出导纳($g_{oe}C_{oe}$)折合到 L_1C_1 的两端,负载导纳(即下一级的输入导纳

$g_{ie}C_{ie}$)折合到 L_2C_2 的两端。变换后的等效电路和元件数值如图 3.16(c)所示。

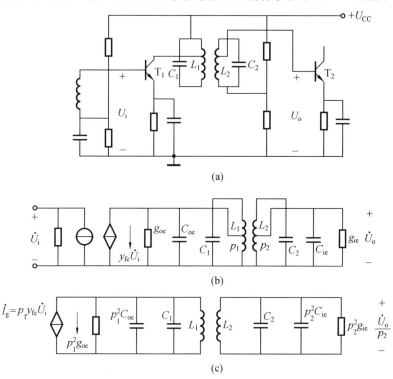

图 3.16　双调谐回路放大器及其等效电路

在实际应用中,初、次级回路都调谐到同一中心频率 f_0。为了分析方便,假设两个回路元件参数都相同,即电感 $L_1=L_2=L$;初、次级回路总电容 $C_1+p_1^2C_{oe} \approx C_2+p_2^2C_{ie}=C$;折合到初、次级回路的导纳为 $p_1^2g_{oe} \approx p_2^2g_{ie}=g$;回路谐振角频率 $\omega_1=\omega_2=\omega_0=1/\sqrt{LC}$;初、次级回路有载品质因数为 $Q_{L1}=Q_{L2} \approx 1/(g\omega_0L)=\omega_0C/g$ 。由图 3.16(c)可知,它是一个典型的并联型互感耦合回路,因而 2.3 节所得的一切结论对图 3.16(c)都是适用的。考虑到抽头系数 p_1、p_2 ,可以得出电压增益的表达式为

$$A_u = \frac{p_1p_2|y_{fe}|}{g} \frac{\eta}{\sqrt{(1-\xi^2+\eta^2)+4\xi^2}} \tag{3.67}$$

在谐振时,$\xi=0$,得

$$A_{u0} = \frac{\eta}{1+\eta^2} \cdot \frac{p_1p_2|y_{fe}|}{g} \tag{3.68}$$

由式(3.68)可见,双调谐回路放大器的电压增益也与晶体管的正向传输导纳 $|y_{fe}|$ 成正比,与回路的电导 g 成反比。另外, A_{u0} 与耦合参数 η 有关。根据 η 的不同,可分为下列三种情况:

(1)弱耦合 $\eta < 1$,谐振曲线在 f_0($\xi=0$)处出现峰值。此时

$$A_{u0} = \frac{\eta}{1+\eta^2} \cdot \frac{p_1p_2|y_{fe}|}{g}$$

随着 η 的增加, A_{u0} 的值增加。

(2)临界耦合 $\eta=1$,谐振曲线较平坦,在 f_0($\xi=0$)处出现最大峰值。

此时
$$A_{u0} = \frac{p_1 p_2 |y_{fe}|}{g} \tag{3.69}$$

(3)强耦合 $\eta > 1$,谐振曲线出现双峰,两个峰点位置在

$$\xi = \pm \sqrt{\eta^2 - 1} \tag{3.70}$$

此时
$$A_{u0} = \frac{p_1 p_2 |y_{fe}|}{2g}$$

与 $\eta = 1$ 的峰值相同。

三种情况的曲线如图 3.17 所示。下面是在三种情况下,双调谐回路放大器的谐振曲线表示式:

弱耦合 $\eta < 1$ 时有

$$\frac{A_u}{A_{u0}} = \frac{1 + \eta^2}{\sqrt{(1 - \xi^2 + \eta^2)^2 + 4\xi^2}} \tag{3.71}$$

强耦合 $\eta > 1$ 时有

$$\frac{A_u}{A_{u0}} = \frac{2\eta}{\sqrt{(1 - \xi^2 + \eta^2)^2 + 4\xi^2}} \tag{3.72}$$

临界耦合 $\eta = 1$ 时有

$$\frac{A_u}{A_{u0}} = \frac{2}{\sqrt{4 + \xi^4}} \tag{3.73}$$

式(3.73)是较常用的情况。

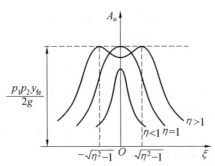

图 3.17 对应于不同的 η,双调谐回路放大器的谐振曲线

因此,很容易求出临界耦合时的通频带(令 $\frac{A_u}{A_{u0}} = \frac{1}{\sqrt{2}}$)为

$$2\Delta f_{0.7} = \sqrt{2}\, \frac{f_0}{Q_L} \tag{3.74}$$

由式(3.74)知,单调谐放大器的通频带是 f_0/Q_L ,对比可见,在回路有载品质因数 Q_L 相同的情况下,临界耦合双调谐回路放大器的通频带等于单调谐回路放大器通频带的 $\sqrt{2}$ 倍。

为了说明双调谐回路放大器的选择性优于单调谐回路放大器,先求出临界耦合时的矩形系数。根据定义,当 $A_u/A_{u0} = 1/10$ 时,代入式(3.73),得

$$\frac{2}{\sqrt{4 + \left(\frac{2Q_L \Delta f_{0.1}}{f_{0.7}}\right)^4}} = \frac{1}{10}$$

解之得

$$2\Delta f_{0.1} = \sqrt[4]{100-1}\,\frac{\sqrt{2}\,f_0}{Q_L}$$

因此矩形系数为

$$K_{r0.1} = \frac{2\Delta f_{0.1}}{2\Delta f_{0.7}} = \sqrt[4]{100-1} = 3.16$$

可见,双调谐回路放大器的矩形系数远比单调谐回路放大器的小,它的谐振曲线更接近于矩形。

如为 m 级($\eta=1$)双调谐放大器,则同样可以证明其矩形系数为

$$K_{r0.1} = \sqrt[4]{\frac{10^{2/m}-1}{2^{1/m}-1}} \tag{3.75}$$

上面只讨论了临界耦合的情况,这种情况在实际上应用较多。弱耦合时,放大器的谐振曲线和单调谐回路放大器的相似,通频带较窄,选择性也较差。强耦合时,虽然通频带变得更宽,矩形系数也更好,但谐振曲线顶部出现凹陷,回路的调节也较麻烦。因此,只在与临界耦合级配合时或特殊场合才采用。

3.6　谐振放大器的稳定性与稳定措施

3.6.1　谐振放大器的稳定性

前面已指出,小信号放大器的工作稳定性是重要的质量指标之一。这里将进一步讨论和分析谐振放大器工作不稳定的原因,并提出一些提高放大器稳定性的措施。

上面所讨论的放大器,都是假定工作于稳定状态的,即输出电路对输入端没有影响($y_{re}=0$)。或者说,晶体管是单向工作的,输入可以控制输出,而输出则不影响输入。但实际上,由于晶体管存在反向传输导纳 y_{re}(或称 y_{12}),将输出电压 U_o 反作用到输入端,引起输入电流 I_i 的变化,这就是反馈作用。

y_{re} 的反馈作用可以从表示放大器输入导纳 Y_i 的式(3.8)中看出,即

$$Y_i = y_{ie} - \frac{y_{re}y_{fe}}{y_{oe}+Y_L'} = y_{ie} + Y_F \tag{3.76}$$

式中　y_{ie}——输出端短路时晶体管(共发连接时)本身的输入导纳;

　　　Y_F——通过 y_{re} 的反馈引起的输入导纳,它反映了负载导纳 Y_L' 的影响。

如果放大器输入端也接有谐振回路(或前级放大器的输出谐振回路),那么输入导纳 Y_i 并联在放大器输入端回路后如图 3.18 所示。当没有反馈导纳 Y_F 时,输入端回路是调谐的。y_{ie} 中电纳部分 b_{ie} 的作用,已包括在 L 或 C 中;而 y_{ie} 中电导部分 g_{ie} 以及信号源内电导 g_s 的作用则是使回路有一定的等效品质因数 Q_L 值。然而由于反馈导纳 Y_F 的存在,就改变了输入端

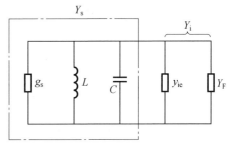

图 3.18　放大器等效输入端回路

回路的正常情况。

Y_F 可改写成

$$Y_F = g_F + jb_F \tag{3.77}$$

式中 g_F 和 b_F ——电导部分和电纳部分。

它们除与 y_{fe}、y_{re}、y_{oe} 和 Y'_L 有关外,还是频率的函数;随着频率的不同,其值也不同,且可能为正或负。图 3.19 表示了反馈电导 g_F 随频率变化的关系曲线。

由于反馈导纳的存在,使放大器输入端的电导发生变化(考虑 g_F 作用),也使得放大器输入端回路的电纳发生变化(考虑 b_F 作用)。前者改变了回路的等效品质因数 Q_L 值,后者引起回路的失谐。这些都会影响放大器的增益、通频带和选择性,并使谐振曲线产生畸变,如图 3.20 所示。特别值得注意的是,g_F 在某些频率上可能为负值,即呈负电导性,使回路的总电导减小,Q_L 增加,通频带减小,增益也因损耗的减小而增加。这也可理解为负电导 g_F 供给回路能量,出现正反馈。g_F 的负值越大,这种影响越严重。如果反馈到输入端回路的电导 g_F 的负值恰好抵消了回路原有电导 $g_s + g_{ie}$ 的正值,则输入端回路总电导为零,反馈能量抵消了回路的损耗能量,放大器处于自激振荡工作状态,这是绝对不能允许的。即使 g_F 的负值还没有完全抵消 $g_s + g_{ie}$ 的正值,放大器不能自激,但已倾向于自激。这时放大器的工作也是不稳定的,称为潜在不稳定。这种情况同样是不允许的。因此必须设法克服或降低晶体管内部反馈的影响,使放大器远离自激,能稳定地工作。

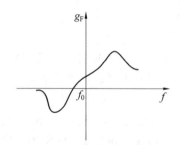

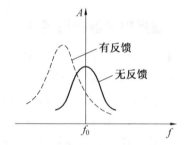

图 3.19 反馈电导 g_F 随频率变化
的关系曲线

图 3.20 反馈导纳对放大器谐振
曲线的影响

上面说明了放大器工作不稳定甚至可能产生自激的原因,下面分析放大器不产生自激和远离自激的条件。

回到图 3.18,这时总导纳为 $Y_s + Y_i$。当总导纳

$$Y_s + Y_i = 0 \tag{3.78}$$

时,放大器反馈的能量抵消了回路损耗的能量,且电纳部分也恰好抵消,放大器产生自激。所以,放大器产生自激的条件是

$$Y_s + y_{ie} - \frac{y_{fe} y_{re}}{y_{oe} + Y'_L} = 0 \tag{3.79}$$

即

$$\frac{(Y_s + y_{ie})(y_{oe} + Y'_L)}{y_{fe} y_{re}} = 1 \tag{3.80}$$

晶体管反向传输导纳 y_{re} 越大,则反馈越强,式(3.80)左边数值就越小。它越接近 1,放大器越不稳定。反之,上式左边数值越大,则放大器越稳定。因此,式(3.80)左边数值的大小,可作为衡量放大器稳定与否的标准。

下面对式(3.80)复数形式的表示法做进一步推导,找出实用的稳定条件。参阅图 3.18,在式(3.79)与式(3.80)中,有

$$Y_s + y_{ie} = g_s + g_{ie} + j\omega C + \frac{1}{j\omega L} + j\omega C_{ie} = (g_s + g_{ie})(1 + j\xi_1)$$

式中

$$\xi_1 = Q_1\left(\frac{f}{f_0} - \frac{f_0}{f}\right)$$

$$f = \frac{1}{2\pi\sqrt{L(C + C_{ie})}}$$

$$Q_1 = \frac{\omega_0(C + C_{ie})}{(g_s + g_{ie})}$$

若用幅值与相角形式表示,则

$$Y_s + y_{ie} = (g_s + g_{ie})\sqrt{1 + \xi_1^2}\, e^{j\psi_1} \tag{3.81}$$

式中 $\psi_1 = \arctan\xi_1$。

同理,输出回路部分也可求得相同形式的关系式

$$y_{oe} + Y'_L = (g_{oe} + G_L)\sqrt{1 + \xi_2^2}\, e^{j\psi_2} \tag{3.82}$$

式中 $\psi_2 = \arctan\xi_2$。

假设放大器输入、输出回路相同,即 $\xi = \xi_1 = \xi_2$,$\psi_1 = \psi_2 = \psi$,并将式(3.81)和式(3.82)代入式(3.80),可得

$$\frac{(g_s + g_{ie})(g_{oe} + G_L)(1 + \xi^2)\, e^{j2\psi}}{|y_{fe}|\,|y_{re}|\, e^{j(\varphi_{fe} + \varphi_{re})}} = 1 \tag{3.83}$$

式中 φ_{fe} 和 φ_{re} —— y_{fe} 和 y_{re} 的相角。

要满足式(3.83),必须分别满足幅值和相位两个条件,即

$$\frac{(g_s + g_{ie})(g_{oe} + G_L)(1 + \xi^2)}{|y_{fe}|\,|y_{re}|} = 1 \tag{3.84}$$

和

$$2\psi = \varphi_{fe} + \varphi_{re}$$

由相位条件可得

$$2\arctan\xi = \varphi_{fe} + \varphi_{re} \tag{3.85}$$

于是

$$\xi = \tan\frac{\varphi_{fe} + \varphi_{re}}{2} \tag{3.86}$$

式(3.84)说明,只有在晶体管的反向传输导纳 $|y_{re}|$ 足够大时,该式左边部分才可能减小到 1,满足自激的幅值条件。而当 $|y_{re}|$ 较小时,左边的分数值总是大于 1 的。$|y_{re}|$ 越小,分数值越大,离自激条件越远,放大器越稳定。因此,通常采用式(3.84)的左边量

$$S = \frac{(g_s + g_{ie})(g_{oe} + G_L)(1 + \xi^2)}{|y_{re}| + |y_{fe}|} \tag{3.87}$$

作为判断谐振放大器工作稳定性的依据,称为谐振放大器的稳定系数(Stability Factor)。若 $S = 1$,放大器将自激,只有当 $S \gg 1$ 时,放大器才能稳定工作,一般要求稳定系数 $S \approx 5 \sim 10$。

实用上,工作频率远低于晶体管的特征频率,这时 $y_{fe} = |y_{fe}|$,即 $\varphi_{fe} = 0$。并且反向传输导纳 y_{re} 中,电纳起主要作用,即 $y_{re} \approx -j\omega_0 C_{re}$,$\varphi_{re} \approx -90°$。将这些条件代入式(3.86),可得自激的相位条件为 $\xi = -1$。这说明当放大器调谐于 f_0 时,在低于 f_0 的某一频率上($\xi =$

一1),满足相位条件,可能产生自激。这是由于当 $\xi=-1$ 时(即 $f<f_0$),放大器的输入和输出回路(并联回路)都呈感性,再经反馈电容 C_{re} 的耦合,形成电感反馈三端振荡器。电感反馈三端振荡器将在第 5 章介绍。

将上述近似条件($y_{\text{fe}}=|y_{\text{fe}}|$,$\varphi_{\text{fe}}=0$;$y_{\text{re}}\approx-j\omega_0 C_{\text{re}}$,$\varphi_{\text{re}}\approx-90°$)代入式(3.87),并假定 $g_{\text{s}}+g_{\text{ie}}=g_1$,$g_{\text{oe}}+G_{\text{L}}=g_2$,则得

$$S=\frac{2g_1 g_2}{\omega_0 C_{\text{re}}|y_{\text{fe}}|} \tag{3.88}$$

式(3.88)表明,要使 S 远大于 1,除选用 C_{re} 尽可能小的放大管外,回路的谐振电导 g_1 和 g_2 应越大越好。

如前所述,放大器的电压增益可写成

$$A_{u0}=\frac{|y_{\text{fe}}|}{g_2} \tag{3.89}$$

由此可见,放大器的稳定与增益的提高是相互矛盾的,增大 g_2 以提高稳定系数,必然降低增益。

当 $g_1=g_2$ 时,将式(3.86)中 $g_2=\dfrac{|y_{\text{fe}}|}{A_{u0}}$ 代入式(3.78),可得

$$A_{u0}=\sqrt{\frac{2|y_{\text{fe}}|}{S\omega_0 C_{\text{re}}}} \tag{3.90}$$

取 $S=5$,得

$$(A_{u0})_{\text{s}}=\sqrt{\frac{|y_{\text{fe}}|}{2.5\omega_0 C_{\text{re}}}} \tag{3.91}$$

式中 $(A_{u0})_{\text{s}}$ ——保持放大器稳定工作所允许的电压增益,称为稳定电压增益。

通常,为保证放大器能稳定工作,其电压增益 A_{u0} 不允许超过 $(A_{u0})_{\text{s}}$。因此,式(3.91)可用以检验放大器是否稳定工作。

必须指出:上面只讨论了通过 y_{re} 的内部反馈所引起的放大器不稳定,并没有考虑外部其他途径反馈的影响。这些影响有:输入、输出端之间的空间电磁耦合,公共电源的耦合等。外部反馈的影响在理论上是很难讨论的,必须在去耦电路和工艺结构上采取措施。

3.6.2 单向化

如前所述,由于晶体管存在 y_{re} 的反馈,所以它是一个"双向元件"。作为放大器工作时,y_{re} 的反馈作用是有害的,其有害作用是可能引起放大器工作的不稳定。这在上节已详细讨论过。这里,讨论如何消除 y_{re} 的反馈,变"双向元件"为"单向元件",这个过程称为单向化。

单向化的方法有两种:一种是消除 y_{re} 的反馈作用,称为"中和法";另一种是使 G_{L}(负载电导)或 g_{s}(信号源电导)的数值加大,因而使得输入或输出回路与晶体管失去匹配,称为"失配法"。

中和法是在晶体管的输出和输入端之间引入一个附加的外部反馈电路(中和电路),以抵消晶体管内部 y_{re} 的反馈作用。由于 y_{re} 中包含电导分量和电容分量,因此外部反馈电路也包括电阻分量 R_{N} 和电容分量 C_{N} 两部分,并要使通过 R_{N}、C_{N} 的外部反馈电流正好与通过 y_{re} 所产生的内部反馈电流相位差 $180°$,从而互相抵消,变"双向元件"为"单向元件"。

显然,严格的中和是很难达到的,因为晶体管的反向传输导纳 y_{re} 是随频率而变化的,因

而只能对一个频率起到完全中和的作用。而且,在生产过程中,由于晶体管参数的离散性,合适的中和电阻与电容量需要在每个晶体管的实际调整过程中确定,较麻烦且不宜大量生产。

目前,由于晶体管制造技术的发展(y_{re} 减小),且要求调整简化,中和法已基本不用。为此,重点讨论失配法。

失配是指信号源内阻不与晶体管输入阻抗匹配,晶体管输出端负载阻抗不与本级晶体管的输出阻抗匹配。

如果把负载导纳 Y'_L 取得比晶体管输出导纳 y_{oe} 大得多,即 $y_{oe} \ll Y'_L$,那么由式(3.76)可见,输入导纳 $Y_i = y_{ie} - y_{re}y_{fe}/(y_{oe} + Y'_L) \approx y_{ie}$。即 Y_i 式中的第二项 Y_F 很小,可以近似地认为 Y_i 就等于 y_{ie},消除了由于 y_{re} 的反馈作用对 Y_i 的影响。

失配法的典型电路是共射－共基级联放大器,其交流等效电路如图 3.21 所示。图中由两个晶体管组成级联电路,前一级是共射电路,后一级是共基电路。由于共基电路的特点是输入阻抗很低(即输入导纳很大)和输出阻抗很高(即输出导纳很小),当它和共射电路连接时,相当于共射放大器的负载导纳很大。根据前一小节讨论已知,在 Y'_L 很大($y_{oe} \ll Y'_L$)时,$Y \approx y_{ie}$,即晶体管内部反馈的影响相应地减弱,甚至可以不考虑内部反馈的影响,因此放大器的稳定性就得到提高。所以共射－共基级联放大器的稳定性比一般共射放大器的稳定性高得多。共射极在负载导纳很大的情况下,虽然电压增益很小,但电流增益仍较大,而共基极虽然电流增益接近 1,但电压增益却较大,因此级联后功率增益较大。

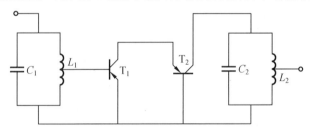

图 3.21　共发－共基级联放大器的交流等效电路

下面对共射－共基级联放大器进行简单定量分析。

分析的方法是把两个级联晶体管看成一个复合管,如图 3.22 所示。这个复合管的 y 参数由两个晶体管的电压、电流和 y 参数决定。如两个级联晶体管是同一型号的,它们的 y 参数可认为是相同的。我们只要知道这个复合管的等效 y 参数,就可以把这类放大器看成是一般的共射极放大器。

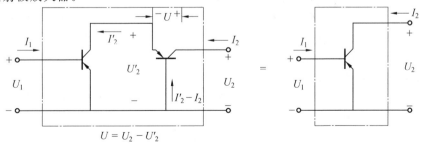

图 3.22　把级联晶体管看成一个复合管

可以证明,复合管的等效导纳参数为

$$y'_i = \frac{y_{ie} y_\Sigma + \Delta y}{y_\Sigma + y_{oe}} \tag{3.92}$$

$$y'_r = \frac{y_{re}(y_{re} + y_{oe})}{y_\Sigma + y_{oe}} \tag{3.93}$$

$$y'_f = \frac{y_{fe}(y_{fe} + y_{oe})}{y_\Sigma + y_{oe}} \tag{3.94}$$

$$y'_o = \frac{\Delta y + y_{oe}^2}{y_\Sigma + y_{oe}} \tag{3.95}$$

式中 y'_i、y'_r、y'_f、y'_o——复合管的四个 y 参数,有

$$y_\Sigma = y_{ie} + y_{re} + y_{fe} + y_{oe}$$

$$\Delta y = y_{ie} y_{oe} - y_{re} y_{fe}$$

在一般的工作频率范围内,下列条件是成立的,即

$$y_{ie} \gg y_{re}\ ;\ y_{fe} \gg y_{ie}\ ;\ y_{fe} \gg y_{oe}\ ;\ y_{fe} \gg y_{re}$$

因此

$$y_\Sigma \approx y_{fe}$$

$$y'_i \approx \frac{y_{ie} y_{fe} + y_{ie} y_{oe} - y_{re} y_{fe}}{y_{fe} + y_{oe}} \approx y_{ie} - \frac{y_{re} y_{fe}}{y_{fe} + y_{oe}} \approx y_{ie} \tag{3.96}$$

$$y'_r \approx \frac{y_{re}(y_{re} + y_{oe})}{y_{fe} + y_{oe}} \approx \frac{y_{re}}{y_{fe}}(y_{re} + y_{oe}) \tag{3.97}$$

$$y'_f \approx \frac{y_{fe}(y_{re} + y_{oe})}{y_{fe} + y_{oe}} \approx y_{fe} \tag{3.98}$$

$$y'_o = \frac{y_{ie} y_{oe} - y_{re} y_{fe} + y_{oe}^2}{y_{fe} + y_{oe}} \approx \frac{y_{fe}\left[\left(\frac{y_{ie} y_{oe}}{y_{fe}}\right) - y_{re} + \left(\frac{y_{oe}^2}{y_{fe}}\right)\right]}{y_{fe}} \approx \left[\left(\frac{y_{ie} y_{oe}}{y_{fe}}\right) - y_{re} + \left(\frac{y_{oe}^2}{y_{fe}}\right)\right] \approx - y_{re} \tag{3.99}$$

由此可见,输入导纳 y'_i 和正向传输导纳 y'_f 大致与单管情况相等,而反向传输导纳(反馈导纳) y'_r 远小于单管情况的反馈导纳 y_{re}($|y'_r|$ 约为 $|y_{re}|$ 的三十分之一),这说明级联放大器的工作稳定性大大提高。其次,复合管的输出导纳 y'_o 也只是单管输出导纳 y_{oe} 的几分之一。这说明级联放大器的输出端可以直接和阻抗较高的调谐回路相匹配,不再需要抽头接入。

另外,由于 y'_f 基本上和单管情况的 y_{fe} 相等,因此,用谐振回路的这类放大器的增益计算方法也和单管共发电路的增益计算方法相同。

失配法的优点是工作稳定,在生产过程中无须调整,因此非常方便,适用于大量生产。并且这种方法除能防止放大器自激外,对电路中某些参数的变化(如 y_{oe})还可起改善作用。两管组成的级联放大电路与单管共发放大器的总增益近似相等。

此外,共射—共基电路的另一主要优点是噪声系数小。这是由于共发射极的输入阻抗高,可以保证输入端有较大的电压传输系数,这对于提高信噪比有利。而且共射—共基电路工作稳定,可以允许有较高的功率增益,更有利于抑制后面各级的噪声。因此,共射—共基电路已成为典型的低噪声电路。

图 3.23 是一个雷达接收机的前置中放级,前两级是共射—共基级联电路,末级是共射电路。放大器的中心频率为 30 MHz,通频带为 10~11 MHz,增益为 20~30 dB,输入端灵敏度为 5~6 μV。CG36 为国产优良的低噪声管,使整个放大器的噪声系数可小于 2 dB。与电源—12 V 连接的三个 100 μH 电感与四个 1 500 pF 的电容是去耦滤波器,其作用是消除输出信号通过公共电源的内阻抗对前级产生的寄生反馈。

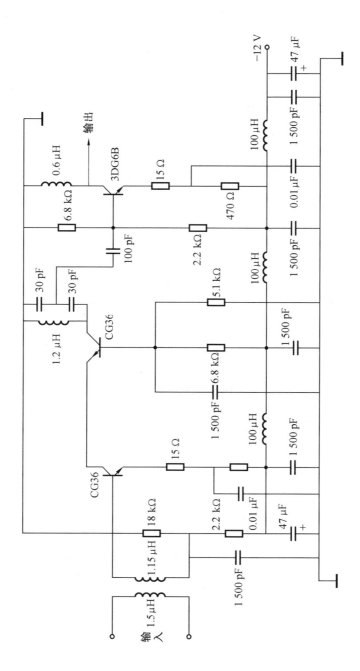

图3.23 某雷达发射机的级联中频放大器电路

3.7　谐振放大器的常用电路和集成电路谐振放大器

前面几节我们讨论了各种晶体管谐振放大器的特性和分析方法以及放大器的稳定性和单向化问题。本节将介绍几种谐振放大器的常用电路,并简述集成电路谐振放大器。

3.7.1　谐振放大器常用电路举例

图 3.24 表示国产某调幅通信机接收部分所采用的二级中频放大器电路。第一中放级由晶体管 T_1 和 T_2 组成共射—共基级联电路,电源电路采用串馈供电,R_6、R_{10}、R_{11} 为这两个管子的偏置电阻,R_7 为负反馈电阻,用来控制和调整中放增益。R_8 为发射极温度稳定电阻。R_{12}、C_6 为本级中放的去耦电路,防止中频信号电流通过公共电源引起不必要的反馈。变压器 T_{r1} 和电容 C_7、C_8 组成单调谐回路。

C_4、C_5 为中频旁路电容器。人工增益控制电压通过 R_9 加至 T_1 的发射极,改变控制电压(-8 V)即可改变本级的直流工作状态,达到增益控制的目的。

耦合电容 C_3 至 T_1 的基极之间加接的 680 Ω 电阻是防止可能产生寄生振荡(Parasitic Oscillation)(自激振荡)用的,是否一定加,这要根据具体情况而定。

第二级中放由晶体管 T_3 和 T_4 组成共射—共基级联电路,基本上和第一级中放相同,仅回路上多了并联电阻,即 R_{19} 和 R_{20} 的串联值。电阻 R_{19} 和热敏电阻 R_{20} 串接后作为低温补偿,使低温时灵敏度不降低。

在调整合适的情况下,应该保持两个管子的管压降接近相等。这时能充分发挥两个管子的作用,使放大器达到最佳的直流工作状态。

上面介绍了谐振回路放大器的常用电路。目前还广泛应用非调谐回路式放大器,即由第 2 章所述的各种滤波器(满足选择性和通频带要求)和线性放大器(满足放大量)组成。

采用这种形式有如下优点:

(1)将选择性回路集中在一起,有利于微型化。例如,采用石英晶体滤波器和线性集成电路放大器后,体积能够做得很小。

(2)稳定性好。对多级谐振放大器而言,因为晶体管的输出和输入阻抗随温度变化较大,所以温度变化时会引起各级谐振曲线形状的变化,影响了总的选择比和通频带。在更换晶体管时也是如此。但集中滤波器仅接在放大器的某一级,因此晶体管的影响很小,提高了放大器的稳定性。

(3)电性能好。通常将集中滤波器接在放大器组的低信号电平处(例如,在接收机的混频和中放之间),这样可使噪声和干扰首先受到大幅度的衰减,提高信号噪声比。多级谐振放大器是做不到这一点的。另外,若与多级谐振放大器采用相同的回路数(指 LC 集中滤波器),各回路线圈的品质因数 Q 也相同时,集中滤波器的矩形系数更接近1,选择性更好。这是由于晶体管的影响很小,所以有效品质因数 Q_L 变化不大。

(4)便于大量生产。集中滤波器作为一个整体,可单独进行生产和调试,大大缩短了整机生产周期。

下面介绍这类放大器的常用电路。

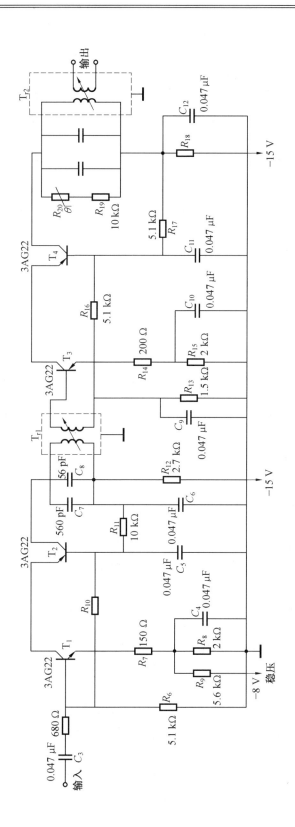

图3.24　某调幅通信接收机的共射—共基级联中频放大器电路

图 3.25 所示为国产某通信机中放级采用的窄带差接桥型石英晶体滤波器电路。晶体管 T 为中放级；R_1、R_2、R_3 和 C_1、C_2 组成直流偏置电路；R_4、C_3 组成去耦电路。J_T、C_N、L_1、L_2 组成滤波电路。J_T 为石英晶体；C_N 为调节电容器，改变电容量可改变电桥平衡点位置，从而改变通带；L_1、L_2 为调谐回路的对称线圈；L_3 组成第二调谐回路。由图 3.25 可见，J_T、C_N、L_1、L_2 组成图 3.26 所示的电桥。

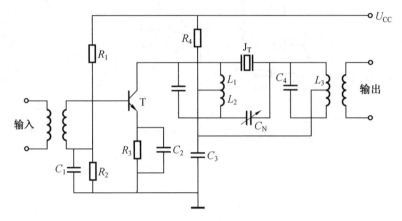

图 3.25　窄带差接桥型石英晶体滤波器电路

当调节 C_N 使 $C_N = C_0$ 时（C_0 为石英晶体的静电容），C_0 的作用被平衡，放大器的输出取决于石英晶体的串联谐振特性。

当 $C_N > C_0$ 时，必然在低于 ω_q 的某个频率上晶体所呈现的容抗等于 C_N 的容抗。这时电桥平衡，无输出。

当 $C_N < C_0$ 时，必然在高于 ω_p 的某个频率上晶体所呈现的容抗等于 C_N 的容抗。这时电桥平衡，无输出。

因此，调节 C_N 可改变通带宽度，也可使电桥平衡点对准干扰信号频率，这样，电桥就对干扰信号衰减最大。

L_3 组成的第二回路，其线圈抽头是可变的，如前所述，改变抽头（即改变 p^2）可改变等效阻抗的大小，它一方面起着阻抗匹配的作用，另一方面也可适当改变通带，由它影响等效品质因数 Q_L 的值。

图 3.27 所示为采用单片陶瓷滤波器提高放大器选择性的中频放大器电路。陶瓷滤波器接在中频放大器的发射极电路里取代旁路电容器。由于陶瓷滤波器 2L 工作在 465 kHz 上，因此对 465 kHz 信号呈现极小的阻抗；此时负反馈最小，增益最大。而对离 465 kHz 稍远的频率，滤波器呈现较大的阻抗，使负反馈加大，增益下降，因而提高了此中放级的选择性。

最后，介绍采用表面声波滤波器（SAWF）的中频放大器电路。

表面声波滤波器通常都用作中频放大器的滤波器。如前所述，由于它的插入损耗与匹配条件有关，所以它的接入必须实现良好的匹配。此外，就是在匹配条件基本满足时，它的总插入损耗也比较大，通常在 6～10 dB，所以还必须采用预中频放大器电路，以保证中频放大器的总增益。图 3.28 所示就是应用的预中频放大器电路。

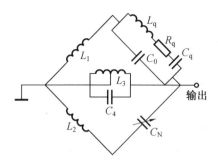

图 3.26　窄带石英晶体滤波器等效电桥电路

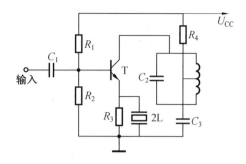

图 3.27　采用单片陶瓷滤波器的中放级

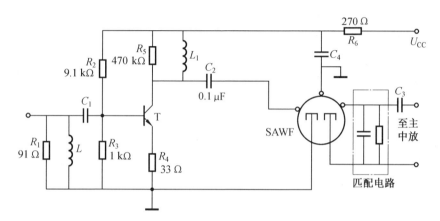

图 3.28　采用表面声波滤波器的预中频放大器电路

图 3.28 中,T 为放大管,R_2、R_3、R_4 组成偏置电路,其中 R_4 还产生交流负反馈,以改善幅频特性。L 的作用是提高晶体管的输入电阻(在中心频率 f_0 附近与晶体管输入电容组成并联谐振电路)以提高前级(对接收机来说是变频级)负载回路的有载 Q_L 值,这有利于提高整机的选择性和抗干扰能力。为了保证良好的匹配,其输出端一般经过一匹配电路(如图 3.28 所示)后再接到有宽带放大特性的主中频放大器(一般为多级 RC 放大器)。

3.7.2　集成电路谐振放大器

随着电子技术的不断发展,高频电子线路目前也在从分立元件向集成电路化方向发展。

在谐振放大器中,主要应用线性集成电路(Linear Integrated Circuit)[也称模拟集成电路(Analog Integrated Circuit)]。它具有可靠性高(不像分立元件电路需要许多外面引线和焊点连接)、性能好(减少外部连线引起的引线电感、分布电容和寄生反馈等有害作用)、体积小、质量轻、便于安装调试和适合于大量生产等优点。

目前线性集成电路大多由多个 NPN 型三极管和少量电阻、电容组成。放大器或其他电路中所需要的大电阻、大电容和电感均必须外接。所以,现在的集成电路谐振放大器还是由担负放大信号的集成电路(简称功能块)和具有一定带宽的选择性回路(单回路、双回路或各种滤波器)两部分组成,另外加接一些大电阻和大电容所组成的附属电路,如滤波去耦电路等。

图 3.29 所示为国产单片调频—调幅收音机集成块(ULN—2204)中的调幅—调频中频放大器。

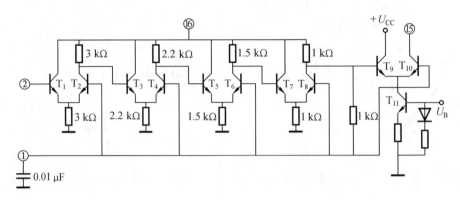

图 3.29　ULN－2204 集成块的中放部分

　　由于直接耦合差分电路可以克服零点漂移,级联时可以省略大容量隔直流电容,且有好的频率特性,因此在实现较大规模的集成电路时,差分电路用得较多。ULN－2204 集成块的中频放大器,就是由五级差分电路直接级联而成的前四级差分放大(T_1、T_2、T_3、T_4、T_5、T_6、T_7、T_8)都是以电阻作为负载的共集－共基放大电路,它们保证了高频工作时的稳定性;末级差分放大是采用恒流管 T_{11} 的共集－共基放大对管(T_9 和 T_{10})。

　　从调频或调幅变频器输出的各变频分量中,经过集中选择性滤波器,选出调频中频信号(10.7 MHz)或调幅中频信号(465 kHz),接到放大器的输入端②、①。经放大后,在 T_{10} 管输出端再用集中选择性滤波器作为负载并经鉴频或检波检出音频信号。放大器的各级直流电源接图中的⑮、⑯。U_{CC}、U_B 分别由集成电路中的控制电路及稳压电路供给。

　　图 3.30 所示为电视接收机的图像中频放大器和 AGC(Automatic Gain Control)(自动增益控制)集成块(HA1144)中的图像中放部分。图像中放由两级放大器组成,$T_9 \sim T_{14}$ 和 T_{16} 构成第一级中放,T_{16} 为电流源和 AGC 受控级。其中 T_9、T_{11} 和 T_{10}、T_{12} 构成共集－共射组合管的差分放大电路。采用这种组合管可以提高放大器的输入阻抗,以减少调谐器(高频头)的负载。

　　由于电容 $2C_{28}$ 把信号旁路接地,所以中频信号为单端输入,经⑫脚送至 T_9 的基极,信号经差分对 T_{11} 和 T_{12} 放大后,分别由它们的集电极输送到引线①和⑭脚。$2L_6$ 与第一中放级的输出和第二中放级的输入电容以及外接的 12 pF 电容构成低 Q 带通谐振回路。$T_1 \sim T_6$ 和 T_{15} 构成第二中放级。T_{15} 为电流源,T_3 和 T_4 构成对称的射极跟随输入级。T_5、T_6 以及 T_1、T_2 构成差分式共射－共基电路。③和④两脚为第二中放级的输出,接平衡式耦合变压器 $2T_{r1}$ 的初级。第二中放级为双端输入和双端输出的差分电路。变压器 $2T_{r1}$ 的次级一端通过 $2C_{10}$ 接底板,即由双端变为单端输出,然后接至集成块 HA1167(由第三图像中放、视频检波、消隐、自动杂波抑制、同步分离和 AGC 电压检波电路组成)。

　　另外,T_{11}、T_{12} 和 T_5、T_6 都加有自动增益控制(AGC)。T_{17}、T_{18} 和 T_{33}(在集成块另外部分)以及电阻 R_{16}、R_{17}、R_{18} 和 R_{19} 构成内稳压电源和偏置网络。

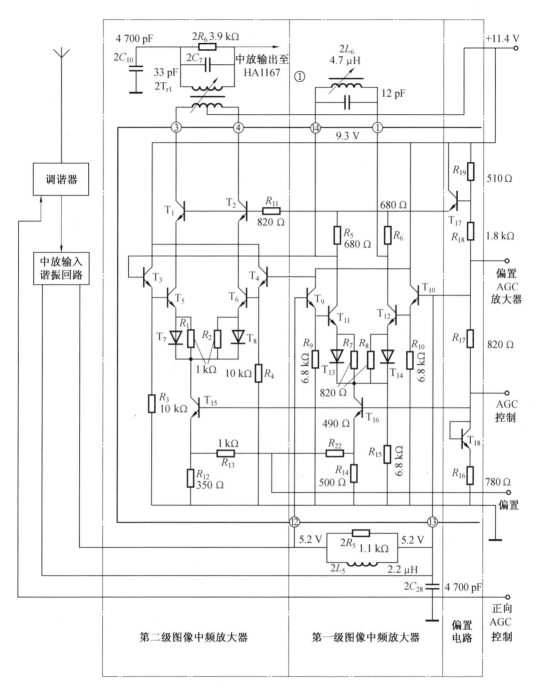

图 3.30　集成电路 HA1144 的图像中频放大器

3.8　场效应管高频小信号放大器

场效应管的工作原理、特性曲线等已在《低频电子线路》中讨论过，在此不再重复。

使用场效应管时，和一般晶体管一样，也可用 y 参数进行设计和计算。y 参数的定义也与晶体管的相同。

在高频应用时，场效应管有下列特点：

(1)场效应管在正常工作时，栅极电流甚微，所以输入阻抗很高，一般在 $10^7\Omega$ 以上。

(2)场效应管是多数载流子控制器件，所以对核辐射的抵抗能力强（多数载流子在电场作用下做漂移运动，受核辐射影响小）。

(3)场效应管在饱和区的输出电阻比一般晶体管放大区的输出电阻大，其值为 10 kΩ～1 MΩ。输入电阻和输出电阻较大是有利的，当场效应管被用作调谐放大器时，能提高其选择性。

(4)场效应管的转移特性是平方律特性，因此采用它做高频小信号放大级和混频级时，可以大大减少失真和外部干扰。

(5)场效应管的正向传输导纳远小于晶体管，因此用作调谐放大器时，增益比晶体管的小。

本节将讨论场效应管高频小信号放大器的特点和具体电路，讨论中以结型场效应管为例。

3.8.1　共源放大器

图 3.31 为场效应管 y 参数（共源）等效电路。图中虚线框内为管子本身的等效电路。$\dot{I}_s$ 和 Y_s 分别为信号源和信号源内导纳；Y_L 为负载导纳；y_{is} 和 y_{fs} 分别为管子本身输出端短路时的输入导纳和正向传输导纳；y_{rs} 和 y_{os} 分别为管子本身输入端短路时的反向传输导纳和输出导纳。

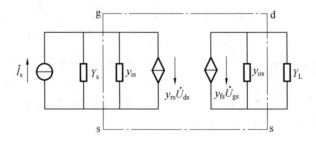

图 3.31　共源场效应管 y 参数等效电路

图 3.32 表示场效应管共源电路的模拟等效电路。图中 C_{gd} 表示栅漏极之间的电容；C_{ds}、g_{ds} 表示漏源极之间的电容和电导；$g_{fs}\dot{U}_{gs}$ 表示栅源电压 $\dot{U}_{gs}$ 经放大后漏源等效电流源。

由图 3.31 和图 3.32 求得场效应管共源电路的 y 参数与管子参数（模拟参数）之间的关系为

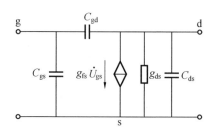

图 3.32　场效应管共源电路的模拟等效电路

$$y_{is} = j\omega(C_{gs} + C_{gd}) \tag{3.100}$$

$$y_{rs} = -j\omega C_{gd} \tag{3.101}$$

$$y_{fs} = -g_{gs} - j\omega C_{gd} \approx -g_{fs} \tag{3.102}$$

$$y_{os} = g_{ds} + j\omega(C_{gd} + C_{ds}) \tag{3.103}$$

与单回路晶体管共发射极放大器相同,在 $y_{rs}=0$ 的情况下(单向化后),单回路场效应管共源放大器的电压增益为

$$A_u = -\frac{y_{fs}}{y_{os} + Y_L} \tag{3.104}$$

在谐振时,电压增益为

$$A_{u0} = \frac{-g_{fs}}{g_{ds} + G_L} \tag{3.105}$$

通常 $g_{ds} \ll G_L$,所以

$$A_{u0} \approx \frac{-g_{fs}}{G_L} = -g_{fs}R_L \tag{3.106}$$

式中　R_L ——负载电阻。

图 3.33 表示场效应管共源极放大电路。L_1C_1 为输入回路,L_2C_3 为输出回路,分别调谐于信号频率。场效应管共源电路的输入、输出阻抗都很高,对回路的影响可以忽略,因此回路不需抽头接入。R_1 和 C_2 组成自给偏压电路,供给需要的直流偏压。R_2 和 C_4 组成去耦电路,消除高频通过公共电源的反馈。C_5、C_6 为耦合电容,分别与后级和前级耦合。当频率低时,该电路尚能

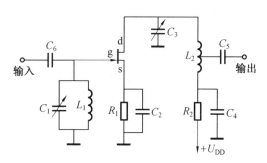

图 3.33　共源极放大电路

正常工作。但由于场效应管的 $y_{rs} = -j\omega C_{gd}$ 不能忽略,因此可能产生自激。这时须采用与晶体管谐振放大器相同的中和电路。

3.8.2　共栅放大器

可以证明,场效应管共栅电路的 y 参数为

$$y_{ig} \approx g_{fs} + j\omega(C_{gs} + C_{gd} + C_{ds}) \tag{3.107}$$

$$y_{rg} = -(g_{ds} + j\omega C_{ds}) \tag{3.108}$$

$$y_{fg} = -(g_{fs} + g_{ds}) - j\omega(C_{gd} + C_{ds}) \approx -g_{fs} \tag{3.109}$$

$$y_{og} = g_{ds} + j\omega(C_{gd} + C_{ds}) \qquad (3.110)$$

由上四式并与共源电路的 y 参数比较可见，共栅电路的输入导纳 y_{ig} 很大（即输入阻抗很小，为 $100 \sim 1\,000\ \Omega$），反向传输导纳 y_{rg} 较小（ g_{ds} 较小， $C_{ds} \ll C_{gd}$ ）。因此，共栅电路反馈小，电路稳定性高。正向传输导纳 y_{fg} 和输出导纳 y_{og} 与共源电路相同。

同样，在 $y_{rg} = 0$ 的情况下，共栅放大器在谐振时的电压增益为

$$A_{u0} = \frac{g_{fg}}{g_{og} + G_L} \approx g_{fg}R_L \approx -g_{fs}R_L \qquad (3.111)$$

图 3.34 所示为典型的共栅极场效应管高频放大电路。这种电路的内反馈很小，无须使用单向化，在整个工作频段上都是稳定的。L_1、C_3 为输入回路，抽头接至场效应管（共栅电路输入阻抗低）；L_2、C_4 为输出回路，两回路都调谐于信号频率。源极电路中的电阻 R_1 给场效应管提供了必要的栅偏压，用电容 C_2 旁路高频。电阻 R_2 和电容 C_5 组成去耦电

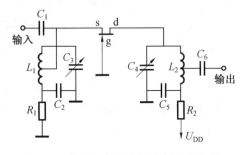

图 3.34　共栅极场效应管高频放大电路

路。C_1 和 C_6 为耦合电容，分别与后级和前级耦合。当频率低时，该电路尚能正常工作。但由于场效应管的 $y_{rs} = -j\omega C_{gd}$ 不能忽略，因此可能产生自激。这时须采用与晶体管谐振放大器相同的中和电路。

3.8.3　共源－共栅级联放大器

与晶体管电路相同，场效应管也能采用级联电路。二者取长补短，以获得较好的性能。

图 3.35 所示为性能较好、采用较多的场效应管共源－共栅级联放大器。第一级（T_1）为共源电路；第二级（T_2）为共栅电路。由式（3.104）可见，共栅电路的输入导纳 $y_{ig} = g_{fs} + j\omega(C_{gd} + C_{gs})$，即输入电导为 g_{fs} 。而由式（3.106）可见，共源电路的谐振电压增益为

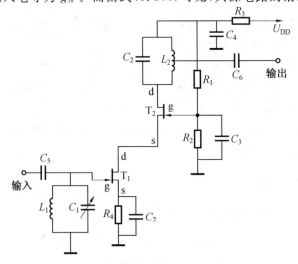

图 3.35　共源－共栅级联放大器

$$A_{u0} = -g_{fs} \cdot R_L$$

式中　　R_L——负载电阻。

级联后,共源电路的负载电阻 R_L 即为共栅电路的输入电阻 $\left(\dfrac{1}{g_{fs}}\right)$,所以,共源电路的谐振电压增益为

$$A_{u0} = -g_{fs} \cdot \frac{1}{g_{fs}} = -1$$

由于此级无电压增益,因而不会产生自激,工作是稳定的。共栅电路本身内部反馈很小,工作稳定,不会自激,因此级联后工作是稳定的。虽然第一级的电压增益只有 1,但是由于阻抗变换的关系,有一定的电流增益。而作为共栅放大器的 T_2 有较大的电压增益 $A_{u0} = g_{fg}R_L$[参看式(3.111)],因此级联电路能得到一定的电压增益和功率增益。

3.9　放大器中的噪声

目前电子设备的性能在很大程度上与干扰(Interference)和噪声(Noise)有关。例如,接收机的理论灵敏度可以非常高,但是考虑了噪声以后,实际灵敏度就不可能做得很高。而在通信系统中,提高接收机的灵敏度比增加发射机的功率更为有效。在其他电子仪器中,它们的工作准确性、灵敏度等也与噪声有很大的关系。另外,由于各种干扰的存在,大大影响了接收机的工作。因此,研究各种干扰和噪声的特性,以及降低干扰和噪声的方法,是十分必要的。

干扰与噪声的分类如下:

干扰一般指外部干扰,可分为自然的和人为的干扰。自然干扰有天电干扰、宇宙干扰和大地干扰等。人为干扰主要有工业干扰和无线电台的干扰。

噪声一般指内部噪声,也可分为自然的和人为的噪声。自然噪声有热噪声、散粒噪声和闪烁噪声等。人为噪声有交流噪声、感应噪声、接触不良噪声等,本节主要讨论自然噪声。

3.9.1　内部噪声的来源与特点

放大器的内部噪声主要是由电路中的电阻、谐振回路和电子器件(电子管、晶体管、场效应管、集成块等)内部所具有的带电微粒无规则运动所产生的。这种无规则运动具有起伏噪声(Fluctuation Noise)的性质,它是一种随机过程,即在同一时间($0 \sim T$)内,这一次观察和下一次观察会得出不同的结果,如图 3.36 所示。对于随机过程,不可能用某一确定的时间函数来描述。但是,它却遵循某一确定的统计规律,可以利用其本身的概率分布特性来充分地描述它的特性。对于起伏噪声,可以用正弦波形的瞬时值、振幅值、有效值等来计量。通常用它的平均值、均方值、频谱或功率谱来表示。

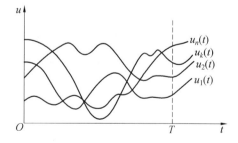

图 3.36　随机过程示意图

（1）起伏噪声电压的平均值。

起伏噪声电压的平均值可表示为

$$\bar{u}_n = \lim_{T \to \infty} \frac{1}{T} \int_0^T u_n(t) \, dt \tag{3.112}$$

式中　$u_n(t)$——噪声起伏电压，如图 3.37 所示。

　　　$\bar{u}_n$——平均值，它代表 $u_n(t)$ 的直流分量。

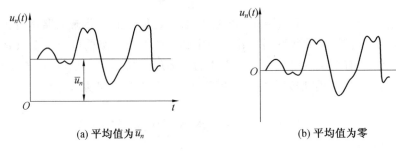

(a) 平均值为 $\bar{u}_n$　　　　　　　　　　(b) 平均值为零

图 3.37　起伏噪声电压的平均值

由于起伏噪声电压的变化是不规则的，没有一定的周期，因此应在长时间（$T \to \infty$）内取平均值才有意义。

（2）起伏噪声电压的均方值。

一般更常用起伏噪声电压的均方值（Root Mean Square Value）来表示噪声的起伏强度。均方值的求法如下：

由图 3.37(a)可见，起伏噪声电压 $u_n(t)$ 在其平均值 $\bar{u}_n$ 上下起伏，在某一瞬间 t 的起伏强度为

$$\Delta u_n(t) = u_n(t) - \bar{u}_n \tag{3.113}$$

显然，$\Delta u_n(t)$ 也是随机的，并且有时为正，有时为负，所以从长时间来看，$\Delta u_n(t)$ 的平均值应为零。但是，将 $\Delta u_n(t)$ 平方后再取其平均值，就具有一定的数值，称为起伏噪声电压的均方值，或称方差，以 $\overline{\Delta u_n^2(t)}$ 表示，有

$$\overline{\Delta u_n^2(t)} = \overline{[u_n(t) - \bar{u}_n]^2} = \lim_{T \to \infty} \frac{1}{T} \int_0^T [\Delta u_n(t)]^2 \, dt =$$

$$\lim_{T \to \infty} \frac{1}{T} \int_0^T [u_n(t) - \bar{u}_n]^2 \, dt = \overline{u_n^2} \tag{3.114}$$

由于 $\bar{u}_n$ 代表直流分量，不表示噪声电压的起伏强度，因此可将图 3.37(a)的横轴向上移动一个数值 $\bar{u}_n$，如图 3.37(b)所示。这时起伏噪声电压的均方值为

$$\overline{u_n^2} = \lim_{T \to \infty} \frac{1}{T} \int_0^T u_n^2(t) \, dt \tag{3.115}$$

式中　$\overline{u_n^2}$——起伏噪声电压的均方值，它代表功率的大小。

均方根值 $\sqrt{\overline{u_n^2}}$ 则表示起伏噪声电压交流分量的有效值，通常用它与信号电压的大小做比较，称为信号噪声比（Signal－noise Ratio）。

（3）非周期噪声电压的频谱（Frequency Spectrum）。

本节开始时即指出，起伏噪声是由电路中的电阻、电子器件等内部所具有的带电微粒无规则运动产生的。这些带电微粒做无规则运动所形成的起伏噪声电流和电压可看成是无数

个持续时间 τ 极短（$10^{-13} \sim 10^{-14}$ s 的数量级）的脉冲叠加起来的结果。这些短脉冲是非周期性的。因此，我们可首先研究单个脉冲的频谱，然后再求整个起伏噪声电压的频谱。

对于一个脉冲宽度为 τ、振幅为 1 的单位脉冲，如图 3.38(a)所示，可求得其振幅频谱密度为

$$|F(\omega)| = \tau \frac{\sin(\omega\tau/2)}{\omega\tau/2} = \frac{1}{\pi f}\sin \pi f\tau \tag{3.116}$$

式(3.116)表示的 $|F(\omega)|$ 与频率 f 的关系曲线如图 3.38(b)所示，它的第一个零值点在 $1/\tau$ 处。由于电阻和电子器件噪声所产生的单个脉冲宽度 τ 极小，在整个无线电频率 f 范围内，τ 远小于信号周期 T，$T = 1/f$，因此 $\pi f\tau = \pi f/T \ll 1$，这时 $\sin \pi f\tau \approx \pi f\tau$，式(3.116)变为

$$|F(\omega)| \approx \tau \tag{3.117}$$

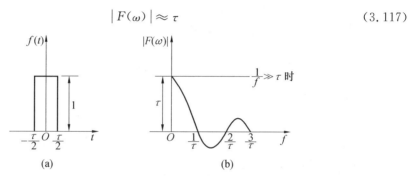

图 3.38　单个噪声脉冲的波形及其频谱

式(3.117)表明：单个噪声脉冲电压的振幅频谱密度 $|F(\omega)|$ 在整个无线电频率范围内可看成是均等的。

噪声电压是由无数个单脉冲电压叠加而成的。按理说，整个噪声电压的振幅频谱是由把每个脉冲的振幅频谱中相同频率分量直接叠加而得到的，然而，由于噪声电压是个随机值，各脉冲电压之间没有确定的相位关系，各个脉冲的振幅频谱中相同频率分量之间也就没有确定的相位关系，因此不能通过直接叠加得到整个噪声电压的振幅频谱。

虽然整个噪声电压的振幅频谱无法确定，但其功率频谱却是完全能够确定的（将噪声电压加到 1 Ω 电阻上，电阻内损耗的平均功率即为不同频率的振幅频谱平方在 1 Ω 电阻内所损耗功率的总和）。由于单个脉冲的振幅频谱是均等的，则其功率频谱也是均等的，由各个脉冲的功率频谱叠加而得到的整个噪声电压的功率频谱也是均等的。因此，常用功率频谱（简称功率谱）来说明起伏噪声电压的频率特性。

(4)起伏噪声的功率谱。

由式(3.115)可得

$$\overline{u_n^2(t)} = \overline{u_n^2} = \lim_{T \to \infty} \frac{1}{T}\int_0^T \Delta u_n^2(t)\mathrm{d}t$$

可表明噪声功率。因为 $\int_0^T \Delta u_n^2(t)\mathrm{d}t$ 表示 $u_n(t)$ 在 1 Ω 电阻上于时间区间（$0 \sim T$）内的全部噪声能量。它被 T 除，即得平均功率 P。对于起伏噪声而言，当时间无限增长时，平均功率 P 趋近于一个常数，且等于起伏噪声电压的均方值（方差），即

$$\overline{u_n^2(t)} = \lim_{T \to \infty} P = \lim_{T \to \infty} \frac{1}{T}\int_0^T \Delta u_n^2(t)\mathrm{d}t$$

若以 $S(f)\mathrm{d}f$ 表示频率在 f 与 $f+\mathrm{d}f$ 之间的平均功率,则总的平均功率为

$$P = \int_0^\infty S(f)\mathrm{d}f \tag{3.118}$$

因此最后得

$$\overline{u_n^2} = \lim_{T\to\infty} \frac{1}{T}\int_0^T \Delta u_n^2(t)\mathrm{d}t = \int_0^\infty S(f)\mathrm{d}f \tag{3.119}$$

式中 $S(f)$ ——噪声功率谱密度,单位为 W/Hz。

根据上面的讨论可知,起伏噪声的功率谱在极宽的频带内具有均匀的密度,如图 3.39 所示。在实际无线电设备中,只有位于设备的通频带 Δf_n 内的噪声功率才能通过。

由于起伏噪声的频谱在极宽的频带内具有均匀的功率谱密度,因此起伏噪声也称白噪声 (White Noise)。"白"字借自光学,即白(色)光是在整个可见光的频带内具有平坦的频谱。必

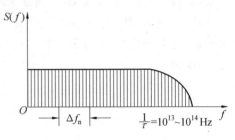

图 3.39 起伏噪声的功率谱

须指出,真正的白色噪声是没有的,白色噪声意味着有无穷大的噪声功率。因为从式 (3.119)可见,当 $S(f)$ 为常数时,$\int_0^\infty S(f)\mathrm{d}f$ 无穷大。这当然是不可能的。因此,白色噪声是指在某一个频率范围内,$S(f)$ 保持常数。

3.9.2　电阻热噪声

我们知道,导体是由于金属内自由电子的运动而导电的,电阻也是如此。电阻中的带电微粒(自由电子)在一定温度下受到热激发后,在导体内部做大小和方向都无规则的运动(热运动)。由于电子的质量很轻(约为 9.11×10^{-31} kg),其运动速度即使在室温下(293 K)也是很大的。而两次碰撞之间的间隔时间却极短,为 $10^{-12}\sim 10^{-14}$ s。每个电子在两次碰撞之间行进时,就产生一持续时间很短的脉冲电流。许多这样随机热运动的电子所产生的这种脉冲电流的组合,就在电阻内部形成了无规律的电流。在一足够长的时间内,其电流平均值等于零,而瞬时值就在平均值的上下变动,称为起伏电流。起伏电流流经电阻 R 时,电阻两端就会产生噪声电压 u_n 和噪声功率。若以 $S(f)$ 表示噪声的功率谱密度,则由热运动理论和实践证明,对于电阻的热噪声,其功率谱密度为

$$S(f) = 4kTR \tag{3.120}$$

如上所述,由于功率谱密度表示单位频带内的噪声电压均方值,故噪声电压的均方值 $\overline{u_n^2}$ (噪声功率)为

$$\overline{u_n^2} = 4kTR\Delta f_n \tag{3.121}$$

或表示为噪声电流的均方值

$$\overline{i_n^2} = 4kTG\Delta f_n \tag{3.122}$$

式中　k ——玻耳兹曼常数(Boltzmann Constant),$k = 1.38\times 10^{-23}$ J/K;

　　　T ——电阻的绝对温度,K;

　　　Δf_n ——图 3.39 所示的带宽或电路的等效噪声带宽(Equivalent Noise Bandwidth),

其定义见 3.10.5 节；

R（或 G）—— Δf_n 的电阻（或电导）值，Ω（或 S）。

因此，噪声电压的有效值为

$$\sqrt{\overline{u_n^2}} = \sqrt{4kTR\Delta f_n} \qquad (3.123)$$

例如，若 $R = 1$ kΩ，$\Delta f_n = 500$ kHz，$T = 300$ K（17 ℃），则

$$\sqrt{\overline{u_n^2}} = \sqrt{4 \times 1.38 \times 10^{-23} \times 300 \times 10^3 \times 500 \times 10^3}\ \text{V} \approx 2.88 \times 10^{-6}\ \text{V} = 2.88\ \mu\text{V}$$

由线圈与电容组成的并联谐振电路所产生的噪声电压均方值为

$$\overline{u_n^2} = 4kTR_p\Delta f_n \qquad (3.124)$$

式中　R_p —— 谐振电路的谐振电阻。

显然，就产生噪声的原因来说，纯电抗是不会产生噪声的，因为纯电抗元件没有损耗电阻。谐振电路所产生的噪声仍是由阻抗中的损耗电阻产生的。对于图 3.40（a）所示的电路来说，损耗电阻 r 所产生的噪声电压均方值为

$$\overline{u_n^2} = 4kTR_p\Delta f_n$$

在谐振时，折算到 ab 两端的电压均方值为

$$\overline{u_n^2} = \overline{u_{nr}^2} \cdot Q^2 = 4kTr\Delta f_n \left(\frac{\omega L}{r}\right)^2 =$$

$$4kTr\left(\frac{\omega^2 L^2}{r}\right)\Delta f_n = 4kTR_p\Delta f_n$$

如图 3.40（b）所示，因此获得式（3.124）。

应该指出，热运动电子速度比外电场作用下的电子漂移速度大得多，因此，噪声电压与外加电动势产生并通过导体的直流电流无关，所以可认为无规则的热运动与直线运动（漂移）是彼此独立的。

为便于运算，把电阻 R 看作一个噪声电压源（或电流源）和一个理想无噪声的电阻串联（或并联），如图 3.41 所示。图中多个电阻串联时，总噪声电压等于各个电阻所产生的噪声电压的均方值相加。多个电阻并联时，总噪声电流等于各个电导所产生的噪声电流的均方值相加。这是由于，每个电阻的噪声都是由电子的无规则热运动产生的，任何两个噪声电压必然是独立的，所以只能按功率相加（用均方值电压或均方值电流相加）。

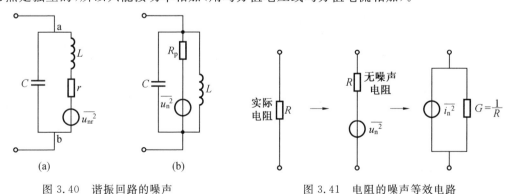

图 3.40　谐振回路的噪声　　　　　图 3.41　电阻的噪声等效电路

【例 3.5】　计算图 3.42 所示并联电阻两端的噪声电压。设 R_1 和 R_2 所处的温度 T 相

同。先利用电流源进行计算，如图 3.43 所示。

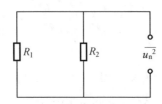

图 3.42　并联电阻噪声电压的计算

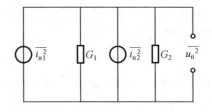

图 3.43　利用电流源计算噪声

由式(3.122)得

$$\overline{i_{\mathrm{n1}}^2}=4kTG_1\Delta f_\mathrm{n}, \quad G_1=\frac{1}{R_1}$$

$$\overline{i_{\mathrm{n2}}^2}=4kTG_2\Delta f_\mathrm{n}, \quad G_2=\frac{1}{R_2}$$

因此

$$\overline{i_{\mathrm{n}}^2}=\overline{i_{\mathrm{n1}}^2}+\overline{i_{\mathrm{n2}}^2}=4kT(G_1+G_2)\Delta f_\mathrm{n}$$

所以

$$\overline{u_{\mathrm{n}}^2}=\frac{\overline{i_{\mathrm{n}}^2}}{(G_1+G_2)}=4kT\Delta f_\mathrm{n}\frac{R_1R_2}{R_1+R_2}$$

再利用图 3.44 电压源进行计算。

$\overline{u_{\mathrm{n1}}^2}$ 在 1—1′ 端所产生的噪声电压均方值为

$$\overline{u_{\mathrm{n1}}'^2}=\frac{\overline{u_{\mathrm{n1}}^2}}{(R_1+R_2)^2}R_2^2$$

$\overline{u_{\mathrm{n2}}^2}$ 在 1—1′ 端所产生的噪声电压均方值为

$$\overline{u_{\mathrm{n2}}'^2}=\frac{\overline{u_{\mathrm{n2}}^2}}{(R_1+R_2)^2}R_1^2$$

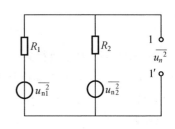

图 3.44　利用电压源计算噪声

所以　　$\overline{u_{\mathrm{n}}^2}=\overline{u_{\mathrm{n1}}'^2}+\overline{u_{\mathrm{n2}}'^2}=4kT\Delta f_\mathrm{n}\frac{R_1R_2}{R_1+R_2}$

显然，两种计算方法得到的结果是相同的。

3.9.3　天线热噪声

天线等效电路由辐射电阻(Radiation Resistance) R_A 和电抗 X_A 组成。辐射电阻只表示天线接收或辐射信号功率，它不同于天线导体本身的电阻(天线导体本身电阻近似等于零)。所以就天线本身而言，热噪声是非常小的。但是，天线周围的介质微粒处于热运动状态。这种热运动产生扰动的电磁波辐射(噪声功率)，而这种扰动辐射被天线接收，然后又由天线辐射出去。当接收与辐射的噪声功率相等时，天线和周围介质处于热平衡状态，因此天线中存在噪声的作用。热平衡状态下，天线中热噪声电压为

$$\overline{u_{\mathrm{n}}^2}=4kT_\mathrm{A}R_\mathrm{A}\Delta f_\mathrm{n} \tag{3.125}$$

式中　R_A——天线辐射电阻；

　　　T_A——天线等效噪声温度(Equivalent Noise Temperature)。

若天线无方向性，且处于绝对温度为 T 的无界限均匀介质中，则

$$T_\mathrm{A}=T, \quad \overline{u_{\mathrm{n}}^2}=4kTR_\mathrm{A}\Delta f_\mathrm{n}$$

天线的等效噪声温度 T_A 与天线周围介质的密度和温度分布以及天线的方向性有关。例如,频率高于 300 MHz,用锐方向性天线做实际测量,当天线指向天空时,$T_A \approx 10$ K;当天线指向水平方向时,由于地球表面的影响,$T_A \approx 40$ K。

除此以外,还有来自太阳、银河系及月球的无线电辐射的宇宙噪声。这种噪声在空间的分布是不均匀的,且与时间(昼夜)和频率有关。

通常,银河系的辐射较强,其影响主要在米波及更长波段(1.5 m、1.85 m、3 m、15 m)。长期观测表明,这影响是稳定的。太阳的影响最大又极不稳定,它与太阳的黑子数及日辉(即太阳大爆发)有关。

3.9.4 晶体管的噪声

晶体管的噪声主要有热噪声、散粒噪声、分配噪声和 $1/f$ 噪声。其中热噪声和散粒噪声为白噪声,其余一般为有色噪声(Color Noise)。

(1)热噪声(Thermal Noise)。

和电阻一样,在晶体管中,电子不规则的热运动同样会产生热噪声。这类由电子热运动所产生的噪声,主要存在于基极电阻 $r_{bb'}$ 内。发射极和集电极电阻的热噪声一般很小,可以忽略。

(2)散粒噪声(Shot Noise)。

由于少数载流子通过 PN 结注入基区时,即使在直流工作情况下也是随机的量,即单位时间内注入的载流子数目不同,因而到达集电极的载流子数目也不同,由此引起的噪声称为散粒噪声。散粒噪声具体表现为发射极电流以及集电极电流的起伏现象。

(3)分配噪声(Distribution Noise)。

晶体管发射区注入基区的少数载流子中,一部分经过基区到达集电极形成集电极电流,一部分在基区复合。载流子复合时,其数量时多时少(存在起伏)。分配噪声就是集电极电流随基区载流子复合数量的变化而变化所引起的噪声。即由发射极发出的载流子分配到基极和集电极的数量随机变化而引起。

(4) $1/f$ 噪声[或称闪烁噪声(Flicker Noise)]。

它主要在低频范围产生影响(它的噪声频谱与频率 f 近似成反比)。它的产生原因目前尚有不同见解。在实践中知道,它与半导体材料制作时表面清洁处理和外加电压有关,在高频工作时通常不考虑它的影响。

根据上面的讨论,可以得出晶体管工作于高频且接成共基极电路时的噪声等效电路,如图 3.45 所示。图中

$$r_c = r_{b'c}$$

$$r_e = r_{b'e}(1 - \alpha_0)$$

$$r_b = r_{bb'}$$

$$g_m = \frac{\alpha_0}{r_e}$$

在基极中的噪声源是 r_b 中的热噪声,其值为

$$\overline{u_{bn}^2} = 4kTr_b \Delta f_n \tag{3.126}$$

发射极臂中的噪声电流源表示载流子不规则运动所引起的散粒噪声,其值为

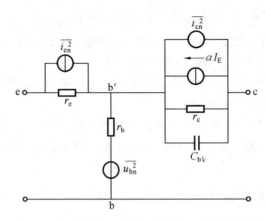

图 3.45　包括噪声电流与电压源的 T 形等效电路

$$\overline{i_{\mathrm{en}}^{2}} = 2qI_{\mathrm{E}}\Delta f_{\mathrm{n}} \tag{3.127}$$

式中　q——电子电荷,其值为 16×10^{-19} C;

　　　I_{E}——发射极直流电流,A。

实验证明,频率对 $\overline{i_{\mathrm{en}}^{2}}$ 的影响可以忽略。

在集电极臂中的噪声电流源表示少数载流子复合不规则所引起的分配噪声,其值为

$$\overline{i_{\mathrm{cn}}^{2}} = 2qI_{\mathrm{C}}\left(1 - \frac{|\alpha|^{2}}{\alpha_{0}}\right)\Delta f_{\mathrm{n}} \tag{3.128}$$

式中　I_{C}——集电极直流电流,A;

　　　α——共基极状态的电流放大系数;

　　　α_{0}——相应于零频率的 α 值。

由上所述可知,基极臂中的是热噪声,发射极臂中的是散粒噪声,集电极臂中的是分配噪声。

由于 α 是频率的函数,它与 α_{0} 的关系为

$$\alpha = \frac{\alpha_{0}}{1 + \mathrm{j}f/f_{\alpha}} \tag{3.129}$$

式中　f_{α}——α 截止频率(当 $f = f_{\alpha}$ 时,$|\alpha| = \dfrac{\alpha_{0}}{\sqrt{2}}$)。

在低频时,$\alpha \approx \alpha_{0}$,因此 $\overline{i_{\mathrm{cn}}^{2}} \ll \overline{i_{\mathrm{en}}^{2}}$。但随着频率的升高,$\alpha$ 下降,基区复合电流增大,因而分配噪声随之增加,即 $\overline{i_{\mathrm{cn}}^{2}}$ 随着频率的升高而增大。

当 f 趋于零时,$|\alpha| \to \alpha_{0}$,由式(3.128)得 $\overline{i_{\mathrm{cn}}^{2}}$ 具有最小值

$$(\overline{i_{\mathrm{en}}^{2}})_{\mathrm{min}} = 2qI_{\mathrm{C}}(1 - \alpha_{0})\Delta f_{\mathrm{n}} \tag{3.130}$$

随着频率的升高,在 $f < \sqrt{1 - \alpha_{0}}\, f_{\alpha}$ 时,$\overline{i_{\mathrm{cn}}^{2}}$ 基本上是常数。而当 $f > \sqrt{1 - \alpha_{0}}\, f_{\alpha}$ 时,$\overline{i_{\mathrm{cn}}^{2}}$ 随 f 增长很快。

如令 f_{1} 是 $1/f$ 噪声的频率上限,$f_{2} = \sqrt{1 - \alpha_{0}}\, f_{1}$,由上面讨论可知,在 $f_{1} < f < f_{2}$ 的区间,晶体管的噪声几乎不变。而在 $f < f_{1}$ 与 $f > f_{2}$ 时,噪声均将上升。因此可得出晶体管的噪声系数 F_{n} 与频率的关系曲线如图 3.46 所示。图中 $0 \sim f_{1}$ 为 $1/f$ 噪声区,一般 f_{1} 在 1 000 Hz 以下。$f > f_{2}$ 为高频噪声区。$f_{1} < f < f_{2}$ 频率范围内,F_{n} 基本不变。

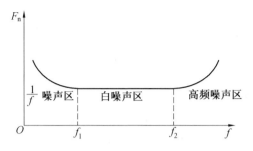

图 3.46　晶体管的噪声特性

附带说明,对二极管而言,只考虑散粒噪声,没有分配噪声,且热噪声很小,可以忽略。二极管的散粒噪声公式与式(3.127)完全相似,只需将该式中的 I_E 换成二极管电流 I_D 即可。

3.9.5　场效应管的噪声

场效应管的噪声也有四个来源:

(1)由栅极内的电荷不规则起伏所引起的噪声。

这种噪声称为散粒噪声。对结型场效应管来说,则由通过 PN 结的漏泄电流引起的噪声电流均方值为

$$\overline{i_{ng}^2} = 2qI_G\Delta f_n \tag{3.131}$$

式中　q ——电子电荷量;

I_G ——栅极漏泄电流。

(2)沟道内的电子不规则热运动所引起的热噪声。

场效应管的沟道电阻由栅极电压控制。因此和任何其他电阻一样,沟道电阻中载流子的热运动也会产生热噪声,它可用一个与输出阻抗并联的噪声电流源来表示,即

$$\overline{i_{nd}^2} = 4kTg_{fs}\Delta f_n \tag{3.132}$$

式中　g_{fs} ——场效应管的跨导。

也可将这种噪声折合到栅极来计算。为此,引入等效噪声电阻 R_n。所谓等效噪声电阻,就是在该电阻两端所获得的噪声电压等于换算到栅极电路中的沟道热噪声。

由式(3.121)知,在等效噪声电阻 R_n 两端所产生的噪声电压均方值为

$$\overline{u_n^2} = 4kTR_n\Delta f_n$$

将此电阻接入栅极,再把场效应管当作无噪声的,就可得到该场效应管漏极电路中的起伏电流均方值为

$$\overline{i_{nd}^{2'}} = \overline{v_n^2}\,|y_{fs}|^2 = 4kTR_n\Delta f_n\,|y_{fs}|^2$$

而根据等效噪声电阻的意义,$\overline{i_{nd}^2} = \overline{i_{nd}^{2'}}$,得到 $R_n = g_{fs}/|y_{fs}|^2$。当工作频率较低时,$y_{fs} \approx g_{fs}$,得 $R_n = 1/g_{fs}$。

因此,折合到栅极时,沟道热噪声也可用噪声电压源表示为

$$\overline{u_{n1}^2} = 4kT\left(\frac{1}{g_{fs}}\right)\Delta f_n \tag{3.133}$$

（3）漏极和源极之间的等效电阻噪声。

在漏极和源极之间，栅极的作用达不到的部分可用等效串联电阻 R 表示。由此会产生电阻热噪声，其大小可表示为

$$\overline{u_{n2}^2} = 4kTR\Delta f_n \tag{3.134}$$

（4）闪烁噪声（或称 $1/f$ 噪声）。

和晶体管相同，在低频端噪声功率与频率成反比地增大。关于它的产生机理，目前还有不同的见解。定性地说，这种噪声是由于 PN 结的表面发生复合、雪崩等引起的。

通常，第一和第二种噪声是主要的，尤其以第二种噪声最重要。

3.10 噪声的表示和计算方法

上节介绍了噪声的来源，现在来研究噪声的表示方法。总体来说，可以用噪声系数、噪声温度、等效噪声频带宽度等来表示噪声。

3.10.1 噪声系数

在电路某一指定点处的信号功率 P_s 与噪声功率 P_n 之比，称为信号噪声比，简称信噪比（Signal Noise Radio），以 P_s/P_n（或 S/N）表示。

放大器噪声系数（Noise Figure） F_n 是指放大器输入端信号噪声比 P_{si}/P_{ni} 与输出端信号噪声比 P_{so}/P_{no} 的比值，有

$$F_n = \frac{P_{si}/P_{ni}}{P_{so}/P_{no}} = \frac{\text{输入信噪比}}{\text{输出信噪比}} \tag{3.135}$$

用分贝数表示为

$$F_n(\text{dB}) = 10\lg\frac{P_{si}/P_{ni}}{P_{so}/P_{no}} \tag{3.136}$$

如果放大器是理想无噪声的线性网络，那么，其输入端的信号与噪声得到同样的放大，即输出端的信噪比与输入端的信噪比相同，于是 $F_n = 1$ 或 $F_n(\text{dB}) = 0\ \text{dB}$。若放大器本身有噪声，则输出噪声功率等于放大后的输入噪声功率和放大器本身的噪声功率之和。显然，经放大器后，输出端的信噪比就较输入端的信噪比低，则 $F_n > 1$。因此，F_n 表示信号通过放大器后，信号噪声比变坏的程度。

式（3.135）也可写成另一种形式，即

$$F_n = \frac{P_{si}/P_{ni}}{P_{so}/P_{no}} = \frac{P_{no}}{P_{ni} \cdot A_p} \tag{3.137}$$

式中 A_p——放大器的功率增益，$A_p = P_{so}/P_{si}$。

$P_{ni} \cdot A_p$ 表示信号源内阻产生的噪声通过放大器放大后在输出端所产生的噪声功率，用 P_{noI} 表示。则式（3.137）可写成

$$F_n = P_{no}/P_{noI} \tag{3.138}$$

上式表明，噪声系数 F_n 仅与输出端的两个噪声功率 P_{no}、P_{noI} 有关，而与输入信号的大小无关。

实际上，放大器的输出噪声功率 P_{no} 是由两部分组成的：一部分是 $P_{noI} = P_{ni} \cdot A_p$；另一部分是放大器本身（内部）产生的噪声在输出端上呈现的噪声功率 P_{noII}，即

$$P_{\text{no}} = P_{\text{noI}} + P_{\text{noII}}$$

所以,噪声系数又可写成

$$F_{\text{n}} = 1 + \frac{P_{\text{noII}}}{P_{\text{noI}}} \tag{3.139}$$

由式(3.139)也可看出噪声系数与放大器内部噪声的关系。实际上放大器总是要产生噪声的,即 $P_{\text{noII}} > 0$,因此,$F_{\text{n}} > 1$。F_{n} 越大,表示放大器本身产生的噪声越大。

用式(3.135)、(3.138)与(3.139)来表示噪声系数是完全等效的。在计算具体电路的噪声系数时,用式(3.138)与式(3.139)比较方便。

应该指出,噪声系数的概念仅仅适用于线性电路,因此可用功率增益来描述。对于非线性电路,由于信号和噪声、噪声和噪声之间会相互作用,即使电路本身不产生噪声,在输出端的信噪比也会和输入端的信噪比不同。因此,噪声系数的概念就不能适用。所以通常所说的接收机的噪声系数是指检波器以前的线性部分(包括高频放大、变频和中频放大)。对于变频器,虽然它本质上是一种非线性电路,但它对信号而言,只产生频率搬移,输出电压则随输入信号幅度成正比地增大或减小。因此可以把它近似地看作是线性变换。幅度的变化用变频增益表示,信号和噪声能满足线性叠加的条件。

另外,近年来又提出点噪声系数和平均噪声系数的概念。由于实际网络通带内不同频率点的传输系数是不完全相等的,所以其噪声系数也不完全一样。为此,在不同的特定频率点,分别测出其对应的单位频带内的信号功率与噪声功率,然后再计算出各自的噪声系数,此系数称为点噪声系数。

而某一频率范围内网络的平均噪声系数,则定义为

$$F_{\text{n(AV)}} = \frac{\int F_{\text{n}}(f) A_{p}(f) \, \mathrm{d}f}{\int A_{p}(f) \, \mathrm{d}f}$$

式中　$F_{\text{n}}(f)$ 和 $A_{p}(f)$ ——分别为网络噪声系数和功率增益对频率的函数。

为了计算和测量的方便,噪声系数也可以用额定功率(Rated Power)和额定功率增益的关系来定义。为此,先引入额定功率(资用功率)的概念。

额定功率是指信号源所能输出的最大功率。参阅图 3.47,为了使信号源有最大输出功率,必须使放大器的输入电阻 R_{i} 与信号源内阻 R_{s} 相匹配,即应使 $R_{\text{s}} = R_{\text{i}}$。因而额定输入信号功率为

$$P'_{\text{si}} = \frac{U_{\text{s}}^2}{4R_{\text{s}}} \tag{3.140}$$

额定输入噪声功率为

$$P'_{\text{ni}} = \frac{\overline{u_{\text{n}}^2}}{4R_{\text{s}}} = \frac{4kTR_{\text{s}}\Delta f_{\text{n}}}{4R_{\text{s}}} = kT\Delta f_{\text{n}} \tag{3.141}$$

由此可见,额定信号(噪声)功率只是信号源的一个属性,它仅取决于信号源本身的参数——内阻和电动势,而与放大器的输入电阻和负载电阻无关。

当 $R_{\text{s}} \neq R_{\text{i}}$ 时,额定信号功率数值不变,但这时额定信号功率不表示实际的信号功率。

输出端的情况也是一样。当输出端匹配($R_{\text{o}} = R_{\text{L}}$)时,得输出端的额定信号功率 P'_{so} 和额定噪声功率 P'_{no} 不匹配时,输出端的额定信号功率和额定噪声功率数值不变,但不表

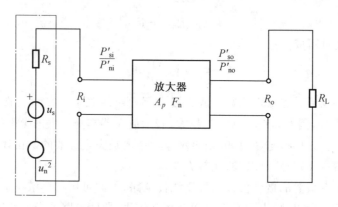

图 3.47　表示额定功率和噪声系数定义的电路

示输出端的实际信号功率。

下面介绍额定功率增益的概念。

额定功率增益是指放大器(或线性四端网络)的输入端和输出端分别匹配时($R_s = R_i$，$R_o = R_L$)的功率增益,即

$$A_{pH} = P'_{so}/P'_{si} \qquad (3.142)$$

与额定功率的概念相同,放大器不匹配时,仍然存在额定功率增益。因此,噪声系数 F_n 也可定义为

$$F_n = \frac{P'_{si}/P'_{ni}}{P'_{so}/P'_{no}} \qquad (3.143)$$

将式(3.141)与式(3.142)代入式(3.143),可得

$$F_n = \frac{P'_{no}}{kT\Delta f_n A_{pH}} \qquad (3.144)$$

式(3.143)与式(3.144)是假定放大器的输出端和输入端分别匹配时,计算噪声系数的公式。但即使不匹配,以上二式仍是成立的。说明如下:

不匹配时,额定功率 P' 与实际功率 P 之间存在如下的关系:

$$P = P' \cdot q \qquad (3.145)$$

式中　　q ——失配系数(Mismatch Coefficient),其意义是:由于电路失配,$q < 1$,因而使实际功率小于额定功率。对放大器来说,如输入端与输出端的失配系数分别为 q_i 和 q_o,则噪声系数 F_n 可写成

$$F_n = \frac{P_{si}/P_{ni}}{P_{so}/P_{no}} = \frac{P'_{si}q_i/P'_{ni}q_i}{P'_{so}q_o/P'_{no}q_o} = \frac{P'_{si}/P'_{ni}}{P'_{so}/P'_{no}}$$

与式(3.143)相同。

3.10.2　噪声温度

表示放大器(四端网络)内部噪声的另一种方法是将内部噪声折算到输入端,放大器本身则被认为是没有噪声的理想器件。若折算到输入端后的额定输入噪声功率为 P''_{ni},则经放大后的额定输出噪声功率 $P'_{no2} = P''_{ni}A_{pH}$。考虑到原有的噪声 $P'_{ni} = kT\Delta f_n$,若以 P'_{no1} 代表 $A_{pH}P'_{ni}$,并令 $P''_{ni} = kT_i\Delta f_n$,则式(3.144)可改写为

$$F_n = \frac{P'_{no}}{P'_{no1}} = \frac{P'_{no1} + P'_{no2}}{P'_{no1}} = 1 + \frac{P'_{no2}}{P'_{no1}} = 1 + \frac{A_{pH}kT_i\Delta f_n}{A_{pH}kT\Delta f_n} = 1 + \frac{T_i}{T} \qquad (3.146)$$

或
$$T_i = (F_n - 1)T \tag{3.147}$$

此处　　T_i——噪声温度(Noise Temperature)。

当 $T_i = 0$(内部无噪声)时，$F_n = 1$(0 dB)；而当 $T_i = T = 290$ K (室温)时，$F_n = 2$(3 dB)。

总的输出端噪声功率为

$$P'_{no} = P'_{no1} + P'_{no2} = A_{pH}kT\Delta f_n + A_{pH}kT_i\Delta f_n =$$
$$A_{pH}k(T + T_i)\Delta f_n \tag{3.148}$$

上式说明,放大器内部产生的噪声功率,可看作是由它的输入端接上一个温度为 T_i 的匹配电阻所产生的;或者看作与放大器匹配的噪声源内阻 R_s 在工作温度 T 上再加一温度 T_i 后,所增加的输出噪声功率。这就是噪声温度 T_i 所代表的物理意义,即噪声温度可代表相应的噪声功率。

令 $T = 290$ K ,根据式(3.147)可以进行噪声系数 F_n 和噪声温度 T_i 的换算,其结果见表 3.2。

表 3.2　噪声系数和噪声温度的换算结果

F_n /dB	0	0.3	0.5	0.8	1.0	2.0	4.0	8.0	10.0
T_i /K	0	20	35	58	76	171	443	1 556	2 637

T_i 与 F_n 都可以表征放大器内部噪声的大小,两种表示没有本质的区别。但通常,噪声温度可以较精确地比较内部噪声的大小。例如,若 $T = 290$ K ,当 $F_n = 1.1$ 时, $T_i = 29$ K ; $F_n = 1.05$ 时, $T_i = 14.5$ K 。由此可见,噪声温度变化范围要远大于噪声系数变化范围。这就是往往采用噪声温度来表示系统噪声的基本原因。

近年来,随着半导体工艺技术的发展和进步,出现了大量的低噪声器件,使无线电设备(例如接收机)前端的噪声系数明显降低。加上各种制冷技术的应用,更减小了设备及电路的噪声系数,例如,常温参量放大器的噪声系数 F_n 已降至 1~3 dB,而用液体氦和气体氮制冷的参量放大器,其噪声系数 F_n 仅为 0~2 dB。

3.10.3　多级放大器的噪声系数

设有二级级联放大器,如图 3.48 所示。其系数分别为 A_{pH1}、F_{n1} 和 A_{pH2}、F_{n2} ,通频带均为 Δf_n 。

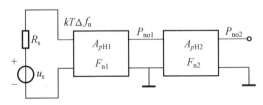

图 3.48　二级级联放大器示意图

如前所述,第一级额定输入噪声功率(由信号源内阻产生)为 $kT\Delta f_n$ [参看式(3.141)]。由式(3.144)可见,第一级额定输出噪声功率为

$$P'_{no1} = kT\Delta f_n \cdot F_{n1} \cdot A_{pH1}$$

显然,第一级额定输出噪声功率 P'_{no1} 由两部分组成:一部分是经放大后的信号源噪声

功率 $kT\Delta f_{\mathrm{n}} \cdot A_{p\mathrm{H}1}$；另一部分是第一级放大器本身产生的输出噪声功率 $P_{\mathrm{n}1}$ 。因此

$$P_{\mathrm{n}1} = P'_{\mathrm{no}1} - kT\Delta f_{\mathrm{n}} \cdot A_{p\mathrm{H}1} = kT\Delta f_{\mathrm{n}} F_{\mathrm{n}1} A_{p\mathrm{H}1} - kT\Delta f_{\mathrm{n}} \cdot A_{p\mathrm{H}1} =$$
$$(F_{\mathrm{n}1} - 1)kT\Delta f_{\mathrm{n}} A_{p\mathrm{H}1}$$

同理，第二级放大器额定输出噪声功率 $P'_{\mathrm{no}2}$ 也由两部分组成：一部分是第一级放大器输出的额定输出噪声功率 $P_{\mathrm{no}1}$ 经第二级放大后的输出部分，为 $P'_{\mathrm{no}1} \cdot A_{p\mathrm{H}2}$；另一部分是第二级放大器本身附加输出的噪声功率 $P_{\mathrm{n}2}$ 。而 $P_{\mathrm{n}2}$ 可用求 $P_{\mathrm{n}1}$ 同样的方法求得。但应注意，必须将第二级放大器断开，将信号源（包括内阻）直接接到第二级的输入端，因为 $P_{\mathrm{n}2}$ 是第二级放大器本身产生的输出噪声功率，应与第一级采用相同的信号源噪声进行计算。所以

$$P_{\mathrm{n}2} = (F_{\mathrm{n}2} - 1)kT\Delta f_{\mathrm{n}} A_{p\mathrm{H}2}$$

这样，第二级放大器额定输出噪声功率为

$$P'_{\mathrm{no}2} = P'_{\mathrm{no}1} \cdot A_{p\mathrm{H}2} + (F_{\mathrm{n}2} - 1)kT\Delta f_{\mathrm{n}} A_{p\mathrm{H}2}$$

再将 $P'_{\mathrm{no}1} = kT\Delta f_{\mathrm{n}} \cdot F_{\mathrm{n}1} \cdot A_{p\mathrm{H}1}$ 代入上式，可得

$$P'_{\mathrm{no}2} = kT\Delta f_{\mathrm{n}} \cdot F_{\mathrm{n}1} \cdot A_{p\mathrm{H}1} \cdot A_{p\mathrm{H}2} + (F_{\mathrm{n}2} - 1)kT\Delta f_{\mathrm{n}} A_{p\mathrm{H}2}$$

按照噪声系数的定义[参看式(3.144)]，二级放大器的噪声系数为

$$(F_{\mathrm{n}})_{1\cdot2} = \frac{P'_{\mathrm{no}2}}{A_{p\mathrm{H}} \cdot kT\Delta f_{\mathrm{n}}} =$$
$$\frac{kT\Delta f_{\mathrm{n}} \cdot F_{\mathrm{n}1} \cdot A_{p\mathrm{H}1} \cdot A_{p\mathrm{H}2} + (F_{\mathrm{n}2} - 1)kT\Delta f_{\mathrm{n}} A_{p\mathrm{H}2}}{A_{p\mathrm{H}1} A_{p\mathrm{H}2} kT\Delta f_{\mathrm{n}}} =$$
$$F_{\mathrm{n}1} + \frac{F_{\mathrm{n}2} - 1}{A_{p\mathrm{H}1}} \tag{3.149}$$

采用同样的方法，可以求得 n 级级联放大器的噪声系数为

$$(F_{\mathrm{n}})_{1\cdot2\cdots n} = F_{\mathrm{n}1} + \frac{F_{\mathrm{n}2} - 1}{A_{p\mathrm{H}1}} + \frac{F_{\mathrm{n}3} - 1}{A_{p\mathrm{H}1} A_{p\mathrm{H}2}} + \cdots + = \frac{F_{\mathrm{n}n} - 1}{A_{p\mathrm{H}1} A_{p\mathrm{H}2} \cdots A_{p\mathrm{H}(n-1)}} \tag{3.150}$$

由式(3.150)可见，多级放大器（包括接收机的线性电路部分）总的噪声系数主要取决于前面一、二级，而和后面各级的噪声系数几乎没有多大关系。这是因为 $A_{p\mathrm{H}}$ 的乘积很大，所以后面各级的影响很小。最主要的是由第一级放大器的噪声系数 $F_{\mathrm{n}1}$ 和额定功率增益 $A_{p\mathrm{H}1}$ 所决定。$F_{\mathrm{n}1}$ 小，则总的噪声系数小；$A_{p\mathrm{H}1}$ 大，则使后级的噪声系数在总的噪声系数中所起的作用减小。因此，在多级放大器中，最关键的是第一级，不仅要求它的噪声系数低，而且要求它的额定功率增益尽可能高。

3.10.4 灵敏度

当系统的输出信噪比（$P_{\mathrm{so}}/P_{\mathrm{no}}$）给定时，有效输入信号功率 P'_{si} 称为系统灵敏度（Sensitivity），与之相对应的输入电压称为最小可检测信号。

在信号源内阻与放大器输入端电阻匹配时，输入信号功率为

$$P'_{\mathrm{si}} = \frac{U_{\mathrm{s}}^2}{4R_{\mathrm{s}}}$$

此时的输入噪声功率为[式(3.141)]

$$P'_{\mathrm{ni}} = kT\Delta f_{\mathrm{n}}$$

再根据式(3.143)可得灵敏度为

$$P'_{\mathrm{si}} = F_{\mathrm{n}}(kT\Delta f_{\mathrm{n}})\left(\frac{P'_{\mathrm{so}}}{P'_{\mathrm{no}}}\right) \tag{3.151}$$

【例 3.6】 在一个输入阻抗等于 50 Ω,噪声系数 F_n 为 8 dB,带宽为 2.1 kHz 的系统中,若给定的输出信噪比为 1 dB。问最小输入信号是多少?设温度为 290 K。

解 式(3.151)可改写成

$$10 P'_{si}/dB = 10\lg F_n + 10\lg(kT\Delta f_n) + 10\lg\left(\frac{P'_{so}}{P'_{no}}\right) =$$
$$8 + 10\lg(1.38 \times 10^{-23} \times 290 \times 2\ 100) + 1 =$$
$$-157.4$$

因此得出 $\qquad P'_{si} = 1.82 \times 10^{-16}$ W (灵敏度)

由 $P'_{si} = \dfrac{U_s^2}{4R_s}$,此时 $R_s = 50$ Ω,因此得出

$$U_s = 0.19\ \mu V\ (最小可检测输入信号电压)$$

3.10.5 等效噪声频带宽度

3.9.1 节已指出,起伏噪声是功率谱密度均匀的白噪声。现在来研究它通过线性四端网络后的情况,并引出等效噪声频带宽度的概念。

设四端网络的电压传输系数为 $A(f)$,输入端的噪声功率谱密度为 $S_i(f)$,则输出端的噪声功率谱密度 $S_o(f)$ 为

$$S_o(f) = A^2(f) S_i(f) \qquad (3.152)$$

因此,若作用于输入端的 $S_i(f)$ 为白噪声,则通过如图 3.49(a)所示的功率传输系数 $A^2(f)$ 的线性网络后,输出端的噪声功率谱密度如图 3.49(b)所示。显然,白噪声通过有频率选择性的线性网络后,输出噪声不再是白噪声,而是有色噪声了。

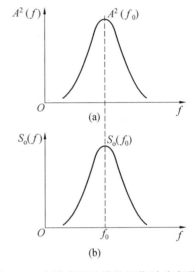

图 3.49 白噪声通过线性网络时功率谱的变化

由式(3.119)可得出输出端的噪声电压均方值为

$$\overline{u_{on}^2} = \int_0^\infty S_o(f)df = \int_0^\infty S_i(f) A^2(f) df$$
$$(3.153)$$

即图 3.49(b)所示的 $S_o(f)$ 曲线与横坐标轴 f 之间的面积就表示输出端噪声电压的均方值 $\overline{u_{on}^2}$。

下面引入等效噪声带宽(Equivalent Noise Bandwidth) Δf_n 的概念,以简化噪声的计算。

等效噪声带宽是按照噪声功率相等(几何意义即面积相等)来等效的。如图 3.50 所示,使宽度为 Δf_n、高度为 $S_o(f_0)$ 的矩形面积与曲线 $S_o(f)$ 下的面积相等,Δf_n 即为等效噪声带宽。由于面积相等,所以起伏噪声通过这样两个特性不同的网络后,具有相同的输出均方值电压。

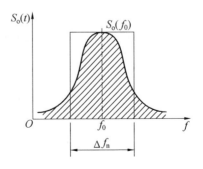

图 3.50 等效噪声带宽示意图

根据功率相等的条件,可得

$$\int_0^\infty S_o(f)\mathrm{d}f = S_o(f_0)\Delta f_n \tag{3.154}$$

由于输入端噪声功率谱密度 $S_i(f)$ 是均匀的,将式(3.152)代入式(3.154),可得

$$\Delta f_n = \frac{\int_0^\infty A^2(f)\mathrm{d}f}{A^2(f_0)} \tag{3.155}$$

回到式(3.153),线性网络输出端的噪声电压均方值为

$$\overline{u_{on}^2} = S_i(f)\int_0^\infty A^2(f)\mathrm{d}f = S_i(f)A^2(f_0)\int_0^\infty \frac{A^2(f)}{A^2(f_0)}\mathrm{d}f =$$
$$S_i(f)A^2(f_0)\Delta f_n \tag{3.156}$$

由式(3.120)可知

$$S_i(f) = 4kTR$$

所以

$$\overline{u_{on}^2} = 4kTRA^2(f_0)\Delta f_n \tag{3.157}$$

由此可见,电阻热噪声(起伏噪声)通过线性四端网络后,输出的均方值电压就是该电阻在频带 Δf_n 内的均方值电压的 $A^2(f_0)$ 倍。通常 $A^2(f_0)$ 是已知的,所以,只要求出 Δf_n,就很容易算出 $\overline{u_{on}^2}$。如将 $A^2(f_0)$ 归一化为1,则得式(3.121)所表示的电阻热噪声。对于其他(例如晶体管)噪声源来说,只要它的噪声功率谱密度为均匀的(白噪声),都可以用 Δf_n 来计算其通过线性网络后输出端噪声电压的均方值。

3.10.6 减小噪声系数的措施

根据上面讨论的结果,可提出如下减小噪声系数的措施:

(1)选用低噪声元器件。

在放大或其他电路中,电子器件的内部噪声起着重要作用。因此,改进电子器件的噪声性能和选用低噪声的电子器件,就能大大降低电路的噪声系数。

对晶体管而言,应选用 r_b($r_{bb'}$)和噪声系数 F_n 小的管子(可由手册查得,但 F_n 必须是高频工作时的数值)。除采用晶体管外,目前还广泛采用场效应管做放大器和混频器,因为场效应管的噪声电平低,尤其是最近发展起来的砷化镓金属半导体场效应管(MESFET),它的噪声系数可低到 $0.5\sim1$ dB。

在电路中,还必须谨慎地选用其他能引起噪声的电路元件,其中最主要的是电阻元件。宜选用结构精细的金属膜电阻。

(2)正确选择晶体管放大器的直流工作点。

图 3.51 表示某晶体管的 F_n 与 I_E 的变化曲线。从图中可以看出,对于一定的信号源内阻 R_s,存在着一个使 F_n 最小的最佳电流 I_E 值。因为 I_E 改变时,直接影响晶体管的参数。当参数为某一值,满足最佳条件时,可使 I_E 达到最小值。另外,如 I_E 太小,晶体管功率增益太低,使 F_n 上升;如 I_E 太大,又由于晶体管的散粒和分配噪声增加,也使 F_n 上升。所以 I_E 为某一值时,F_n 可以达到最小。从图3.51 中还可看出,对于不同的信号源内阻 R_s,最佳的 I_E 值也不同。

除此之外,F_n 还分别与晶体管的 U_{CB} 和 U_{CE} 有关。但通常 U_{CB} 和 U_{CE} 对 F_n 的影响不大。电压低时,F_n 略有下降。

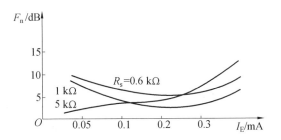

图 3.51 某晶体管 F_n 与 I_E 的关系曲线

(3)选择合适的信号源内阻 R_s。

信号源内阻 R_s 变化时,也影响 F_n 的大小。当 R_s 为某一最佳值时,F_n 可达到最小。晶体管共射和共基电路在高频工作时,这个最佳内阻为几十到三四百欧(当频率更高时,此值更小)。在较低频率范围内,这个最佳内阻为 $500\sim2\,000\ \Omega$,此时最佳内阻和共发射极放大器的输入电阻相近。因此,可以用共发射极放大器使获得最小噪声系数的同时,也能获得最大功率增益。在较高频工作时,最佳内阻和共基极放大器的输入电阻相近,因此,可用共基极放大器,使最佳内阻值与输入电阻相等,这样就同时获得最小噪声系数和最大功率增益。

(4)选择合适的工作带宽。

根据上面的讨论,噪声电压都与通带宽度有关。接收机或放大器的带宽增大时,接收机或放大器的各种内部噪声也增大。因此,必须严格选择接收机或放大器的带宽,使之既不过窄,以能满足信号通过时对失真的要求,又不致过宽,以免信噪比下降。

(5)选用合适的放大电路。

以前介绍的共射—共基级联放大器、共源—共栅级联放大器都是优良的高稳定和低噪声电路。

热噪声是内部噪声的主要来源之一,所以降低放大器特别是接收机前端主要器件的工作温度,对减小噪声系数是有意义的。对灵敏度要求特别高的设备来说,降低噪声温度是一个重要措施。例如,卫星地面站接收机中常用的高频放大器就采用"冷参放"(制冷至 $20\sim80\ K$ 的参量放大器)。其他器件组成的放大器制冷后,噪声系数也有明显的降低。

3.11 高频小信号放大电路 Multisim 仿真

利用 Multisim 软件构建如图 3.52 所示高频小信号放大电路。对比如图 3.53 低频小信号放大电路,可以看出,高频小信号放大电路的集电极负载更为复杂,电感 L_3 和电容 C_{17} 构成的选频电路,用以谐振放大。

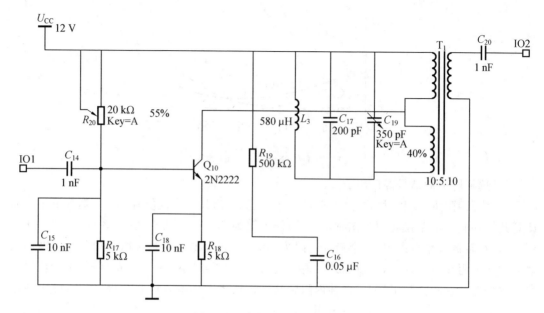

图 3.52　高频小信号放大电路

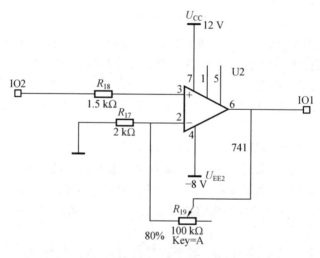

图 3.53　低频小信号放大电路

请大家思考一下,高频小信号放大电路和低频小信号放大电路的区别主要体现在哪里?比如从信号频段、信号带宽和实际电路差异性角度分析一下。

<h2 style="text-align:center">习　　题</h2>

3.1　晶体高频小信号为什么一般都采用共发射极电路?

3.2　晶体管低频放大器与高频小信号放大器的分析方法有什么不同?高频小信号放大器能否用特性曲线来分析,为什么?

3.3　为什么在高频小信号放大器中要考虑阻抗匹配问题?

3.4　小信号放大器的主要质量指标有哪些?设计时遇到的主要问题是什么?解决办

法如何?

3.5 某晶体管的特征频率 $f_T = 250\ \text{MHz}$，$\beta_0 = 50$。求该管在 $f = 1\ \text{MHz}$、$20\ \text{MHz}$ 和 $50\ \text{MHz}$ 时的 β 值。

3.6 说明 f_β、f_T 和 $f_{\max}$ 的物理意义。为什么 $f_{\max}$ 最高，f_T 次之，f_β 最低？$f_{\max}$ 受不受电路组态的影响？请分析说明。

3.7 某晶体管在 $U_{CE} = 0$，$I_E = 1\ \text{mA}$ 时的 $f_T = 250\ \text{MHz}$，又 $r_{bb'} = 70\ \Omega$，$C_{b'c} = 3\ \text{pF}$，$\beta_0 = 50$。求该管在频率 $f = 10\ \text{MHz}$ 时的共发电路的 y 的参数。

3.8 试证明 m 级（$\eta = 1$）双调谐放大器的矩形系数为

$$K_{r0.01} = \sqrt[4]{\frac{10^{2/m} - 1}{2^{1/m} - 1}}$$

3.9 在图中，晶体管的直流工作点是 $U_{CE} = 8\ \text{V}$，$I_E = 2\ \text{mA}$；工作频率 $f_0 = 10.7\ \text{MHz}$；调谐回路采用中频变压器 $L_{1-3} = 4\ \mu\text{H}$，$Q_0 = 100$，其抽头为 $N_{2-3} = 20$ 匝，$N_{4-5} = 5$ 匝。试计算放大器的下列各值：电压增益、功率增益、通频带、回路插入损耗和稳定系数 S（设放大器和前级匹配 $g_s = g_{ie}$）。晶体管在 $U_{CE} = 8\ \text{V}$，$I_E = 2\ \text{mA}$ 时参数如下：

$$g_{ie} = 2\ 860\ \mu\text{S}\ ; C_{ie} = 18\ \text{pF}$$

$$g_{oe} = 200\ \mu\text{S}\ ; C_{oe} = 18\ \text{pF}$$

$$|y_{fe}| = 45\ \text{mS}\ ; \varphi_{fe} = -54°$$

$$|y_{re}| = 0.31\ \text{mS}\ ; \varphi_{re} = -88.5°$$

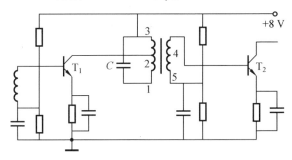

题 3.9 图

3.10 图中表示一单调谐回路中频放大器。已知工作频率 $f_0 = 10.7\ \text{MHz}$，回路电容 $C_2 = 56\ \text{pF}$，回路电感 $L = 4\ \mu\text{H}$，L 的参数 $N = 20$，$Q_0 = 100$，接入系数 $p_1 = p_2 = 0.3$。晶体管 T_1 的主要参数为：$f_T \geqslant 250\ \text{MHz}$，$r_{bb'} = 70\ \Omega$，$C_{b'e} \approx 3\ \text{pF}$，$y_{ie} = (0.15 + j1.45)\ \text{mS}$，$y_{oe} = (0.082 + j0.73)\ \text{mS}$，$y_{fe} = (38 - j4.2)\ \text{mS}$。静态工作点电流由 R_1、R_2、R_3 决定，现 $I_E = 1\ \text{mA}$，对应的 $\beta_0 = 50$。求：

（1）单级电压增益 A_{u0}；

（2）单级通频带 $2\Delta f_{0.7}$；

（3）四级的总电压增益 $(A_{u0})_4$；

（4）四级的总通频带 $2(\Delta f_{0.7})_4$；

（5）如四级的总通频带 $2(\Delta f_{0.7})_4$ 保持和单级的通频带 $2\Delta f_{0.7}$ 相同，则单级的通频带应加宽多少？四级的总电压增益下降多少？

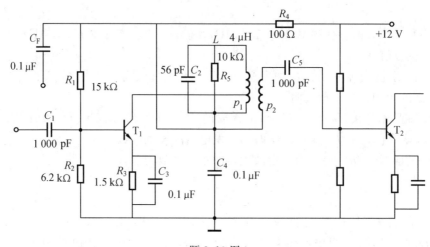

题 3.10 图

3.11 设计一个中频放大器。要求:采用电容耦合双调谐放大器,初、次级抽头 $p_1=0.3$, $p_2=0.3$;中频频率为 1.5 MHz;中频放大器增益大于 60 dB;通频带为 30 kHz;矩形系数 $K_{r0.1}<1.9$;放大器工作稳定;回路电容选用 500 pF,回路线圈品质因数 $Q_0=80$。已知晶体管在 $I_E=1$ mA、$f=1.5$ MHz 时,参数如下:

$$g_{ie}=1\ 000\ \mu S;C_{ie}=74\ pF;g_{oe}=18\ \mu S;C_{oe}=18\ pF$$
$$y_{fe}=3\ 600\angle-4.3°\ \mu S;y_{re}=33\angle-93°\ \mu S$$

另外,中放前的变频器也采用双调谐回路做负载。

3.12 为什么晶体管在高频工作时要考虑单向化问题,而在低频工作时,则可不必考虑?

3.13 影响谐振放大器稳定性的因素是什么? 反馈导纳的物理意义是什么?

3.14 用晶体管 CG30 做一个 30 MHz 中频放大器,当工作电压 $U_{CE}=8$ V、$I_E=2$ mA 时,其 y 参数是:

$$y_{ie}=(2.86+j3.4)\,mS;y_{re}=(0.08-j0.3)\,mS$$
$$y_{fe}=(26.4-j36.4)\,mS;y_{oe}=(0.2+j1.3)\,mS$$

求此放大器的稳定电压增益 $(A_{u0})_s$,要求稳定系数 $S\geqslant5$。

3.15 场效应管高频小信号放大器与晶体管的比较有哪些优缺点? 其适用范围如何?

3.16 计算图 3.33 所示的共源放大器(下一级采用同样的管子)。已知:工作频率 $f_0=10.7$ MHz;回路电容 $C_3=50$ pF;输出端到地之间的抽头 $p=0.5$;线圈电感的 $Q_0=50$。场效应管采用 3DJ7F,其 $g_{fs}=3000\ \mu S$, $C_{gs}<8$ pF, $C_{gd}<3$ pF, $C_{ds}<5$ pF。

3.17 图中所示的双调谐电感耦合电路中,设第一级放大器的输出导纳和第二级放大器的输入导纳分别是:$g_o=20\times10^{-6}$ S, $C_o=4$ pF; $g_i=0.62\times10^{-6}$ S, $C_i=40$ pF。$|y_{fe}|=40\times10^{-3}$ S,工作频率 $f_0=465$ kHz,中频变压器初、次级线圈的空载 Q 值均为 100,线圈抽头为 $N_{12}=73$ 匝, $N_{34}=73$ 匝, $N_{45}=1$ 匝, $N_{56}=13.5$ 匝, L_1 和 L_2 为紧耦合。

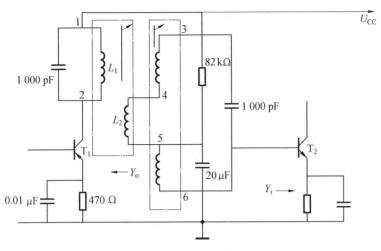

题 3.17 图

求:(1)电压放大倍数;(2)通频带和矩形系数。

3.18 设某晶体管共射连接时其 y 参数为 y_{ie}、y_{fe}、y_{re}、y_{oe};共基连接时其 y 参数为 y_{ib}、y_{fb}、y_{rb}、y_{ob};共集连接时其 y 参数为 y_{ie}、y_{fe}、y_{re}、y_{oe};现将两个这种晶体管级联,假设 $y_{fe} \gg y_{ie} \gg y_{oe} \gg y_{re}$,试证明:

(1)共集—共基级联时,其复合管的 y 参数为

$$y'_i \approx y_{ie}$$

$$y'_r \approx \frac{y_{re}}{y_{fe}}(y_{re} + y_{oe})$$

$$y'_f \approx y_{fe}$$

$$y'_o \approx -y_{re}$$

(2)共射—共基级联时,其复合管的 y 参数为

$$y''_i \approx \frac{y_{ie}}{2}$$

$$y''_r \approx \frac{y_{ie}}{2y_{fe}}(y_{re} + y_{oe})$$

$$y''_f \approx -\frac{y_{fe}}{2}$$

$$y''_o \approx \frac{y_{oe}}{2}$$

3.19 晶体管和场效应管噪声的主要来源是哪些?为什么场效应管内部噪声较小?

3.20 一个 1 000 Ω 电阻在温度 290 K 和 10 MHz 频带内工作,试计算它两端产生的噪声电压和噪声电流的均方根值。

3.21 三个电阻 R_1、R_2 和 R_3,其温度保持在 T_1、T_2 和 T_3。如果电阻串联连接,并看成等效于温度 T 的单个电阻 R,求 R 和 T 的表示式。如果电阻改为并联连接,求 R 和 T 的表示式。

3.22 某晶体管的 $r_{bb'} = 70$ Ω,$I_E = 1$ mA,$\alpha_0 = 0.95$,$f_\alpha = 500$ MHz,求在室温 19 ℃、通频带为 200 kHz 时,此晶体管在频率为 10 MHz 时的各噪声源数值。

3.23 试证明如图所示并联谐振回路的等效噪声带宽为

$$\Delta f_n = \frac{\pi f_0}{2Q}$$

3.24 某接收机的前端电路由高频放大器、晶体混频器和中频放大器组成。已知晶体混频器的功率传输系数 $K_{pc}=0.2$,噪声温度 $T_i=60\ \text{K}$,中频放大器的噪声系数 $F_{ni}=6\ \text{dB}$。现用噪声系数为 3 dB 的高频放大器来降低接收机的总噪声系数。如果要使总噪声系数降低到 10 dB,则高频放大器的功率增益至少要几分贝?

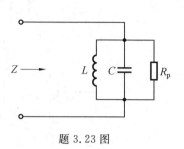

题 3.23 图

3.25 如图所示,不考虑 R_L 的噪声,求虚线内线性网络的噪声系数 F_n。

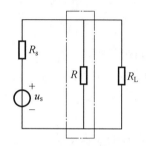

题 3.25 图

3.26 如图所示,虚线框内为一线性网络,G 为扩展通频带的电导,画出其噪声等效电路,并求其噪声系数 F_n。

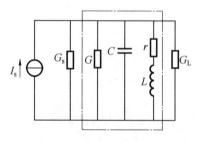

题 3.26 图

3.27 有 A、B、C 三个匹配放大器,它们的特性如下:

放大器	功率增益/dB	噪声系数
A	6	1.7
B	12	2.0
C	20	4.0

现把此三个放大器级联,放大一低电平信号,问此三个放大器如何连接,才能使总的噪声系数最小,最小值为多少?

3.28　当接收机线性级输出端的信号功率对噪声功率的比值超过 40 dB 时,接收机会输出满意的结果。该接收机输入级的噪声系数是 10 dB,损耗为 8 dB,下一级的噪声系数为 3 dB,并具有较高的增益。若输入信号功率对噪声功率的比为 1×10^5,问这样的接收机构造形式是否满足要求,是否需要一个前置放大器? 若前置放大器增益为 10 dB,则其噪声系数应为多少?

第4章

高频功率放大电路

在无线电系统接收机中,按照信息传输基本理论,若想保证解调出来的基带信号无失真,得到较好的解调效果,要求接收到的高频已调波信号功率和传输过程中加载上去的噪声功率之比要尽可能高。由于信号在传输过程中,随着传输距离的加大,功率衰减速度很快;加载到信号上的噪声能量很强,因此若想在接收端获得较高的高频已调波信号功率,要求发射端发射的高频信号功率要达到一定水平,因此在发射机的末端要对信号的发射功率进行放大,再将信号通过天线发送出去。本章重点介绍高频功率放大电路。

4.1 概　　述

在低频电子线路中,为了获得足够大的输出功率,必须采用低频功率放大器。这种低频功率放大一般是工作在甲类或乙类(推挽输出)或甲乙类的放大器,效率不会超过 78.5%。同样地,在高频电子线路中,为了获得足够大的输出功率,也必须采用高频功率放大器。不过,由于高频的特殊性,高频功率放大器既可以工作在甲类或甲乙类状态,也可以工作在丙类或丁类,甚至戊类,效率可以高于 78.5%。在有线通信中,常常也需要高频功率放大器,比如闭路电视等。由此可见,高频功率放大器是通信发送设备的重要组成部分。

高频功率放大器是用于放大高频信号并获得足够大的输出功率的放大器,它广泛用于发射机、高频加热装置和微波功率源等电子设备中。

高频功率放大器与低频功率放大器相比,主要有以下几点不同。

(1)工作波段和相对频带宽度不同。

低频功率放大器的工作频率低,但是,相对频带宽度非常宽。比如,放大频率为 20 Hz~20 kHz 的低频信号,高低频率之比达到 1 000:1;中心频率为 0.5×(20 000＋20)Hz＝10 010Hz,频带宽度为(20 000－20)Hz＝19 980 Hz,相对频带宽度为 19 980 Hz/10 010 Hz≈2.0。调频广播的载波频率范围为 88~108 MHz,高低频率之比仅为 1.23:1;中心频率为 0.5×(80＋108)MHz＝98 MHz,频带宽度为(108－88)MHz＝20 MHz,相对频带宽度为 20 MHz/98 MHz≈0.2。它们的工作频率至少差 3 个数量级,相对频带宽度是 10 倍的关系。由于工作频率和相对频带宽度不同,决定了低频功率放大器采用无调谐负载,比如电阻、变压器等。而窄带高频功率放大器一般都采用谐振回路作为负载。

(2)采用的工作状态一般不同。

低频功率放大器一般是在甲类或乙类(推挽输出)或甲乙类状态下工作。虽然窄带高频功率放大器可以工作在甲类或乙类(推挽输出)或甲乙类状态,但是,为了提高效率,往往工作在丙类或丁类,甚至戊类状态。

(3)工作原理一般不同。

低频功率放大器是一种线性放大器,其中的有源器件工作于放大区。如果窄带高频功率放大器工作在丙类或丁类或戊类状态,其中的有源器件工作于截止区,是一种非线性电路。

高频功率放大器有窄带和宽带放大器两类。窄带高频功放常采用具有选频功能的谐振网络作为负载,所以又称为谐振功率放大器。为了提高效率,谐振功放常工作于乙类或丙类状态,甚至丁类或戊类状态。其中,放大等幅信号(例如载波信号、调频信号)的谐振功放一般工作于丙类状态;而放大高频调幅信号的谐振功放一般工作于乙类状态,以减小失真,这类功放又称为线性功率放大器。为了进一步提高效率,近年来出现了使电子器件工作于开关状态的丁类谐振功放。

宽带高频功率放大器采用工作频带很宽的传输线变压器作为负载,它可实现功率合成。由于不采用谐振网络,因此这种高频功率放大器可以在很宽的范围内变换工作频率而不必调谐。

在高频功率放大器中,有源器件可以采用晶体管或场效应管或电子管,其中,电子管是最古老的元件。晶体管和场效应管与电子管相比,具有体积小、质量轻、耗电少、寿命长等优点,因此,它们一出现,就获得了迅速的发展。在低频电子线路、脉冲与数字电路、高频电子线路等中,晶体管和场效应管已经或正在取代电子管,称为电子元器件中的主力军,为电子技术的发展谱写新的篇章。但是,到目前为止,晶体管和场效应管并没有完全取代电子管。比如,在高频功率放大器中,当输出功率达到几百瓦以上时,电子管仍然占优势。

高频功率放大器的技术指标包括输出功率、效率、功率增益、带宽和谐波抑制度等。这几项指标往往是互相矛盾的,对于不同应用,要有所兼顾。它的主要技术指标是输出功率和效率。

由于高频功率放大器的输出功率比较大,耗能比较多,所以工作频率就显得非常重要。放大器的基本原理都是利用输入基极或栅极的信号去控制集电极或漏极或阳极的直流电源,让这个直流电源输出的功率转变为与输入信号频谱结构相同的输出信号的功率(线性放大)。显然,这个转换的效率不会是 100% 的,因为电子元器件本身还要消耗功率,比如,电阻、晶体管、场效应管、电子管等。事实上,这个电流源输出的功率一部分转变为交流输出功率,另一部分主要以热能的形式被集电极或漏极或阳极所消耗,称为耗散功率。工作效率的提高,意味着更加节能,同时,也意味着晶体管或场效应管或电子管本身发热的程度更低,使用寿命更长。下面以晶体管为例,讨论集电极电源提供的直流功率 $P_=$、交流输出功率 P_o 和集电极耗散功率 P_c 之间的关系。

根据能量守恒定律,如果忽略电阻或等效电阻消耗的功率,可以得到

$$P_= = P_o + P_c \tag{4.1}$$

为了定性说明晶体管放大器的能量转换能力,引入集电极效率的概念,用 η_c 表示。集电极效率 η_c 的定义为

$$\eta_c = \frac{P_o}{p_=} = \frac{P_o}{P_o + P_c} \tag{4.2}$$

本章主要讨论丙类高频谐振功率放大器的工作原理、特性以及技术指标的计算、具体电

路的分析内容,对宽带高频功率放大器和功率合成器做简要的介绍。

4.2 丙类高频功率放大器的工作原理

4.2.1 电路结构、工作原理

由于晶体管的工作情况与频率有极密切的关系,通常可以把它的工作频率范围划分成如下三个区域:

低频区 $f < 0.5f_\beta$;

中频区 $0.5f_\beta < f < 0.2f_T$;

高频区 $0.2f_T < f < f_T$;

f_β 与 f_T 之间的关系为 $f_T \approx \beta f_\beta$。

晶体管在低频区工作时,可以不考虑它的等效电路中的电抗分量与载流子渡越时间等影响。此时能用与分析电子管高频功率放大器相类似的方法来分析计算晶体管电路,内容比较成熟。中频区的分析计算要考虑晶体管各个结电容的作用,高频区则需进一步考虑电极引线电感的作用。因此,中频区和高频区的严格分析与计算是相当困难的。本书将从低频区来说明晶体管高频功率放大器的工作原理。在 4.2.3 节再对晶体管在中频与高频区工作时的特点进行定性的说明。

1. 获得高效率所需要的条件

从"低频电子线路"等前导课程已经知道,不论是晶体管放大器还是电子管放大器,它们的作用原理都是利用输入到基极(或栅极)的信号,来控制集电极(或阳极)的直流电源所供给的直流功率,使之转变为交流信号功率输出去。这种转换当然不可能是百分之百的,因为直流电源所供给的功率除了转变为交流输出功率的那一部分外,还有一部分功率以热能的形式消耗在集电极(或阳极)上,称为集电极(阳极)耗散功率。为方便起见,下面只讨论晶体管电路,但所得到的结论同样适用于电子管电路。

设 $P_=$ 为直流电源供给的直流功率,P_o 为交流输出信号功率,P_c 为集电极耗散功率,那么,根据能量守恒定律应有

$$P_= = P_o + P_c \tag{4.3}$$

为了说明晶体管放大器的转换能力,采用集电极效率 η_c,其定义为

$$\eta_c = \frac{P_o}{P_=} = \frac{P_o}{P_o + P_c} \tag{4.4}$$

由上式可以得出以下两点结论。

(1) 设法尽量降低集电极耗散功率 P_c,则集电极效率 η_c 自然会提高。这样,在给定 $P_=$ 时,晶体管的交流输出功率 P_o 就会增大。

(2) 如果维持晶体管的集电极耗散功率 P_c 不超过规定值,那么,提高集电极效率 η_c,将使交流输出功率 P_o 大为增加。对于这一点可说明如下:

由式(4.4)得

$$P_o = \left(\frac{\eta_c}{1 - \eta_c}\right) P_c \tag{4.5}$$

如果 $\eta_c = 20\%$（甲类放大），则由上式得 $(P_o)_1 = 1/4 P_c$；如果 $\eta_c = 75\%$（丙类放大），则得到 $(P_o)_2 = 3P_c$。显然，$(P_o)_2 = 12(P_o)_1$。由此可见，对于给定的晶体管，在同样的集电极耗散 P_c 的条件下，当 η_c 由 20% 提高到 75% 时，输出功率提高 12 倍。可见，提高效率对输出功率有极大的影响。这一概念是十分重要的。当然，这时输入直流功率也要相应地提高，才能在 P_c 不变的情况下增加输出功率。高频功率放大器就是从这方面入手，来提高输出功率与效率的。

高频功率放大器的基本电路如图 4.1 所示。

图 4.1 所示的高频功率放大电路中，如何减小集电极耗散呢？由于在任一元件（呈电阻性）上的耗散功率等于通过该元件的电流与该元件两端电压的乘积，因此，晶体管的集电极耗散功率在任何瞬间总是等于瞬时集电极电压 u_c 与瞬时集电极电流 i_c 的乘积。如果使 i_c 只有在 u_c 最低的时候才能通过，那么，集电极耗散功率自然会大为减小。由此可见，要想获得高的集电极效率，放大器的集电极电流应该

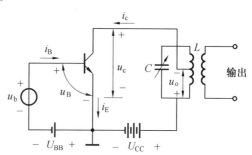

图 4.1　高频功率放大器的基本电路

是脉冲状。当电流流通角小于 $180°$ 时，即为丙类工作状态，这时基极直流偏压 U_{BB} 使基极处于反向偏置状态。从折线的观点看，基极偏压 U_{BB} 等于 U_{BZ} 时，电流截止，即为乙类工作状态。当 $U_{BB} < U_{BZ}$ 时，即为丙类工作状态，这时 U_{BB} 可以正向偏置或反向偏置，由流通角 θ_c 与激励电压 U_{bm} 的大小决定，但大多数情况采用反向偏置。

对于如图 4.1 所示的 NPN 型管来说，只有在激励信号 u_b 为正值的一段时间（$+\theta_c$ 至 $-\theta_c$）内才有集电极电流产生，如图 4.2(a) 所示。图中，将晶体管的转移特性理想化为一条直线交横轴于 U_{BZ}，U_{BZ} 称为截止电压或起始电压。硅管的 $U_{BZ} = 0.4 \sim 0.6\ \mathrm{V}$，锗管的 $U_{BZ} = 0.2 \sim 0.3\ \mathrm{V}$。由图可知，$2\theta_c$ 是在一周期内的集电极电流流通角，因此，θ_c 可称为半流通角或截止角（意即 $\omega t = \theta_c$ 时，电流被截止）。为方便起见，以后将 θ_c 简称为通角。由图 4.2(a) 可以看出（图中 U_{BB} 取绝对值）

$$U_{bm} \cos \theta_c = U_{BZ} + U_{BB}$$

故得

$$\cos \theta_c = \frac{U_{BZ} + U_{BB}}{U_{bm}} \tag{4.6}$$

必须强调指出，集电极电流 i_c 虽然是脉冲状，包含很多谐波，失真很大，但由于在集电极电路内采用的是并联谐振回路（或其他形式的选频网络），如使此并联回路谐振于基频，那么它对基频呈现很大的纯电阻性阻抗，而对谐波的阻抗则很小，可以看作短路，因此，并联谐振电路由于通过 i_c 所产生的电位降 u_c 也几乎只含有基频。这样，i_c 的失真虽然很大，但由于谐振回路的这种滤波作用，仍然能得到正弦波形的输出。

【例 4.1】　试求图 4.1 所示的并联谐振电路各次谐波与基频的阻抗值之比。已知回路 $Q = \dfrac{\omega L}{R} = 10$，回路谐振于基频。

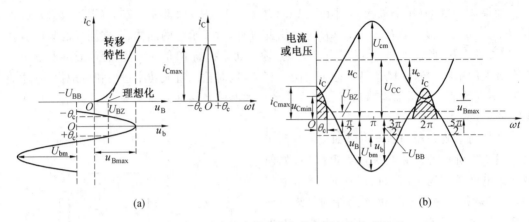

图 4.2　高频功率放大器中各部分电压与电流的关系

解　并联谐振阻抗为

$$(Z_p)_\omega = R_p = p^2 \frac{L}{CR} = p^2 \omega L Q$$

对于谐波 $n\omega$ 的阻抗为

$$(Z_p)_{n\omega} = p^2 \frac{(r+jn\omega L)\dfrac{1}{jn\omega C}}{R+j\left(n\omega L - \dfrac{1}{n\omega C}\right)}\cdot$$

此处 p 为接入系数。

由于 $Q = \dfrac{\omega L}{R} = 10 \gg 1$，因此 $n\omega L \gg R$，同时注意到 $\omega^2 LC = 1$，于是上式可表示为

$$(Z_p)_{n\omega} \approx p^2 \frac{n\omega L}{jn\omega C\left(n\omega L - \dfrac{1}{n\omega C}\right)} =$$

$$-jp^2 \frac{n}{(n^2-1)Q}(Q\omega L) = -jp^2 \frac{n}{(n^2-1)Q}(Z_p)_\omega$$

由此可知，回路对高次谐波呈电容性阻抗。它的绝对值与基频谐振阻抗的比值为

$$\left|\frac{(Z_p)_{n\omega}}{(Z_p)_\omega}\right| = \frac{n}{(n^2-1)Q}$$

在本例中，$Q=10$。因此，当 $n=2,3,4,5$ 等数值时

$$\left|\frac{(Z_p)_{2\omega}}{(Z_p)_\omega}\right| = \frac{2}{(4-1)10} = \frac{1}{15} \approx 0.066\ 7$$

$$\left|\frac{(Z_p)_{3\omega}}{(Z_p)_\omega}\right| = \frac{3}{(9-1)10} = \frac{3}{80} = 0.037\ 5$$

$$\left|\frac{(Z_p)_{4\omega}}{(Z_p)_\omega}\right| = \frac{4}{(16-1)10} = \frac{2}{75} \approx 0.026\ 7$$

$$\left|\frac{(Z_p)_{5\omega}}{(Z_p)_\omega}\right| = \frac{5}{(25-1)10} = \frac{1}{48} \approx 0.020\ 8$$

由此可见，回路阻抗对于各次谐波来说，它们的值与谐振和基频之值相比，小到可以忽略的程度（仅为百分之几），可以认为是短路的。因此，虽然 i_c 是脉冲状，但回路两端的电压以及由这电压所产生的回路电流仍然是正弦波形。这一概念十分重要。

回路的这种滤波作用也可从能量的观点来解释。回路是由储能元件 L(可以储存磁能)和 C(可以储存电能)组成的。在集电极电流通过的期间,回路储存能量;而在电流被截止的期间,回路释放能量。这样就维持了回路中振荡电流的连续性。这一情况和机械系统中的飞轮作用很相似。在一个单冲程式的引擎里,能量的来源也是"脉冲"式的,但活塞的运动则近似于简谐运动,其原因就在于飞轮能够储存和释放能量。因此回路的滤波作用有时也称"飞轮效应"。

由于回路对基频呈纯电阻性阻抗,当集电极瞬时电流 i_c 最大时,回路上所产生的电压降 u_c 也为最大值 U_{cm},因此,集电极电压瞬时值 u_c 成为最小值 $u_{Cmin}=U_{CC}-U_{cm}$ 最大时,也是瞬时基极电压 u_B 达到最大值 $u_{Bmax}=-U_{BB}+U_{bm}$ 的时刻。所以,集电极瞬时电压 u_c 与基极瞬时电压 u_b 的相位差正好等于 $180°$。这时所得到的 u_c、u_B、i_c 等的波形和相位关系,如图 4.2(b)所示。由图可知,i_c 只在 u_c 很低的时间内通过,集电极耗散功率减小,集电极效率自然提高。而且 u_{Cmin} 越低,效率就越高。

如果增大基极偏压(反向),而保持 U_{CC} 和 U_{bm} 不变,那么,i_c 的流通角 $2\theta_c$ 将减小,从而能获得更高的效率。$2\theta_c$ 越小,则效率越高。但当 $2\theta_c$ 太小时,自集电极电源 U_{CC} 输入的直流功率下降得太大,因此即使效率很高,但输出功率反而可能减小。由此可知,在 θ_c 角的选择上,输出功率与集电极效率之间是存在矛盾的。为了兼顾输出功率与效率,应适当选取 θ_c 的值,一般取为 $70°$ 左右。

这一部分所涉及的符号较多,汇总如下:

U_{CC} 集电极电路的直流电源电压;

U_{BB} 基极电路的直流偏压;

u_c 集电极回路交流输出电压,振幅为 U_{cm};

u_b 基极交流信号电压,振幅为 U_{bm};

u_c 集电极到发射极的瞬时电压,最小值为 u_{cmin};

u_b 基极到发射极的瞬时电压,最大值为 u_{bmax};

i_C 集电极瞬时总电流,最大值为 i_{cmax};

i_b 基极瞬时电流。

i_e 发射极瞬时电流;

$2\theta_c$ 集电极电流的流通角。

各部分电压极性与电流的正方向已示于图 4.1 中,凡是电流方向与电压极性符合图中规定方向与极性的,就认为是正的。

2. 功率关系

参阅图 4.1 与图 4.2,可知

$$u_C = U_{CC} - U_{cm}\cos \omega t \tag{4.7}$$

此处略去了回路的直流电阻所产生的电压降,因为它通常很小。同时还假定集电极回路谐振于激励信号频率。

集电极电流脉冲可分解为傅里叶级数:

$$i_C = I_{C0} + I_{cm1}\cos \omega t + I_{cm2}\cos 2\omega t + I_{cm3}\cos 3\omega t + \cdots \tag{4.8}$$

直流电源 U_{CC} 所供给的直流功率为

$$P_= = U_{CC} I_{C0} \tag{4.9}$$

由于回路对基频谐振,呈纯电阻 R_p,对其他谐波的阻抗很小,且呈容性,因此,只有基频电流与基频电压才能产生输出功率。此时,回路可吸取的基频功率为

$$P_o = \frac{1}{2} U_{cm} I_{cm1} = \frac{U_{cm}^2}{2R_p} = \frac{1}{2} I_{cm1}^2 R_p \tag{4.10}$$

所需要的回路阻抗值为

$$R_p = \frac{U_{cm}}{I_{cm1}} = \frac{U_{CC} - u_{Cmin}}{I_{cm1}} = \frac{U_{cm}^2}{2P_o} \tag{4.11}$$

直流输入功率与回路交流功率 P_o 之差就是晶体管的集电极耗散功率,即

$$P_c = P_= - P_o \tag{4.12}$$

放大器的集电极效率为

$$\eta_c = \frac{P_o}{P} = \frac{\dfrac{1}{2} U_{cm} I_{cm1}}{U_{CC} I_{C0}} = \frac{1}{2} \xi g_1(\theta_c) \tag{4.13}$$

式中 ξ——集电极电压利用系数,$\xi = \dfrac{U_{cm}}{U_{CC}}$;

      $g_1(\theta_c)$——波形系数,$g_1(\theta_c) = \dfrac{I_{cm1}}{I_{C0}}$。它是通角 θ_c 的函数;θ_c 越小,则 $g_1(\theta_c)$ 越大。

式(4.13)说明,ξ 越大(即 U_{cm} 越大或 u_{Cmin} 越小),θ_c 越小,则效率 η_c 越高。

以上对高频谐振功率放大器的工作原理和功率、效率的数量关系,做了初步研究。必须指出,为了深刻理解谐振功率放大器的工作原理,并进而掌握以后讨论的分析方法,应牢固记清图 4.2(b)所示的电压与电流波形,它们之间的关系,以及各种符号的物理意义。这对于掌握谐振功率放大器的工作原理是非常重要的。

4.2.2 折线分析法

1.晶体管特性曲线的理想化及其解析式

为了对高频功率放大器进行分析与计算,关键在于求出电流的直流分量 I_{C0} 与基频分量 I_{cm1}。只要求出了这两个数值,其他问题就可迎刃而解。解决这个问题的方法有图解法与解析近似分析法两种。图解法是从晶体管的实际静态特性曲线入手,从图上取得若干点,然后求出电流的直流分量与交流分量。图解法是从客观实际出发的,应该说,准确度是比较高的。但这对于电子管来说是正确的。而晶体管特性的离散性较大,因此一般手册并不给出它的特性曲线。即使有曲线,也只能作为参考,并不一定能符合实际选用的晶体管特性。这也就失掉了图解法准确度高的优点。同时图解法又难以进行概括性的理论分析。由于以上这些原因,对于晶体管电路来说,我们只讨论折线近似分析法。

所谓折线近似分析法,首先是要将电子器件的特性曲线理想化,每一条特性曲线用一条或几条直线(组成折线)来代替。这样,就可以用简单的数学解析式来代表电子器件的特性曲线。因而实际上只要知道解析式中的电子器件参数,就能进行计算,并不需要整套的特性曲线。这种计算比较简单,而且易于进行概括性的理论分析。它的缺点是准确度较低。但对于晶体管电路来说,目前还只能进行定性估算,因此只讨论折线近似法即可。

在对晶体管特性曲线进行折线化之前,必须说明,由于晶体管特性与温度的关系很密

切,因此,以下的讨论都是假定在温度恒定的情况。此外,因为实际上最常用共发射极电路,所以以后的讨论只限于共发射极组态。

晶体管的静态特性曲线在折线法中主要用到的有两组:输出特性曲线与转移特性曲线。输出特性曲线是指基极电流(电压)恒定时,集电极电流与集电极电压的关系曲线。转移特性曲线是指集电极电压恒定时,集电极电流与基极电压的关系曲线。

首先讨论输出特性曲线的折线化。图 4.3(a) 表示晶体管的输出特性曲线。晶体管是电流控制元件,特性曲线 $i_B - i_C$ 是线性的。因而在 i_B 为定值时的实际输出特性曲线为等间隔的。图 4.3 的中采用 u_B 为定值,是为了便于采用折线法。因为 u_B 的变化也反映 i_B 的变化,因此这样的处理还是可行的。但应注意,由于输入特性曲线 $i_B - u_B$ 是非线性的,因此,u_B 为定值的输出特性曲线族的间隔不是等距离的,图 4.3(a) 绘成等间隔曲线族,当然是不严格的。

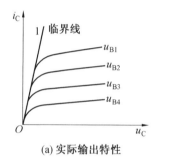

(a) 实际输出特性

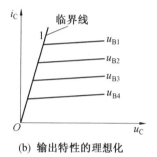

(b) 输出特性的理想化

图 4.3　晶体管输出特性及其理想化

仔细观察曲线族,发现它们可以用图 4.3(b) 所示的折线族来近似表示。直线 1 将晶体管的工作区分为饱和区与放大区:在它的左方为饱和区,右方为放大区(当然,在靠近横轴处,$i_C \approx 0$,为截止区)。这一点在"低频电子线路"等前导课中已经讲过了。在高频功率放大器中,又常根据集电极电流是否进入饱和区,将它的工作状态分为三种:当放大器的集电极最大点电流在直线 1 的右方时,交流输出电压也较低,称为欠压工作状态(Under Voltage State);当集电极最大点电流进入直线 1 的左方饱和区时,交流输出电压较高,称为过压工作状态(Over Voltage State);当集电极最大点电流正好落在直线 1 上时,称为临界工作状态(Critical State)。因此,直线 1 称为临界线(Critical Line)。对于今后的分析来说,最重要的是表征这条临界线的方程。它是一条通过原点,斜率为 g_{cr} 的直线。因此,临界线方程可写为

$$i_C = g_{cr} u_C \qquad (4.14)$$

再来讨论转移特性的理想化。图 4.4 表示晶体管的静态转移特性曲线。理想化后,可用交横轴于 U_{BZ} 的一条直线来表示。U_{BZ} 称为截止偏压或起始电压。若用 g_c 代表这条直线的斜率,则

$$g_c = \frac{\Delta i_C}{\Delta u_B}\bigg|_{u_C = 常数} \qquad (4.15)$$

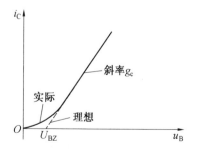

g_c 称为跨导,一般为几十至几百毫西(mS)(电子管跨导一般只有一至十几毫西)。此时理想化静态特性可

图 4.4　晶体管静态转移特性及其理想化

用下式表示：

$$i_C = g_c(u_B - U_{BZ}) \text{（适用于 } u_B > U_{BZ} \text{ 时）} \tag{4.16}$$

式（4.16）与式（4.14）是折线近似分析法的基础。

2. 集电极余弦电流脉冲的分解

由图 4.4 已知，当晶体管特性曲线理想化后，丙类工作状态的集电极电流脉冲是尖顶余弦脉冲。这适用于欠压或临界状态。如为过压状态，则电流波形为凹顶脉冲。不论是哪种情况，这些电流都是周期性脉冲序列，可以用傅里叶级数求系数的方法，来求出它的直流、基波与各次谐波的数值。下面只讨论尖顶余弦脉冲电流的分解。参阅图 4.5(a)，一个尖顶余弦脉冲的主要参量是脉冲高度 i_{Cmax} 与通角 θ_c，一旦这两个值确定了，脉冲的形状便可完全确定。

由式（4.16）可得晶体管的内部特性为

$$i_C = g_c(u_B - U_{BZ})$$

它的外部电路关系式为（参阅图 4.2）

$$u_B = -U_{BB} + U_{bm} \cos \omega t \tag{4.17}$$

$$u_C = U_{CC} - U_{cm} \cos \omega t \tag{4.18}$$

可得

$$i_C = g_c(-U_{BB} + U_{bm} \cos \omega t - U_{BZ}) \tag{4.19}$$

当 $\omega t = \theta_c$ 时，$i_C = 0$，代入上式得

$$0 = g_c(-U_{BB} + U_{bm}\theta_c - U_{BZ}) \tag{4.20}$$

即

$$\cos \theta_c = \frac{U_{BB} + U_{BZ}}{U_{bm}} \tag{4.21}$$

式（4.21）与式（4.6）完全相同。因此，知道了 U_{bm}、U_{BB} 与 U_{BZ} 各值，θ_c 的值便完全确定。

将式（4.19）与式（4.20）相减，即得

$$i_C = g_c U_{bm}(\cos \omega t - \cos \theta_c) \tag{4.22}$$

当 $\omega t = 0$ 时，$i_C = i_{Cmax}$，因此

$$i_{Cmax} = g_c U_{bm}(1 - \cos \theta_c) \tag{4.23}$$

当跨导 g_c、激励电压 U_{bm} 与通角 θ_c 已知后，由式（4.23）即可求出 i_{Cmax} 的值。

将式（4.22）与式（4.23）相除，即得

$$\frac{i_C}{i_{Cmax}} = \frac{\cos \omega t - \cos \theta_c}{1 - \cos \theta_c}$$

或

$$i_C = i_{Cmax}\left(\frac{\cos \omega t - \cos \theta_c}{1 - \cos \theta_c}\right) \tag{4.24}$$

式（4.24）即为尖顶余弦脉冲的解析式，它完全取决于脉冲高度 i_{Cmax} 与通角 θ_c。

若将尖顶脉冲分解为傅里叶级数

$$i_C = I_{C0} + I_{cm1} \cos \omega t + I_{cm2} \cos 2\omega t + I_{cm3} \cos 3\omega t + \cdots$$

则由傅里叶系数

$$I_{C0} = \frac{1}{2\pi} \int_{-\pi}^{+\pi} i_C \mathrm{d}(\omega t) = \frac{1}{2\pi} \int_{-\theta_c}^{+\theta_c} i_C \mathrm{d}(\omega t) =$$

$$\frac{1}{2\pi} \int_{-\theta_c}^{+\theta_c} i_{C\max} \left(\frac{\cos \omega t - \cos \theta_c}{1 - \cos \theta_c} \right) \mathrm{d}(\omega t) =$$

$$i_{C\max} \left(\frac{1}{\pi} \cdot \frac{\sin \theta_c - \theta_c \cos \theta_c}{1 - \cos \theta_c} \right) \tag{4.25}$$

$$I_{cm1} = \frac{1}{\pi} \int_{-\theta_c}^{+\theta_c} i_C \cos n\omega t \,\mathrm{d}(\omega t) = i_{C\max} \left(\frac{1}{\pi} \cdot \frac{\theta_c - \sin \theta_c \cos \theta_c}{1 - \cos \theta_c} \right) \tag{4.26}$$

$$I_{cmn} = \frac{1}{\pi} \int_{-\theta_c}^{+\theta_c} i_C \cos \omega t \,\mathrm{d}(\omega t) = i_{C\max} \left[\frac{2}{\pi} \cdot \frac{\sin n\theta_c \cos \theta_c - n\cos n\theta_c \sin \theta_c}{n(n^2 - 1)(1 - \cos \theta_c)} \right] \tag{4.27}$$

以 $n = 2,3,\cdots$ 代入式(4.27)，即可得二次、三次……谐波分量的振幅。

以上各式可简写成

$$\left. \begin{array}{l} I_{C0} = i_{C\max} \alpha_0(\theta_c) \\ I_{cm1} = i_{C\max} \alpha_1(\theta_c) \\ I_{cmn} = i_{C\max} \alpha_n(\theta_c) \end{array} \right\} \tag{4.28}$$

式中　α_0、α_1、$\cdots$、α_n——θ_c 的函数，称为尖顶余弦脉冲的分解系数，它们是

$$\left. \begin{array}{l} \alpha_0(\theta_c) = \dfrac{\sin \theta_c - \theta_c \cos \theta_c}{\pi(1 - \cos \theta_c)} \\[2mm] \alpha_1(\theta_c) = \dfrac{\theta_c - \cos \theta_c \sin \theta_c}{\pi(1 - \cos \theta_c)} \\[2mm] \alpha_n(\theta_c) = \dfrac{2}{\pi} \cdot \dfrac{\sin n\theta_c \cos \theta_c - n\cos n\theta_c \sin \theta_c}{n(n^2 - 1)(1 - \cos \theta_c)} \end{array} \right\} \tag{4.29}$$

α_0、α_1、$\cdots$、α_n 与 θ_c 的关系如图 4.5(b) 所示。

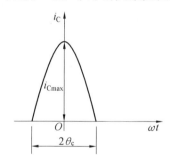

(a) 尖顶余弦脉冲

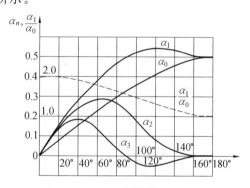

(b) 分解系数

图 4.5　尖顶余弦脉冲及其分解系数

由图 4.5(b) 可以看出，α_1 的最大值为 0.536，此时 $\theta_c \approx 120°$。这就是说，当 $\theta_c \approx 120°$ 时，$I_{cm1}/i_{C\max}$ 达到最大值。因此，在 $i_{C\max}$ 与负载阻抗 R_p 为某定值的情况下，输出功率 $P_o = \frac{1}{2} I_{cm1}^2 R_p$ 将达到最大值。这样看来，取 $\theta_c = 120°$ 应该是最佳通角了。但事实上是不会取用这个 θ_c 值的，因为这时放大器工作于甲乙类状态，集电极效率太低。这可以由下式来说明：

$$\eta_c = \frac{P_o}{P_=} = \frac{1}{2} \frac{U_{cm} I_{cm1}}{U_{CC} I_{C0}} = \frac{1}{2} \xi \frac{\alpha_1(\theta_c)}{\alpha_n(\theta_c)} = \frac{1}{2} \xi g_1(\theta_c)$$

式中　$g_1(\theta_c)$——波形系数，$g_1(\theta_c) = \dfrac{\alpha_1(\theta_c)}{\alpha_0(\theta_c)}$，已示于图 4.5(b)。

由这条曲线可知，θ_c 越小，α_1/α_0 就越大。在极端情况下 $\theta_c = 0$ 时，$g_1(\theta_c) = \dfrac{\alpha_1(\theta_c)}{\alpha_0(\theta_c)} = 2$ 达最大值。如果此时 $\xi = 1$，则 η_c 可达 100%。当然这种状态是不能用的，因为这时效率虽然最高，但 $i_C = 0$，没有功率输出。随着 θ_c 的增大，$g_1(\theta_c)$ 减小，当 $\theta_c \approx 120°$ 时，虽然输出功率最大，但 $g_1(\theta_c)$ 又嫌太小，效率太低。因此，为了兼顾功率与效率，最佳通角取 70°。

由图 4.5(b) 还可以看出：$\theta_c = 60°$ 时，α_2 达到最大值；$\theta_c = 40°$ 时，α_3 达到最大值。这些数值是设计倍频器的参考值。

3. 高频功率放大器的动态特性与负载特性

高频功率放大器的工作状态取决于负载阻抗 R_p 和电压 U_{CC}、U_{BB}、U_{bm} 四个参数。为了说明各种工作状态的优缺点和正确调节放大器，就必须了解工作状态随这几个参数而变化的情况。如果维持三个电压参数不变，那么工作状态就取决于 R_p。此时各种电流、输出电压、功率与效率等随 R_p 而变化的曲线，就称为负载特性（曲线）（Load Characteristic）。在讨论负载特性之前，应先讨论动态特性（Dynamic Characteristic）。

所谓动态特性是和静态特性（Static Characteristic）相对应而言的。我们知道，晶体管的静态特性是在集电极电路内没有负载阻抗的条件下获得的。例如，维持集电极电压 u_C 不变，改变基极电压 u_B，就可求出 $i_C - u_B$ 静态特性曲线族。如果集电极电路有负载阻抗，则当改变 u_B 使 i_C 变化时，由于负载上有电压降，就必然同时引起 u_C 的变化。这样，在考虑了负载的反作用后，所获得的 u_C、u_B 与 i_C 的关系曲线就称为动态特性（曲线）。最常用的是当 u_B、u_C 同时变化时，表示 $i_C - u_C$ 关系的动态特性曲线（有时也称为负载线（Load Line）或工作路（Operating Path））。由于晶体管特性曲线实际上不是直线，因此，实际的动态特性曲线或工作路也不是直线。以下将证明，当晶体管静态特性曲线理想化为折线，而且放大器工作于负载回路谐振状态（即负载为纯电阻性）时，动态特性曲线也是一条直线。

由以前的讨论已知，当放大器工作于谐振状态时，它的外部电路关系式为

$$u_B = -U_{BB} + U_{bm} \cos \omega t$$
$$u_C = U_{CC} - U_{cm} \cos \omega t$$

由以上二式消去 $\cos \omega t$，得

$$u_B = -U_{BB} + U_{bm} \frac{U_{CC} - u_C}{U_{cm}} \tag{4.30}$$

另一方面，晶体管的折线化方程为［式(4.16)］

$$i_C = g_c(u_B - U_{BZ}) \tag{4.31}$$

动态特性应同时满足外部电路关系式(4.30)与内部关系式(4.31)。将式(4.30)代入式(4.31)，即可得出在 $i_C - u_C$ 坐标平面上的动态特性曲线（负载线或工作路）方程为

$$
\begin{aligned}
i_C &= g_c\left[-U_{BB} + U_{bm}\frac{U_{CC} - u_C}{U_{cm}} - U_{BZ} \right] = \\
&\quad -g_c\left(\frac{U_{bm}}{U_{cm}}\right)\left[u_C - \frac{U_{bm}U_{CC} - U_{BZ}U_{cm} - U_{BB}U_{cm}}{U_{bm}} \right] = \\
&\quad g_d(u_C - U_0)
\end{aligned}
\tag{4.32}
$$

显然，式(4.32)表示一个斜率为 $g_d = -g_c U_{bm}/U_{cm}$、截距为

$$U_0 = \frac{U_{bm}U_{CC} - U_{BZ}U_{cm} - U_{BB}U_{cm}}{U_{bm}}$$

的直线,如图 4.6 中 AB 线所示。图中示出动态特性曲线的斜率为负值,它的物理意义是:从负载方面看来,放大器相当于一个负电阻,即它相当于交流电能发生器,可以输出电能至负载。

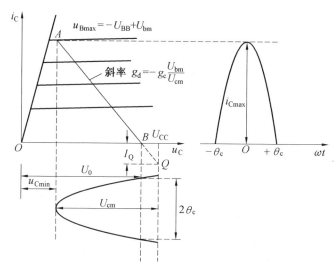

图 4.6 $i_C - u_C$ 坐标平面上的动态特性曲线的作法与相应的 i_C 波形

动态特性直线的作法是:在 u_C 轴上取 B 点,使 $OB = U_0$。从 B 作斜率为 g_d 的直线 BA。则 BA 即为欠压状态的动态特性。

$\omega t = 0°, u_C = u_{Cmin} = U_{CC} - U_{cm}, u_B = u_{Bmax} = -U_{BB} + U_{bm}$。求出 A、Q 两点,即可作出动态特性直线,其中 BQ 段表示电流截止期内的动态线,用虚线表示。

作出动态线后,由它和静态特性曲线的相应交点,即可求出对应各种不同电压值的 i_C 值,给出相应的 i_C 脉冲波形,如图 4.6 所示。

用类似的方法,如果式(4.31)中含有 u_C,则从式(4.30)与式(4.31)中消去 u_C,即可得出在 $i_C - u_B$ 坐标平面的动态特性曲线。它是一条位于图 4.3 所示静态特性曲线下方的直线(斜率为正)。因此,这里应补充说明,在图 4.2 中所用的静态转移特性实际上应该是动态特性。但在实际工作中,晶体管工作于放大区和截止区时,i_C 几乎不受集电极电压变化的影响,因而在 $i_C - u_B$ 平面上的动态特性曲线几乎和静态特性曲线重合。因此,在 $i_C - u_B$ 平面,可以用静态特性来表示动态特性。事实上,式(4.31)中,i_C 只取决于 u_B,也可说明这一特点。

现在继续讨论 $i_C - u_C$ 平面上的动态特性曲线问题。这里所说的动态特性曲线实际上也就是低频放大器中的负载线。有些书中也称它为工作路。它的斜率与负载阻抗有关。负载阻抗越大,即在它上面产生的交流输出电压 U_{cm} 越大,负载线的斜率($g_d = -g_c \dfrac{U_{bm}}{U_{cm}}$)越小。

因此,放大器的工作状态随着负载的不同而变化。图 4.7 示出对应于各种不同负载阻抗值 R_p 的动态特性曲线以及相应的集电极电流脉冲波形。

(1)动态特性曲线 1 代表 R_p 较小因而 U_{cm} 也较小的情形,称为欠压工作状态。它与 $u_B =$

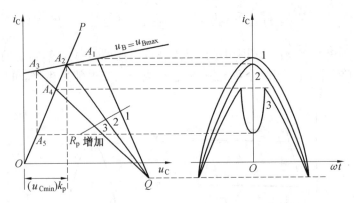

图 4.7　由动态特性曲线求集电极电流脉冲波形

u_{Bmax} 静态特性曲线的交点 A_1 决定了集电极电流脉冲的高度。显然,这时电流波形为尖顶余弦脉冲,如图右方所示。

(2) 随着 R_p 的增加,动态线斜率逐渐减小,输出电压 U_{cm} 也逐渐增加。直到它与临界线 OP 静态特性曲线 $u_B = u_{Bmax}$ 相交于一点 A_2 时,放大器工作于临界状态。此时电流波形仍为尖顶余弦脉冲。

(3) 负载阻抗 R_p 继续增加,输出电压进一步增大,即进入过压工作状态。动态线 3 就是这种情形。动态特性曲线穿过临界点后,电流将沿临界线下降,因此集电极电流脉冲成为凹顶状。动态线 3 与临界线的交点 A_4 决定脉冲的高度。由动态特性曲线与静态特性曲线 $u_B = u_{Bmax}$ 延长线的交点 A_3 作垂线,交临界线于 A_5。A_5 的纵坐标即为电流脉冲下凹处的高度。

由此可见,当 U_{CC}、U_{BB}、u_{bm} 等维持不变时,变动 R_p 会引起电流脉冲的变化,同时也就引起 U_{cm}、P_o 与 η 等的变化。各个电流、电压、功率与效率等随 R_p 而变化的曲线就是负载特性曲线。负载特性曲线是高频功率放大器的重要特性之一。我们可以借助于动态特性与由此而产生的集电极电流脉冲波形的变化,来定性地说明负载特性。

仔细观察图 4.7,在欠压区至临界线的范围内,当 R_p 逐渐增大时,集电极电流脉冲的最大值 i_{Cmax} 以及流通角 θ_c 的变化都不大。R_p 增加,仅仅使 i_{Cmax} 略有减小。因此,在欠压区内的 I_{C0} 与 I_{cm1} 几乎维持常数,仅随 R_p 的增加而略有下降。但进入过压区后,集电极电流脉冲开始下凹,而且凹陷程度随着 R_p 的增大而急剧加深,致使 I_{C0} 与 I_{cm1} 也急剧下降。这样,就得到了图 4.8(a) 的 I_{C0}、I_{cm1} 也随 R_p 而变化的曲线。再由 $U_{cm} = I_{cm1}R_p$ 的关系式看出,在欠压区由于 I_{cm1} 变化很小,因此 U_{cm} 随 R_p 的增加而直线上升。进入过压区后,由于 I_{cm1} 随 R_p 的增加而显著下降,因此 U_{cm} 随 R_p 的增加而很缓慢地上升。近似地说,欠压时 I_{cm1} 几乎不变,过压时 U_{cm} 几乎不变。因而可以把欠压状态的放大器当作一个理想电流源;把过压状态的放大器当作一个理想电压源。

直流输入功率 $P_= = U_{CC}I_{C0}$。由于 U_{CC} 不变,因此 $P_=$ 曲线与 I_{C0} 曲线的形状相同。交流输出功率 $P_o = \dfrac{1}{2}U_{cm}I_{cm1}$,因此 P_o 曲线可以从 U_{cm} 与 I_{cm1} 两条曲线相乘求出来。由图 4.8(b) 看出,在临界状态,P_o 达到最大值。这就是为什么我们在设计高频功率放大器时,如果从输出功率最大着眼,就应力求它工作在临界状态的原因。

集电极耗散功率 $P_c = P_= - P_o$,故 P_c 曲线可由 $P_=$ 与 P_o 曲线相减而得。由图 4.8 知,

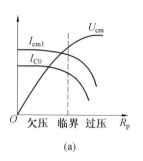
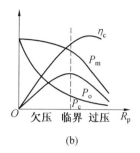

图 4.8　负载特性曲线

在欠压区内,当 R_p 减小时,P_c 上升很快。当 $R_p = 0$ 时,P_c 达到最大值,可能使晶体管烧坏。必须避免发生这种情况。

效率 $\eta_c = \dfrac{P_o}{P_=}$,在欠压时,$P_=$ 变化很小,所以 η_c 随 P_o 的增加而增加;到达临界状态后,开始时因为 P_o 的下降没有 $P_=$ 下降快,因而 η_c 继续增加,但增加很缓慢。随着 R_p 的继续增加 P_o 因 I_{cm1} 的急速下降而下降,因而 η_c 略有减小。由此可知,在靠近临界的弱过压状态出现 η_c 的最大值。

三种工作状态的优缺点综合如下:

(1)临界状态的优点是输出功率最大,η_c 也较高,可以说是最佳工作状态。这种工作状态主要用于发射机末级。

(2)过压状态的优点是,当负载阻抗变化时,输出电压比较平稳;在弱过压时,效率可达最高,但输出功率有所下降。它常用于需要维持输出电压比较平稳的场合,例如发射机的中间放大级。

(3)欠压状态的输出功率与效率都比较低,而且集电极耗散功率大,输出电压又不够稳定,因此一般较少采用。但在某些场合,例如基极调幅,就是利用改变 U_{BB} 使电路工作于欠压状态,这将在下面讨论。

应当说明,以上虽然是以晶体管电路为例来讨论的,但对电子管电路也同样适用。掌握负载特性,对于实际调整谐振功率放大器的工作状态是很有用的。

4. 各极电压对工作状态的影响

以上着重讨论了负载阻抗 R_p 对放大器工作状态的影响。现在来研究各极电压变化时,对放大器工作状态的影响。讨论这个问题对于在工作中指导高频功率放大器的调整是有实际意义的。以后课程的学习会知道,调幅作用可以依靠改变各极电压的方法来实现。

(1)改变 U_{CC} 对工作状态的影响。

通常,U_{CC} 保持不变。但在集电极调幅电路中,则是依靠改变 U_{CC} 来实现调幅过程。因此,有必要研究当 R_p、U_{BB}、U_{bm} 保持不变,只改变 U_{CC} 时,放大器工作状态的变化,为集电极调幅学习做一些理论准备。

观察图 4.8,如果 R_p、U_{BB}、U_{bm} 不变,即动态线斜率与 u_{Bmax} 的值都不变,且假设放大器原工作于临界状态(图 4.8 中的动态线 2),那么,当 U_{CC} 增加时,Q 点向右移动,显然,放大器将进入欠压区。反之,当 U_{CC} 减小时,Q 点向左移动,放大器将进入过压区。根据前面的讨论已知,在欠压区,电流几乎恒定不变;进入过压区后,电流便随过压程度的加强而下降(U_{CC}

越小,过压程度越强)。因此得到如图 4.9(a) 所示的 I_{cm1}、I_{C0} 随 U_{CC} 而变化的曲线。由于 $P_= = U_{CC}I_{C0}$,$P_o = \dfrac{1}{2}I_{cm1}^2 R_p \propto I_{cm1}^2$,$P_c = P_= - P_o$,因而可以从已知的 I_{C0}、I_{cm1} 得出 $P_=$、P_o、P_c 随 U_{CC} 变化的曲线,如图 4.9(b) 所示。由图可以看出,在欠压区,U_{CC} 对 I_{cm1} 与 P_o 的影响很小。但第 6 章集电极调幅作用是通过改变 U_{CC} 来改变 I_{cm1} 与 P_o 才能实现的,因此,在欠压区不能获得有效的调幅作用,必须工作于过压区,才能产生有效的调幅作用。

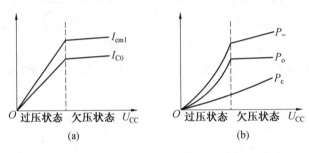

图 4.9　U_{CC} 对工作状态的影响

(2) 改变 U_{bm} 或 U_{BB} 对工作状态的影响。

首先讨论当 U_{CC}、U_{BB} 与 R_p 不变时,只改变激励电压 U_{bm} 对工作状态的影响。仍然观察图 4.8,当 U_{bm} 增加,即 $u_{Bmax} = -U_{BB} + U_{bm}$ 增加时,静态特性曲线将向上方平移。因此,如果原来工作于临界状态,那么,这时放大器将进入过压状态。反之,当 U_{bm} 减小时,放大器将转入欠压状态。

集电极电流脉冲的最大值 i_{Cmax} 是与 U_{bm} 成正比的[式(4.23)],因此,在欠压状态,随着 U_{bm} 的减小,I_{C0} 与 I_{cm1} 随之减小。进入过压状态后,由于电流脉冲出现凹顶,因此,U_{bm} 增加时,虽然脉冲振幅增加,但凹陷深度也增大,故 I_{C0}、I_{cm1} 的增长很缓慢。这样,就得到如图 4.10(a) 所示的电流变化曲线。在过压区,I_{cm1}、I_{C0} 接近于恒定,在欠压区,电流随 U_{bm} 的下降而下降。

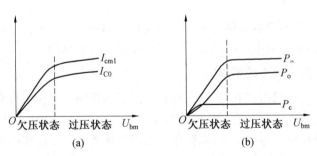

图 4.10　U_{bm} 对工作状态的影响

再由式(4.9)、(4.10) 与 (4.12) 中的 $P_=$、P_o 与 P_c 公式可知,$P_=$ 的曲线形状与 I_{C0} 曲线相同;P_o 曲线形状与 I_{cm1}^2 曲线相同;P_c 则由二者之差求出。得到图 4.10(b) 曲线。

由 $u_{Bmax} = -U_{BB} + U_{bm}$ 可知,增加 U_{bm} 等效于减小 U_{BB} 的绝对值,二者都会使 u_{Bmax} 产生同样的变化。因此,只要将 U_{bm} 增加的方向改为 $|U_{BB}|$ 减小的方向,即可得出当 U_{CC}、U_{bm} 与 R_p 不变,只改变 U_{BB} 时,各电流与功率的变化规律。显然,在过压区,U_{BB} 或 U_{bm} 的变化对 I_{cm1} 的影响很小。只有在欠压区,U_{BB} 或 U_{bm} 才能有效地控制 I_{cm1} 的变化。因此,基极调幅(相当于改变 U_{BB})与已调波放大(相当于改变 U_{bm})都应工作于欠压状态。

5. 工作状态的计算(估算) 举例

我们已经知道,对晶体管高频功率放大器进行精确计算是困难的,一般只能进行工程估算。这里举一个数字例子来说明如何进行这种估算。

【例 4.2】　有一个用硅 NPN 外延平面型高频功率管 3DA1 做成的谐振功率放大器,设已知 $U_{CC}=24$ V,$P_o=2$ W,工作频率 $=1$ MHz。试求它的能量关系。由晶体管手册已知其有关参数为 $f_T > 70$ MHz,A_p(功率增益) $\geqslant 13$ dB,$I_{Cmax}=750$ mA,$U_{CE(sat)}$(集电极饱和压降) $\geqslant 15$ V,$P_{CM}=1$ W。

解　(1)由前面的讨论已知,工作状态最好选用临界状态。作为工程近似估算,可以认为此时集电极最小瞬时电压为

$$u_{Cmin}=U_{CE(sat)}=1.5 \text{ V}$$
$$U_{cm}=U_{CC}-u_{Cmin}=24 \text{ V}-1.5 \text{ V}=22.5 \text{ V}$$

(2)由式(4.11)得

$$R_p=\frac{U_{cm}^2}{2P_o}=\frac{(22.5)^2}{2\times 2}\Omega=126.5 \text{ }\Omega$$

$$I_{cm1}=\frac{U_{cm}}{R_p}=\frac{(22.5)^2}{126.5}\text{A}=0.178 \text{ A}=178 \text{ mA}$$

(3)选取 $\theta_c=70°$,则由图 4.6 可知

$$\alpha_0(70°)=0.253,\quad \alpha_1(70°)=0.436$$

(4)由式(4.28)得

$$i_{Cmax}=\frac{I_{cm1}}{\alpha_1(70°)}=\frac{178}{0.436}\text{mA}=408 \text{ mA}<750 \text{ mA}$$

未超过电流安全工作范围。

(5)$I_{C0}=i_{Cmax}\alpha_0(70°)=408\times 0.253 \text{ mA}=103 \text{ mA}$

(6)由式(4.9)得

$$P_=\ =U_{CC}I_{C0}=24\times 103\times 10^{-3}\text{W}=2.472 \text{ W}$$

(7)由式(4.12)得

$$P_c=P_=\ -P_o=(2.472-2)\text{W}=0.472 \text{ W}<P_{CM}(1 \text{ W})$$

(8)由式(4.13)得

$$\eta_c=\frac{P_o}{P_=}\times 100\%=\frac{2}{2.472}\times 100\%\approx 81\%$$

(9)由功率增益的定义

$$A_p=10\lg \frac{输出功率}{激励功率}=10\lg \frac{P_o}{P_i}$$

在本例中,$A_p=13$ dB,$P_o=2$ W,因此求得所需的基极激励功率为

$$P_b=P_i=\frac{P_o}{\lg^{-1}\left(\dfrac{A_p}{10}\right)}=\frac{2}{\lg^{-1}(1.3)}\text{W}=\frac{2}{20}\text{W}=0.1 \text{ W}$$

以上估算的结果可以作为实际调试的依据。

在结束本节时,必须再一次着重指出,折线近似计算法对于电子管高频放大器来说,是一个比较成熟的工程计算方法。这种方法比较简便,具有相当可靠的准确度。但对于晶体

管来说,折线法只适用于工作频率低的场合。频率进入中频与高频区,便会由于晶体管的内部物理过程,使实际数值与计算数值有很大的不同。实际输出电流要小得多,而且有额外相移。因此,在晶体管电路中使用折线法时,必须注意这一点。下面就来讨论晶体管在高频运用时的一些特点。

4.2.3　晶体管功率放大器的高频特性

晶体管在高频大信号工作时,它的内部物理过程相当复杂。上节结尾时已指出,当频率升高时,晶体管的输出电流实际值减小,而且有额外的相移。产生上述现象的原因主要是少数载流子在基极扩散的渡越时间和结的势垒电容的影响。通常在 $f > 0.5f_\beta$(即进入中频区后)时,就要考虑上述因素的影响。

图 4.11(a) 是低频大信号丙类工作时的发射极电流脉冲波形,它的通角为 θ_e,脉冲为尖顶余弦状(欠压或临界时)。随着工作频率升高到一定程度后,发射极电流出现了负脉冲,如图 4.11(b) 所示。这个负脉冲的高度 $i_{E\max}$ 与宽度 $2\theta_e$ 都随频率的升高而增加。这个脉冲波形可用示波器来观察。严格计算正、负脉冲各分量是困难的,但在工程计算允许的 $10\% \sim 15\%$ 误差范围内,正、负脉冲都可以认为是余弦脉冲。

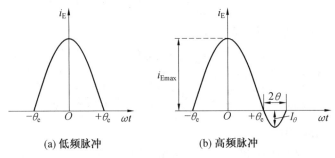

(a) 低频脉冲　　　　　　　　(b) 高频脉冲

图 4.11　在低频和高频工作时的发射极电流脉冲波形

为什么发射极电流会出现负脉冲呢? 这是由少数载流子在基区渡越时间引起的,或者说是由在基区内的空间电荷储存效应引起的。当发射极电压对于基极变成反向偏置(截止)时,在基区内储存的非平衡少数载流子来不及扩散到集电极,又被反向偏置所形成的电场重新推回发射极,形成了负脉冲。同时,主脉冲的高度也有些降低。此外,频率升高后,增加了通过发射结电容的电流,使基极电阻上的电压降增大,因而结电压下降。结果减少了由发射极注入基区的载流子,也使主电流脉冲高度降低。

实验证明,正脉冲的通角 θ_e 与频率无关,负脉冲的通角 $\theta = \omega\tau$,此处 τ 为少数载流子由发射极扩散到集电极的渡越时间。

晶体管的静态特性是在直流或低频的情况下测得的,完全不能反映以上的特性。因此,不能用静态特性曲线来解决晶体管在高频大信号工作的问题。现在来讨论集电极电流的波形。通过大量的实验(从示波器上观察波形)证明,如果频率不超过手册上所给定的该型号晶体管的最高工作频率,并且工作于欠压或临界状态,则集电极电流波形实际上仍为尖顶余弦脉冲。只有在频率的高端,脉冲顶部对于垂直轴才有点不对称,且振幅略有下降。图4.12表示集电极电流 i_C 脉冲与发射极电流 i_E 脉冲的关系,以及由这二者之差所获得的基极电流 i_B 的波形。集电极电流脉冲峰点落后于发射极电流脉冲峰点的角度 $\theta = \omega\tau$,这是由非平衡少数载流子从发射极到集电极的平均渡越时间所引起的。集电极电流与发射极电流几乎是同时产生的,直到基区储存的非平衡少数载流子全部消失时,发射极反向电流下降到零,集电极电流才等于零。因而频率增高后,使集电极电流脉冲的通角加大,脉冲峰值幅度下降,峰点落后于发射极电流峰点。频率越高,上述现象就越严重。此外,频率越高,集电结电容的分流作用也越强。这些都导致有用负载电流的下降,因而使输出功率随之减小。

由图 4.12 可知,随着频率的提高,基极电流波形也出现了负脉冲。频率越高,渡越角 θ 越大,i_B 负脉冲分量也越大,它的平均值(直流分量)I_{B0} 就越小。当频率增高到一定程度后,I_{B0} 甚至可以改变方向。

总体来说,晶体管在高频工作时的一些特点如下:

(1)发射极电流出现负脉冲,而且主脉冲高度有所下降。

(2)发射结的有效激励电压小于外加激励电压,集电极电流减小,因而在实际调试时应适当加大外加激励电压与激励功率。

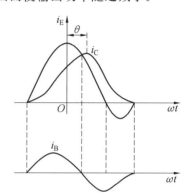

图 4.12　晶体管在高频大信号工作时各极电流脉冲波形的关系

(3)集电极电流基波分量落后于激励电压,因此使输入与输出电压的相位不再符合图 4.2 所示的关系,而是有了附加相移。这一特点也要在调试放大器时加以考虑。

(4)基极电流直流分量减小,甚至可能出现反向直流电流。

(5)各极电流不能从晶体管的静态特性曲线求出,特别是基极电流更是如此,否则会产生很大的误差。因此在已知输出功率后,激励功率一般应从 $P_i = \dfrac{P_o}{A_p}$ 的关系式求出。

在更高频率工作时,要考虑各极引线电感的影响,特别要考虑发射极引线电感的影响,因为它能使输出与输入电路之间产生寄生耦合,影响较大。例如长度为 10 mm 的引线,其电感约为 $10^{-3}\,\mu\text{H}$ 的数量级。在 $f = 500\ \text{MHz}$ 时,$10^{-3}\,\mu\text{H}$ 的电感感抗值 $\omega L = 2\pi \times 500 \times 10^6 \times 10^{-9} = 3.14\ \Omega$。若通过 300 mA 的高频电流,则这电感将在基极和发射极之间产生约 1 V 的反馈电压,已达到不可忽视的程度。反馈电压也使功率增益与输出功率下降,激励功率则增加。这里还应补充说明一点。所讨论的折线近似法对电子管高频功率放大器来说,是一个比较成熟的工程计算方法。这种方法比较简便,具有相当可靠的准确度。但对于晶体管来说,折线法只适用于工作频率低的场合。频率进入中频区和高频区后,便会由于晶体管的内部物理过程,使实际数值与计算数值有很大的不同,其原因就是上面指出的一些特点。因此,在晶体管电路中使用折线法时,必须注意这一点。

4.2.4　放大器的馈电线路和匹配网络

1. 馈电线路

要想使高频功率放大器正常工作,晶体管各电极必须有相应的馈电电源。无论是集电极电路还是基极电路,它们的馈电方式都可以分为串联馈电与并联馈电两种基本形式。但无论是哪一种馈电方式,都应遵循下列几条基本组成原则:

(1) 直流电流 I_{C0} 是产生能量的源泉,它由 U_{CC} 经管外电路输至集电极,应该是除了晶体管的内阻外,没有其他电阻消耗能量。因此要求管外电路对直流来说的等效电路如图 4.13(a) 所示。

(2) 高频基波分量 I_{cm1} 应通过负载回路,以产生所需要的高频输出功率。因此,I_{cm1} 只应在负载回路上产生电压降,其余的部分对于 I_{cm1} 来说,都应该是短路的。所以,对于 I_{cm1} 的等效电路应如图 4.13(b) 所示。

(3) 高频谐波分量 I_{cmn} 是"副产品",不应消耗功率(倍频器除外)。因此管外电路对 I_{cmn} 来说,应该尽可能接近于短路,如图 4.13(c) 所示。

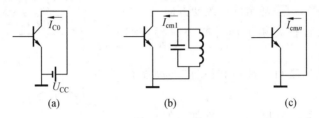

图 4.13　集电极电路对不同频率电流的等效电路

要满足以上几条原则,可以采用如图 4.14 所示的串联馈电(Series Feed)与并联馈电(Parallel Feed)电路,简称串馈与并馈。

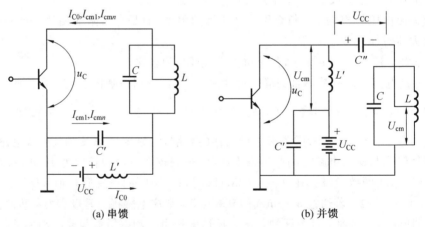

(a) 串馈　　　　　　　　　　　　　(b) 并馈

图 4.14　集电极电路的两种馈电形式

所谓串馈,是指电子器件、负载回路和直流电源三部分是串联起来的。所谓并馈,就是将这三部分并联起来。图 4.14 清楚地示出这两种馈电方法。图中:LC 是负载回路;L' 是高频扼流圈,它对直流是短路的,但对高频则呈现很大的阻抗,可以认为是开路的,以阻止高频电流通过公用电源内阻产生高频能量损耗,特别是避免在各级之间由此而产生寄生耦合;C' 是高频旁路电容,C'' 是隔直电容,它们对高频应呈现很小的阻抗,相当于短路。加入这些附属元件 L'、C'、C'' 等的目的,就是为了使电路能满足上述组成电路的三条原则。阻隔元件 L'、C'、C'' 等都是为了使电路正常工作所必不可少的辅助元件。它们的数值视工作频率范围而定,原则上应使 L' 的阻抗远大于回路阻抗 R_p,C' 与 C'' 的阻抗则应远小于 R_p。

仔细观察图 4.14,就会提出这样的问题:为什么 U_{CC} 一定要放在靠近"地"电位的一端?难道不可以和负载电路 LC[图 4.14(a)]或扼流圈 L'[图 4.14(b)]互换一下位置吗?

从工作原理来说,这样互换位置好像是可以的。但是从实际上来说,这样互换位置是绝对不允许的。这是由于电源 U_{CC} 与"地"之间有一定的杂散电容,而且比较大。如果位置互换了,这些杂散电容将与负载回路并联,成为回路电容的一部分,它不但限制了电路所能工作的最高频率,而且由于杂散电容的不稳定,会引起电路的不稳定。因此,直流电源的一端必须接地,这可以说是电子线路馈电的一条基本原则。

　　应该指出,所谓串馈或并馈,仅仅是指电路的结构形式而言。对于电压来说,无论是串馈或并馈,直流电压与交流电压总是串联的,这可以从图 4.14(b)看得很清楚。由晶体管集电极到地的电位差,无论是从扼流圈 L' 与 U_{CC} 这条支路或从 C' 与负载回路这条支路来看,都是相等的。因此,L' 承担全部交流输出电压 U_{cm},隔直电容 C'' 则承担全部直流电压 U_{CC}。所以无论是从哪个支路来看,U_{cm} 与 U_{CC} 总是串联的,因而基本关系式 $u_C = U_{CC} - U_{cm} \cos \omega t$ 对这两种电路都适用。也就是说,对这两种电路的工作状态的分析和计算没有什么不同。

　　对于基极电路来说,同样也有串馈与并馈两种形式。图 4.15(a)是串馈电路,图 4.15(b)是并馈电路。图中,C' 为高频旁路电容,C'' 为隔直电容,L' 为高频扼流圈。在实际电路中,工作频率较低或工作频带较宽的功率放大器往往采用互感耦合,可采用图 4.15(a)的形式。对于甚高频段的功率放大器,由于采用电容耦合比较方便,所以几乎都是用图 4.15(b)的馈电形式。

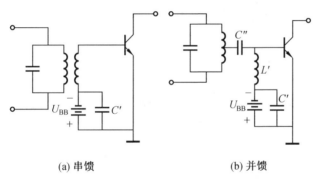

(a) 串馈　　　　　　　　　(b) 并馈

图 4.15　基极馈电的两种形式

　　在以上的电路中,偏置电压 U_{BB} 都用电池的形式来表示。实际上,U_{BB} 单独用电池供给是不方便的,因而常采用以下的方法来产生 U_{BB}:

　　(1)利用基极电流的直流分量 I_{B0} 在基极偏置电阻 R_b 上产生所需要的偏置电压 U_{BB},如图 4.16(a)所示。

　　(2)利用基极电流在基极扩散电阻 $r_{bb'}$ 上产生所需要的 U_{BB},如图 4.16(b)所示。由于 $r_{bb'}$ 很小,因此所得到的 U_{BB} 也小,且不够稳定。因而一般只在需要小的 U_{BB}(接近乙类工作)时,才采用这种电路。

　　(3)利用发射极电流的直流分量 I_{E0} 在发射极偏置电阻 R_e 上产生所需要的 U_{BB},如图 4.16(c)所示。这种自给偏置的优点是能够自动维持放大器的工作稳定。当激励加大时,I_{E0} 增大,使偏压加大,因而又使 I_{E0} 的相对增加量减小;反之,当激励减小时,I_{E0} 减小,偏压也减小,因而 I_{E0} 的相对减小量也减小。这就使放大器的工作状态变化不大。

　　在以上电路中,图 4.16(a)、4.16(b)是并馈,图 4.16(c)是串馈。

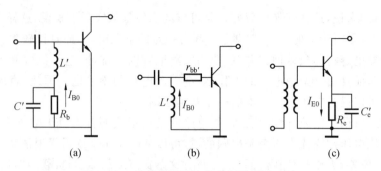

图 4.16　几种常用的产生基极偏压的方法

2. 输出、输入与级间耦合回路

高频功率放大器的级与级之间或放大级与负载之间,都要采用一定形式的回路,这个回路一般是四端网络。如果四端网络是用以与下级放大器的输入端相连接,则称为级间耦合网络或下级的输入匹配网络(Input Matching Circuit);如果是用以输出功率至负载,则称为输出匹配网络(Output Matching Circuit)。以下重点讨论输出匹配网络问题,对输入匹配网络与级间耦合网络只做简要的介绍。

(1) 输出匹配网络。

放大器与负载之间所用的回路可用图 4.17 所示的四端网络来表示。这个四端网络应完成的任务是:

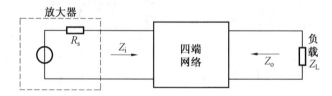

图 4.17　放大器与负载之间用四端网络耦合

① 使负载阻抗与放大器所需要的最佳阻抗相匹配,以保证放大器传输到负载的功率最大,即它起着匹配网络的作用。

② 抑制工作频率范围以外的不需要频率,即它应有良好的滤波作用。

③ 在有几个电子器件同时输出功率的情况下,保证它们都能有效地传送功率到负载,但同时又应尽可能地使这几个电子器件彼此隔离,互不影响。

本节主要研究用什么网络形式来完成前两个任务,即匹配与滤波作用。至于完成第三个任务的问题,则留在 4.6“功率合成器”一节中解决。最常见的输出回路形式是图 4.18 所示的复合输出回路。这种电路是将天线(负载)回路通过互感或其他形式与集电极调谐回路相耦合。图中,介于电子器件与天线回路之间的 L_1C_1 回路就称为中介回路(Intermediate Circuit);R_A、C_A 分别代表天线的辐射电阻与等效电容;L_n、C_n 为天线回路的调谐元件,它们的作用是使天线回路处于串联谐振状态,以获得最大的天线回路电流 i_A,亦即使天线辐射功率达到最大。

除了图 4.18 所示的电路外,还可以用其他形式的四端网络,例如 π 形、T 形网络等。但不论是哪种选频网络,从集电极向右方看去,它们都应当等效于一个并联谐振回路,如图4.19 所示。以互感耦合电路为例,由耦合电路的理论可知,当天线回路调谐到串联谐振状

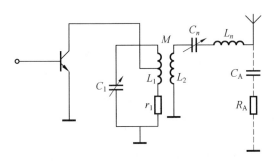

图 4.18　复合输出回路(为简化电路,省略了直流电源及辅助元件 L'、C'、C'')

态时,它反映到 L_1C_1 中介回路的等效电阻为

$$r' = \frac{\omega^2 M^2}{R_A} \tag{4.33}$$

因而等效回路的谐振阻抗为

$$R'_p = \frac{L_1}{C_1(r_1 + r')} = \frac{L_1}{C_1\left(r_1 + \dfrac{\omega^2 M^2}{R_A}\right)} \tag{4.34}$$

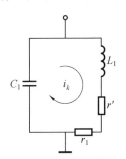

图 4.19　等效电路

由上式显然可知,改变 M,就可以在不影响回路调谐的情况下,调整中介回路的等效阻抗 R'_p,以达到阻抗匹配的目的。耦合越紧,即互感 M 越大,则反映等效电阻 r' 越大,回路的等效阻抗 R'_p 也就下降越多。在复合输出回路中,即使负载(天线)断路,对电子器件也不致造成严重的损害,而且它的滤波作用要比简单回路优良,因而获得广泛的应用。

这里应该说明,由于高频功率放大器工作于非线性状态,因此线性电路的阻抗匹配(负载阻抗与电源内阻相等)这一概念不能适用于它。因为在非线性(丙类)工作时,电子器件的内阻变动剧烈:通流时,内阻很小;截止时,内阻近于无穷大。因此输出电阻不是常数。所谓匹配时内阻等于外阻,也就失去了意义。因此,高频功率放大器的阻抗匹配概念是:在给定的电路条件下,改变负载回路的可调元件,使电子器件送出额定的输出功率 P 至负载。这就称为达到了匹配状态。

为了使器件的输出功率绝大部分能送到负载 R_A 上,就希望等效电阻 r' 远远大于回路损耗电阻 r_1。衡量回路传输能力优劣的标准,通常以输出至负载的有效功率与输入到回路的总交流功率之比来代表。这个比值称为中介回路的传输效率 η_k,简称中介回路效率。由图4.19 可知

$$\eta_k = \frac{\text{回路送至负载的功率}}{\text{电子器件送至回路的总功率}} = \frac{I_k^2 r'}{I_k^2(r_1 + r')} = \frac{r'}{r_1 + r'} = \frac{(\omega M)^2}{r_1 R_A + (\omega M)^2} \tag{4.35}$$

设

$$\left. \begin{aligned} R_p &= \text{无负载时的回路谐振阻抗} = \frac{L_1}{C_1 r_1} \\[2mm] R'_p &= \text{有负载时的回路谐振阻抗} = \frac{L_1}{C_1(r_1 + r')} \\[2mm] Q_0 &= \text{无负载时的回路 } Q \text{ 值} = \frac{\omega L_1}{r} \\[2mm] Q_L &= \text{有负载时的回路 } Q \text{ 值} = \frac{\omega L_1}{r_1 + r'} \end{aligned} \right\} \tag{4.36}$$

代入式(4.35)得

$$\eta_k = \frac{r'}{r_1 + r'} = 1 - \frac{r_1}{r_1 + r'} = 1 - \frac{R'_p}{R_p} = 1 - \frac{Q_L}{Q_0} \tag{4.37}$$

式(4.37)说明,要想回路的传输效率高,则空载 Q 值(Q_0)越大越好,有载 Q 值(Q_L)越小越好,也就是说,中介回路本身的损耗越小越好。在广播波段,线圈的 Q_0 值为 $100 \sim 200$。

有载 Q 值(Q_L)应如何选取呢?

从回路传输效率高的观点来看,应使 Q_L 尽可能地小。但从要求回路滤波作用良好来考虑,则 Q_L 值又应该足够大。从兼顾这两方面出发,Q_L 值一般不应小于10。在功率很大的放大器中,Q_L 也有低到10以下的。

以上的讨论虽然是以互感耦合回路为例得出的,但对于其他形式的匹配网络也是适用的。

【例 4.3】 在图4.1所示的电路中,假设初、次级回路都谐振于工作频率 1 MHz,R_A 为天线辐射电阻,其值为 37 Ω。此处放大器用晶体管 3DA1,其工作条件与例4.1相同。试求 M、L_1 与 C_1 之值应为多少,才能使天线与 3DA1 相匹配。设 $Q_0 = 100$,$Q_L = 10$,为了计算简便,假设回路的接入系数 $p = 0.2$。

解 由例4.1已知所需的回路阻抗 $R'_p = 126.5$ Ω。根据谐振回路的理论可知

$$R'_p = p^2 Q_L \omega L_1$$

因此得

$$L_1 = \frac{R'_p}{p^2 Q_L \omega} = \frac{126.5}{(0.2)^2 \times 2\pi \times 10^6 \times 10} \text{H} = 50.3 \ \mu\text{H}$$

于是

$$C_1 = \frac{1}{\omega^2 L} = \frac{126.5}{(2\pi \times 10^6)^2 \times 50.3 \times 10^{-6}} \text{H}$$

由于次级回路处于谐振状态,因此它反映到初级的耦合电阻为

$$r' = \frac{\omega^2 M^2}{R_A} \quad \text{或} \quad \omega M = \sqrt{r' R_A}$$

但由式(4.37)可知

$$\frac{Q_0}{Q_L} = 1 + \frac{r'}{r_1}$$

因此得

$$\frac{r'}{r_1} = \frac{Q_0}{Q_L} - 1 = 10 - 1 = 9$$

将 $Q_0 = 100$ 代入 $Q_0 = \frac{\omega L_1}{r_1}$ 得

$$r_1 = \frac{\omega L_1}{Q_0} = \frac{2\pi \times 10^6 \times 50.3 \times 10^{-6}}{100} \Omega = 3.16 \ \Omega$$

由此得

$$r' = 9 \times 3.16 \ \Omega = 28.44 \ \Omega$$

最后得

$$M = \frac{\sqrt{r' R_A}}{\omega} = \frac{\sqrt{28.44 \times 37}}{2\pi \times 10^6} \text{H} = 5.16 \ \mu\text{H}$$

最后介绍其他形式的匹配网络的设计与计算问题。图 4.20 所示两种 π 形网络是其中的形式之一(也可以用 T 形网络)。图的下方注明了相应的计算公式。图中，R_2 代表终端(负载)电阻，R_1 代表由 R_2 折合到左端的等效电阻，故接线用虚线表示。下面扼要说明上述计算公式是如何得出的。

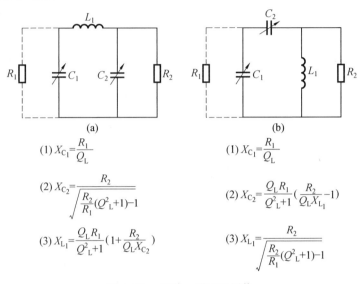

$$(1)\ X_{C_1} = \frac{R_1}{Q_L} \qquad\qquad\qquad (1)\ X_{C_1} = \frac{R_1}{Q_L}$$

$$(2)\ X_{C_2} = \frac{R_2}{\sqrt{\dfrac{R_2}{R_1}(Q_L^2+1)-1}} \qquad (2)\ X_{C_2} = \frac{Q_L R_1}{Q_L^2+1}\left(\frac{R_2}{Q_L X_{L_1}}-1\right)$$

$$(3)\ X_{L_1} = \frac{Q_L R_1}{Q_L^2+1}\left(1+\frac{R_2}{Q_L X_{C_2}}\right) \qquad (3)\ X_{L_1} = \frac{R_2}{\sqrt{\dfrac{R_2}{R_1}(Q_L^2+1)-1}}$$

图 4.20　两种 π 形匹配网络

首先用第 2 章的串并联阻抗互换的等效公式，例如可将图 4.20(a) 的 $R_1 C_1$ 与 $R_2 C_2$ 换为串联形式，得到如图 4.21(a) 所示的等效电路。为了方便，图中不再绘出虚线。图中，

$$\left.\begin{aligned}
R'_1 &= \frac{X_{C_1}^2}{R_1^2 + X_{C_1}^2} R_1 \\[4pt]
R'_2 &= \frac{X_{C_2}^2}{R_1^2 + X_{C_2}^2} R_2 \\[4pt]
X'_{C_1} &= \frac{R_1^2}{R_1^2 + X_{C_1}^2} X_{C_1} \\[4pt]
X'_{C_2} &= \frac{R_2^2}{R_1^2 + X_{C_2}^2} X_{C_2}
\end{aligned}\right\} \tag{4.38}$$

设计回路时，应求出 L_1、C_1、C_2 的值，已知负载电阻 R_2 与电子器件要求的匹配电阻 R_1[由式(4.12)算出所需的负载阻抗 R_p，就是此处的 R_1 值]。匹配网络必须满足阻抗匹配与回路谐振两个条件。为了解出三个未知数 L_1、C_1、C_2，还必须再假设一个初始条件，通常可假设网络输入端的 Q_L 为已知：

图 4.21(a)　等效电路

$$Q_L = \frac{R_1}{X_{C_1}} \quad\text{或}\quad X_{C_1} = \frac{R_1}{Q_L} \tag{4.39}$$

网络的匹配条件为

$$R'_1 = R'_2 \tag{4.40a}$$

网络的谐振条件为

$$X_{L_1} = X_{C_1'} + X_{C_2'} \tag{4.40b}$$

由式（4.39）与（4.40）三个条件出发，并代入式（4.38），即可得出图 4.20(a)所示的计算公式，解得 C_1、C_2、L_1 之值。

图 4.20(b)以及其他形式（例如 T 形）的匹配网络，都可根据上述三个条件，导出计算公式。这里不一一列举。

由于 X_{C_2}、X_{L_1} 等应为实数，因此由图 4.20(a)下方的 X_{C_2} 公式可知必须满足下列条件：

$$(1+Q_L^2)\frac{R_2}{R_1}-1>0 \quad \text{或} \quad \frac{R_2}{R_1}>\frac{1}{(1+Q_L^2)} \tag{4.41}$$

上式就是适用于 π 形网络时，R_1 与 R_2 之间的关系。π 形网络对于晶体管与电子管电路都适用。

【例 4.4】 有一个输出功率为 2 W 的高频功率放大器，负载电阻 $R_2=50\ \Omega$，$U_{CC}=24\ V$，$f=50\ MHz$，$Q_L=10$，试求 π 形匹配网络的元件值。

解 （1）由式（4.11）求出

$$R_p=R_1=\frac{U_{cm}^2}{2P_o}\approx\frac{U_{CC}^2}{2P_o}=\frac{24^2}{2\times 2}\Omega=144\ \Omega$$

（2）由图 4.20(a)得

$$X_{C_1}=\frac{R_1}{Q_L}=\frac{144}{100}\Omega=14.4\ \Omega$$

故得

$$C_1=\frac{1}{\omega X_{C_1}}=\frac{1}{2\pi\times 50\times 10^6\times 14.4}F=221\ pF$$

又

$$X_{C_2}=\frac{R_2}{\sqrt{(1+Q_L^2)\dfrac{R_2}{R_1}-1}}=\frac{50}{\sqrt{(1+10^2)\dfrac{50}{144}-1}}\Omega=8.57\ \Omega$$

故得

$$C_2=\frac{1}{\omega X_{C_2}}=\frac{1}{2\pi\times 50\times 10^6\times 8.57}F=371\ pF$$

又

$$X_{L_1}=\frac{Q_L R_1}{Q_L^2+1}\left(1+\frac{R_2}{Q_L X_{C_2}}\right)=\frac{10\times 144}{10^2+1}\left(1+\frac{50}{10\times 8.57}\right)\Omega=22.6\ \Omega$$

故得

$$L_1=\frac{X_{L_1}}{\omega}=\frac{22.6}{2\pi\times 50\times 10^6}H=72\ nH$$

（2）输入匹配网络与级间耦合网络。

上面所讨论的输出回路是用于多级高频功率放大器（例如发送设备）的末级的。至于末级以前的各级（主振级除外）都称为中间级。虽然这些中间级的用途不尽相同，例如可作为缓冲、倍频或功率放大等，但它们的集电极回路都是用来馈给下一级所需的激励功率的。这些回路就称为级间耦合回路。而对于下级被推动级来说，这些回路就是输入匹配网络。因此以下的讨论不再区分级间耦合回路与输入匹配网络。

以前在讨论放大器的工作状态时已经谈到，由于末级和中间级的电平和负载状态不同，因而对它们的要求也就有差别。对于输出回路，应力求输出功率大，效率高。由于天线阻抗

$(R_A$ 与 C_A) 在正常情况下是不变的, 故可以使它与集电极回路匹配, 使末级工作于临界状态, 以获得最大的输出功率。这时, 回路的传输效率 η_k 也很高。但对于级间耦合回路来说, 情形就不同了。级间耦合回路的负载是下一级的基极输入阻抗, 它的值随激励电压的大小和电子器件本身工作状态的变化而改变, 反映到前级回路(级间耦合回路), 就使这个回路的等效阻抗变化, 从而引起前级工作状态的变化。如果前级工作于欠压状态, 那么, 它的输出电压将不稳定, 这是我们所不希望的。因为对于中间级来说, 最主要的是应该保证它的输出电压稳定, 以供给下级稳定的激励电压, 而效率则降为次要问题。由于中间级工作于低电平, 效率低一些对整机来讲影响不大。

为了达到保证送给下级以稳定激励电压的目的, 对于中间级应采取如下措施:

① 中间放大级工作于过压状态, 此时它等效为一个理想电压源, 其输出电压几乎不随负载变化。这样, 尽管后级的输入阻抗是变化的, 但该级所得到的激励电压仍然是稳定的。

② 降低级间耦合回路的效率 η_k。因为回路效率降低, 意味着回路本身损耗加大, 这样就使下级输入电路的损耗功率相对来说显得不重要了, 也就是减弱了下级对本级工作状态的影响。中间级的 η_k 一般取为 $0.1 \sim 0.5$, 也就是中间级的输出功率应为后一级所需激励功率的 $2 \sim 10$ 倍。

由于晶体管的基极电路输入阻抗很低, 而且功率越大的管子, 它的输入阻抗就越低, 因而对于晶体管电路来说, 匹配问题就显得更重要。

在发射极接地时, 晶体管的等效输入电路如图 4.21(b) 所示。图中, $r_{bb'}$ 为基极扩散电阻。它的值与输出功率成反比, 对于 5 W 以下的晶体管为 $5 \sim 20\ \Omega$; 对于 $5 \sim 10$ W 级的晶体管为 $1 \sim 5\ \Omega$。$C_{b'e}$ 为发射结电容, 它的值自几百至上千皮法(例如 $f = 500$ MHz, $I_{em} = 100$ mA 时, $C_{b'e}$ 为 $1\ 300$ pF)。C_{be} 为管壳引线等引入的分布电容, 它的值自几至几十皮法。L_b 与 L_e 为电极引线电感, 它的值约为 1 nH, 因而在频率不太高时, 可以忽略 L_b、L_e 的影响。由上述电路参量的数量级可见, 在频率较低时, 晶体管等效输入阻抗是一个电阻与电容相串联。这个输入阻抗值是很低的, 而且功率越大, 输入阻抗越低。当频率升高至电极引线电感的作用(L_e 的影响比 L_b 大, 因为 I_{em1} 通过它产生反馈)不能忽略时, 输入阻抗可能变成感性的。在中间某一频率, 输入阻抗会呈现纯电阻性。

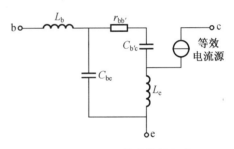

图 4.21(b)　晶体管等效电路

由上述可知, 功率晶体管的输入阻抗很低, 而且功率越大, 输入阻抗就越低, 一般为十分之几欧(大功率管)至几十欧(较小的功率管)。输入匹配网络的作用就是使晶体管的低输入阻抗能与内阻比这输入阻抗高得多的信号源相匹配。通常对绝大多数功率晶体管来说, 它的输入阻抗可以认为是电阻 $r_{bb'}$ 与电容 C_i 串联组成。输入匹配网络应抵消 C_i 的作用, 使它对信号源呈现纯电阻性。图 4.22 为输入匹配网络示例。图下面有计算公式, 证明的方法也是从匹配与谐振两个条件出发, 再假设一个 Q_L 值, 应用串、并联阻抗互换公式, 即可得出计算 X_{L_1}、X_{C_1}、X_{C_2} 的公式。图中 L_1 除用以抵消 C_i 的作用外, 还与 C_1、C_2 谐振。这种电路适用于使低的输入阻抗 R_2 与高的输出阻抗 R_1 相匹配。以上仅举一例, 此外还有各种不同形式的匹配网络, 请参阅有关参考书。

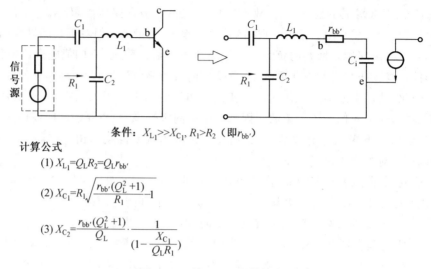

条件：$X_{L_1} \gg X_{C_1}$，$R_1 > R_2$（即 $r_{bb'}$）

计算公式

(1) $X_{L_1} = Q_L R_2 = Q_L r_{bb'}$

(2) $X_{C_1} = R_1 \sqrt{\dfrac{r_{bb'}(Q_L^2+1)}{R_1} - 1}$

(3) $X_{C_2} = \dfrac{r_{bb'}(Q_L^2+1)}{Q_L} \cdot \dfrac{1}{\left(1 - \dfrac{X_{C_1}}{Q_L R_1}\right)}$

图 4.22　输入匹配网络示例

应当指出，本节的输出匹配网络以 π 型为例，输入匹配网络以 T 形为例，只是为了便于说明问题。事实上，各种类型的匹配网络既可用于输出电路，也可用于输入电路，视实际电路要求而定。匹配网络在高频功率放大器中占有很重要的地位。匹配网络设计和调整良好，就能保证放大器工作于最佳状态。正确设计与调整匹配网络，具有十分重要的意义。

4.3　集成谐振功率放大电路

在当前的民用和国防通信等领域中，高频电路已成为电子系统中必不可少的部分。功率放大器主要用于微波与射频电路的发射端。在发射端中，功率放大器的主要作用是放大射频信号，并且以高效率输出大功率。射频信号的功率放大，其实质是在输入射频信号的控制下将电流直流功率转换成高频功率。

性能良好的功率放大器能够在指定的频率范围内向其负载提供足够的功率，对输入信号提供足够的增益，如果传输的信号是非恒包络信号，功率放大器还需有较好的线性度以保证信号不失真，故功率放大器的性能直接关系到发射端的系统性能。对于一个系统的射频发射端，功率放大器的功率占发射电路功率的大部分，因此，功率放大器有较高的直流至高频功率转换效率，可有效改善发射电路的功耗需求，这对便携式系统工作时间延长有重要意义。

以通信系统为例，在任何无线通信系统中，功率放大器都是关键的系统部件之一，每一个发射机都需要功率放大器，高性能的功率放大器芯片对射频与微波电路发射端的功能实现有着重要意义。由于无线通信技术的发展和需求，目前的功率放大器向微波单片集成方向发展。高频大输出功率的功率放大器芯片需求越来越大。

目前，已经出现了一些集成高频功率放大器件。例如日本三菱公司的 M57704 系列、美国 Motorola 公司的 MHW 系列，工作在 VHF 和 UHF 频段，器件体积小，可靠性高，外接元件少，输出功率一般在几瓦至十几瓦之间。其中，三菱公司 M55704 系列高频功放是一种厚膜混合集成电路，包括多个型号，属于窄带谐振功放，频率范围为 335～512 MHz，可用于移动通信系统和便携式仪器中。其电特性参数为：当 $E_c = 12.5$ V，$P_i = 0.2$ W，$Z_L = 50$ Ω 时，输出功率 $P_o = 13$ W，功率增益 $A_p = 18.1$ dB，效率为 $35\% \sim 40\%$。Motorola 公司 MHW105 功放器件频率范围为 $68 \sim 88$ MHz，电特性参数为：当 $E_c = 7.5$ V，最小功率增益 $G_p = 37$ dB，$Z_L = 50$ Ω 时，输出功率 $P_o = 13$ W，效率为 40%。MHW 系列中有些型号是专为便携式射频应用而设计的，可用于移动通信系统中的功率放大，可用于工商业便携式射频仪器。

此外，美国的 Maxim 公司也生产了一系列的无线/射频功率放大器（Wireless/RF Power Amplifier），主要针对蜂窝、PCS、802.11a/b/g、无绳电话以及 Bluetooth 等应用。

Maxim 射频功率放大器（RF Power Amplifier，PA）既可用于线性调制，如 QAM 和 QPSK，也可用于非线性调制模式，如 FM 和 FSK。针对 TDMA 市场设计的 PA 在性能上有所改进，如：自动斜率控制可减小频谱扩散，自动斜率控制有助于保持 U_{CC} 的稳定、降低 VCO 牵引。自动热保护功能能够根据需要临时减小输出功率，提供一个坚固、耐用的 PA。针对 CDMA 市场推出的 PA 能够在城市或远郊 CDMA 环境下、对于大多数便携终端要求的输出功率电平提供更低的电源电流，CDMA PA 在大多数时间工作在较低的输出功率状态。

对于 2.4 GHz ISM 应用，如：802.11b WLAN、Bluetooth、HomeRF 及无绳电话，Maxim 提供低成本、超小尺寸（如 UCSP 封装）的功率放大器，这些 PA 具有模拟或数字的功率控制、闭环功率控制、动态偏置控制、集成检测器等，并具有较高的效率。

表 4.1 列出了部分芯片的工作电压、电源电流、工作频率、输出功率、类型、封装、功率增益等。需要注意的是有些 PA 需要在指定的性能参数和中心频点进行重新调谐，与表中参数有差异。表 4.2 提供了根据市场应用选择的参考表，包括市场应用、型号、优点、规格指标。

表 4.1　Maxim 公司部分功放芯片

型号	工作电压/V	电源电流/mA	频率/MHz	输出功率/dBm	类型	封装	功率增益（满）
MAX2235	$2.7 \sim 5.5$	20 空闲 610 满	$800 \sim 1\,000$	$+30.3$	C	20－Pin TSSOP－EP	47%
MAX2430	$3.0 \sim 5.5$	52	$800 \sim 1\,000$	$+21.4$	AB	16－Pin SO/QSOP	24%
MAX2601	$2.7 \sim 5.5$	450	DC$\sim 1\,000$	$+30.0$	AB/C	8－Pin PSOPII	54%
MAX2602	$2.7 \sim 5.5$	450	DC$\sim 1\,000$	$+30.0$	AB/C	8－Pin PSOPII	54%
MAX2264	$2.7 \sim 5.0$	34 空闲 58 平均 95 满	$824 \sim 849$	$+28.0$	AB	16－Pin TSSOP－EP	32%

续表 4.1

型号	工作电压/V	电源电流/mA	频率/MHz	输出功率/dBm	类型	封装	功率增益（满）
MAX2265	2.7～5.0	83 满	824～849	＋28.0	AB	16－Pin TSSOP－EP	37%
MAX2266	2.7～5.0	34 空闲 52 平均 100 满	824～849	＋28.0	AB	16－Pin TSSOP－EP	32%
MAX2267	2.7～4.5	34 空闲 56 平均 95 满	887～925	＋27.0	AB	16－Pin TSSOP－EP	28%
MAX2268	2.7～4.5	90 空闲	887～925	＋27.0	AB	16－Pin TSSOP－EP	34%
MAX2269	2.7～4.5	34 空闲 50 平均 100 满	887～925	＋27.0	AB	16－Pin TSSOP－EP	29%
MAX2240	2.7～5.0	65 空闲 105 满	2 400～2 500	＋20	AB	UCSP 3x3	30%
MAX2244	3.0～3.6	65 空闲 172 满	2 400～2 500	＋22	AB	UCSP 3x3	34.2%
MAX2245	3.0～3.6	65 空闲 179 满	2 400～2 500	＋22	AB	UCSP 3x3	29.2%
MAX2246	3.0～3.6	42 空闲 118 满	2 400～2 500	＋20	AB	UCSP 3x3	27.8%
MAX2247	2.7～3.6	293 空闲 390 满	2 400～2 500	＋25	AB	UCSP 3x4	24.5%

表 4.2 市场应用芯片选择

市场应用	型号	优点	规格指标
移动电话 CDMA（U.S.）	MAX2265	成本低，布局简单，外部元件少 峰值效率高	效率 = 37%（邻信道功率比（ACPR）= −45） 效率 = 35%（ACPR = −48）
	MAX2264 MAX2266	成本低，世界最低的通话电流	通话电流 = 55 mA 16 dBm 效率 = 12/18%（2264/66） 峰值效率 = 32%
	MAX2251	小尺寸封装（2.06 mm × 2.06 mm）， 集成功率检测器 低功耗封闭模式	增益：28 dB PAE：41% 在 + 30 dBm 时，对于 TDMA PAE：51% 在 + 32.4 dBm 时，对于 AMPS
CDMA（Japan）	MAX2268	成本低，布局简单，外部元件少 峰值效率高	效率 = 37%（ACPR = −45） 效率 = 35%（ACPR = −48）
	MAX2267 MAX2269	成本低，世界最低的通话电流	通话电流 = 55 mA 16 dBm 效率 = 12/18%（2264/66，ACPR = −45） 峰值效率 = 33%（ACPR = −45）
移动电话 TDM	MAX2251	小尺寸封装（2.06 mm × 2.06 mm） 集成功率检测器 低功耗封闭模式	增益：28dB PAE：41% 当 + 30 dBm 时，对于 TDMA
900 MHz ISM 频段	MAX2235	模拟增益控制，自动功率跳变，封闭	PAE：47% 当 + 30.3 dBm 时，输出功率
	MAX2251	小尺寸封装（2.06 mm × 2.06 mm） 集成功率检测器 低功耗封闭模式	增益：28 dB PAE：41%，当 + 30 dBm 时，对于 TDMA PAE：51%，当 + 32.4 dBm 时，对于 AMPS
家庭射频 （HomeRF） 2.4 GHz	MAX2240	小尺寸封装（1.56 mm × 1.56 mm） 2−bit 数字功率控制	+ 20 dBm，效率 = 30%
	MAX2244	闭环模拟功率控制， 小尺寸封装（1.56 mm × 1.56 mm）	+ 22 dBm，效率 = 34.2% 控制范围 0.5～2 V

续表 4.2

市场应用	型号	优点	规格指标
移动电话 TDMA/AMPS 双模式	MAX2251	小尺寸封装(2.06 mm × 2.06 mm) 集成功率检测器 低功耗封闭模式	增益：28dB PAE：41%，当＋30 dBm 时，对于 TDMA PAE：51%，当＋32.4 dBm 时，对于 AMPS
802.11b WLAN	MAX2242	集成功率检测器 动态偏置控制 输出功率调谐范围为 ＋10～＋22 dBm	＋22.5 dBm 输出功率，在－33 dBc ACPR 时 28.5 dB 功率增益

在上述芯片中，MAX2235 是自动斜率控制功率放大器，类型为 C 类，适用于 800～1 000 MHz系统，可以在欧洲 GSM、868 MHz 欧洲 ISM 和美国 900 MHz－ISM 频段工作。

在 900 MHz，MAX2235 使用＋5 V 的电源可以给出超过＋30 dBm 的输出功率同时具有 40% 的效率和 24 dB 的增益。它的增益控制引脚使输出功率变化范围达 35 dB。低功耗封闭模式可以将电流消耗降低至 1 μA 以下。其关键的特点是它的输出功率能够自动跳变，这可以减小瞬时噪声和邻信道频谱干扰。

图 4.23 所示为 MAX2235 在 880～915 MHz 频段的输出功率特性。图 4.24～4.26 是 MAX2235 的输出功率、效率和电源电流特性与输入功率和频率的关系。图 4.27 所示为 MAX2235 的输出功率与增益控制电压的关系。

图 4.28 是为了将 MAX2235 调谐于 880～915 MHz 频段时的芯片外接电路图。

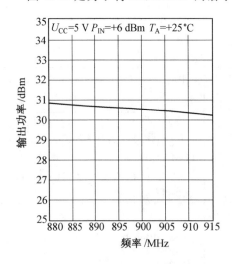

图 4.23 MAX2235 输出功率随频率的变化

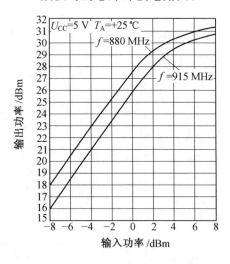

图 4.24 MAX2235 输出功率随输入功率的变化

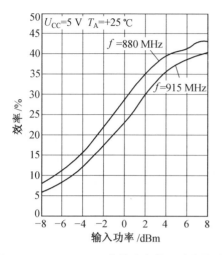

图 4.25　MAX2235 工作效率与输入功率的关系

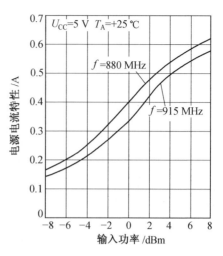

图 4.26　MAX2235 电源电流与输入功率的关系

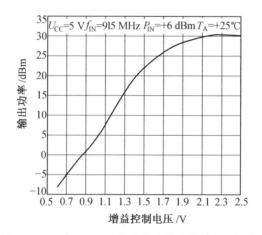

图 4.27　MAX2235 输出功率随增益控制电压的变化

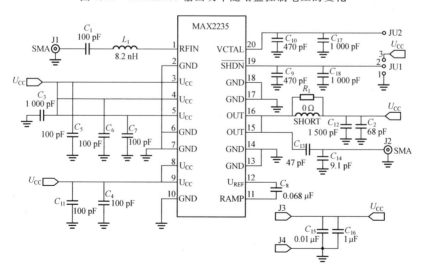

图 4.28　MAX2235 用于 GSM 和 900 MHz 频段时的原理图

4.4 丁类和戊类高频功率放大器

4.4.1 丁类(D类)功率放大器

前文已多次提到,高频功率放大器的主要问题是如何尽可能地提高它的输出功率与效率。只要将效率稍许提高一点,就能在同样的器件耗散功率条件下,大大提高输出功率。甲、乙、丙类放大器就是沿着不断减小电流通角 θ_c 的途径,来不断提高放大器效率的。

但是,θ_c 的减小是有一定限度的。因为 θ_c 太小时,效率虽然很高,但因 I_{cm1} 下降太多,输出功率反而下降。要想维持 I_{cm1} 不变,就必须加大激励电压,这又可能因激励电压过大,而引起管子的击穿。因此必须另辟蹊径。丁类、戊类等放大器就是采用固定 θ_c 为 $90°$,但尽量降低管子的耗散功率的办法,来提高功率放大器的效率的。具体说来,丁类放大器的晶体管工作于开关状态:导通时,管子进入饱和区,器件内阻接近于零;截止时,电流为零,器件内阻接近于无穷大。这样,就使集电极功耗大为减小,效率大大提高。在理想情况下,丁类放大器的效率可达 100%。

晶体管丁类放大器都是由两个晶体管组成的,它们轮流导电,来完成功率放大任务。控制晶体管工作于开关状态的激励电压波形可以是正弦波,也可以是方波。晶体管丁类放大器有两种类型的电路:一种是电流开关型,另一种是电压开关型。它们的典型电路分别如图 4.29(a) 与 4.29(b) 所示。

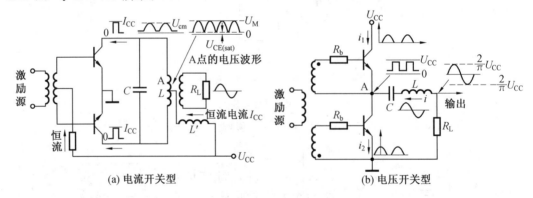

(a) 电流开关型   (b) 电压开关型

图 4.29 晶体管丁类放大器原理图

在电流开关型电路中,两管推挽工作,电源 U_{CC} 通过大电感 L' 供给一个恒定电流 I_{CC}。两管轮流导电(饱和),因而回路电流方向也随之轮流改变。

在电压开关型电路中,两管是与电源电压 U_{CC} 串联的。当上面的晶体管导通(饱和)时,下面的晶体管截止,A 点的电压接近于 U_{CC};当上面的晶体管截止时,下面的晶体管饱和导通,A 点的电压接近于零。因而 A 点的电压波形即为矩形波。

图 4.29(a) 与(b)分别示出各点的电压与电流波形。

现在以电流开关型电路为例进行分析。

参阅图 4.29(a),这个电路与推挽电路非常相似,但有两点不同之处:一个是集电极回路中点不是地电位(推挽电路此点则在交流地电位);另一个是在 U_{CC} 电路中串接了大电感 L'。加入 L' 的目的是利用通过电感的电流不能突变的原理,使 U_{CC} 供给一个恒定的电流

I_{CC}。因此当两管轮流导电时,每管的电流波形是矩形脉冲。当 LC 回路谐振时,在它两端所产生的正弦波电压与集电极方波电流中的基波电流分量同相。两个晶体管的集电极 — 发射极瞬时电压 u_{CE} 的波形如图 4.30(a)、图 4.30(b)所示。在开关转换的瞬间,回路电压等于零。因而此时中心抽头 A 点的电压等于晶体管的饱和压降 $U_{CE(sat)}$。当晶体管导通,集电极电流的基波分量为最大时,回路中 A 点电压等于最大值 U_M。因而 A 点电压的波形如图 4.30(c)所示。在这中心点处的电压平均值等于电源电压 U_{CC}。因此

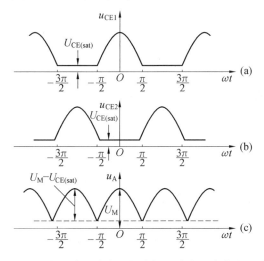

图 4.30　电流开关型放大器的谐振回路中心点的电压波形

$$U_{CC} = \frac{1}{\pi} \int_{-\frac{\pi}{2}}^{+\frac{\pi}{2}} \left[(U_M - U_{CE(sat)}) \cos \omega t + U_{CE(sat)} \right] d\omega t =$$
$$\frac{2}{\pi} (U_M - U_{CE(sat)}) + U_{CE(sat)}$$

由此得到

$$U_M = \frac{\pi}{2} (U_{CC} - U_{CE(sat)}) + U_{CE(sat)} \tag{4.42}$$

集电极回路两端交流电压的峰值为

$$U_{cm} = 2(U_M - U_{CE(sat)}) = \pi (U_{CC} - U_{CE(sat)}) \tag{4.43}$$

它的均方根值为

$$U_c = \frac{U_{cm}}{\sqrt{2}} = \frac{\pi}{\sqrt{2}} (U_{CC} - U_{CE(sat)}) \tag{4.44}$$

假设负载 R_L 反射到回路两端,使回路呈现的负载阻抗等于 R'_p。由于每管通过的电流是振幅等于 I_{CC} 的矩形波,它的基频分量振幅等于 $2/\pi I_{CC}$,因此,在回路两端产生的基频电压振幅为

$$U_{cm} = \left(\frac{2}{\pi} I_{CC} \right) R'_p \tag{4.45}$$

将式(4.43)代入式(4.45),即得

$$I_{CC} = \frac{\pi U_{cm}}{2R'_p} = \frac{\pi^2}{2R'_p} (U_{CC} - U_{CE(sat)}) \tag{4.46}$$

输出功率为

$$P_o = \frac{U_{cm}^2}{2R'_p} = \frac{\pi^2}{2R'_p}(U_{CC} - U_{CE(sat)})^2 \tag{4.47}$$

直流输入功率为

$$P_= = U_{CC}I_{CC} = \frac{\pi^2}{2R'_p}(U_{CC} - U_{CE(sat)})U_{CC} \tag{4.48}$$

因而集电极耗散功率为

$$P_c = P_= - P_o = \frac{\pi^2}{2R'_p}(U_{CC} - U_{CE(sat)})U_{CE(sat)} \tag{4.49}$$

由此得集电极效率为

$$\eta_c = \frac{P_o}{P_=} = \frac{U_{CC} - U_{CE(sat)}}{U_{CC}} = 1 - \frac{U_{CE(sat)}}{U_{CC}} \tag{4.50}$$

由此可见,晶体管的饱和压降 $U_{CE(sat)}$ 越小, η_c 就越高。若 $U_{CE(sat)} \to 0$, $\eta_c \to 100\%$。这是丁类放大器的主要优点。

在电流开关型电路中,电流是方波,两管轮流导电是从截止立即转入饱和,或从饱和立即转入截止。实际上,电流的这种转换是需要时间的。频率低时,转换时间可以忽略不计。但当工作频率高时,这一开关转换时间便不容忽视,因而工作频率上限受到限制。从这一点来看,电压开关型电路要好一些。因为参阅图 4.29(b) 可知,它们的电流 i_1 或 i_2 是正弦半波,不是突变的。对于图 4.29(b) 所示的电压开关型电路,可以将它简化为图 4.31(a) 所示的电路,图中 R_{s1} 与 R_{s2} 分别代表两个晶体管导通时的内阻, R 为电感 L 的电阻。如果 $R_s = R_{s1} = R_{s2}$,并将 R 并入 R_L,则可进一步简化为图 4.31(b) 所示的电路。假设 LC 回路对开关频率谐振,则由于电压方波的振幅为 U_{CC},它的基波分量振幅等于 $2/\pi U_{CC}$,因而负载 $R'_L(= R_L + R)$ 上的输出电压为

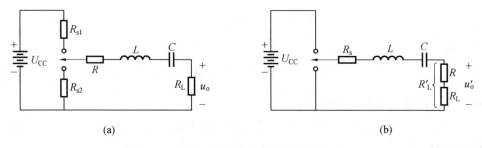

图 4.31　电压开关型电路的输出等效电路

$$u'_o = \left[\frac{\frac{2}{\pi}U_{CC}}{R'_L + R}R'_L\right]\cos \omega t \tag{4.51}$$

输出电压峰值为

$$U'_{om} = \frac{2U_{CC}}{\pi(R'_L + R)}R'_L \tag{4.52}$$

电源供给的电流为半波正弦[图 4.29(b)],其振幅为 U'_{om}/R'_L。因此集电极平均电流为

$$I_{CC} = \frac{1}{2\pi}\int_{-\frac{\pi}{2}}^{+\frac{\pi}{2}} \frac{U_{CC}}{\pi(R'_L + R_s)}\cos \omega t \, d\omega t = \frac{2U_{CC}}{\pi^2(R'_L + R_s)} \tag{4.53}$$

输出到谐振回路的交流功率为

$$P'_o = \frac{U'^2_{om}}{2R'_L} = \frac{2U^2_{CC}R'_L}{\pi^2(R'_L+R_s)^2} \tag{4.54}$$

直流输入功率为

$$P_= = U_{CC}I_{CC} = \frac{2U^2_{CC}}{\pi^2(R'_L+R_s)} \tag{4.55}$$

因此集电极效率为

$$\eta_c = \frac{P'_o}{P_=} = \frac{R'_L}{R'_L+R_s} \tag{4.56}$$

集电极功率耗散为

$$P_c = P_= - P'_o = \frac{2U^2_{CC}}{\pi^2(R'_L+R_s)} - \frac{2U^2_{CC}R'_L}{\pi^2(R'_L+R_s)^2} =$$

$$\frac{2U^2_{CC}}{\pi^2(R'_L+R_s)}\left(\frac{R_s}{R'_L+R_s}\right) \tag{4.57}$$

将式(4.53)的关系代入式(4.57)可简化为

$$P_c = U_{CC}I_{CC}\left(\frac{R_s}{R'_L+R_s}\right) = P_=\left(\frac{R_s}{R'_L+R_s}\right) \tag{4.58}$$

由式(4.56)与式(4.58)显然可以看出,晶体管饱和内阻 R_s 越小(即饱和压降越小),则 η_c 越高,P_c 越小。当 $R_s \to 0$ 时,$\eta_c \to 100\%$,$P_c \to 0$。这一结论是和电流开关型电路一致的。

【例4.5】　设计一个丁类电压开关型放大器,已知条件为:工作频率 100 kHz;在 50 Ω 负载上有 12 V(有效值)的输出电压;回路有载 Q 值为 14,无载 Q 值为 100 。

解　参阅图 4.29(b),设 $X_L = \omega L$,则

有载 Q 值为

$$Q_L = \frac{X_L}{R+R_L}$$

无载 Q 值为

$$Q_0 = \frac{X_L}{R}$$

从以上二式中消去 R,得出 X_L 与 R_L 的关系为

$$X_L = \frac{R_L Q_L Q_0}{Q_0 - Q_L}$$

代入已知条件 $R_L = 50$ Ω,$Q_0 = 100$,$Q_L = 14$,得

$$X_L = \frac{50 \times 14 \times 100}{100 - 14}\Omega = 814 \ \Omega$$

故得

$$L = \frac{X_L}{\omega} = \frac{814}{2\pi \times 100 \times 10^3}H \approx 1.29 \ H$$

$$C = \frac{1}{\omega^2 L} = \frac{1}{(2\pi \times 100 \times 10^3)^2 \times 1.29 \times 10^{-3}}F \approx 1\ 963 \ pF$$

输出电压峰值为

$$U_{om} = 12\sqrt{2} \ V \approx 17 \ V$$

因此,输出电流峰值为

$$I_{om} = \frac{U_{om}}{R_L} = \frac{17}{50}A = 340 \ mA$$

由式(4.52),略去晶体管饱和电阻 R_s,并注意 $R'_L = R_L + R$,$U_{om} = \dfrac{R_L}{R_L + R} U'_{om}$,得

$$U_{CC} = \frac{\pi(R_L + R)}{2R_L} U_{om} = \frac{\pi}{2}\left(\frac{Q_0}{Q_0 - Q_L}\right) U_{om} =$$

$$\frac{\pi}{2}\left(\frac{100}{100 - 14}\right) \times 17 \text{ V} \approx 31.1 \text{ V}$$

$$I_{CC} = \frac{I_{cm}}{\pi} = \frac{340}{\pi}\text{mA} \approx 108 \text{ mA}$$

考虑到晶体管实际上是有饱和电阻 R_s 的电压,为此可适当提高集电极电源的电压。此处可取 $U_{CC} = 32$ V。

因此,直流输入功率为
$$P_= = U_{CC}I_{CC} = 32 \times 108 \times 10^{-3}\text{W} = 3.456 \text{ W}$$

交流输出功率为
$$P_o = \frac{U_{om}^2}{2R_L} = \frac{(17)^2}{2 \times 50}\text{W} = 2.89 \text{ W}$$

回路损耗功率为
$$P_Q = \frac{1}{2}I_{cm}^2 R = \frac{1}{2}I_{cm}^2\left(\frac{X_L}{Q_0}\right) = \frac{1}{2}(0.34)^2\left(\frac{814}{100}\right)\text{W} \approx 0.47 \text{ W}$$

集电极耗散功率为
$$P_c = P_= - P_o - P_Q = 0.096 \text{ W}$$

集电极效率为
$$\eta_c = \frac{P_o + P_Q}{P_=} = \frac{2.89 + 0.47}{3.456} \times 100\% \approx 97.2\%$$

总效率为
$$\eta = \frac{P_o}{P_=} = \frac{2.89}{3.456} \times 100\% \approx 83.6\%$$

假设基极激励电流为集电极电流的 1/10,为保证饱和,则基极最大电流为 $I_{bm} = 34$ mA。为了开关速度快,则激励开关电压应足够高。设所需激励电压峰值为 2.7 V,晶体管在基极电流为峰值时的 $U_{BE} = 1$ V,则基极所需串联电阻 $R_b = \dfrac{2.7 - 1}{34 \times 10^{-3}}\Omega = 50 \ \Omega$,可采用标称值 47 Ω,因而总的激励功率为

$$P_d = \frac{1}{2}I_{bm}^2 R_b + \left(\frac{2}{\pi}I_{bm}\right)U_{BE} =$$

$$\left[\frac{1}{2}(34 \times 10^{-3})^2 \times 47 + \left(\frac{2}{\pi} \times 34 \times 10^{-3}\right) \times 1\right]\text{W} = 0.049 \text{ W} = 49 \text{ mW}$$

因此,本放大器的功率增益为

$$A_p = \frac{P_o}{P_d} = \frac{2.89}{0.049} \approx 59 \quad \text{或} \quad 10\lg 59 \approx 17.7 \text{ dB}$$

与通常的丙类放大器相比,丁类放大器有如下优点:由于它是两管工作,输出中最低谐波是三次的,而不是二次的,因此,谐波输出较小;效率高(典型值超过 90%,这是主要的优点),因而特别适用于功率放大器。尤其是因为晶体管饱和压降很小,就更宜于采用丁类工作。丁类放大器的缺点是:由于在开关转换瞬间的器件功耗随开关频率的上升而加大,因此频率上限受到限制。从频率上限这方面来比较,电压开关型电路要比电流开关型好,因为它的电流是半波正弦的,而不是突变的方波。这在前面已讲过了。当频率升高后,丁类放大器的效率下降,就失去了相对于丙类放大的优点。而且在开关转换瞬间,晶体管可能同时导电

或同时断开,就可能由于二次击穿作用使晶体管损坏。为了克服这一缺点,可在电路上加以改进,就构成了下节要讨论的戊类放大器。

4.4.2　戊类(E 类) 功率放大器

晶体管丁类放大器总是由两个晶体管组成的,而戊类放大器则是单管工作于开关状态。它的特点是选取适当的负载网络参数,以使它的瞬态响应最佳。也就是说,当开关导通(或断开)的瞬间,只有当器件的电压(或电流)降为零后,才能导通(或断开)。这样,即使开关转换时间与工作周期相比较已相当长,也能避免在开关器件内同时产生大的电压或电流。这就避免了在开关转换瞬间内的器件功耗,从而克服了丁类放大器的缺点。

图 4.32(a) 所示为戊类放大器的基本电路,图中 L_0C_0 为串联调谐回路,C_1 为晶体管的输出电容,C_2 为外加电容,以使放大器获得所期望的性能,同时也消除了在丁类放大器中由 C_1 所引起的功率损失,因而提高了放大器的效率。

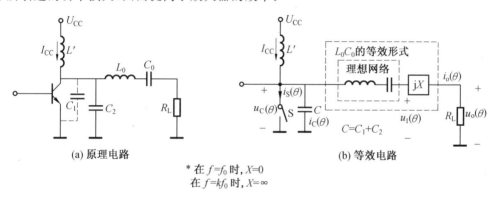

图 4.32　戊类放大器的电路

为了分析图 4.32(a),将它绘成图 4.32(b) 的等效电路。在分析时,有如下几点假设:

(1) 扼流圈 L' 的阻抗足够大,因而流经它的 I_{CC} 为恒定值。

(2) 串联调谐回路 L_0C_0 的 Q 值足够高(考虑了 R_L 的影响),因而输出电流(即输出电压)为正弦波形。

(3) 晶体管作用相当于一个开关 S,它或者接通(两端电压为零),或者断开(通过它的电流为零),但在接通与断开互相转换的极短瞬间除外。

(4) 电容 C 与电压无关。

当开关 S 接通时,集电极电压 $u_C(\theta)=0$,因此通过电容 C 的电流 $i_C(\theta)$ 也等于零,集电极电流 $i_S(\theta)=I_{CC}-i_o(\theta)$。当 S 断开时,$i_S(\theta)=0$,因此电容电流 $i_C(\theta)=I_{CC}-i_o(\theta)$。由并联电容 C 的充电情况,可以得出集电极电压 $u_C(\theta)$ 的波形。图 4.33 所示为各部分的电压与电流波形。为了使放大器的效率高,在 S 刚接通的瞬间,集电极电压波形的斜率 $du_C(\theta)/d\theta$ 应等于零,也要求此时的集电极电流等于零,如图 4.33 所示的最佳工作状态。由于 S 从断到通的瞬间,集电极电压与电流均等于零,因而在转换瞬间的功率损耗可忽略不计,效率自然提高。为了获得这一最佳工作状态,应适当选择 $B=\omega C$ 与 X 的值。相关文献给出,当输出电路的 Q 值给定时,可用下列经验公式获得最佳运用状态时的 X 与 B 值为

$$X=\frac{1.110Q}{Q-0.67}R_L \tag{4.59}$$

$$B = \frac{0.183\,6}{12.5}\left(1 + \frac{0.81 \times Q}{Q^2 + 4}\right) \quad (4.60)$$

输出电压为

$$U_{om} \approx 1.074 U_{CC} \quad (4.61)$$

输出功率为

$$P_o \approx 0.577 \frac{U_{CC}^2}{R_L} \quad (4.62)$$

输入电流为

$$I_{CC} = \frac{U_{CC}}{1.734 R_L} \quad (4.63)$$

峰值集电极电压为

$$u_{Cmax} \approx 3.56 U_{CC} \quad (4.64)$$

【例 4.6】 设计一个戊类放大器,工作频率为 4 MHz,输出到 12.5 Ω 上的功率为 25 W。假定晶体管是理想的,输出电路的 Q 值为 5。

解 由式(4.62)可得

$$U_{CC} = \sqrt{\frac{P_o R_L}{0.577}} = \sqrt{\frac{25 \times 12.5}{0.577}}\,V \approx 23.3\,V$$

由式(4.64)得

$$u_{Cmax} = 3.56 U_{CC} \approx 82.9\,V$$

由式(4.63)得

$$I_{CC} = \frac{U_{CC}}{1.734 R_L} = \frac{23.3}{1.734 \times 12.5}\,A \approx 1.075\,A$$

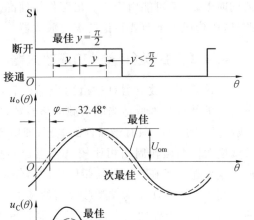

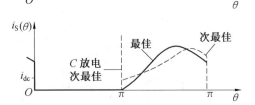

图 4.33 戊类放大器的电压、电流波形

由式(4.60)得

$$B = \frac{0.183\,6}{12.5}\left(1 + \frac{0.81 \times 5}{5^2 + 4}\right) \approx 0.016\,7$$

由此得出

$$C = 666\,pF$$

由于 $Q = \dfrac{1}{\omega C_0 R_L}$,得出

$$\frac{1}{\omega C_0} = 5 \times 12.5\,\Omega = 62.5\,\Omega$$

所以

$$C_0 = 637\,pF$$

由式(4.59)得 $X = 16.02\,\Omega$,由此求得 L_0 的电抗至少应为 6.02 Ω + 62.5 Ω = 78.52 Ω,因此 $L_0 = 3.12\,\mu H$。L' 的电抗至少应为 $10 R_L = 125\,\Omega$,因此它至少应为 4.97 μH。

4.5 宽带高频功率放大电路(传输线变压器)

现代通信的发展趋势之一是在宽波段工作范围内能采用自动调谐技术,以便于迅速转换工作频率。为了满足上述要求,可以在发射机的中间各级采用宽带高频功率放大器,它不需要调谐回路,就能在很宽的波段范围内获得线性放大。但为了只输出所需的工作频率,发射机末级(有时还包括末前级)还要采用调谐放大器。当然,所付出的代价是输出功率和功率增益都降低了。因此,一般来说,宽带功率放大器适用于中、小功率级。对于大功率设备来说,可以采用宽带功放作为推动级,同样也能节约调谐时间。

最常见的宽带高频功率放大器是利用宽带变压器(Transformer)作为耦合电路的放大器。宽带变压器有两种形式:一种是利用普通变压器的原理,只是采用高频磁芯,可工作到短波波段;另一种是利用传输线原理与变压器原理二者结合的所谓传输线变压器(Transmission—line Transformer),这是最常用的一种宽带变压器。

低频功率放大器的功率、效率和阻抗匹配等问题可以通过低频变压器耦合电路来实现,而且它的相对频带也很宽,一般从几十赫兹到一万多赫兹,高低端频率之比可达几百甚至上千。这种变压器的构造示意图如图 4.34(a)所示。它是依靠铁芯中的公共磁通 Φ 将初级线圈(匝数 N_1)的能量传输到次级线圈(匝数 N_2)中。对于理想变压器来说,应该是对所有频率的能量都能同样传输过去,即通频带应为无限宽。但实际上,音频变压器的频率特性大致如图 4.34(b)所示(示例),即:在中间一段是平坦的;在低音频端,由于初级电感不可能为无穷大(这是理想变压器的条件),因而频率响应下降。在高音频端,则由于线圈漏电感与分布电容的影响,在某一频率可能产生串联谐振,频率响应出现高峰。然后随频率的升高,它的输出电压因分布电容的旁路作用而迅速下降。因此,普通铁芯变压器不能用于高频。

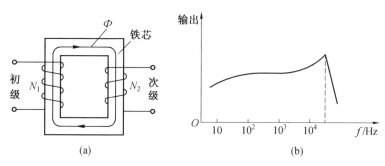

图 4.34　低频变压器及其频率特性示例

为了使变压器工作于高频,并展宽工作频带,可采取以下几项措施:

(1)尽量减小线圈的漏感与分布电容。为此,可将初、次级线圈绕在环形铁氧体做的磁芯上,匝数要少,匝间距离要大(即绕得稀些)。

(2)减小磁芯的功率损耗。可采用高频铁氧体作为磁芯,例如镍锌(NXO 系列)。

(3)为了展宽低频响应,要求初级线圈的电感大。为此,应采用高磁导率磁芯,加大环形磁芯截面积,适当增加匝数。

由以上几条来看,展宽低频响应与改善高频响应之间是有矛盾的。解决矛盾的方法是采用高磁导率(Permeability)磁芯。这样,可以在较少的线圈匝数下,获得较高的励磁电感(满足低频要求),同时漏感与分布电容也小(满足高频要求)。但通常磁导率高的磁芯,它的磁芯功率损耗也大,因此应采用能在高频工作的高磁导率磁芯。例如采用相对磁导率为几十的高频高磁导率铁氧体(Ferrite)磁芯,其频率可自几百千赫兹至几十兆赫兹,波段覆盖系数可达几十到一百。

由于高频变压器仍然用的是变压器原理,因而线圈漏感与分布电容仍然是限制它工作到更高频率的主要因素。为了克服这个困难,必须另找新的途径。

把传输线的原理应用于变压器,就可以提高工作频率的上限,并解决宽带问题。这种变压器是用传输线(例如,两根紧靠的平行线、扭绞线、带状传输线或同轴线等)绕在高磁导率的铁芯磁环上构成,如图 4.35(a)所示为一个 1:1 的传输线变压器构造示意图。磁芯用高频铁氧体磁环,材料为锰锌(MXO)或镍锌(NXO)。频率较高时,以用镍锌材料为宜。磁环直径小的只有几毫米,大的有几十毫米,视功率大小而定。一般 15 W 功率放大器用直径为 10～20 mm 的磁环即可。这种变压器的结构简单、轻便、价廉、频带很宽(可从几百千赫兹至几百兆赫兹),因而在宽带高频功率放大器中获得了广泛的应用。

　　图 4.35(b)是传输线变压器的电路表示形式,图 4.35(c)是用普通变压器表示的电路形式。为了比较,它们的初、次级都有一端接地。图 4.35(b)和 4.35(c)在电路连接上完全相同。由图 4.35(c)可以看出,如果是普通变压器,则负载 1、2 两端可以对地隔离,也可以任意一端接地。但作为传输线变压器,则必须是 1、4(或 2、3)两端同时接地才行。由电源端 1、3 看来的阻抗应等于负载阻抗 R_L(等于传输线的特性阻抗 R_c),但输出电压与输入电压反相,所以它相当于一个 1:1 阻抗反相变压器。

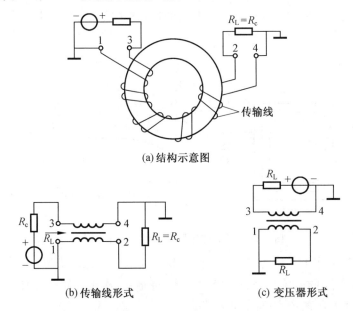

(a) 结构示意图

(b) 传输线形式

(c) 变压器形式

图 4.35　1:1 传输线变压器

　　应该指出,传输线变压器的工作原理既然是传输线原理与变压器原理的结合,那么它的工作也可分为两种方式:一种是按照传输线方式来工作,即在它两个线圈中通过大小相等、方向相反的电流,磁芯中的磁场正好互相抵消。因此,磁芯没有功率损耗,磁芯对传输线的工作没有什么影响。这种工作方式称为传输线模式。另一种是按照变压器方式工作,此时线圈中有激磁电流,并在磁芯中产生公共磁场,有铁芯功率损耗。这种工作方式称为变压器模式。传输线变压器通常同时存在着这两种模式,或者说,传输线变压器正是利用这两种模式来适应不同的功用的。

　　为什么这种变压器具有良好的频率特性呢?这是由它的传输线工作模式所决定的。普通变压器绕组间的分布电容是限制它的工作带宽的主要因素,而在传输线变压器中,绕组间的分布电容则成为传输线特性阻抗的一个组成部分。因而这种变压器可以在很宽的频带

（可达几百兆赫兹）范围内获得良好的响应。这种变压器极适合于作为高频宽带耦合网络之用。

如上所述，传输线变压器存在着两种工作方式：在高频率时，传输线模式起主要作用，此时初次级之间的能量传输主要依靠线圈之间分布电容的耦合作用；在低频率时，变压器模式起主要作用，初次级之间的能量传输主要依靠线圈的磁耦合作用。为了扩展低频响应范围，应该加大初级线圈的电感量，但同时线圈总长度又不能过大（理由详见后面对图 4.38 的讨论），因此采用高频磁芯来解决圈数少，而初级线圈电感量又足够大的问题。

现在讨论一种最常用的 1∶4（或 4∶1）阻抗传输线变压器，它的结构示意图与电路表示形式分别示于图 4.36(a)、图 4.36(b)、图 4.36(c)。图 4.37 表示一典型 1∶4 阻抗变换器的频率特性的实验结果[6]。下降 3 dB 的带宽自 200 kHz 至 715 MHz，可见频带是很宽的。

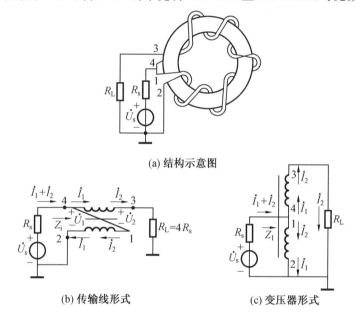

(a) 结构示意图

(b) 传输线形式　　　(c) 变压器形式

图 4.36　1∶4 阻抗变换器

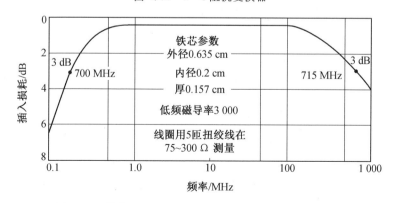

图 4.37　某典型 1∶4 阻抗变换器的频率特性（实验结果）

这种传输线变压器是将绕组看成两根平行的传输线，它可以起一个 1∶4 阻抗变换作用，使 2、3 两端的 $R_L = 4R_s$ 折合到 2、4 两端等于 $R_L/4$，以与电源内阻互相匹配。从图 4.36(b) 与 4.36(c) 的等效电路很容易看出这种阻抗变换关系，这种 1∶4 的阻抗变换关系也可以从 2、4 两端向右方看去的输入阻抗 Z_i 的公式来证明。

参阅图 4.36(b) 所示的电流、电压关系，由传输线的理论可知(假设传输线没有损耗，式中 U、I 均为有效值)

$$\dot{U}_1 = \dot{U}_2 \cos \alpha l + j \dot{I}_2 Z_c \sin \alpha l \tag{4.65}$$

$$\dot{I}_1 = \dot{I}_2 \cos \alpha l + j \frac{\dot{U}_2}{Z_c} \sin \alpha l \tag{4.66}$$

式中　　α—— 传输线的相移常数，rad/m；

　　　　l—— 传输线长度；

　　　　Z_c—— 传输线的特性阻抗。

由图 4.36(b) 显然可知，2、4 端的输入阻抗为

$$Z_i = \frac{\dot{U}_1}{\dot{I}_1 + \dot{I}_2} = \frac{\dot{U}_2 \cos \alpha l + j \dot{I}_2 Z_c \sin \alpha l}{\dot{I}_2 (1 + \cos \alpha l) + j \frac{\dot{U}_2}{Z_c} \sin \alpha l} =$$

$$Z_c \left[\frac{\dfrac{\dot{U}_2}{\dot{I}_2} \cos \alpha l + j Z_c \sin \alpha l}{Z_c (1 + \cos \alpha l) + j \dfrac{\dot{U}_2}{\dot{I}_2} \sin \alpha l} \right] \tag{4.67}$$

另一方面，从负载 R_L 两端看来应有

$$\dot{I}_2 R_L = \dot{U}_1 + \dot{U}_2 = \dot{U}_2 (1 + \cos \alpha l) + j \dot{I}_2 Z_c \sin \alpha l$$

即

$$\frac{\dot{U}_2}{\dot{I}_2} = \frac{R_L - j Z_c \sin \alpha l}{1 + \cos \alpha l} \tag{4.68}$$

将式(4.68)代入式(4.67)并化简，即得

$$Z_i = Z_c \left[\frac{R_L \cos \alpha l + j Z_c \sin \alpha l}{2 Z_c (1 + \cos \alpha l) + j R_L \sin \alpha l} \right] \tag{4.69}$$

当 $\alpha l \to 0$ 时，由上式得 $Z_i = \dfrac{R_L}{4} = R_s$，即此时 Z_i 与电源内阻 R_s 相匹配，传输功率达到最大值。

事实上，由图 4.36(b) 或图 4.36(c)，可以列出回路方程

$$\dot{U}_s = (\dot{I}_1 + \dot{I}_2) R_s + \dot{U}_1 \tag{4.70}$$

$$\dot{U}_s = (\dot{I}_1 + \dot{I}_2) R_s - \dot{U}_2 + \dot{I}_2 R_L \tag{4.71}$$

从式(4.70)、式(4.71)与式(4.65)、式(4.66)诸式中消去了 $\dot{I}_1$、$\dot{U}_1$、$\dot{U}_2$ 值，求出 $\dot{I}_2$ 为

$$\dot{I}_2 = \frac{\dot{U}_s (1 + \cos \alpha l)}{[R_L \cos \alpha l + 2 R_s (1 + \cos \alpha l)] + j \left(\dfrac{R_s R_L + Z_c^2}{Z_c} \right) \sin \alpha l}$$

因此输出功率为

$$P_o = I_2^2 R_L = \frac{\dot{U}_s^2 (1 + \cos \alpha l)^2 R_L}{[R_L \cos \alpha l + 2 R_s (1 + \cos \alpha l)]^2 + j \left(\dfrac{R_s R_L + Z_c^2}{Z_c} \right)^2 \sin^2 \alpha l} \tag{4.72}$$

要想使输出功率达到最大,即达到匹配状态,应满足 $\left.\dfrac{\mathrm{d}P_o}{\mathrm{d}R_L}\right|_{l=0}$ 的条件,于是得到匹配条件为

$$R_L = 4R_s \quad \text{或} \quad R_s = \frac{R_L}{4} \tag{4.73}$$

这一结果与由输入阻抗关系所求出的结果完全相同。因此,这个传输线变压器相当于一个 1:4 阻抗变换器。

应当着重指出,上述阻抗变换结果从形式上来看,也可由图 4.36(c) 变压器电路直接看出来。但变压器形式的电路不能说明插入损耗等问题,这些问题必须用传输线的概念来说明。

从上面的讨论已知,1:4 的传输线变压器两端的阻抗相差 4 倍,那么我们应如何选取传输线的特性阻抗 Z_c 呢?观察式(4.72)可知,只有分母的第二项含有特性阻抗 Z_c。因此,为了使传输功率最大,则最佳的 Z_c 值应该是使分母中的第二项最小。由

$$\frac{\mathrm{d}}{\mathrm{d}Z_c}\left(\frac{R_s R_L + Z_c^2}{Z_c}\right) = 0$$

的条件,求出最佳特性阻抗为

$$Z_c = R_{c(\mathrm{opt})} = \sqrt{R_s R_L} = 2R_s \tag{4.74}$$

这时传输线变压器两端均处于最佳匹配状态。当 $\alpha l \to 0$(即频率不高)时,R_L 上的功率达到极大值。但是随着工作频率的提高,αl 再不能忽略。这时,电流、电压沿传输线传播会产生相位移,因而会减小 R_L 上的输出功率。为了估计此时输出功率的减小程度,常用插入损耗来表示。

插入损耗的定义为

$$\text{插入损耗(dB)} = 10\lg \frac{P_{so}}{P_o}$$

式中　　P_{so}——由信号源 $\dot{U}_s$ 所能供给的最大功率(匹配时),它的值为

$$P_{so} = \frac{\dot{U}_s^2}{4R_s}4$$

P_o 代表 R_L 上实际获得的功率,它由式(4.69)来计算。因此插入损耗可由下式计算:

$$\text{插入损耗(dB)} = 10\lg \frac{P_{so}}{P_o} = 10\lg \frac{\left[R_L\cos\alpha l + 2R_s(1+\cos\alpha l)\right]^2 + j\left(\dfrac{R_s R_L + Z_c^2}{Z_c}\right)^2 \sin^2\alpha l}{4R_s R_L(1+\cos\alpha l)^2}$$

$$\tag{4.75}$$

在 $R_L = 4R_s$(4:1 阻抗变换)情况下,上式化简为

$$\text{插入损耗(dB)} = 10\lg \frac{(1+3\cos\alpha l)^2 + \left(\dfrac{R_s R_L + Z_c^2}{Z_c}\right)\sin^2\alpha l}{4(1+\cos\alpha l)^2} \tag{4.76}$$

在最佳状态 $Z_c = 2R_s$ 时,有

$$\text{插入损耗(dB)} = 10\lg \frac{(1+3\cos\alpha l)^2 + 4\sin^2\alpha l}{4(1+\cos\alpha l)^2} \tag{4.77}$$

根据以上各式即可算出 1:4 阻抗变换器的插入损耗。图 4.38 就是根据式(4.76)算出的、对应各种不同的特性阻抗 Z_c 的插入损耗与传输线长度的关系。由图可以看出,Z_c 越偏

离最佳值 $R_{c(opt)}$，则插入损耗越大。因而应尽可能使 Z_c 值接近 $R_{c(opt)}$ 值。

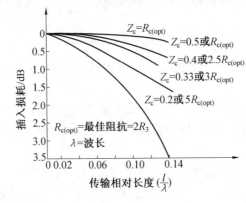

图 4.38 对应不同的 Z_c 值，1∶4 阻抗变换器的插入损耗与传输线长度的关系

上述结论也可以从式(4.69)的输入阻抗 Z_i 与 al 的关系来说明它的物理意义。由该式，当 $al=0$ 时，$Z_i=\dfrac{R_L}{4}=R_s$ 为匹配状态。随着 al 的逐渐增加，Z_i 逐渐偏离匹配值，因而产生插入损耗。当 $l=\dfrac{\lambda}{2}$，即 $al=\dfrac{2\pi}{\lambda}l=\pi$ 时，Z_i 变为无穷大，输出功率下降为零，插入损耗变为无穷大。物理意义是传输线产生了全反射，负载上完全得不到功率。

由上述讨论可知，为了使高频端的响应良好(即插入损耗小)，即传输线处于近似匹配的工作状态，就必须采用尽可能短的绕组，使 al 很小。在大多数情况下，传输线长度取为最短波长的 $\dfrac{1}{8}$ 或更小。但为了保证低频响应良好，除采用高磁导率的磁芯外，还必须有一定的绕组长度，以使初级绕组有足够大的感抗。一般应使这一感抗在最低工作频率比变压器的输入阻抗大 3 倍以上。为此，可用以下的经验公式来估算所需的绕组长度：

在高频端
$$l_{\max} \leqslant \frac{18\,000n}{f_u} \tag{4.78}$$

式中 f_u—— 最高工作频率，MHz；

n—— 常数，一般取为 0.08 左右。

在低频端
$$l_{\min} \geqslant \frac{50R_L}{\left(1+\dfrac{\mu}{\mu_0}\right)f_1} \tag{4.79}$$

式中 f_1—— 最低工作频率，MHz；

μ/μ_0—— 铁芯在 f_1 时的相对磁导率。

【例 4.7】 设计一个工作频率为 $30\sim80$ MHz 的传输线变压器，已知负载阻抗 $R_L=50\ \Omega$，磁芯的相对磁导率 $\dfrac{\mu}{\mu_0}=15$。

解 由式(4.78)得
$$l_{\max} \leqslant \frac{18\,000\times0.08n}{80}\text{cm}=18\ \text{cm}$$

由式(4.79)得
$$l_{\min} \geqslant \frac{50\times50}{(1+15)\times30}\text{cm}\approx5.2\ \text{cm}$$

l 的值可在 $5.2 \sim 18$ cm 之间选取。由此可见,绕组长度值的选取范围是较宽的。

应该说明,传输线变压器的特性阻抗决定于绕组所用导线的粗细、绕制的紧松等。最简单的绕组是用两根绝缘线(漆包线也可以)绕制成的。为了保证线间的耦合良好,常把这两根线扭绞起来,成为扭绞线对来绕制。也可用同轴线或带状传输线来绕制。线径的粗细要视传输线的阻抗与功率大小等而定。例如,采用涂有透明胶的 0.9 mm 松扭绞线对的变换器特性阻抗 $Z_c = 50 \ \Omega$,在工作频率 $2 \sim 100$ MHz、输出功率为 100 W 时,磁芯不饱和。采用导线直径为 0.44 mm 构成的松扭绞线对的变换器,可得特性阻抗为 25 Ω。

利用传输线变压器的宽频带特性,即可构成宽带功率放大器。图 4.39 是这种宽带放大器的典型电路,图中的 T_{r1}、T_{r2} 与 T_{r3} 就是宽带传输线变压器。T_{r1} 与 T_{r2} 串接是为了进行阻抗变换,以使 T_2 的低输入阻抗变换为 T_1 所需的高负载阻抗。为了使放大器的特性良好,每一级都加了电压负反馈电路(T_1 中的 1 800 Ω 与 47 Ω 串联,T_2 中的 1 200 Ω 与 12 Ω 串联)。为了避免寄生耦合,每级的集电极电源都有电容滤波,它们都由大小不同的三个电容组成,分别对不同的频率滤波。其他元件的作用与一般放大器相同。由于没有采用调谐回路,不言而喻,这种放大器应工作于甲类状态。输出级应采用推挽电路,以减小谐波输出。若采用乙类或丙类工作,则必须在它后面加入适当的滤波器,以滤除谐波。

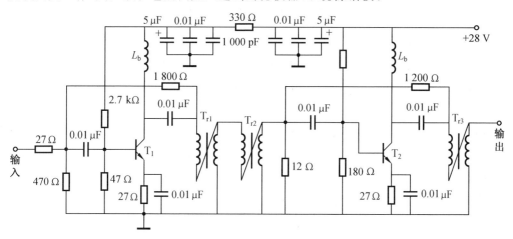

图 4.39 宽频带变压器耦合放大器电路举例

宽带功率放大器的主要缺点是效率低,一般只有 20% 左右。这是为了获得足够带宽所必须付出的代价。

最后应指出,精心制作的高频变压器可以获得 150 kHz 至 30 MHz 的宽带工作范围。由于传输线变压器还适用于功率合成器(Power Combiner),因此这里只讨论了传输线变压器耦合放大器。高频变压器耦合放大器在原理上没有什么独特之处,故不进行讨论。

4.6 功率合成器

4.6.1 功率合成与分配网络应满足的条件

在高频功率放大器中,当需要的输出功率超过单个电子器件所能输出的功率时,可以将几个电子器件的输出功率叠加起来,以获得足够大的输出功率。这就是功率合成技术。

在讨论功率合成器原理之前,为了对功率合成器(Power Combiner)先有一个整体概念,我们举一个实际方框图的例子,如图 4.40 所示。这是一个输出功率为 35 W 的功率合成器方框图示例。图中每一个三角形代表一级功率放大器,每一个菱形则代表功率分配或合成网络。图中第一级放大器将 1 W 输入信号功率放大到 4 W,第二级进一步放大到 11 W。然后在分配网络中将这 11 W 分离成相等的两部分,继续在两组放大器中分别进行放大。又在第二个分配网络中分配,经放大后,再在合成网络中相加。上、下两组相加的结果,最后在负载上获得 35 W 的输出功率。

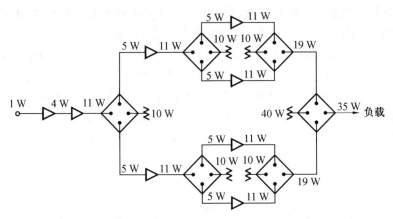

图 4.40　功率合成器方框图示例

图 4.40 中混合网络另一端所画的电阻是作为假负载(Dummy Load)用的,它的作用以后再讨论。

根据同样的组合方法,可再获得另一组 35 W 的输出功率。将两组 35 W 功率在一个合成网络中相加,最后就获得 70 W 的输出功率。依此类推,可以获得更高的功率输出。

由上例可知,功率合成器的关键部分是功率分配与合成网络。那么,应该采取什么样的网络呢?

我们知道,在低频电子线路中,可以采用推挽或并联电路来增加输出功率。同样,高频功率放大器也可以采用推挽或并联电路来增加输出功率。因此,单从增加输出功率这一点来看,并联与推挽电路也可认为是功率合成电路。但是,这两种电路都有不可克服的共同缺点:当一管损坏失效时,会使其他管子的工作状态产生剧烈变化,甚至导致这些管子的损坏。因此,并联和推挽电路不是理想的功率合成电路。那么,一个理想的功率合成电路应该满足哪些条件呢? 概括起来,可以归纳为如下几条:

(1)N 个同类型的放大器,它们的输出振幅相等,每个放大器供给匹配负载以额定功率 P_{so},则 N 个放大器输至负载的总功率为 NP_{so}。这称为功率相加条件。并联和推挽电路能满足这一条件。

(2) 合成器的各单元放大电路彼此隔离,也就是说,任何一个放大单元发生故障时,不影响其他放大单元的工作,这些没有发生故障的放大器照旧向电路输出自己的额定输出功率 P_{so}。这称为相互无关条件,这是功率合成器的最主要条件。并联和推挽电路不能满足这一条件。

要想满足功率合成器的上述条件,关键在于选择合适的混合网络(Hybrid Circuit)。晶体管放大器功率合成所用的混合网络主要是传输线变压器,特别是 1：4 传输线变压器。下面就来讨论用传输线变压器组成的混合网络的原理。

4.6.2　功率合成(或分配)网络原理

利用 1：4 传输线变压器组成的功率合成或分配网络的基本电路如图 4.41(a) 所示。为了便于分析,也可以将它改画成如图 4.41(b) 所示的等效电路。在分析时,应注意以下两点:

(1) 根据传输线的原理,它的两个线圈中对应点所通过的电流必定是大小相等、方向相反的。

(2) 在满足匹配条件,并略去传输线上的损耗时,变压器输入端与输出端电压的振幅也应该是相等的。

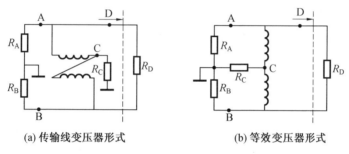

(a) 传输线变压器形式　　　　　　　(b) 等效变压器形式

图 4.41　1：4 传输线变压器组成的网络

为了满足合成(或分配)网络所需要的条件,通常假定功率放大器在线性区工作,因此采用线性网络理论来分析,取 $R_A = R_B = Z_C = R$, $R_C = \dfrac{Z_C}{2} = \dfrac{R}{2}$, $R_D = 2Z_C = 2R$。此处 $Z_C = R$ 为传输线变压器的特性阻抗。现在要证明,C 端与 D 端是互相隔离的,同样,A 端与 B 端也是互相隔离的。

根据网络的对称性,容易看出,如果从 C 端馈入信号,如图 4.42(a) 所示,则 A、B 两端的电位应该是大小相等、相位相同的,因此 D 端无输出。

反之,如果从 D 端馈入信号,如图 4.42(b) 所示,则由网络的对称性,必然有 $I_1 = I_2$, $I = 0$ 即 C 端无输出;A、B 两端则得到大小相等、相位相反的信号。

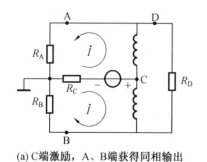
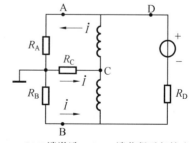

(a) C端激励,A、B端获得同相输出　　　　(b) D端激励,A、B端获得反相输出

图 4.42　C、D 端激励时,混合网络的工作情况

由此可知,C、D 两端互不影响,即它们是互相隔离的。从 C 端馈入信号功率,在 R_A、R_B

上获得同相等功率的信号,即它可以作为同相功率分配网络。从 D 端馈入信号功率,则在 R_A、R_B 上获得反相等功率信号,即它可作为反相功率分配网络。

现在我们来研究从 A、B 两端馈入信号时,这一网络能否满足功率合成条件。

将传输线变压器改绘成如图 4.43 所示的变压器形式电路,如果从 A、B 两端馈以反相激励电压,则由于电路的对称性,必然有 $I'=I''$,通过电阻 $R/2$ 的总电流等于零,即 C 端无输出功率。因此 A、B 两端所输出的功率全部输送到 D 端的电阻 $2R$ 中。此时 D 端的电阻 $2R$ 正好与 A、B 两端的电阻 $R_A+R_B=2R$ 相匹配。

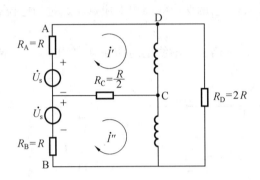

图 4.43 A、B 端反相激励时的工作情况(变压器形式电路)

根据同样方法可以证明,如果在 A、B 两端馈以同相激励电压,则在 $R_C=R/2$ 上获得合成功率,而在 R_D 上则无输出功率。$R_C=R/2$ 正好与等效激励信号内阻相匹配。

当 A 端(或 B 端)单边工作时,则由于 A、B 两端不对称,因此流入 A 点的电流与流出 B 点的电流不再相等。这时电流关系如图 4.44 所示。由图得

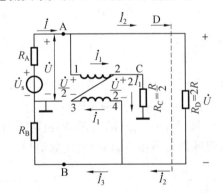

图 4.44 只有 A 端激励时的工作情况

$$\dot{I}=\dot{I}_1+\dot{I}_2 \tag{4.80}$$

$$\dot{I}_2=\dot{I}_1+\dot{I}_3 \tag{4.81}$$

根据变压器模式,R_D 可折合到 1、2 两点之间,其阻抗值为 $R_D/4=R/2$,恰好等于 C 端到地的电阻 $R_C/4=R/2$。这两个电阻串联,将 $\dot{U}$ 等分,因此变压器 1、2(即 1、3)两端间的电压为 $\dot{U}/2$。由传输线原理,3、4 两点间的电压也应等于 $\dot{U}/2$,如图 4.44 所示。C 端到地的电压也应等于 $\dot{U}/2$,即

$$2\dot{I}_1 R_C = \frac{\dot{U}}{2} \tag{4.82}$$

另一方面,从 C 经过 2、4 两端,由 B 到地的电压应为

$$2\dot{I}_1 R_C = \frac{\dot{U}}{2} + \dot{I}_3 R_B \tag{4.83}$$

由于式(4.82)与式(4.83)应相等,因此必有

$$\dot{I}_3 = 0$$

代入式(4.81)即得

$$\dot{I}_2 = \dot{I}_1 = \frac{\dot{I}}{2} \tag{4.84}$$

因此
$$P_A = IU, \quad P_B = 0$$

$$P_C = 2I_1 \cdot \frac{U}{2} = \frac{1}{2}IU = \frac{1}{2}P_A$$

$$P_D = I_2 U = \frac{1}{2}IU = \frac{1}{2}P_A$$

由此可见,A 端功率均匀分配到 C 端和 D 端,B 端无输出。即 A、B 两端互相隔离。

同样可证明,当只有 B 端激励时,它的功率也是平均分配到 C 端与 D 端,A 端无输出。

综合上述可见,A 端与 B 端和 C 端与 D 端都是互相隔离的,因此满足了功率合成的第二条件。

以上讨论可小结如下:

(1) A 端与 B 端和 C 端与 D 端互相隔离的条件是

$$R_A = R_B = 2R_C = \frac{R_D}{2} = R \tag{4.85}$$

此时所需要的传输线变压器特性阻抗可由图 4.44 求出:

$$Z_c = \frac{\dot{U}}{2} \Big/ \dot{I}_1 = \frac{\dot{U}}{2} \Big/ \frac{\dot{I}}{2} = \frac{\dot{U}}{\dot{I}} = R$$

(2)从 A 端与 B 端同时送入反相激励电压,则 D 端得合成功率,C 端无输出。

若从 A 端与 B 端同时送入同相激励电压,则 C 端得合成功率,D 端无输出。

在以上两种情况中,若只有 A(或 B)端有激励,则功率均分到 C 与 D 端,对 B(或 A)端无影响。

(3)若从 C 端送入激励功率,则这功率将均匀分到 A 端与 B 端,且相位相同,D 端则无输出。

若从 D 端送入激励功率,则功率均匀分到 A、B 两端,且相位相反,C 端无输出。

因此,从 A 与 B 同时送入反相(或同相)激励功率,则在 D 端(或 C 端)得到合成功率,C 端(或 D 端)无输出,即起到了功率合成网络的作用。若从 C 端(或 D 端)馈入激励功率,则 A、B 两端得到等量的同相(或反相)功率输出,即起到了功率分配网络的作用。合成与分配网络可统称为混合网络。

上面讨论的混合网络,D 端输出(或输入)信号必须是对地对称的。如果 D 端信号有一端必须接地,就需要再加入一个 1∶1 传输线变压器来完成由不平衡到平衡的转换,如图

4.45所示。图中传输线变压器①的作用和以前一样,仍然是一个1∶4阻抗变换器,起到混合网络的作用;传输线变压器②则为一个1∶1阻抗变换器,起到由不平衡到平衡的转换作用。

将以上的基本网络与适当的放大电路相组合,就可以构成反相(推挽)功率合成器与同相(并联)功率合成器。这就是下面要讨论的问题。

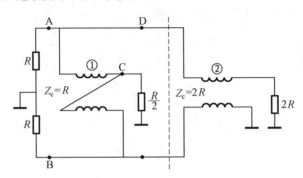

图4.45　D端为不平衡输出时,应加入1∶1传输线变压器②

4.6.3　功率合成电路举例

图4.46是一个反相(推挽)功率合成器的典型电路,它是一个输出功率为75 W、带宽为30～75 MHz的放大电路的一部分。图中T_{r_2}与T_{r_5}为起混合网络作用的1∶4传输线变压器,混合网络各端仍用A、B、C、D来标明;T_{r_1}与T_{r_6}为起平衡 — 不平衡转换作用的1∶1传输线变压器;T_{r_3}与T_{r_4}为4∶1阻抗变换器,它的作用是完成阻抗匹配。各处的阻抗数字已在图中注明。

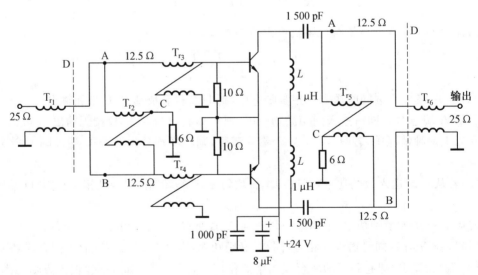

图4.46　反相功率合成器典型电路举例

由图可知,T_{r_2}是功率分配网络,在输入端由D端激励,A、B两端得到反相激励功率,再经4∶1阻抗变换器与晶体管的输入阻抗(约3 Ω)进行匹配。两个晶体管的输出功率是反相的,对于合成网络T_{r_5}来说,A、B端获得反相功率,在D端即获得合成功率输出。在完全匹配时,输入和输出混合网络的 C 端不会有功率损耗。但在匹配不完善和不十分对称的情况下,C 端还是有功率损耗的。C 端连接的电阻(6 Ω)即为吸收这不平衡功率之用,称为假负载电阻,这也就是图 4.40 中所用的假负载电阻。

在完全匹配时,各传输线变压器的特性阻抗应为

T_{r_1} 与 T_{r_6} : $Z_c = 2R = 25$ Ω

T_{r_2} 与 T_{r_5} : $Z_c = R = 12.5$ Ω

T_{r_3} 与 T_{r_4} : $Z_c = \sqrt{R_s R_L} = \sqrt{12.5 \times 3}$ Ω $= 6$ Ω $= \dfrac{R}{2}$

每个晶体管基极到地的 10 Ω 电阻是用来稳定放大器、防止寄生振荡用的,并在晶体管截止期间作为混合网络的负载。

反相功率合成器的优点是:输出没有偶次谐波,输入电阻比单边工作时高,因而引线电感的影响减小。

图 4.47 表示一个典型的同相功率合成电路,图中 T_{r_1} 与 T_{r_6} 起同相隔离混合网络的作用。T_{r_1} 为功率分配网络,它的作用是将 C 端的输入功率平均分配,供给 A 端与 B 端同相激励功率。T_{r_6} 为功率合成网络,它的作用是将晶体管输至 A、B 两端的功率在 C 端合成,供给负载。T_{r_2}、T_{r_3} 与 T_{r_4}、T_{r_5} 分别为 4∶1 与 1∶4 阻抗变换器,它们的作用是完成阻抗匹配,各处的阻抗均已在图中注明。晶体管发射极接入 1.1 Ω 的电阻,用以产生负反馈,以提高晶体管的输入阻抗。各基极串联的 22 Ω 电阻作为提高输入电阻与防止寄生振荡之用。D 端所接的 200 Ω 与 400 Ω 电阻是 T_{r_1} 与 T_{r_6} 的假负载电阻。

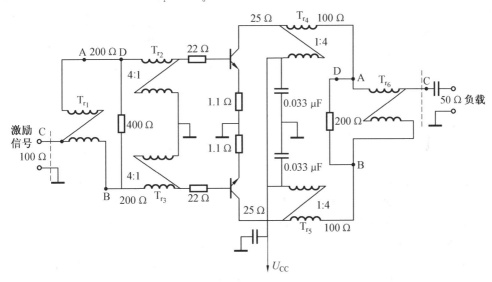

图 4.47　同相功率合成器典型电路举例

在同相功率合成器中,由于偶次谐波在输出端是相加的,因此输出中有偶次谐波存在,这是不如反相功率合成电路的地方(反相功率合成电路中的偶次谐波在输出端互相抵消)。

概括起来可以这样说,掌握图 4.41 所示的混合网络的工作原理后,只要看是 D 端还是 C 端作为输出端,就能容易地判断是反相功率合成电路,还是同相功率合成电路。D 端接输出,则必为反相功率合成电路;C 端接输出,则必为同相功率合成电路。

用传输线变压器所组成的功率合成电路已获得广泛的应用,因为它能较好地解决高效

率、大功率与宽频带等一系列问题。为了滤除功率合成器在非甲类工作时输出中所含有的高次谐波,通常在它后面要加入低通滤波器。

4.7 高频功率放大电路 Multisim 仿真

如图 4.48 所示高频功率放大电路,通过调节 R_{22} 改变偏置电压 U_{bb}(基极电压),确定三极管的静态工作点,该偏置电压的大小决定了三极管工作在甲类、乙类还是丙类等其他状态,通常高频小信号放大电路工作在甲类状态,高频功率放大对信号功率要求高,采用丙类放大电路,波形失真严重,需要调谐回路对信号进行选频输出,即滤波。选频电路的频率主要通过可变电容 C_{14} 进行调节。

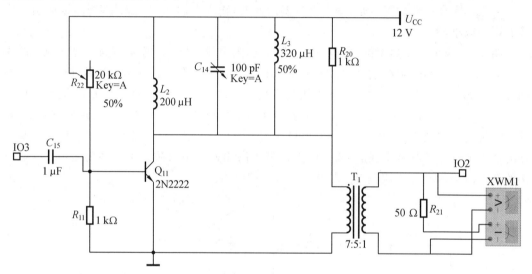

图 4.48　高频功率放大电路

习　　题

4.1　为什么低频功率放大器不能工作于丙类,而高频功率放大器则可工作于丙类?

4.2　提高放大器的效率与功率,应从哪几方面入手?

4.3　丙类放大器为什么一定要用调谐回路作为集电极(阳极)负载?回路为什么一定要调到谐振状态?回路失谐将产生什么结果?

4.4　某一晶体管谐振功率放大器,设已知 $U_{CC} = 24$ V,$I_{C0} = 250$ mA,$P_o = 5$ W,电压利用系数 $\xi = 1$。试求 $P_=$、η_c、R_p、I_{cm1}、电流通角 θ_c(用折线法)。

4.5　在下图中:

(1) 当电源电压为 U_{CC}(图中 C 点)时,动态特性曲线为什么不是从 $u_c = U_{CC}$ 的 C 点画起,而是从 Q 点画起?

(2) 当 θ_c 为多少时,从 C 点画起?

(3) 电流脉冲是从 B 点才开始发生的,在 BQ 这段区间并没有电流,为何此时有电压降 BC 存在?物理意义是什么?

4.6　晶体管放大器工作于临界状态,$\eta_c = 70\%$,$U_{CC} = 12$ V,$U_{cm} = 10.8$ V,回路电流

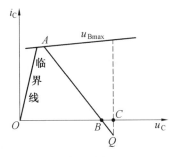

题 4.5 图

$I_k = 2$ A(有效值),回路电阻 $R = 1$ Ω。试求 θ_c 和 P_c。

4.7　晶体管放大器工作于临界状态,$R_p = 200$ Ω,$I_{C0} = 90$ mA,$U_{CC} = 30$ V,$\theta_c = 90°$。试求 P_o 和 θ_c。

4.8　试证谐振功率放大器输出至谐振回路 R_p 的功率恰等于谐振回路电阻 R 所消耗的功率。

4.9　高频大功率晶体管 3DA4 参数为 $f_T = 100$ MHz,$\beta = 20$,集电极最大允许耗散功率 $P_{CM} = 20$ W,饱和临界线跨导 $g_{cr} = 0.8$ A/V,用它做成 2 MHz 的谐振功率放大器,选定 $U_{CC} = 24$ V,$\theta_c = 70°$,$i_{Cmax} = 2.2$ A,并工作于临界状态。试计算 R_p、P_o、P_c、η_c 与 $P_=$。

4.10　有一输出功率为 2 W 的晶体管高频功率放大器,采用图 4.20(b) 的 π 形匹配网络,负载电阻 $R_2 = 200$ Ω,$U_{CC} = 24$ V,$f = 50$ MHz。设 $Q_L = 10$,试求 L_1、C_1、C_2 的值。

4.11　放大器工作于临界状态,根据理想化负载特性曲线,求出 R_p(1) 增加一倍,(2) 减小一半时,P_o 如何变化?

4.12　在图 4.18 所示的电路中,设 $k = 3\%$,$L_1 C_1$ 回路的 $Q = 100$,天线回路的 $Q = 15$。求整个回路的频率。

4.13　已知某晶体管功率放大器,工作频率 $= 100$ MHz,$R_L = 50$ Ω,$P_o = 1$ W,$U_{CC} = 12$ V,饱和压降 $U_{CE(sat)} = 0.5$ V,$C_{b'c} = 40$ pF。试设计一个 π 形匹配网络。

4.14　试证明式(4.51)的计算公式。

4.15　试证明式(4.52)的计算公式。

4.16　在调谐某一晶体管谐振功率放大器时,发现输出功率与集电极效率正常,但所需激励功率过大。如何解决这一问题? 假设为固定偏压。

4.17　试比较下列两种放大器的输出功率与效率:

(1) 输入与输出信号均为正弦波,电流为尖顶余弦脉冲(丙类);

(2) 输入与输出信号均为方波,电流为方波脉冲(丁类);

假定在这两种情况下的电压与电流幅度均相等,负载回路也相同。

4.18　放大器工作于临界状态,采用图 4.18 所示的电路。如发生下列情况之一,则集电极直流电表与天线电流表的读数应如何变化?

(1) 天线断开;(2) 天线接地(短路);(3) 中介回路失谐。

4.19　在图 4.18 所示的电路中,测得 $P_= = 10$ W,$P_c = 3$ W,中介回路损耗功率 $P_k = 1$ W。试求:

(1) 天线回路功率 P_A;(2) 中介回路效率 η_k;(3) 晶体管效率和整个放大器的效率。

4.20　试证明,在图 4.18 所示的电路中,如果初、次级之间的耦合系数为临界值 k_c,则回路效率等于 50%。如果要求回路效率不得小于 90%,问耦合系数应比临界值大多少倍?

4.21　设计一个丁类放大器,要求在 1.8 MHz 时输出 1 000 W 功率至 50 Ω 负载。设

$U_{CE(sat)}=1$ V，$\beta=20$，$U_{CC}=48$ V。采用电流开关型电路。

4.22　设计一个电压开关型丁类放大器，在 $2\sim30$ MHz 波段内向 50 Ω 负载输送 4 W 功率。设 $U_{CC}=36$ V，$U_{CE(sat)}=1$ V，$\beta=15$。

4.23　设计一个戊类放大器，工作频率为 50 MHz，输出 15 W 功率至 50 Ω 负载，$U_{CC}=36$ V，假设 $U_{CE(sat)}=1$ V。

4.24　使用传输线变压器混合网络将 4 个 100 W 的功率放大器合成为 400 W 输出功率，已知负载电阻为 50 Ω。

4.25　试从物理意义上解释，电流通角相同时，倍频器的效率比放大状态的效率低。

4.26　二次倍频器工作于临界状态，$\theta_c=60°$。如激励电压的频率提高一倍，而幅度不变，问负载功率和工作状态将如何变化？

4.27　试证明如图所示的两个相同的传输线变压器所连接的阻抗变换器电路，由 A 点向右看去的阻抗为

$$R_i=9R_L$$

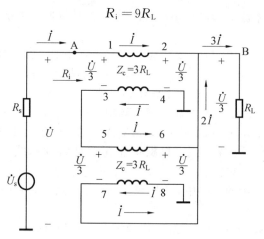

题 4.27 图

4.28　某谐振功率放大器工作于临界状态，功率管用 3DA4，其参数 $f_T=100$ MHz，$\beta=20$，集电极最大耗散功率为 20 W，饱和临界线跨导 $g_{cr}=1$ A/V，转移特性如图 4.3 所示。已知 $U_{CC}=24$ V，$|U_{BB}|=1.45$ V，$U_{BZ}=0.6$ V，$Q_0=10$。求集电极输出功率 P_o 和天线功率 P_A。

4.29　某谐振功率放大器的中介回路与天线回路均已调好，功率管的转移特性如图所示。已知 $|U_{BB}|=1.5$ V，$U_{BZ}=0.6$ V，$\theta_c=70°$，$U_{CC}=24$ V，$\xi=0.9$。中介回路的 $Q_0=100$，$Q_L=10$。试计算集电极输出功率 P_o 和天线功率 P_A。

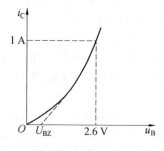

题 4.29 图

第5章

正弦波振荡器

无线通信系统的发射端,需要将待传输的信息转换成电信号加载到高频振荡信号上发射出去,因此需要能够产生高频振荡信号的功能电路,即本章重点介绍的正弦波振荡器。

5.1 概　　述

振荡电路的功能是在没有外加输入信号的条件下,电路自动将直流电源提供的能量转换为具有一定频率、一定波形和一定振幅的交变振荡信号输出。而正弦波振荡器电路的功能是在没有外加输入信号的条件下,电路自动将直流电源提供的能量转换为具有一定频率、一定振幅的波形为正弦波的信号输出。即电路在没有输入信号的条件下,接通 U_{CC} 后,电路输出的信号 $u(t) = U_m \sin(\omega t + \varphi)$ 或 $u(t) = U_m \cos(\omega t + \varphi)$。用频谱表示如图 5.1 所示。

振荡器在通信领域中的应用极广。在无线电通信、广播和电视发射机中,正弦波振荡器用来产生运载信息的载波信号;在超外差接收机中,正弦波振荡器用来产生"本地振荡"信号以便与接收的高频信号进行混频;在测量仪器中,正弦波振荡器作为信号发生器、时间标准、频率标准等。

图 5.1　正弦波振荡器的
功能模块

振荡器的种类很多,按振荡器产生的波形,可分为正弦波振荡器和非正弦波振荡器。按产生振荡的原理,可分为反馈型和负阻型两大类。反馈型是由放大器和具有选频作用的正反馈网络组成。负阻型是由具有负阻特性的二端有源器件与振荡回路组成。

振荡电路的主要技术指标是振荡频率、频率稳定度、振荡幅度和振荡波形等。对于每一个振荡器来说,首要的指标是振荡频率和频率稳定度。对于不同的设备,在频率稳定度上是有不同要求的。

5.2 反馈型 *LC* 振荡电路

5.2.1 反馈型 *LC* 振荡原理

1. 振荡的建立与起振条件

图 5.2 所示电路是一个调谐放大器和一个反馈网络组成的振荡原理电路。设谐振放大器的谐振角频率为 ω_0,并令其谐振电压增益 $\dot{A}$ 为 $L_1 C$ 回路两端的输出电压 $\dot{U}_c$ 和输入电压 $\dot{U}_i$ 的比值,即 $\dot{A} = \dot{U}_c/\dot{U}_i = A e^{j\varphi_A}$。其中,$A$ 为电压增益的模,φ_A 为放大器引入的相移,表示 $\dot{U}_c$

和 $\dot{U}_i$ 的相位差。另外，$\dot{U}_c$ 由 L_1 通过互感 M 耦合到 L_2 上的电压为 $\dot{U}_f$，令 $\dot{F} = \dot{U}_f / \dot{U}_c = F e^{j\varphi_F}$ 称为反馈系数，其中，F 为反馈系数的模，φ_F 为 $\dot{U}_f$ 和 $\dot{U}_c$ 的相位差。因为谐振放大器的功能是对小信号进行放大，当开关 K 合至 1，输入一个角频率 ω_0 的电压信号 $\dot{U}_i$ 时，则

$$\dot{U}_c = \dot{A}\dot{U}_i \tag{5.1}$$

$$\dot{U}_f = \dot{F}\dot{U}_c = \dot{A}\dot{F}\dot{U}_i = AF\dot{U}_i e^{j(\varphi_A + \varphi_F)} \tag{5.2}$$

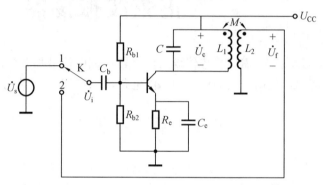

图 5.2　互感耦合 LC 振荡电路

若满足 $AF = 1$，$\varphi_A + \varphi_F = 2n\pi (n = 0, 1, 2, \cdots, n)$ 时，可得 $\dot{U}_f = \dot{U}_i$。再将 K 合至 2，此时放大器与反馈网络就构成了振荡器。即在没有 $\dot{U}_i$ 输入的条件下，放大器仍有输出电压 $\dot{U}_c$。说明放大器的净输入电压是由反馈电压 $\dot{U}_f$ 提供的，此时电路失去放大信号的功能，而称为一个振荡器。可见，振荡器维持振荡的条件是

$$AF = 1 \tag{5.3}$$

$$\varphi_A + \varphi_F = 2n\pi \quad (n = 0, 1, 2, \cdots) \tag{5.4}$$

作为自激振荡器，原始输入电压不可能外加。那么，振荡器的原始输入电压 $\dot{U}_i$ 是怎样提供的呢？在振荡器电路接通电源的瞬间，晶体管的电流将从零跃变到某一数值，集电极电流的跃变在谐振回路中将激起振荡。因为回路具有选频作用，回路两端只建立振荡频率等于回路谐振频率的正弦电压 $\dot{U}_c$，但是这个 $\dot{U}_c$ 往往很小。$\dot{U}_c$ 通过互感耦合得到反馈电压 $\dot{U}_f$，$\dot{U}_f$ 加至晶体三极管的输入端，这就是振荡器的原始输入电压 $\dot{U}_i$。$\dot{U}_i$ 通过放大得到的 $\dot{U}_c$ 与电流跃变产生的 $\dot{U}_c$，$\dot{U}_c$ 数值很小是不可能得到振荡输出电压的。即电路仅仅满足式(5.3) 和式(5.4)的条件是不能构成自激振荡的。

为了得到自激振荡的输出电压，使振荡能建立起来，电路必须满足

$$A_0 F > 1 \tag{5.5}$$

$$\varphi_A + \varphi_F = 2n\pi \quad (n = 0, 1, 2, \cdots) \tag{5.6}$$

其中　A_0——电源接通时的电压增益。

式(5.5)和式(5.6)称为振荡器的起振条件。式(5.5)是起振的振幅条件，式(5.6)是起振的相位条件。

若图 5.2 所示电路满足式(5.5)和式(5.6)，则电路在接通电源的瞬间，晶体三极管的电流从零跃变到某一数值，在 LC 谐振回路上得到的电压 $\dot{U}_c$ 经互感耦合产生 $\dot{U}_f$，这个电压也

就是原始输入激励信号电压 $\dot{U}_i$,这个电压虽然很小,但由于满足 $A_0F>1$,则 $\dot{U}_i$ 经晶体三极管放大在 L_1C 回路两端得到电压 $\dot{U}_c$,通过反馈网络又得到 $\dot{U}_f$,而 $\dot{U}_f>\dot{U}_i$ 经过多次循环,一个与 L_1C 回路自然谐振频率相同的正弦振荡电压即建立起来。

$A_0F>1$ 的物理意义是振荡为增幅振荡。输出信号经放大和反馈后回到输入端的信号比原输入信号要大,即振荡从弱小电压能够经过多次反馈后增大,说明自激振荡能够建立起来。$\varphi_A+\varphi_F=2n\pi(n=0,1,2,\cdots)$ 的物理意义是振荡器闭环相位差为零,即为正反馈。正反馈加增幅振荡就能保证振荡能建立起来。

2. 振荡的平衡与平衡条件

振荡建立起来之后,振荡会不会无限增大呢? 随着反馈回来的输入振幅的不断增大,谐振放大器的放大特性从线性变成非线性。这是因为随着输入振幅的增大,晶体管特性的线性区有限,信号的增大会使工作状态进入非线性区,集电极电流 i_C 从线性不失真到非线性失真。i_C 为失真电流时,发射机电流 i_E 也为失真电流,其中的基波和谐波电流流经旁路电容 C_e,而直流分量 I_{E0} 流经 R_e 会产生附加的直流偏置电压 $I_{E0}R_e$,使放大器的直流静态工作点要向非线性区偏移,进入非线性区。

根据折线分析法可知,集电极电流将变成脉冲状。谐振回路取出的电压是集电极电流的基波分量 I_{c1} 和谐振电路 R_p 的积。这时放大器的电压增益为谐振回路基波电压 U_{c1} 和输入电压 U_i 的比值,即

$$A=\frac{U_{c1}}{U_i}=\frac{I_{c1m}R_p}{U_{im}}=\frac{I_{CM}\alpha_1(\theta_c)R_p}{U_{im}}=g_c(1-\cos\theta_c)\alpha_1(\theta_c)R_p \tag{5.7}$$

起振时的 A_0 是小信号放大,通角 $\theta_c=180°$,故 $A_0=g_cR_p$,即

$$A=A_0(1-\cos\theta_c)\alpha_1(\theta_c)=A_0\gamma(\theta_c) \tag{5.8}$$

当振幅增大进入非线性工作状态后,通角 $\theta_c<180°$,故 A 下降,直到 $\dot{A}\dot{F}=1$ 达到平衡状态。用 $\dot{A}$ 和 $\dot{F}$ 的模和相角表示可得

$$Ae^{j\varphi_A}Fe^{j\varphi_F}=1 \tag{5.9}$$

即

$$AF=1 \tag{5.10}$$

$$\varphi_A+\varphi_F=2n\pi \quad (n=0,1,2,\cdots) \tag{5.11}$$

由式(5.8)和式(5.10)得

$$AF=A_0F\gamma(\theta_c)=1$$

可见,在已知 A_0F 值后,即可确定自激振荡器平衡后的通角 θ_c。例如,当 $A_0F=2$ 时,$u(\theta_c)=0.5,\theta_c=90°$,平衡后的工作状态为乙类;当 $A_0F>2$ 时,$\gamma(\theta_c)<0.5,\theta_c<90°$,平衡后的工作状态为丙类;当 $1<A_0F<2$ 时,$1>\gamma(\theta_c)>0.5,180°>\theta_c>90°$,平衡后的工作状态为甲乙类。也就是振荡器起振后由甲类逐渐向甲乙类、乙类或丙类过渡。最后工作于什么状态完全由 A_0F 值决定。

电压增益 $\dot{A}$ 与晶体管和谐振回路的参数有关。处于平衡状态时,输出电压 $\dot{U}_{c1}=\dot{I}_{c1}\dot{Z}_{p1}$,即 $\dot{A}=\dot{I}_{c1}\dot{Z}_{p1}/\dot{U}_i=\dot{Y}_{fe}\dot{Z}_{p1}$,可得平衡条件的另一表达形式 $\dot{Y}_{fe}\dot{Z}_{p1}F=1$,即

$$Y_{fe}Z_{p1}F=1 \tag{5.12}$$

$$\varphi_Y+\varphi_Z+\varphi_F=2n\pi \quad (n=0,1,2,\cdots) \tag{5.13}$$

式中　　$\dot{Y}_{fe} = Y_{fe} e^{j\varphi_Y}$ —— 晶体管的平均正向传输导纳；

φ_Y —— 集电极基波分量 $\dot{I}_{c1}$ 与基极输入电压 $\dot{U}_i$ 的相位差；

$\dot{Z}_{p1} = Z_{p1} e^{j\varphi_Z}$ —— 谐振回路的基波阻抗；

φ_Z —— $\dot{U}_{c1}$ 与 $\dot{I}_{c1}$ 之间的相位差；

$\dot{F} = F e^{j\varphi_F}$ —— 反馈系数；

φ_F —— $\dot{U}_f$ 与 $\dot{U}_{c1}$ 之间的相位差。

当振荡器的频率较低时，$\dot{U}_i$ 与 $\dot{I}_{c1}$、$\dot{I}_{c1}$ 与 $\dot{U}_{c1}$、$\dot{U}_{c1}$ 与 $\dot{U}_f$ 都可认为是同相的，也就是说 $\varphi_Y + \varphi_Z + \varphi_F = 0$ 满足相位条件。

当振荡器的频率较高时，$\dot{I}_{c1}$ 总是滞后 $\dot{U}_i$，即 $\varphi_Y < 0$。而反馈系数相角 φ_F 也因频率高使 $\varphi_F \neq 0$，即 $\varphi_Y + \varphi_F \neq 0$，若要保持相位平衡条件，只有回路工作于失谐状态以产生一个相角 φ_Z。这样振荡器的实际工作频率不等于回路的固有的谐振频率 f_0，Z_{p1} 也不呈现为纯电阻。

3. 振荡平衡状态的稳定条件

所谓稳定是指因某一外因的变化，振荡的原平衡条件遭到破坏，振荡器能在新的调节下建立新的平衡，当外因去掉后，电路能自动返回原平衡状态。平衡的稳定条件也包含振幅稳定条件和相位稳定条件。

（1）振幅平衡的稳定条件。

图 5.3(a) 所示的是反馈型振荡器的放大器的电压增益 A 与振幅 U_c 的关系。起振时，电压增益为 A_0，随着 U_c 的增大，A 逐渐减小。反馈系数 F 则仅取决于外电路参数，与振幅大小无关。将其特性也画在图中，可见 Q 点满足振幅平衡条件 $AF = 1$。若因某一外因的变化使得反馈系数 F 增大，则变换后 $1/F$ 是减小的，对应的 $AF > 1$ 为增幅振荡，使得平衡点从 Q 点变到 Q_1 点又满足 $AF = 1$，进入新的平衡，结果使得输出电压 U_c 增大。当外因去掉后，反馈系数 F 又恢复到原值，而 Q_1 点对应的 A 值比恢复后的 $1/F$ 要小，即 $AF < 1$，为衰减振荡，工作点由 Q_1 自动返回到 Q 点，又满足 $AF = 1$。振幅恢复到原平衡值。同样，当 F 减小时，平衡点从 Q 点变到 Q_2 点，振荡幅度 U_c 减小。外因去掉后，也会自动从 Q_2 点返回 Q 点。因此 Q 点为稳定平衡点。Q 点是稳定平衡点的原因是 A 随 U_c 变化的特性是负斜率，即

$$\frac{\partial A}{\partial U_c}\bigg|_{U_c = U_{CQ}} < 0 \tag{5.14}$$

并非所有的平衡点都是稳定的，图 5.3(b) 给出了另一振荡器的振荡特性。因为晶体管的静态工作点选择较低，进入截止的非线性区，Y_{fe} 很小，A_0 很小。显然，在 F 较小时，会出现两个平衡点 Q 点和 B 点。Q 点为稳定平衡点，而 B 点不满足式(5.14) 为不稳定点。但反馈系数 F 因某一外因变化而增大时，则 $1/F$ 减小。对应的 B 点的 A 大于变化后的 $1/F$ 为增幅振荡，使振幅增大到新的平衡点 Q_1，达到新的平衡。当外因去掉后，反馈系数 F 返回原值，对应的 $AF < 1$，为衰减振荡，到 Q 点则达到平衡，而不会返回 B 点。同样，若 F 减小，$A < 1/F$，为衰减振荡，振荡直到振幅为零而停振。这种特性必须外加一个较大的激励信号，使振幅超过 B 点，电路才自动进入 Q 点。通常称其为硬激励。对于图 5.3(a) 所示无须外加激励的振荡条件称为软激励。

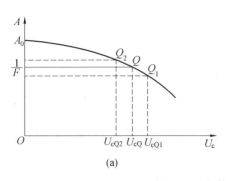
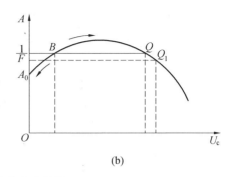

(a)
(b)

图 5.3　自激振荡的振荡特性

（2）相位平衡的稳定条件。

图 5.4 所示是以角频率 ω 为横坐标，φ_Z 为纵坐标，对应某一 Q 值的并联谐振回路的相频特性曲线。根据相位平衡条件

$$\varphi_Z = -(\varphi_Y + \varphi_F) = -\varphi_{YF} \qquad (5.15)$$

为了表示出平衡点，将纵坐标也用与 φ_Z 等值的 $-\varphi_{YF}$ 来标度。由图可知，在振荡频率 ω_c 处相位平衡条件才满足。若因外界某种因素使振荡器的相位发生变化，例如 φ_{YF} 增大到 φ'_{YF}，即产生了一个增量 $\Delta\varphi_{YF}$，从而破坏了原来的工作于 ω_c 时的平衡条件。由于产生正的 $\Delta\varphi_{YF}$，就意味着反馈电压 $\dot{U}_f$ 超前原有输入电压 $\dot{U}_i$ 一个相角。相位超前就意味着周期缩短，如果振荡电压不断地放大、反馈、再放大，如此循环下去，反馈到基极电压相位将一次比一次超前，周期不断缩小，频率不断增加。由于频率的不断增加，并联

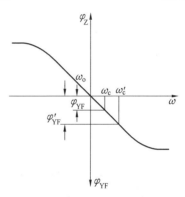

图 5.4　并联回路的相频特性

谐振回路的相移 φ_Z 就会减小，即引入 $-\Delta\varphi_Z$ 的变化。当变化到 $|-\Delta\varphi_Z| = \Delta\varphi_{YF}$ 时，则相位平衡条件达到新的平衡。反之，若外因去掉后，相当于在 φ'_{YF} 基础上引入了一个 $-\Delta\varphi_{YF}$ 变化，调整过程与上述过程相反，则可返回原振荡频率 ω_c 的状态。

这样的调整过程是由并联谐振回路的相频特性的斜率为负决定的，即

$$\frac{\partial\varphi_Z}{\partial\omega} < 0 \qquad (5.16)$$

故相位平衡条件的稳定条件可用式（5.16）来表示。

5.2.2　反馈型 LC 振荡器

反馈型 LC 振荡电路按反馈耦合元件的类型分为互感耦合振荡电路、电容反馈式振荡电路和电感反馈式振荡电路。

1. 互感耦合振荡电路

图 5.5 是最常用的反馈型振荡电路之一。因为它的正反馈信号是通过电感 L_1 和 L_2 之间的互感 M 来耦合，所以通常称为互感耦合振荡器。

因为放大器是共基极放大，为同相放大。要满足正反馈，则要求 e 端和 c 端的极性相

同。其同名端如图 5.5 所示。若 c 端和 e 端的极性相反,则这个电路就根本没有产生振荡的可能。

互感耦合振荡电路除了图 5.5 所示共基调集型外,还可接成图 5.6(a) 所示的共射调集型和图 5.6(b) 所示的共基调射型。这两种电路要满足相位平衡条件,L_1 和 L_2 的同名端必须如图 5.6 所示。这两种由于基极和发射极之间的输入阻抗比较低,为了不过多地影响回路的 Q 值,故在"调基""调射"电路中晶体管与调谐回路的连接采用部分接入。

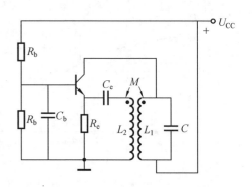

图 5.5　共基调集型互感耦合振荡电路

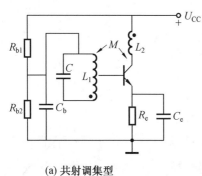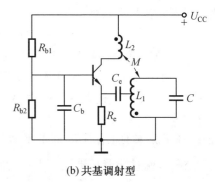

(a) 共射调集型　　　　　　　　　　(b) 共基调射型

图 5.6　互感耦合振荡电路

判断互感耦合振荡器是否可能振荡,通常是以能否满足相位平衡条件,即是否构成正反馈为判断准则。判断方法是采用瞬时极性法。以图 5.5 为例,因为是共基极放大,反馈信号从发射极 e 输入。设反馈输入交流信号电压瞬时对地为高电位,由于同相放大,集电极 c 对地瞬时电压也为高电位,通过互感耦合,L_2 同名端对地也为高电位,再通过耦合电容加至发射极 e,正好与原信号电压同相位,满足正反馈,即有可能产生振荡。若同名端改变,则反馈回来的信号构成负反馈,不可能产生振荡。对于图 5.6 所示电路的判断,读者可以根据瞬时极性法自己练习分析判断。

互感耦合振荡器的振荡频率可近似由调谐回路的 L_1 和 C 决定。例如,图 5.6 所示电路的振荡频率为

$$f_0 \approx \frac{1}{2\pi\sqrt{L_1 C}}$$

2. 电容反馈振荡电路

图 5.7 所示是一电容反馈振荡电路。晶体管的三个极分别连接于回路电容的三端,称为电容三点式振荡器,也称为考比兹(Colpitts) 振荡器。图 5.7(a) 中,R_{b1}、R_{b2}、R_e 为偏置电阻,C_e 为旁路电容,C_b 为耦合隔直电容,L_e 为高频扼流圈。

(1) 相位平衡。

设放大器相移为 $180°$,忽略谐振回路的损耗,可以画出如图 5.7(b) 所示等效电路。现用相图来证明这种电路是符合相位平衡条件的。设输入电压 $\dot{U}_i$,输出电压为电容 C_1 两端电

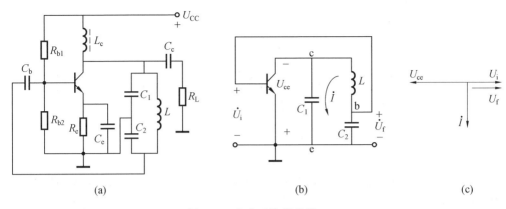

图 5.7　电容反馈振荡器

压 $\dot{U}_{ce}$，其相位与 $\dot{U}_i$ 相差 $180°$，又设谐振回路中电流为 $\dot{I}$，根据流过电容器中的电流超前电压 $90°$，则 $\dot{I}$ 超前 $\dot{U}_{ce}$ 相位 $90°$。同理，$\dot{I}$ 流过 C_2，在 C_2 上建立电压 $\dot{U}_{be}$，滞后 $\dot{I}$ 为 $90°$。反馈电压 $\dot{U}_f = \dot{U}_{be}$ 与 $\dot{U}_{ce}$ 相位相反，与 $\dot{U}_i$ 相位相同，故满足相位平衡条件。

（2）起振条件。

起振时放大器工作于小信号放大状态。根据振幅起振条件应满足 $A_0F > 1$，其中 A_0 为小信号方法状态时的电压增益。图 5.8(a) 是由图 5.7(a) 得来的交流小信号等效电路。因为外部的反馈作用远大于晶体管的内部反馈，故可以忽略晶体管的内部反馈，即 $y_{fe} \approx 0$。而图 5.8(b) 是简化后的等效电路。其中，$C'_1 = C_1 + C_{oe}$，$C'_2 = C_2 + C_{ie}$，而 g'_0 是电感 L 的内电导 g_0 折合到 ce 两端的电导值，即 $g'_0 = p_1^2 g_0$，而 $p_1 = (C'_1 + C'_2)/C'_2$，小信号时的电压增益为

$$A_0 = \frac{\dot{U}_c}{\dot{U}_i} = \frac{|y_{fe}|}{g_\Sigma} \tag{5.17}$$

其中　　$g_\Sigma = g_{oe} + g_L + g'_0 + p^2 g_{ie}$；

　　　　$g_L = 1/R_L$；

　　　　$p = C'_1/C'_2$。

电路的反馈系数 F 为（忽略各个 g 的影响）

$$F = \frac{\dot{U}_f}{\dot{U}_c} = \frac{C'_1}{C'_2} \tag{5.18}$$

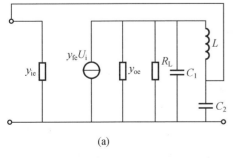

(a)

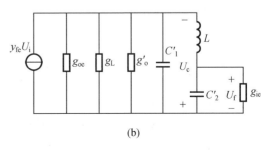

(b)

图 5.8　等效电路

则起振条件 $A_0 F = \dfrac{|y_{fe}|}{g_\Sigma} \cdot \dfrac{C'_1}{C'_2} > 1$，即

$$|y_{fe}| > \frac{C'_2}{C'_1} \cdot g_\Sigma \tag{5.19}$$

式(5.19)为振幅起振条件。为了说明起振的一些关系,可将式(5.19)变换为

$$|y_{fe}| > \frac{1}{F}g_\Sigma = \frac{1}{F}(g_{oe} + g_L + g'_0 + p^2 g_{ie}) =$$

$$\frac{1}{F}(g_{oe} + g_L + g'_0) + F g_{ie} \tag{5.20}$$

由式(5.20)第一项表示输出电导和负载电导对振荡的影响,F 越大,越容易振荡。第二项表示输入电导对振荡的影响,g_{ie} 和 F 越大,越不容易起振。可见,考虑晶体管输入电导对回路的加载作用时,反馈系数 F 并不是越大越容易起振。由式(5.20)还可以看出,在晶体管参数 g_{oe}、g_{ie}、y_{fe} 一定的情况下,可以改变 g_L、F 来保证起振。F 一般选取 $0.1 \sim 0.5$。

(3) 振荡频率。

在忽略 g_{ie} 等的影响时,根据相位平衡条件可得振荡器的振荡频率的近似式为

$$\omega_0 = \frac{1}{\sqrt{LC_\Sigma}} \tag{5.21}$$

其中　　$C_\Sigma = C'_1 C'_2 / (C'_1 + C'_2)$。

如果考虑 g_{ie}、g_{oe}、g_L 等的影响,实际振荡频率 $\omega_c > \omega_0$,只不过差值不大,通常就用 ω_0 近似代替计算。

3. 电感反馈振荡电路

图 5.9 所示是电感反馈振荡电路。因电源 U_{CC} 处于交流地电位,因此发射极对高频来说是与 L_1、L_2 的抽头相连的,反馈取自电感支路,因为晶体管的三个极交流连接于回路电感的三端,称为电感三点式振荡器,也称为哈特莱(Hartley)振荡器。图中,R_1、R_2、R_e 为偏置电路,C_e 为旁路电容,C_c 为耦合隔直电容。

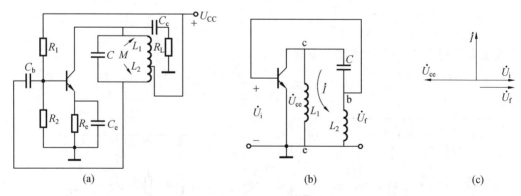

图 5.9　电感反馈振荡电路

(1) 相位平衡条件。

与电容三点式分析相似,忽略谐振回路的损耗,并假设放大器的相移为 $180°$。可以画出如图 5.9(b)、5.9(c)所示等效电路和相图。设输入电压为 $\dot{U}_i$,输出电压为电感 L_1 两端电压

$\dot U_{ce}$，其相位与 $\dot U_i$ 相差 $180°$。设谐振回路中电流为 $\dot I$，根据电流假设方向和电感上电流滞后电压 $90°$，可得 $\dot U_f$ 和 $\dot U_i$ 同相，故满足相位平衡条件。

（2）起振条件。

设在晶体管的 ce 两端接有 R_L，若反馈系数不考虑 g_{ie}、g_{oe}、C_{oe}、C_{ie} 的影响时，可得

$$F = \frac{L_2 + M}{L_1 + M} \tag{5.22}$$

由起振条件 $A_0 F > 1$，同样可得出

$$|y_{fe}| > F g_{ie} + \frac{1}{F}(g_{oe} + g_L + g'_0) \tag{5.23}$$

当线圈绕在封闭磁芯的磁环上时，线圈两部分为紧耦合，反馈系数 F 近似等于两线圈的匝比，即 $F \approx N_2 / N_1$。

（3）振荡频率。

由相位平衡条件，并考虑 g_{ie} 的影响，可以用与电容三点式相同的方法令 $Y_{fe} Z_p F$ 的虚部为零得到振荡频率为

$$\omega = \frac{1}{\sqrt{LC + (g_{oe} + g_L + g'_0) g_{ie}(L_1 L_2 - M^2)}} \tag{5.24}$$

其中　$L = L_1 + L_2 + 2M$。

对于工程计算来说，分母的第二项较小，可近似表示为

$$\omega = \frac{1}{\sqrt{LC}} \tag{5.25}$$

（4）电感三点式与电容三点式振荡电路的比较。

① 振荡频率。

电容三点式振荡电路能够振荡的最高频率通常较高，而电感三点式振荡器的最高振荡频率较低。这是因为在电感反馈振荡器中，晶体管的极间电容是与 L_1、L_2 并联的，当频率高时，极间电容影响加大，可能使支路电抗性质改变，从而不能满足相位平衡条件。而在电容三点式振荡器中，极间电容是与 C_1、C_2 并联的，频率变化时阻抗性质不变，相位平衡条件不会被破坏。

② 振荡电压。

电容三点式振荡器产生的振荡电压波形比电感三点式振荡器产生的波形要好。这是因为在稳定振荡时，晶体管工作于非线性状态，在回路上除了基波电压外还有少量的谐波电压（其大小与回路的 Q 值有关）。因为电容三点式振荡电路的基极和发射极之间接有电容 C_2，它对谐波的阻抗很小，谐波电压小，因而使集电极电流中的谐波分量和回路的谐波电压都较小。电感三点式振荡电路正好相反，基极和发射极之间接有 L_2，谐波电压大，使电感反馈输出的谐波电压较电容反馈为大，输出电压波形较差。

5.2.3　振荡器的频率稳定措施

1. 频率稳定度的定义

振荡器的频率稳定度是振荡器的一个很重要的指标。频率稳定度在数量上通常用频率偏差来表示。频率偏差是指振荡器的实际工作频率和标称频率之间的偏差。它可分为绝对

偏差和相对偏差。设 f 为实际振荡频率，f_c 为指定标称频率，绝对偏差为

$$\Delta f = |f - f_c| \tag{5.26}$$

相对偏差为

$$\frac{\Delta f}{f_c} = \frac{|f - f_c|}{f_c} \tag{5.27}$$

频率稳定度通常定义为一定时间间隔内，振荡器频率的相对偏差的最大值，用 $\Delta f_{max}/f_c|_{时间间隔}$ 表示。这个数值越小，频率稳定度越高。按照时间间隔长短不同，通常可分为下面三种频率稳定度。

① 长期频率稳定度。一般指一天以上以至几个月的时间间隔内的频率相对变化。这种变化通常是由振荡器中元器件老化引起的。

② 短期频率稳定度。一般指一天以内，以小时、分或秒计算的时间间隔内的频率相对变化。产生这种频率不稳的因素有温度、电源电压等。

③ 瞬时频率稳定度。一般指秒或毫秒时间间隔内的频率相对变换。这种频率变化一般都具有随机性质并伴随有相位的随机变化。引起这类频率不稳定的主要因素是振荡器内部噪声。

目前，一般的短波、超短波发射机的相对频率稳定度 $\Delta f/f_c$ 在 $10^{-4} \sim 10^{-5}$ 量级，一些军用、大型发射机及精密仪器的振荡器的相对频率稳定度可达 10^{-8} 量级甚至更高。

2. 振荡器的频率稳定度的表达式

振荡器的振荡频率是由相位平衡条件决定的，根据相位平衡条件

$$\varphi_Y + \varphi_Z + \varphi_F = 0 \tag{5.28}$$

由图 5.4 可知，不同的 φ_{YF} 对应不同的振荡频率 ω_c。当 $\varphi_{YF} = 0$ 时，振荡频率 $\omega_c = \omega_0$；$\varphi_{YF} \neq 0$ 时，$\omega_c = \omega_0 + \Delta\omega$，而 $\Delta\omega$ 是由 φ_{YF} 和并联谐振回路的相频特性决定的。从并联谐振回路的相频特性

$$\varphi_Z = -\arctan 2Q \frac{\Delta\omega}{\omega_0}$$

可得

$$-\arctan 2Q \frac{\Delta\omega}{\omega_0} + \varphi_{YF} = 0$$

$$\tan \varphi_{YF} = 2Q \frac{\Delta\omega}{\omega_0}$$

$$\Delta\omega = \frac{\Delta\omega}{2Q}\tan \varphi_{YF} \tag{5.29}$$

式(5.29)表明，由于 φ_{YF} 的存在，振荡器的振荡频率 ω_c 偏离谐振回路的谐振频率 ω_0 为 $\Delta\omega$，故振荡器的工作频率为

$$\omega_c = \omega_0 + \Delta\omega = \omega_0 \left(1 + \frac{1}{2Q}\tan \varphi_{YF}\right) \tag{5.30}$$

式(5.30)表明，振荡器的振荡频率 ω_c 是 ω_0、φ_{YF} 和 Q 的函数，这三者的变化都将会引起频率不稳。在实际电路中，由于外因的变化引起 φ_{YF}、Q、ω_0 的变化都不大，则实际振荡频率的变化可写成

$$\Delta\omega_c = \frac{\partial \omega_c}{\partial \omega_0}\Delta\omega_0 + \frac{\partial \omega_c}{\partial \varphi_{YF}}\Delta\varphi_{YF} + \frac{\partial \omega_c}{\partial Q}\Delta Q \tag{5.31}$$

由式(5.30)可得

$$\frac{\partial \omega_c}{\partial \omega_0} = 1 + \frac{1}{2Q}\tan \varphi_{YF}$$

$$\frac{\partial \omega_c}{\partial \varphi_{YF}} = \frac{\omega_0}{2Q}\frac{1}{\cos^2 \varphi_{YF}}$$

$$\frac{\partial \omega_c}{\partial Q} = -\frac{\omega_0}{2Q^2}\tan \varphi_{YF}$$

将其代入式(5.31)并考虑到 Q 较大，φ_{YF} 较小，$\frac{1}{2Q}\tan \varphi_{YF} \ll 1$，可得

$$\Delta \omega_c = \Delta \omega_0 + \frac{\omega_0}{2Q}\frac{1}{\cos^2 \varphi_{YF}}\Delta \varphi_{YF} - \frac{\omega_0 \tan \varphi_{YF}}{2Q}\Delta Q$$

$$\frac{\Delta \omega_c}{\omega_0} = \frac{\Delta \omega_0}{\omega_0} + \frac{1}{2Q\cos^2 \varphi_{YF}}\Delta \varphi_{YF} - \frac{\tan \varphi_{YF}}{2Q}\Delta Q$$

考虑到 $\Delta \omega$ 相对 ω_0 较小，则 $\omega_c \approx \omega_0$，代入上式可得

$$\frac{\Delta \omega_c}{\omega_c} \approx \frac{\Delta \omega_c}{\omega_0} = \frac{\Delta \omega_0}{\omega_0} + \frac{1}{2Q\cos^2 \varphi_{YF}}\Delta \varphi_{YF} - \frac{\tan \varphi_{YF}}{2Q}\Delta Q \tag{5.32}$$

式(5.32)是 LC 振荡器频率稳定度的一般表达式。

3. 振荡器的稳频措施

凡是影响 ω_0、φ_{YF}、Q 的外部因素都会引起 $\Delta \omega_c / \omega_c$ 的变化。这些外部因素包括温度变化、电源电压的变化、振荡器负载的变动、机械振动、湿度和气压的变化以及外界电磁场的影响等。它们或者通过对回路元件 L、C 的作用，或者通过对晶体管的工作点及参数的作用，直接或间接地引起频率不稳。因此，振荡器稳频措施有以下几个：

(1) 减小外因的变化。

温度变化可以采用恒温措施，使温度变化尽可能缩小。电源电压变化可以采用稳压电源提高电压稳定度。负载变化可采用射随器以减小负载变化对振荡器的影响。湿度变化时可以采用将电感线圈密封或者固化。机械震动可以采用减震措施。电磁场影响可采用屏蔽措施等。这些措施只能达到减小外因变化的影响。

(2) 提高电路参数抗外因变化的能力。

根据式(5.32)可知，$\Delta \omega_0$ 和 ΔQ 越小，频率稳定度越高，而 $\Delta \omega_0$ 取决于 ΔL 和 ΔC_Σ。因而，可选用正温度系数的电感和负温度系数的回路电容进行温度补偿。另外，减小晶体管极间电容的不稳定量对 ΔC_Σ 的影响，也就是将晶体管的极间电容通过电路的部分接入方式减小 ΔC_Σ。这一点是高稳定度振荡器提高频率稳定度的主要方式。选用高 Q 的电感和参数稳定的电容，能减小外因变化引起的 ΔQ。

(3) 选用 φ_{YF} 小的电路形式。

根据式(5.32)可知，φ_{YF} 越小，频率稳定度越高。因为电容三点式的反馈支路是电容，其 φ_{YF} 比采用电感反馈的电感三点式要小，在高稳定度的振荡器中是选用电容三点式电路形式的。

5.2.4　高稳定度的 LC 振荡器

1. 频率稳定原理

从图 5.10 所示的电容三点式振荡电路的等效电路可知,晶体管的输出电容 C_{oe} 和输入电容 C_{ie},分别与回路电容 C_1、C_2 相并联。这些电容的变化直接影响到振荡频率。因为 C_{oe}、C_{ie} 与工作状态和外界条件有关,当外因引起 C_{ie}、C_{oe} 的变化 ΔC_0 和 ΔC_i 时,将会引起回路总电容发生变化,从而引起振荡频率的变化。

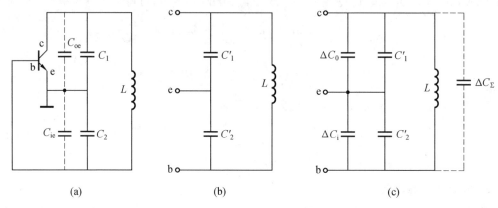

图 5.10　一般电容三点式等效电路

设 C_{oe}、C_{ie} 没变化时,回路总电容 $C_\Sigma = C'_1 C'_2 / (C'_1 + C'_2)$ 对应的振荡频率为

$$f = \frac{1}{2\pi\sqrt{LC_\Sigma}}$$

其中　　$C'_1 = C_1 + C_{oe}$;

$\qquad C'_2 = C_2 + C_{ie}$。

当 C_{oe} 变化 ΔC_0,C_{ie} 变化 ΔC_i 时,总电容的增量为

$$\Delta C_\Sigma = p_1^2 \Delta C_0 + p_2^2 \Delta C_i \tag{5.33}$$

其中

$$p_1 = \frac{C_\Sigma}{C'_1} = \frac{C'_2}{C'_1 + C'} \tag{5.34}$$

$$p_2 = \frac{C_\Sigma}{C'_2} = \frac{C'_1}{C'_1 + C'} \tag{5.35}$$

可得总电容增量相对于总电容的变化量为

$$\frac{\Delta C_\Sigma}{C_\Sigma} = \frac{p_1^2}{C_\Sigma} \Delta C_0 + \frac{p_2^2}{C_\Sigma} \Delta C_i \tag{5.36}$$

从式(5.36)可以看出,要提高频率稳定度必须减小 $\Delta C_\Sigma / C_\Sigma$。在 L、C_Σ、ΔC_0 和 ΔC_i 一定的条件下,应同时减小 p_1 和 p_2。对于一般电容三点式振荡器来说,由式(5.34)和式(5.35)可知,增大 C_1 减小 C_2 可使 p_1 减少,而同时引起 p_2 增大,反之,p_2 减小则 p_1 增大,不可能同时减小 p_1 和 p_2。

可见,一般电容三点式振荡器的频率稳定度不可能太高。要提高频率稳定度,从电路形式上应使电路的 p_1 和 p_2 同时减小。下面介绍的高稳定度振荡器就是根据这一特点设计

的。

2. 克拉泼(Clapp) 振荡电路

图 5.11 所示是克拉泼振荡电路,其特点是在振荡回路中加一个与电感串接的小电容 C_3,并且满足 $C_3 \ll C'_1$,$C_3 \ll C'_2$,由此得回路总电容为

$$C_\Sigma = \frac{C'_1 C'_2 C_3}{C'_1 C'_2 + C'_2 C_3 + C'_1 C_3} \approx C_3$$

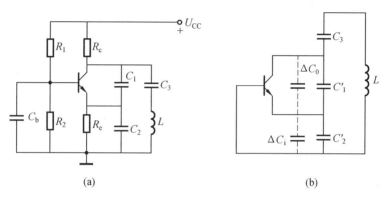

图 5.11　克拉泼振荡电路及等效电路

ΔC_0 和 ΔC_i 等效到 L 两端的总电容增量为

$$\Delta C_\Sigma = p_1^2 \Delta C_0 + p_2^2 \Delta C_i$$

式中　　p_1——ΔC_0 折合到电感 L 两端的接入系数;

　　　　p_2——ΔC_i 折合到电感 L 两端的接入系数。

不稳定电容相对总电容的变化量为

$$\frac{\Delta C_\Sigma}{C_\Sigma} = \frac{p_1^2}{C_\Sigma} \Delta C_0 + \frac{p_2^2}{C_\Sigma} \Delta C_i$$

其中　$p_1 = C_\Sigma / C'_1 \approx C_3 / C'_1$;

　　　$p_2 = C_\Sigma / C'_2 \approx C_3 / C'_2$。

因为 C_3 比 C_1 和 C_2 都小很多,故 p_1、p_2 可以同时减小。再则振荡频率主要决定于 C_3,在电路中 C_1、C_2 可以取得较大,解决了一般电容三点式不能解决的难题。

从提高频率稳定度来看,克拉泼电路由于引进了 C_3,且保证 $C_3 \ll C_1$,$C_3 \ll C_2$,使得不稳定电容的变化对回路电容的影响减小,且 C_1、C_2 可以增大。这是克拉泼电路的优点。但是,由于 C_3 的接入,电感损耗电导 g_0 折合到 c、e 两端的 g'_0 增大,对起振是不利的。这就是说用起振条件要求变得更严来换取频率稳定度提高。

克拉泼电路主要用作固定频率振荡器,因为改变 C_3 可以调节振荡频率,但也会引起 p_1、p_2 变化,对电路是不利的。电路振荡频率的估算可近似用 $f_0 = \dfrac{1}{2\pi\sqrt{LC_\Sigma}}$ 计算。

3. 西勒(Siler) 振荡电路

图 5.12 所示是另一种改进型的电容反馈振荡器,称为西勒振荡器,它可以认为是克拉泼电路的改进电路,它的主要特点就是与电感 L 并联一可变电容 C_4。这种电路保持了克拉泼电路中晶体管与回路耦合弱的特点,频率稳定度高。因为 C_4 改变振荡频率,且接入系数

p_1、p_2 不受 C_4 的影响,所以在整个波段中振荡振幅比较平稳。这两点使西勒电路能在较宽范围内调节频率,在实际运用中较多采用这种电路。

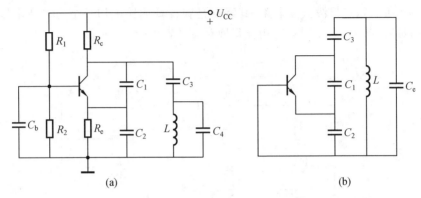

图 5.12　西勒振荡电路及等效电路

$$f = \frac{1}{2\pi\sqrt{LC_\Sigma}}$$

其中

$$C_\Sigma = \frac{C'_1 C'_2 C_3}{C'_1 C'_2 + C'_2 C_3 + C'_1 C_3} + C_4$$

5.3　晶体振荡电路

克拉泼和西勒电路的频率稳定度较高是因为接入电容 C_3。由于回路电感的 Q 值不可能做得很高,因为限制了 C_3 的进一步减小,其频率稳定度只能达 10^{-4} 量级。对于稳定度要求更高的振荡器必然要进一步减小 C_3 到很小,同时要将电感的 Q 值提高到很高。石英晶体振荡器是采用石英谐振器作为振荡回路元件的电路。因为石英谐振器具有极高的 Q 值和良好的稳定性,它具有很高的频率稳定度,一般在 $10^{-6} \sim 10^{-11}$ 量级范围内。

5.3.1　石英晶体的等效电路

石英晶体的特点是具有压电效应。所谓压电效应,就是当晶片受某一方向的机械力(如压力和张力),就会在晶片的两个面上产生异号电荷,这称为正压电效应。当在这两个面上施加电压时,晶体又会发生形变,称为逆压电效应。这两种效应是同时产生的。因此若在晶片两端加上交变电压,晶体就产生周期振动,同时由于电荷的周期变化,又会有交流电流流过晶体。不同型号的晶体,具有不同的机械自然谐振频率。当外加电信号频率等于晶体固有的机械谐振频率时,晶体的振动幅度最强,感应的电压也最大,表现出电谐振。

图 5.13 所示是石英谐振器的电路符号及等效电路,图中 L_q、C_q、r_q 分别表示晶体的动态电感、动态电容和动态电阻,电容 C_o 称为晶体的静态电容。晶体的动态电感一般可从几十毫亨到几亨甚至几百亨;动态电容很小,一般在 10^{-3} pF 量级;动态电阻很小,一般几欧至几百欧;品质因数在 $10^5 \sim 10^6$ 量级;静态电容 C_o 为 $2 \sim 5$ pF。

根据电抗定理,等效电路必然有两个谐振频率,一个是串联谐振频率 ω_q,另一个是并联谐振频率 ω_p,而且 $\omega_q < \omega_p$,它的表达式为

$$\omega_q = \frac{1}{\sqrt{L_q C_q}} \qquad (5.37)$$

$$\omega_p = \frac{1}{\sqrt{L_q \dfrac{C_q C_o}{C_q + C_o}}} \qquad (5.38)$$

因为 $C_o \gg C_q$，利用二项式展开，并忽略高次项，可得

$$\omega_p = \omega_q \sqrt{1 + \frac{C_q}{C_o}} \approx \omega_q \left(1 + \frac{C_q}{2C_o}\right) \qquad (5.39)$$

由式 (5.39) 可见，ω_p 比 ω_q 稍大，$\omega_p - \omega_q = \omega_q C_q / 2C_o$ 很小。

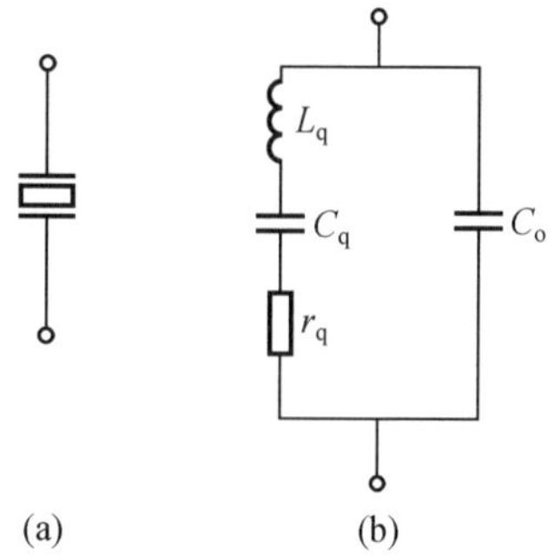

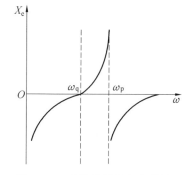

图 5.13　晶体的电路符号和等效电路

5.3.2　石英谐振器的阻抗特性

由图 5.13(b) 等效电路可得，石英谐振器等效电路的总阻抗为

$$Z_e = \frac{r_q + j\left(\omega L_q - \dfrac{1}{\omega C_q}\right)}{r_q + j\left(\omega L_q - \dfrac{1}{\omega C_q} - \dfrac{1}{\omega C_o}\right)} \cdot \frac{1}{j\omega C_o} = R_e + jX_e \qquad (5.40)$$

当 r_q 可以忽略时，上式可近似为

$$Z_e = -j\frac{1}{\omega C_o} \cdot \frac{\omega L_q - \dfrac{1}{\omega C_q}}{\omega L_q - \dfrac{1}{\omega C_q} - \dfrac{1}{\omega C_o}} =$$

$$-j\frac{1}{\omega C_o} \cdot \frac{1 - \dfrac{\omega_q^2}{\omega^2}}{1 - \dfrac{\omega_p^2}{\omega^2}} = jX_e \qquad (5.41)$$

根据式 (5.41)，可以画出晶体的阻抗频率特性曲线如图 5.14 所示。由图可以看出，当 $\omega < \omega_q$ 和 $\omega > \omega_p$ 时，$X_e < 0$，负电抗的物理意义是在该频率范围内晶体等效为电容；当 $\omega_q < \omega < \omega_p$ 时，$X_e > 0$，晶体等效为电感；当 $\omega = \omega_q$ 时，$X_e = 0$，晶体为串联谐振，相当于短路；当 $\omega = \omega_p$ 时，$X_e \to \infty$，晶体为并联谐振。

5.3.3　晶体振荡电路

晶体振荡电路可分为两大类：一种是晶体工作在它的串联谐振频率上，作为高 Q 的串联谐振元件串接于正反馈支路中，称为串联型晶体振荡器；另一种是晶体工作在串联和并联谐振频率之间，作为高 Q 的等效电感元件接在振荡电路中，称为并联型晶体振荡器。

（1）并联型晶体振荡器。

并联型晶体振荡器的工作原理和一般三点式 LC 振荡器相同，只将其中的一个电感元

图 5.14　晶体的阻抗频率特性

件用晶体置换,通常将晶体接在晶体三极管的 b－c 或 b－e 之间,如图 5.15 所示,分别称为皮尔斯晶体振荡器和密勒晶体振荡器。

图 5.16(a) 所示是典型的并联谐振型晶体振荡电路。晶体管的基极对高频接地,晶体接在集电极和基极之间。只有当振荡器工作频率 ω 在晶体串联谐振频率与并联谐振频率之间时,晶体才呈现感性。C_1 和 C_2 为回路的另外两个电抗元件。振荡回路的等效电路如图 5.16(b) 所示。由图可知,只要将石英晶体等效为电感,就是电容三点式振荡电路。

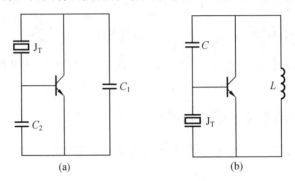

图 5.15　并联型晶体振荡器的两种基本类型

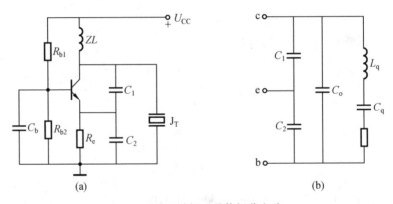

图 5.16　并联谐振型晶体振荡电路

电路的振荡角频率 $\omega_0 = 1/\sqrt{L_q C_\Sigma}$,若令 $C_L = C_1 C_2/(C_1 + C_2)$ 称为负载电容,则

$$C_\Sigma = \frac{(C_o + C_L) C_q}{C_o + C_L + C_q}$$

故

$$\omega_0 = \frac{1}{\sqrt{L_q \dfrac{(C_o + C_L) C_q}{C_o + C_L + C_q}}} = \omega_q \sqrt{1 + \frac{C_q}{C_o + C_L}}$$

因为 $C_q/C_o + C_L \ll 1$,将上式展开为二项式

$$\omega_0 \approx \omega_q \left(1 + \frac{C_q}{2(C_o + C_L)}\right) \tag{5.42}$$

式(5.42)表明电路振荡频率与石英晶体的串联谐振频率以及负载电容 C_L 有关。而振荡频率的稳定性主要取决于晶体串联谐振频率的稳定性,外电路元件对晶体振荡回路的耦合极弱,因此晶体振荡器回路有很高的标准性。由图 5.16(b) 可知,晶体管不稳定的极间电

容对振荡回路的接入系数为

$$p_1 = \frac{C_2}{C_1 + C_2} \cdot \frac{C_q}{C_o + C_L + C_q} \tag{5.43}$$

$$p_2 = \frac{C_1}{C_1 + C_2} \cdot \frac{C_q}{C_o + C_L + C_q} \tag{5.44}$$

$$\Delta C_\Sigma = p_1^2 \Delta C_o + p_2^2 \Delta C_i \tag{5.45}$$

由上面三个式子可见,耦合极弱,不稳定电容影响极小,故频率稳定度高。

图 5.17(a) 所示是典型的 b－c 型电路,晶体等效为电感,其交流等效电路示于图 5.17(b)。由图可知,它与克拉泼电路的形式完全类似。图中,C_t 表示 C_3 与 C_T 之和,它的作用是通过 C_T 微调晶体振荡器的振荡频率,同时也进一步减弱振荡管与晶体的耦合。

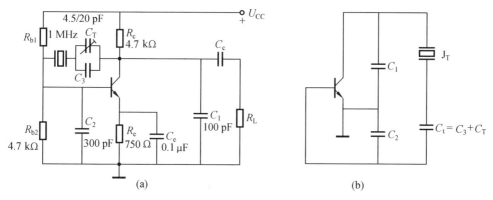

图 5.17　实用皮尔斯晶体振荡电路

（2）串联型晶体振荡器。

串联型晶体振荡的特点是,晶体工作在串联谐振频率上并作为短路元件串接在三点式振荡电路的反馈支路中。图 5.18 所示为实用 5 MHz 串联型晶体振荡电路及其等效电路。电路的谐振回路的谐振频率应该等于晶体的串联谐振频率。在此频率相当于短路,振荡电路满足相位平衡条件。其稳频原理是利用振荡频率偏离串联谐振频率时,晶体不再等效为短路而是等效为电容(频率偏低)或等效为电感(频率偏高),这样在反馈支路中就要引入一个附加相移,从而将偏离频率调整到串联谐振频率上,确保有较高的频率稳定度。

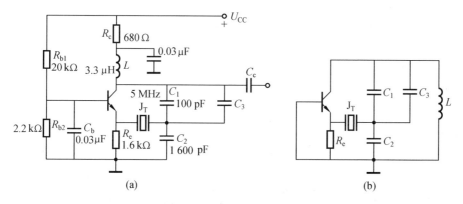

图 5.18　串联型晶体振荡电路

（3）泛音晶体振荡器。

在工作频率较高的晶体振荡器中，多采用泛音晶体振荡器。泛音晶体振荡器与基频晶体振荡器在电路上有很大的不同。在泛音晶体振荡器中，一方面要确保振荡器的谐振回路准确地调谐在所需的奇次泛音频率上，另一方面必须有效地抑制可能在基频或低次泛音上产生的振荡。为了达到这一目的，在三点式振荡电路中，常用并联谐振回路来代替反馈支路中的某一元件，以保证只在要求的奇次泛音上满足相位平衡条件，在基频和低次泛音上则不满足相位平衡条件。例如，要求振荡频率为五次泛音，则电路的谐振回路的谐振频率为五次泛音频率，而采用一并联谐振回路取代电容三点式振荡器的反馈支路中的 C_1，并联回路的谐振频率选在低于五次泛音频率、高于三次泛音频率上。这样对五次泛音频率并联回路等效为电容，满足相位平衡条件。而对于三次泛音频率和基频等效为电感，不满足相位平衡条件，不能振荡。

5.4　压控振荡器

5.4.1　振荡原理

一般来说振荡电路振荡频率的改变需要调节振荡回路的元件数值。例如 LC 振荡器需要采用手动的方式改变振荡回路的 L 或 C 值来实现。但是在许多设备中，希望能实现自动调节振荡器的振荡频率。压控振荡器就能适应自动调节频率的需要。所谓压控振荡器是振荡器的振荡频率随外加控制电压变化而变化，通常用 VCO(Voltage-Controlled Oscillator) 表示。

构成压控振荡的方法一般可分为两类。一类是改变 LC 振荡器的振荡回路元件 L 或 C 的值实现频率控制。目前应用最多的是改变变容二极管的反向电压值实现频率控制。这种振荡电路大多是正弦波振荡器，在第 8 章中介绍的变容二极管直接调频电路就是典型的压控振荡器。另一类是改变高频多谐振荡器中的电容充放电的电流实现频率控制，这种振荡电路是输出方波。随着集成电路技术的不断发展，有许多集成压控振荡器的成品可供选用，它们不仅性能好，而且将外界电路减到很少，使用非常方便。因而压控振荡器基本上可以选用单片集成振荡电路来构成。输出为正弦波的 LC 振荡器大多用变容二极管实现回路调频，而输出为方波的集成压控振荡器可以全部集成不需外加元件，直接用控制电压实现控制。

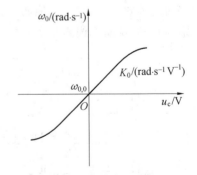

图 5.19　压控振荡器的控制特性

压控振荡器特性用输出角频率 ω_0 与输入控制电压 u_c 之间的关系曲线（图 5.19）来表示。图中，u_c 为零时的角频率 $\omega_{0,0}$ 称为自由振荡角频率；曲线在 $\omega_{0,0}$ 处的斜率 K_0 称为控制灵敏度。在通信或测量仪器中，输入控制电压是欲传输或欲测量的信号（调制信号）。人们通常把压控振荡器称为调频器，用以产生调频信号。在自动频率控制环路和锁相环环路中，输入控制电压是误差信号电压，压控振荡器是环路中的一个受控部件。

压控振荡器的类型有 *LC* 压控振荡器、*RC* 压控振荡器和晶体压控振荡器。对压控振荡器的技术要求主要有:频率稳定度好,控制灵敏度高,调频范围宽,频偏与控制电压呈线性关系并易于集成等。晶体压控振荡器的频率稳定度高,但调频范围窄,*RC* 压控振荡器的频率稳定度低而调频范围宽(在单片集成电路中常用),*LC* 压控振荡器居二者之间。

5.4.2　*LC* 压控振荡器

在任何一种 *LC* 振荡器中,将压控可变电抗元件插入振荡回路就可形成 *LC* 压控振荡器。早期的压控可变电抗元件是电抗管,后来大都使用变容二极管。图 5.20 是克拉泼型 *LC* 压控振荡器的原理电路。图中,T 为晶体管,*L* 为回路电感,C_1、C_2、C_v 为回路电容,C_v 为变容二极管反向偏置时呈现出的容量;C_1、C_2 通常比 C_v 大得多。当输入控制电压 u_c 改变时,C_v 随之变化,因而改变振荡频率。这种压控振荡器的输出频率与输入控制电压之间的关系为

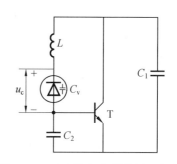

图 5.20　*LC* 压控振荡器的原理电路

$$\omega_0 \approx \frac{1}{\sqrt{LC_0}}\left(1 + \frac{u_c}{\varphi}\right)^{\gamma/2}$$

式中　C_0—— 零反向偏压时变容二极管的电容量;

　　　　φ　—— 变容二极管的结电压;

　　　　γ——结电容变化指数。

为了得到线性控制特性,可以采取各种补偿措施。

5.4.3　晶体压控振荡器

在用石英晶体稳频的振荡器中,把变容二极管和石英晶体相串接,就可形成晶体压控振荡器。为了扩大调频范围,石英晶体可用 AT 切割和取用其基频率的石英晶体,在电路上还可采用展宽调频范围的变换网络。

在微波频段,用反射极电压控制频率的反射速调管振荡器和用阳极电压控制频率的磁控管振荡器等也都属于压控振荡器的性质。压控振荡器的应用范围很广,集成化是重要的发展方向。石英晶体压控振荡器中频率稳定度和调频范围之间的矛盾也有待于解决。随着深空通信的发展,将需要内部噪声电平极低的压控振荡器。

5.4.4　VCO 作用和应用电路

压控振荡器常被用在信号发生器、电子音乐中用来制造锁相回路、通信设备中的频率合成器及变换声调等,其作用主要包括两个方面:

(1)利用压控振荡器来控制频率。

高频压控振荡器的电压控制频率部分,通常是用变容二极管 *C* 与电感 *L* 所构成的 *LC* 谐振电路。提高变容二极管的逆向偏压,二极管内的空泛区会加大,两导体面的距离一变长,电容就降低了,此 *LC* 电路的谐振频率就会被提高。反之,降低逆向偏压时,二极管内的电容变大,频率就会降低。

而低频压控振荡器则依照不同频率而选择不同的方法,例如以改变对电容的充电速率为手段来得到一个电压控制的电流源。

(2)电压控制的晶振器。

压控石英振荡器(Voltage-Controlled Crystal Oscillator,VCXO)通常被使用在下列场合:当频率需要在小范围内调整时,当正确的频率或相位对于振荡器而言是十分重要时,利用不同电压来当作控制源的振荡器,用来分散在某个频率范围内的干扰使该频段不受到太大的影响。压控石英振荡器的典型频率变化在数十个百万分之一之间,这是因为高品质系数的石英振荡器只会产生少量的频率范围位移。

当射频电路发射电波时会有热量产生而发生频率漂移,而使得温度补偿压控石英振荡器(Temperature-Compensated VCXO,TCVCXO)被广泛使用,因为 TCVCXO 不会受到温度的影响而改变其压电特性。

下面对 VCO 的应用电路举例说明。某彩色电视接收机 VHF 调谐器中第 6~12 频段的本振电路如图 5.21 所示,电路中控制电压 U_c 为 0.5~30 V,改变这个电压,就使变容管的结电容发生变化,从而获得频率的变化。由图 5.21 可见,这是一典型的西勒振荡电路,振荡管呈共集电极组态,振荡频率为 170~220 MHz,这种通过改变直流电压来实现频率调节的方法,通常称为电调谐,它与机械调谐相比有很大的优越性。

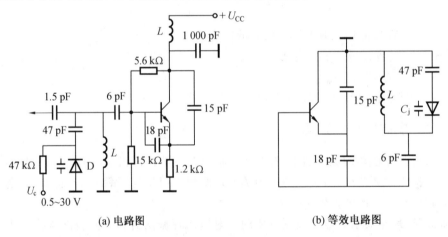

(a) 电路图 (b) 等效电路图

图 5.21 VCO 的应用电路

5.5 负阻振荡器

负阻振荡器是利用负阻器件与 LC 谐振回路共同构成的一种正弦波振荡器,主要工作在 100 MHz 以上的超高频段。最早应用的负阻振荡器是隧道二极管振荡器。20 世纪 60 年代中期以后,陆续出现了许多新型的微波半导体负阻器件,其振荡频率范围已扩展到几十吉赫兹以上。因为负阻振荡器主要用于超高频及微波波段,振荡回路多为分布参量的腔体、带状线,这是属于微波电子线路研究的范围。本节只介绍负阻的概念和负阻振荡器的基本工作原理,不对具体实用电路进行分析。

5.5.1 负阻的概念

负阻器件是指它的增量电阻为负值的器件。以隧道二极管为例，它的伏安特性如图 5.22 所示。若将静态工作点设置在负阻区(AB 段)，并加上微弱正弦电压 $u = U_m \sin \omega t$，即管子两端电压为

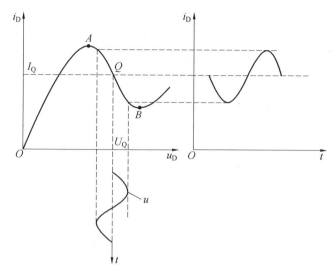

图 5.22 　 隧道二极管特性

$$u_D = U_Q + u = U_Q + U_m \sin \omega t \tag{5.46}$$

则通过管子的电流为

$$i_D = I_Q + i = I_Q - I_m \sin \omega t \tag{5.47}$$

式中的"负号"表明，由于负阻特性，使交流电流与所加交流电压呈现反相。

因此，器件所消耗的平均功率为

$$P = \frac{1}{2\pi} \int_0^{2\pi} u_D i_D d(\omega t) = U_Q I_Q - \frac{1}{2} U_m I_m \tag{5.48}$$

由式(5.48)可以看出，器件所消耗的功率由两部分组成。第一部分是器件的工作点选在 Q 点时所消耗的直流功率 $U_Q I_Q$，这部分功率是由直流电源提供的；第二部分交流功率为 $-1/2 U_m I_m$，负号表明器件消耗的是负交流功率，即器件是向外输出交流功率。这说明负阻器件的负阻区具有将有直流功率的一部分转换为交流功率的作用。因此，可以利用负阻区的这一作用构成负阻振荡器。

根据负阻器件伏安特性的不同，可以把负阻器件分为两大类，即电压控制型负阻器件和电流控制型负阻器件。电压控制型负阻器件的伏安特性如图 5.22 所示。其特点是，电流 i 是电压 u 的单值函数，对于任一电压值 u，只有一个对应的电流值 i。在负阻区(AB 段)，电压增大，电流减小，能将直流电能转换成交流电能。隧道二极管属于电压控制型负阻器件。电流控制型负阻器件的伏安特性可认为是将电压控制型负阻器件的伏安特性的横坐标 u 改为 i，纵坐标 i 改为 u。其特点是电压 u 是电流 i 的单值函数，对于任意电流值 i，只有一个对应的电压值。在负阻区，电流增大，电压减小，能将直流电能转换为交流电能。单结型晶体管属于电流控制型负阻器件。

5.5.2 负阻振荡原理

1. 负阻振荡器的组成条件

负阻振荡器的组成一般有以下几个条件：

(1) 负阻振荡器一般由负阻器件和 LC 选频网络两部分组成。

(2) 建立合适的静态工作点，使负阻器件工作于负阻特性区域内。对于电压控制型负阻器件应该用低内阻的直流电压源(恒压源)来供电，而电源的内阻应远小于负阻器件的直流等效电阻。对于电流控制型负阻器件应该用高内阻的直流电流源(恒流源)来供电，而且电源内阻应比负阻器件的等效直流电阻要大。

(3) 负阻器件应和 LC 振荡回路正确连接。电压控制型负阻器件应与并联谐振回路相连接，电流控制型负阻器件应与串联谐振回路相连接。

(4) 电压控制型负阻振荡器，负阻器件与谐振回路以并联方式连接。设回路谐振电阻为 R_p，负阻器件的负阻为 $-r_d$。显然，$r_d < R_p$ 时为增幅振荡。$r_d = R_p$ 时为等幅振荡。$r_d > R_p$ 时为衰减振荡。其起振条件是 $r_d < R_p$，平衡条件是 $r_d = R_p$。而电流控制型负阻振荡器，负阻器件与谐振回路串联形式连接。设串联谐振回路总损耗电阻为 r，负阻器件的负阻为 $-r_d$。显然，$r_d > r$ 时为增幅振荡，$r_d = r$ 时为等幅振荡，$r_d < r$ 时为衰减振荡。其起振条件是 $r_d > r$，平衡条件是 $r_d = r$。

2. 负阻振荡电路

图 5.23 所示是电压控制型负阻振荡器。负阻器件为隧道二极管。R_1 为电流降压电阻，R_2 的阻值很小，用以降低直流电源 U 的等效内阻。电容 C_1 对交流呈现短路。这样一来，隧道二极管就获得了低内阻的直流电源供电，对交流来说，它与 LC 振荡回路是并联的。LC 谐振回路的谐振电阻为 R_p。隧道二极管的等效电路是电容 C_d 与 $-r_d$ 的并联电路。图 5.23(b) 是负阻振荡器的等效电路。

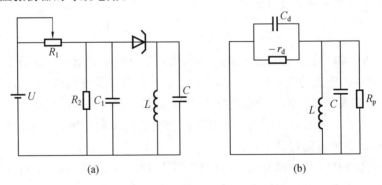

(a)   (b)

图 5.23　电压控制型负阻振荡器

从等效电路中可看出，振荡频率为

$$\omega_0 = \frac{1}{\sqrt{L(C_d + C)}} \tag{5.49}$$

显然，电路的起振条件为 $r_d < R_p$。平衡条件为 $r_d = R_p$。

从图 5.23 知，在静态工作点 Q 处，伏安特性负斜率较大，即器件有较小的负电阻值。随着信号幅度的加大，负电阻的绝对值也在加大，特别是在负阻区两端的弯曲部分，负阻增加得很快。也就是电路满足起振条件 $r_d < R_p$ 后,振荡幅度越来越大,负电阻的绝对值增大到 $r_d = R_p$ 时,电路达到等幅振荡。

5.6　集成振荡电路

5.6.1　集成晶体振荡器模块

首先介绍一下 Maxim 公司的晶体振荡模块,其分为几类:温度补偿晶体振荡器 (TCXO),压控晶体振荡器(VCXO)和晶体振荡器(XO)。下面主要针对晶体振荡器进行阐述。

表 5.1 是典型的晶体振荡器型号和指标描述,可以根据应用所需的频率、频率输出类型、频率稳定度、供应电压、封装、运行温度等指标来选择合适型号的晶体振荡器。

表 5.1　典型的晶体振荡器

型号	描述	频率	频率输出类型	频率稳定度($-40 \sim$ $+85$ ℃) $/(\pm 10^{-6}/\text{yr})$	供应电压 /V	封装/ 管脚	运行温度 /℃
DS4125	DS4－X0 系列晶振	125 MHz	LVDS LVPECL	35	3.3 ±5%	LCCC/10	$-40\sim+85$
DS4150	DS4－X0 系列晶振	150 MHz	LVDS LVPECL	35	3.3 ±5%	LCCC/10	$-40\sim+85$
DS4155	DS4－X0 系列晶振	155.52 MHz	LVDS LVPECL	35	3.3 ±5%	LCCC/10	$-40\sim+85$
DS4160	DS4－X0 系列晶振	160 MHz	LVDS LVPECL	35	3.3 ±5%	LCCC/10	$-40\sim+85$
DS4622	DS4－X0 系列晶振	622.08 MHz	LVDS LVPECL	35	3.3 ±5%	LCCC/10	$-40\sim+85$
DS4625	3.3 V 双输 出 LVPECL 时钟振荡器	100/125/ 150/156.25/ 200 MHz	LVPECL	35	3.3 ±10%	LCCC/10	$-40\sim$ $+70$,$-40\sim$ $+85$
DS4776	DS4－X0 系列晶振	77.76 MHz	LVDS LVPECL	35	3.3 ±5%	LCCC/10	$-40\sim+85$

表 5.1 中,DS4625 是 Maxim 公司 2009 年推出的双输出 LVPECL 晶体振荡器,设计用于要求苛刻的通信系统。该器件产生两路 $100\sim625$ MHz 范围的高频输出,允许设计人员使用单个器件替换两个分立的振荡器。DS4625 采用 5 mm×3.2 mm LCC 封装,尺寸比

传统方案(5 mm×7 mm)减小了55%。器件具有业内领先的抖动性能,适合大电流(95～105 mA,典型值)、高频(＞100 MHz)、差分输出(LVPECL)应用。DS4625可理想用于光纤通道、以太网、10G以太网、SONET/SDH、InfiniBand、GPON、BPON、PCI Express以及SAS/SATA等需要高性能时钟信号的通信系统。

DS4625很好地解决了高频、大电流设计中小尺寸陶瓷封装常见的散热问题。集成散热焊盘为晶体提供有效的散热通道,确保在$-40\sim+70$ ℃温度范围内可靠工作。DS4625采用基频AT切晶体技术制造(无泛音),基于PLL的低噪声振荡器采用Maxim的SiGe工艺设计。整个设计方案具有$<\pm7\times10^{-6}$(10年以上)的超低老化率和优异的频率稳定性,由电压、温度、初始容差和老化引起的变化小于$\pm50\times10^{-6}$。DS4625能够以更小的封装尺寸提供同等级别的抖动性能,在$-40\sim+70$ ℃较宽的温度范围内具有更好的稳定性(分别为$\pm50\times10^{-6}$和$\pm100\times10^{-6}$或更大)。

尽管三次泛音振荡器设计具有稳定的相位抖动指标和良好的温度稳定性,但随着封装尺寸和晶振尺寸的减小,会出现所不希望的杂散分量。杂散分量通常受温度影响较大,导致频率明显偏离所要求的标称值。此外,三次泛音设计将最大工作频率限制在大约200 MHz。

DS4625采用可靠的LC-PLL集成电路设计,利用基频AT切晶体技术,不会产生导致较大频偏的杂散分量。此外,基于PLL的设计可以很容易地实现622.08 MHz甚至更高的工作频率。DS4625的标准工作频率组合包括:100/150 MHz、125/125 MHz、125/156.25 MHz、150/150 MHz和150/200 MHz。图5.24为DS4625的典型应用电路。

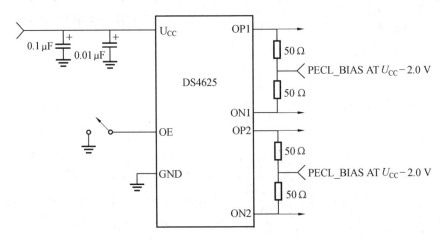

图5.24 DS4625的典型应用电路

5.6.2 集成压控振荡电路

图5.25是Motorola公司的集成振荡电路MC1648的内部电路图。该振荡器由差分对管振荡电路、偏置电路和放大电路三部分组成。差分对管振荡电路由T_6、T_7、T_8管组成,其中,T_6的基极和T_7的集电极相连,而T_7的集电极与基极之间外接并联LC谐振回路,调谐于振荡频率。从交流通路来看,该振荡电路实际上是T_6和T_7组成共基级联放大的正反馈振荡电路。振荡信号从T_7集电极送给T_4基极,经T_4共射放大供给T_3和T_2组成的单端输入和单端输出的差动放大级进行放大,然后经T_1组成射随器输出。振荡电路的偏置电

路由 T_9、T_{10} 和 T_{11} 组成。

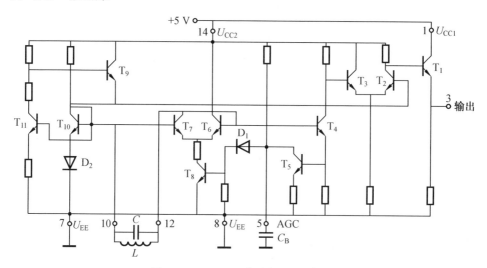

图 5.25　MC1648 集成振荡电路

　　为了提高振荡的稳幅性能,振荡信号经 T_4 射随和 T_5 放大加到二极管 D_1 上,控制 T_8 管的恒流值 I_0,脚 5 外接电容 C_B 为滤波电容,用来滤除高频分量。当振荡电压振幅因某一原因增大时,T_5 管的集电极平均电位下降,经 D_1 使 I_0 减小,从而使振荡幅度降低。反之,若振荡信号振幅减小,T_5 管的集电极平均电位增高,I_0 增大,而使振荡幅度增大。这是一个自动调整环节。

　　MC1648 的振荡频率可达 200 MHz,可以产生正弦波,也可以产生方波。在单电源供电时,在脚 5 外接电容 C_B,脚 12 和脚 10 之间接入 LC 并联谐振回路,则输出为正弦波。而要求输出方波时,应在脚 5 上外加正电压,使差分对管振荡电路的 I_0 增大,振荡电路的输出振荡电压增大,经 T_4、T_3、T_2 放大后,将它变换为方波电压输出。

　　MC1648 集成振荡电路也能够实现压控振荡的功能,只要将振荡回路中的电容 C 用变容二极管代替就可实现压控振荡。图 5.26 所示是回路接变容二极管加入控制电压的电路图,在锁相频率合成中应用较多。

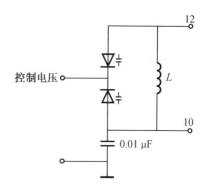

图 5.26　构成压控振荡器的回路

5.7　正弦波振荡器 Multisim 仿真

　　如图 5.27 所示正弦波振荡电路图,通过三点式振荡器相位平衡条件判断该电路是否能正常起振。经过分析,该电路图满足起振条件并且为典型的电容三点式振荡电路中的西勒电路。在该电路图中,通过调节可变电容 C_5 可以改变振荡器所输出信号的频率,通过调节可变电阻 R_2 可以一定程度调节信号输出。

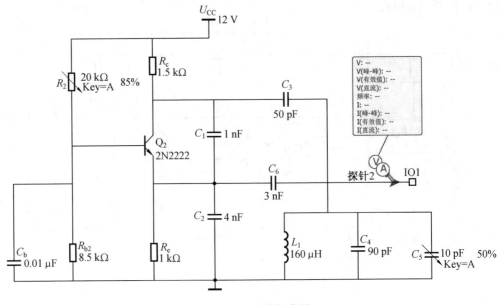

图 5.27 正弦波振荡器

习 题

5.1 什么是振荡器的起振条件、平衡条件和稳定条件？各有什么物理意义？它们与振荡器电路参数有何关系？

5.2 反馈型 LC 振荡器从起振到平衡，放大器的工作状态是怎样变化的？它与电路的哪些参数有关？

5.3 为了满足下列电路起振的相位条件，给图中互感耦合线圈标注正确的同名端。并说明各电路的名称。

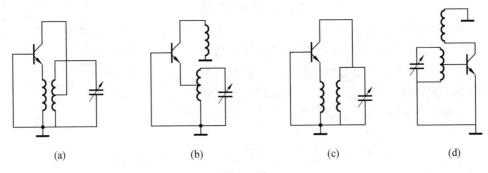

题 5.3 图

5.4 试从振荡器的相位条件出发，判断如图所示各高频等效电路中，哪些可能振荡，哪些不可能振荡，能振荡的线路属于哪种电路？

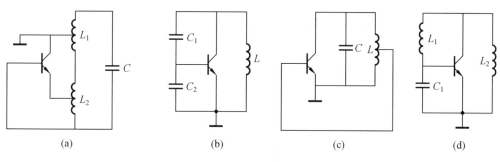

题 5.4 图

5.5　如图为三回路振荡器的等效电路,设有以下四种情况:

$(1)L_1C_1 > L_2C_2 > L_3C_3$

$(2)L_1C_1 < L_2C_2 < L_3C_3$

$(3)L_1C_1 = L_2C_2 > L_3C_3$

$(4)L_1C_1 < L_2C_2 = L_3C_3$

试分析上述四种情况是否可能振荡,振荡频率 f_0 与回路谐振频率有何关系?

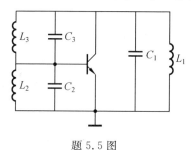

题 5.5 图

5.6　LC 回路的谐振频率 $f_0 = 10\ \mathrm{MHz}$,晶体管在 $10\ \mathrm{MHz}$ 时的相移 $\varphi_Y = -20°$,反馈电路的相移 $\varphi_F = 3°$。

试求回路 $Q_L = 10$ 及 $Q_L = 20$ 时电路的振荡频率 f_c,并比较 Q_L 的高低对电路性能有什么影响。

5.7　若晶体管的不稳定电容 $\Delta C_{ce} = 0.2\ \mathrm{pF}$,$\Delta C_{be} = 1\ \mathrm{pF}$,$\Delta C_{cb} = 0.2\ \mathrm{pF}$,求考比兹电路和克拉泼电路在中心频率处的频率稳定度 $\left|\dfrac{\Delta f_c}{f_c}\right|$。其 $C_1 = 300\ \mathrm{pF}$,$C_2 = 900\ \mathrm{pF}$,$C_3 = 20\ \mathrm{pF}$。设振荡器的振荡频率 $f_c = 10\ \mathrm{MHz}$。

5.8　如图所示为 LC 振荡器。

(1)试说明振荡电路各元件的作用。

(2)若当电感 $L = 1.5\ \mu\mathrm{H}$ 要使振荡频率为 $49.5\ \mathrm{MHz}$,则 C 应调到何值?

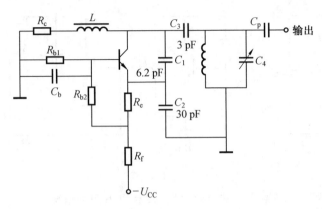

题 5.8 图

5.9 若晶体的参数为 $L_q = 19.5$ H, $C_q = 0.000\ 21$ pF, $C_0 = 5$ pF, $r_q = 110\ \Omega$。

(1) 求串联谐振频率 f_q。

(2) 并联谐振频率 f_p 与 f_q 相差多少?

(3) 求晶体的品质因数 Q_q 和等效并联谐振电阻 R_q。

5.10 图中所示是使用晶体振荡线路,试画出它们的高频等效电路,并指出它们是哪一种振荡器。图(a) 的 4.7 μH 电感在线路中起什么作用?

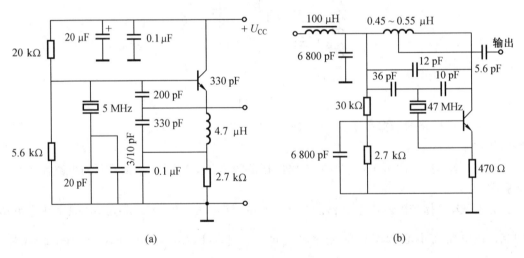

(a)   (b)

题 5.10 图

第6章

振幅调制及检波

无线通信系统中,各种信息转换成电信号后进行信息传输,为了满足天线尺寸和多路并行传输的要求,在发射端需要将各种信息转换成的电信号加载到高频载波信号上去,然后通过天线发射出去;在接收端从接收到的高频电磁波中将信息恢复出来。将各种信息转换成的电信号加载到载波上去的过程称为调制,将信息恢复出来的过程称为解调,调制器和解调器是发射系统和接收系统的核心组成模块。本章重点介绍对载波信号幅度进行的调制以及对调幅信号的解调。

6.1 概　　述

从信息信号变换过来的原始电信号被称为基带信号,大量的通信系统都要通过调制将基带信号变换为更适合在信道中传输的信号。调制就是用基带信号(也称为调制信号)去控制载波的某一参数,使该参数随调制信号的变化而变化。如果被控制的是载波的振幅,则称为振幅调制,简称调幅;如果被控制的是载波的瞬时频率,则称为频率调制,简称调频;如果被控制的是载波的瞬时相位,则称为相位调制,简称调相。

调制的逆过程就是解调,一般用于接收设备中。接收设备采用的解调技术必须与发送设备中的调制技术相适应。调幅的解调过程被称为检波,调频的解调过程被称为鉴频,调相的解调过程被称为鉴相。事实上,调制与解调都是一种频谱变换过程,因此,调制与解调的实现必须采用非线性电路。

为什么不能直接发射基带信号,而必须先调制后发射呢? 这是由于直接发射基带信号在工程实践上非常困难。采用调制技术的优点主要表现在以下几个方面。

(1)便于发射与接收。

在无线电通信系统中,发射机利用天线向空间辐射电磁波的方式来传输信号,接收机也利用天线来感应被传输的无线电波。根据天线理论可知,只有当辐射天线和接收天线的尺寸大于信号波长的十分之一(或可与信号波长相比拟的尺寸)时,信号才能被天线有效地辐射出去或感应进来。也就是说,工作频率越高,波长越短,辐射天线和接收天线的尺寸就越小。

(2)便于实现信道复用。

一般来说,每个被传输的信号所占用的带宽小于信道带宽。通过调制,可以把不同信号的频谱搬移到不同的位置,互不重叠,即一个信道里同时传输多路信号,这样,就能提高频谱的利用率。

（3）便于改善系统性能。

通过调制，可以将基带信号变换为更宽频带的信号。通信系统的输出信噪比是信号带宽的函数，增加信号带宽，可以提高它的抗干扰能力，从而改善通信系统的性能。

6.1.1 普通调幅波的数学表示式及其频谱

振幅调制的定义是用需传送的信息（调制信号）$u_\Omega(t)$ 去控制高频载波振荡电压的振幅，使其随调制信号 $u_\Omega(t)$ 线性关系变化。也就是，若载波信号电压为 $u_c(t) = U_{cm}\cos\omega_c t$，调制信号为 $u_\Omega(t)$，根据定义，普通调幅波的振幅 $U'_m(t)$ 为

$$U'_m(t) = U_{cm} + k_a u_\Omega(t) \tag{6.1}$$

则普通调幅波的数学表示式为

$$u(t) = U'_m(t)\cos\omega_c t = [U_{cm} + k_a u_\Omega(t)]\cos\omega_c t \tag{6.2}$$

需说明的是，普通调幅波也称为标准调幅波，可用 AM 表示。

设调制信号电压 $u_\Omega(t)$ 为

$$u_\Omega(t) = U_{\Omega m}\cos\Omega t = U_{\Omega m}\cos 2\pi F t \tag{6.3}$$

式中　Ω、F——分别为调制信号的角频率（单位为 rad/s）和频率（单位为 Hz），通常满足 $\omega_c \gg \Omega$。根据调幅波的定义

$$U'_m(t) = U_{cm} + k_a U_{\Omega m}(t)\cos\Omega t$$

$$u(t) = U'_m(t)\cos\omega_c t = U_{cm}(1 + m_a\cos\Omega t)\cos\omega_c t$$

$$\tag{6.4}$$

式（6.4）就是单频调制时普通调幅波的表达式。式中 $U'_m(t)$ 称为包络函数。它是由调幅波各高频周期峰值连成的一条曲线，而 $m_a = k_a U_{\Omega m}/U_{cm}$。其中，$k_a$ 为比例系数，m_a 为调幅指数（调幅度）。普通调幅波的波形如图 6.1 所示。从图中可以看到，已调波的包络形状与调制信号一样，称之为不失真调制。从调幅波的波形上看出包络的最大值 U_{mmax} 和最小值 U_{mmin} 为 $U_{mmax} = U_{cm}(1 + m_a)$ 和 $U_{mmin} = U_{cm}(1 - m_a)$，故可得

$$m_a = \frac{U_{mmax} - U_{mmin}}{U_{mmax} + U_{mmin}} \tag{6.5}$$

由上式可以看出，不失真调制时 $m_a \leqslant 1$，若 $m_a > 1$，则已调波包络形状与调制信号不一样，产生严重失真，其波形如图 6.2 所示，这种情况称为过量调幅，必须尽力避免。

为了说明调制的特征，还常用频域表示法，即采用频谱图。对于式（6.4）可以利用三角公式将其展开为

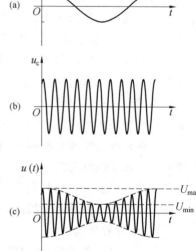

图 6.1　调幅波波形

$$u(t) = U_{cm}\cos\omega_c t + \frac{1}{2}m_a U_{cm}\cos(\omega_c + \Omega)t + \frac{1}{2}m_a U_{cm}\cos(\omega_c - \Omega)t \tag{6.6}$$

这表明单频信号调制的调幅波由三个频率分量组成，即载波分量 ω_c、上边频分量 $\omega_c + \Omega$ 和下边频分量 $\omega_c - \Omega$，其频谱如图 6.3 所示。显然，载波分量并不包含信息，调制信号的信息只包含在上、下边频分量内，边频的振幅反映了调制信号振幅的大小，边频的频率虽属于高频的

范畴,但反映了调制信号频率与载波的关系。

　　实际上,调制信号是含有多个频率比较复杂的信号。如调幅广播所传送的语音信号频率为 50 Hz ~ 3.5 kHz,经调制后,各个语音频率产生各自的上边频和下边频,叠加后形成了所谓上边频带和下边频带,如图 6.4 所示。因为上、下边频振幅相等且成对出现,所以上、下边频带的频谱分布相对载波是对称的,其数学表示式可写为

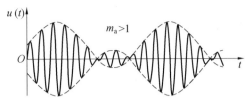

图 6.2　过量调幅波形

$$u(t) = U_{cm} \cos \omega_c t + \frac{U_{cm}}{2} \sum_{i=1}^{n} m_i [\cos(\omega_c + \Omega_i)t + \cos(\omega_c - \Omega_i)t] \tag{6.7}$$

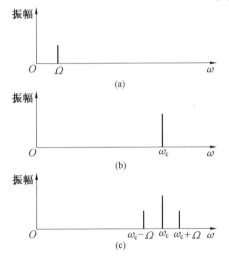

图 6.3　单音调制的调幅波频谱

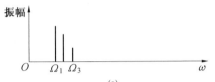
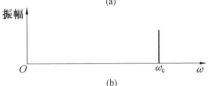
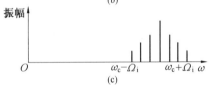

图 6.4　多音调制的调幅波频谱

　　由调幅波的频谱图可以看出,调制过程实质是一种线性频谱搬移过程。经过调制后,调制信号的频谱由低频被搬移到载频附近,成为上、下边频带。

6.1.2　普通调幅波的功率关系

　　为了分清调幅波中各频率分量的功率关系,通常将调幅波电压加在电阻 R 两端,电阻 R 上消耗的各频率分量对应的功率可表示为

　　(1)载波功率

$$P_{oT} = \frac{1}{2} \frac{U_{cm}^2}{R} \tag{6.8}$$

　　(2)每个边频功率

$$P_{\omega_c + \Omega} = P_{\omega_c - \Omega} = \frac{1}{2} \left(\frac{m_a U_{cm}}{2} \right)^2 \frac{1}{R} = \frac{1}{4} m_a^2 P_{oT} \tag{6.9}$$

　　(3)调制一周内的平均总功率

$$P_{oav} = P_{oT} + P_{\omega_c + \Omega} + P_{\omega_c - \Omega} = (1 + \frac{m_a^2}{2}) P_{oT} \tag{6.10}$$

　　上式表明,调幅波的输出功率随着 m_a 增大而增大,当 $m_a = 1$ 时,$P_{oT} = 2/3 P_{oav}$,$P_{\omega_c + \Omega} +$

$P_{\omega_c - \Omega} = P_{\text{oav}}/3$，这说明当 $m_a = 1$ 时，包含信息的上、下边频功率之和只占总输出功率的 $1/3$，而不含信息的载波功率却占了总输出功率的 $2/3$。从能量观点看，这是一种很大的浪费。而实际调幅波的平均调幅指数为 0.3，其能量的浪费就更大。这是普通调幅本身固有的缺点。目前这种调制只应用于中短波无线电广播系统中，而其他通信系统采用另外的调制方式。

6.1.3　抑制载波的双边带调幅信号和单边带调幅信号

因为载波本身并不包含信息，而且还占有较大的功率，为了减少不必要的功率浪费，可以只发射上、下边频，而不发射载波，称为抑制载波的双边带调幅信号，用 DSB 表示。这种信号的数学表达式为

$$u(t) = u_\Omega(t) u_c(t) = U_{\Omega m} \cos \Omega t \cdot U_{cm} \cos \omega_c t =$$
$$\frac{1}{2} U_{\Omega m} U_{cm} [\cos(\omega_c + \Omega)t + \cos(\omega_c - \Omega)t] \tag{6.11}$$

与普通调幅波相比，双边带调幅信号的振幅为 $U_{\Omega m} U_{cm} \cos \Omega t$，普通调幅波高频信号的振幅为 $U_{cm}(1 + m_a \cos \Omega t)$，显然，$m_a \leqslant 1$ 的条件下，双边带的振幅 $U_{\Omega m} U_{cm} \cos \Omega t$ 可正可负，而普通调幅波的振幅不可能出现负值。因此单频调制的双边带信号波形如图 6.5 所示。双边带信号的包络仍然是随调制信号变化的，但它的包络已不能完全准确地反映低频调制信号的变化规律。双边带信号在调制信号的负半周，已调波高频与原载频同相。也就是双边带信号的高频相位在调制电压零交点处要突变 $180°$。另外，双边带调幅波和普通调幅波所占有的频谱宽度是相同的，为 $2F_{\max}$。

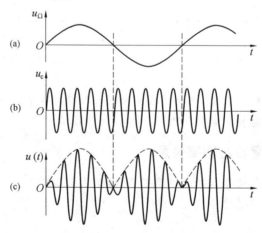

图 6.5　双边带调幅波

因为双边带信号不包含载波，它的全部功率都为边带占有，所以发送的全部功率都载有信息，功率有效利用率高于 AM。因为两个边带的任何一个边带已经包含调制信号的全部信息，所以可以进一步把其中的一个边带抑制掉，而只发射一个边带，这就是单边带调幅波，用 SSB 表示。其数学表示式为

$$u(t) = \frac{1}{2} U_{\Omega m} U_{cm} \cos(\omega_c + \Omega)t \tag{6.12}$$

或

$$u(t) = \frac{1}{2}U_{\Omega m}U_{cm}\cos(\omega_c - \Omega)t \tag{6.13}$$

从上两式看出,单边带调幅波的频谱宽度只有双边带的一半,其频带利用率高,在通信系统中是一种常用的调制方式。对于单频调制的单边带信号,它仍是等幅波,但它与原载波电压是不同的,它含有传送信息的特征。

6.1.4 振幅调制电路的功能

振幅调制电路的功能是将输入的调制信号和载波信号经过电路变换成高频调幅信号输出。

振幅调制电路的功能也可用输入、输出信号的频谱关系来表示。图 6.6 所示是三种调幅电路的输入、输出信号的频谱关系。由图可知三种电路的输入信号都是调制信号和载波信号,其频率为 Ω 和 ω_c。而输出信号则不同,普通调幅波调幅电路输出频谱为 ω_c、$\omega_c \pm \Omega$,双边带调幅电路输出频谱为 $\omega_c \pm \Omega$,单边带调幅电路输出频谱为 $\omega_c + \Omega$ 或 $\omega_c - \Omega$。

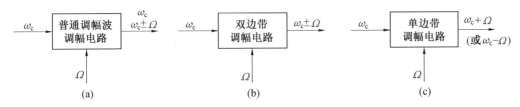

图 6.6 三种调幅电路的频率变换关系

因为调制过程是把调制信号的频谱从低频搬移到载频的两侧,即产生了新的频谱分量,所以必须采用非线性器件才能实现。实际上,上、下边频分量的产生是利用调制信号与载波信号相乘而得来的。这样选用的非线性器件必须能完成相乘的作用。实用的非线性器件有二极管、场效应管、晶体三极管等器件。随着集成电路的发展,双差分对模拟乘法器已得到了广泛的应用。

6.2　二极管调幅电路

以二极管为核心非线性元器件结合输入回路、输出回路可以构成二极管调幅电路,下面介绍电路的结构及工作原理。

6.2.1 单二极管开关状态调幅电路

所谓开关状态是指二极管在两个不同频率电压作用下进行频率变换时,其中一个电压振幅足够大,另一电压振幅较小,二极管的导通或截止将完全受大振幅电压的控制,可近似认为二极管处于一种理想的开关状态。

设二极管 D 在两个大小不同的信号作用下,如图 6.7 所示。$u_1(t)$ 是一个小信号,$u_2(t)$ 是一个振幅足够大的信号。二极管 D 主要受到信号 $u_2(t)$ 的控制,工作在开关状态。

设

$$u_1(t) = U_{1m}\cos \omega_1 t \tag{6.14}$$

$$u_2(t) = U_{2m}\cos \omega_2 t \tag{6.15}$$

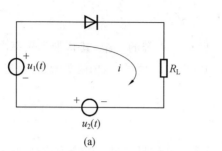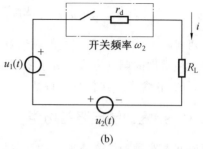

图 6.7 单二极管开关状态调幅电路

在 $u_2(t)$ 的正半周，二极管导通，通过负载 R_L 的电流为

$$i = \frac{1}{r_d + R_L}\left[u_1(t) + u_2(t)\right]$$

其中，r_d 为二极管的导通电阻。在 $u_2(t)$ 的负半周，二极管截止，通过负载的电流为零。因此，电流 i 可用下式表示：

$$i = \begin{cases} \dfrac{1}{r_d + R_L}\left[u_1(t) + u_2(t)\right] & (u_2(t) > 0) \\ 0 & (u_2(t) < 0) \end{cases} \tag{6.16}$$

若将二极管的开关作用以开关函数式来表示，可得

$$K(\omega t) = \begin{cases} 1 & (u_2(t) > 0) \\ 0 & (u_2(t) < 0) \end{cases} \tag{6.17}$$

则电流可表示成

$$i = \frac{1}{r_d + R_L} K(\omega t)\left[u_1(t) + u_2(t)\right] \tag{6.18}$$

因为 $u_2(t)$ 是周期性信号，所以开关函数 $K(\omega t)$ 也是周期性函数，其周期与 $u_2(t)$ 的周期相同。图 6.8 表示控制信号 $u_2(t)$ 作用下的开关函数 $K(\omega t)$ 的波形。它是振幅为 1 的矩形脉冲序列，角频率为 ω_2。

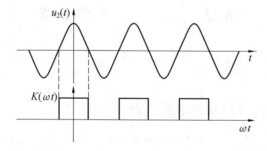

图 6.8 开关函数波形

因为 $K(\omega t)$ 是角频率为 ω_2 的周期函数，故可将其展开为傅里叶级数，用 $K(\omega_2 t)$ 表示为

$$K(\omega_2 t) = \frac{1}{2} + \frac{2}{\pi}\cos \omega_2 t - \frac{2}{3\pi}\cos 3\omega_2 t + \frac{2}{5\pi}\cos 5\omega_2 t - \cdots =$$

$$\frac{1}{2} + \sum_{n=1}^{\infty} \frac{2(-1)^{n+1}}{(2n-1)\pi}\cos(2n-1)\omega_2 t \tag{6.19}$$

显然，开关函数 $K(\omega_2 t)$ 的傅里叶展开式中只含直流分量、ω_2 及其奇次谐波分量。

将式(6.19)代入式(6.18)中可得

$$i = \frac{1}{r_{\mathrm{d}} + R_{\mathrm{L}}} \left[\frac{1}{2} + \sum_{n=1}^{\infty} \frac{2\,(-1)^{n+1}}{(2n-1)\pi} \cos(2n-1)\omega_2 t \right] (U_{1\mathrm{m}} \cos \omega_1 t + U_{2\mathrm{m}} \cos \omega_2 t)$$

可以看出,电流 i 中包含以下频谱成分:

① u_1 和 u_2 的频率成分 ω_1 和 ω_2。

② u_1 和 u_2 的和频和差频 $\omega_1 + \omega_2$、$\omega_1 - \omega_2$。

③ u_1 的频率和 u_2 的各奇次谐波频率的和频和差频,即 $(2n-1)\omega_2 \pm \omega_1$。

④ u_2 的偶次谐波频率。

⑤ 直流成分。

如果 ω_2 是高频载波频率 ω_{c},ω_1 是低频调制信号频率 Ω,并用中心频率为 ω_{c}、通频带宽度略大于 2Ω 的带通滤波器作为负载,负载上得到的输出电压将只包含 ω_{c},$\omega_{\mathrm{c}} \pm \Omega$ 三个频率成分。这正是一个普通调幅波。因此,上述电路是单二极管开关状态调幅电路,只能实现普通调幅波的调幅。

6.2.2　二极管平衡调幅电路

二极管平衡调幅电路如图 6.9 所示。设图中的变压器为理想变压器,其中 $\mathrm{T_{r_2}}$ 的初次级匝数比为 $1:2$,$\mathrm{T_{r_3}}$ 的初次级匝数比为 $2:1$。在 $\mathrm{T_{r_2}}$ 初级输入调制电压 $u_\Omega(t) = U_{\Omega\mathrm{m}} \cos \Omega t$。在 $\mathrm{T_{r_1}}$ 输入载波电压 $u_{\mathrm{c}}(t) = U_{\mathrm{cm}} \cos \omega_{\mathrm{c}} t$。在 U_{cm} 足够大的条件下,二极管 $\mathrm{D_1}$、$\mathrm{D_2}$ 均工作于受 $u_{\mathrm{c}}(t)$ 控制的开关状态,其导通电阻为 r_{d}。

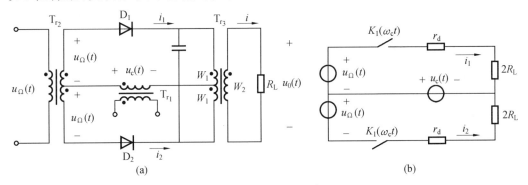

图 6.9　二极管平衡调幅电路

设流过二极管 $\mathrm{D_1}$ 的电流为 i_1,流过二极管 $\mathrm{D_2}$ 的电流为 i_2,它们的流向如图 6.9 所示。根据变压器 $\mathrm{T_{r_3}}$ 的初次级匝数比为 $2:1$,且初级为中心抽头的特定条件,次级负载 R_{L} 折合到初级的等效电阻为 $4R_{\mathrm{L}}$,对应到有中心抽头的每一部分,则为 $2R_{\mathrm{L}}$。在开关工作状态,$u_{\mathrm{c}}(t)$ 为大信号,对 $\mathrm{D_1}$ 来说,$u_{\mathrm{c}}(t)$ 的正半周导通,负半周截止。对 $\mathrm{D_2}$ 来说,$u_{\mathrm{c}}(t)$ 的正半周导通,负半周截止。它们的开关函数都是 $K(\omega_{\mathrm{c}} t)$。因此,电流 i_1 和 i_2 应为

$$\begin{cases} i_1 = \dfrac{1}{r_{\mathrm{d}} + 2R_{\mathrm{L}}} K(\omega_{\mathrm{c}} t) [u_{\mathrm{c}}(t) + u_\Omega(t)] \\[3mm] i_2 = \dfrac{1}{r_{\mathrm{d}} + 2R_{\mathrm{L}}} K(\omega_{\mathrm{c}} t) [u_{\mathrm{c}}(t) - u_\Omega(t)] \end{cases} \qquad (6.20)$$

根据变压器 $\mathrm{T_{r_3}}$ 的同名端及假设的次级电流 i 的流向,由于 i_1 和 i_2 流过 $\mathrm{T_{r_3}}$ 初级的方向相反,所以,电流 i 为

$$i = i_1 - i_2 = \frac{2u_\Omega(t)}{r_d + 2R_L} K(\omega_c t) =$$

$$\frac{2U_{\Omega m} \cos \Omega t}{r_d + 2R_L}\left(\frac{1}{2} + \frac{2}{\pi}\cos \omega_2 t - \frac{2}{3\pi}\cos 3\omega_2 t + \cdots\right) =$$

$$\frac{U_{\Omega m}}{r_d + 2R_L}\Big[\cos \Omega t + \frac{2}{\pi}\cos(\omega_c + \Omega) + \frac{2}{\pi}\cos(\omega_c - \Omega)t -$$

$$\frac{2}{3\pi}\cos(3\omega_c + \Omega)t - \frac{2}{3\pi}\cos(3\omega_c - \Omega)t + \cdots\Big] \tag{6.21}$$

由上式可见，i 中包含 Ω、$\omega_c \pm \Omega$、$3(\omega_c \pm \Omega)$ 等频率分量。由于采用开关状态和平衡抵消的措施，很多不需要的频率分量在 i 中已不存在。通过中心频率为 ω_c、带宽为 2Ω 的带通滤波器滤波，只有 $\omega_c \pm \Omega$ 频率成分的电流流过负载 R_L，在 R_L 上建立双边带调幅波的电压。

6.2.3　二极管环形调幅电路

如图 6.10(a) 所示，常称为环形调制器。它与平衡调制器的差别是多接了两只二极管 D_3 和 D_4，它们的极性分别与 D_1 和 D_2 的极性相反，这样，当 D_1 和 D_2 导通时，D_3 和 D_4 是截止的；反之，当 D_1 和 D_2 截止时，D_3 和 D_4 是导通的。因此，接入 D_3 和 D_4 不会影响 D_1 和 D_2 的工作。于是，环形调制器可看成由图 6.10(b) 和图 6.10(c) 所示的两个平衡调制器组成。其中，图 6.10(b) 电路中的晶体二极管 D_1 和 D_2 仅在 $u_c(t)$ 的正半周导通，其开关函数为 $K(\omega_c t)$，流过输出负载电阻 R_L 的电流为

$$i_I = i_1 - i_2 = \frac{2u_\Omega(t)}{2R_L + r_d} K(\omega_c t) \tag{6.22}$$

图 6.10(c) 电路中的晶体二极管仅在 $u_c(t)$ 的负半周内导通，其开关函数为 $K(\omega_c t - \pi)$，流过输出负载 R_L 的电流为

$$i_{II} = i_4 - i_3 = \frac{2u_\Omega(t)}{2R_L + r_d} K(\omega_c t - \pi) \tag{6.23}$$

式中　　$K(\omega_c t - \pi) = \frac{1}{2} - \frac{2}{\pi}\cos \omega_c t + \frac{2}{3\pi}\cos 3\omega_c t - \frac{2}{5\pi}\cos 5\omega_c t + \cdots$。

因此，流过 R_L 的总电流为

$$i = i_I - i_{II} = \frac{2u_\Omega(t)}{2R_L + r_d}\big[K(\omega_c t) - K(\omega_c t - \pi)\big] =$$

$$\frac{2U_{\Omega m} \cos \Omega t}{2R_L + r_d}\left(\frac{4}{\pi}\cos \omega_c t - \frac{4}{3\pi}\cos 3\omega_c t + \cdots\right) \tag{6.24}$$

由上式可见，与平衡调制器比较，进一步抵消了 Ω 分量，而且各分量的振幅加倍。通过带通滤波器可取出频率为 $\omega_c \pm \Omega$ 的电流在 R_L 上建立的双边带调幅电压。

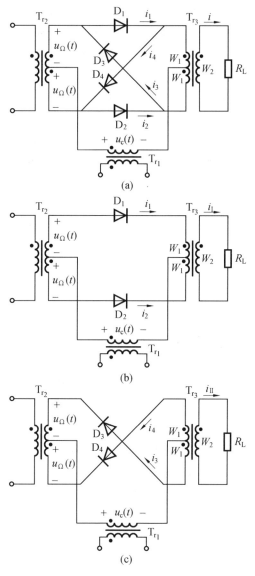

图 6.10　二极管环形调幅电路

6.3　晶体管调幅电路

以晶体管为核心非线性元器件结合输入回路、输出回路可以构成晶体管调幅电路,下面介绍电路的结构及工作原理。

6.3.1　集电极调幅电路

图 6.11 是集电极调幅原理电路。低频调制信号 $u_\Omega(t)$ 与丙类放大器的直流电源 U_{CT} 相串联,因此放大器的有效集电极电源电压 U_{CC} 等于两个电压之和,它随调制信号变化而变化。图中的电容器 C' 是高频旁路电容,它的作用是避免高频电流通过调制变压器 T_{r_3} 的次

级线圈以及 U_{CT} 电源,因此它对高频相当于短路,而对调制信号频率应相当于开路。

对于丙类高频功率放大器,当基极偏置 U_{bb}、激励高频信号电压振幅 U_{bm} 和集电极回路阻抗 R_p 不变,只改变集电极有效电源电压时,集电极电流脉冲幅度将随集电极有效电源电压 U_{CC} 变化而变化。因此,集电极调幅必须工作于过压区。

集电极调幅是高电平调幅,它只能产生普通调幅波。要求电路输出功率高、效率高,那么它的功率和效率关系怎样确定呢?

设基极激励信号电压为 $u_b = U_{bm}\cos\omega_c t$,则基极瞬时电压为 $u_{bc} = U_{bb} + U_{bm}\cos\omega_c t$,又设集电极调制信号电压为 $u_\Omega(t) = U_{\Omega m}\cos\Omega t$,则集电极有效电源电压为

$$U_{CC} = U_{CT} + U_{\Omega m}\cos\Omega t = U_{CT}(1 + m_a\cos\Omega t) \tag{6.25}$$

式中 m_a——调幅指数,$m_a = U_{\Omega m}/U_{CT}$。

由此可见,要想得到 100% 的调幅,则调制信号电压的峰值应等于直流电压 U_{CT}。

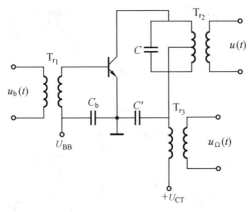

图 6.11　集电极调幅电路

在线性调幅时,由集电极有效电源电压 U_{CC} 所供给的集电极电流的直流分量 I_{c0} 和集电极电流的基波分量 I_{c1m} 与 U_{CC} 成正比,如图 6.12 所示。

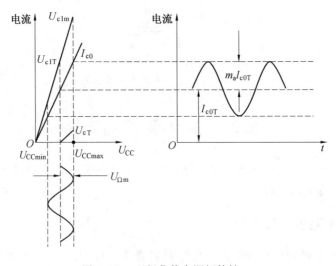

图 6.12　理想化静态调幅特性

当 $U_{CC} = U_{cT} + U_{\Omega m}\cos\Omega t = U_{cT}(1 + m_a\cos\Omega t)$ 时,则

$$I_{c0} = I_{c0T}(1 + m_a\cos \Omega t) \tag{6.26}$$

$$I_{c1m} = I_{c1T}(1 + m_a\cos \Omega t) \tag{6.27}$$

在载波状态时，$u_\Omega(t) = 0$。此时 $U_{CC} = U_{cT}$、$I_{c0} = I_{c0T}$、$I_{c1m} = I_{c1T}$。其对应的功率和效率分别为：

直流电源 U_{cT} 输入功率 $\qquad P_{=T} = U_{cT}I_{c0T}$

载波输出功率 $\qquad P_{oT} = \dfrac{1}{2}I_{c1T}^2 R_p$

集电极损耗功率 $\qquad P_{cT} = P_{=T} - P_{oT}$

集电极效率 $\qquad \eta_{cT} = P_{oT}/P_{=T}$

当处于调幅波峰（最大点）时，电流和电压都达到最大值：

$$U_{ccmax} = U_{cT}(1 + m_a)$$

$$I_{c0max} = I_{c0T}(1 + m_a)$$

$$I_{c1max} = I_{c1T}(1 + m_a)$$

则对应的各项功率和效率为：

有效电源输入功率

$$P_{=max} = U_{CCmax}I_{c0max} =$$

$$U_{cT}(1 + m_a) \cdot I_{c0T}(1 + m_a) = P_{=T}(1 + m_a)^2$$

高频输出功率

$$P_{omax} = \frac{1}{2}I_{c1max}^2 R_p = \frac{1}{2}I_{c1T}^2(1 + m_a)^2 R_p = P_{oT}(1 + m_a)^2$$

集电极损耗功率

$$P_{cmax} = P_{=max} - P_{omax} = (P_{=T} - P_{oT})(1 + m_a)^2 = P_{cT}(1 + m_a)^2$$

集电极效率

$$\eta_{max} = \frac{P_{omax}}{P_{=max}} = \frac{P_{oT}}{P_{=T}} = \eta_{cT}$$

以上各式说明，在调制波峰处所有的功率都是载波状态相应功率的 $(1 + m_a)^2$ 倍，集电极效率不变。

在调制信号（音频）一周内的电流与功率的平均值为

$$I_{c0av} = \frac{1}{2\pi}\int_{-\pi}^{\pi} I_{c0}\,d(\Omega t) = \frac{1}{2\pi}\int_{-\pi}^{\pi} I_{c0T}(1 + m_a\cos \Omega t)\,d(\Omega t) = I_{c0T}$$

由此得出一个重要结论：在线性调幅时，集电极被调丙类放大器的平均直流电流不变。

由集电极有效电源电压 U_{CC} 供给被调放大器总平均功率为

$$P_{=av} = \frac{1}{2\pi}\int_{-\pi}^{\pi} U_{CC}I_{c0}\,d(\Omega t) =$$

$$\frac{1}{2\pi}\int_{-\pi}^{\pi} U_{cT}(1 + m_a\cos \Omega t)I_{c0T}(1 + m_a\cos \Omega t)\,d(\Omega t) =$$

$$U_{cT}I_{c0T} + \frac{m_a^2}{2}U_{cT}I_{c0T} =$$

$$P_{=T}\left(1 + \frac{m_a^2}{2}\right) \tag{6.28}$$

式中，由集电极直流电源 U_{cT} 所供给的平均功率则为

$$P_= = P_{=\text{T}} = U_{\text{cT}} I_{\text{c0T}} \tag{6.29}$$

由调制信号源 $u_\Omega(t)$ 所供给的平均功率为

$$P_\Omega = P_{=\text{av}} - P_= = \frac{m_a^2}{2} U_{\text{cT}} I_{\text{c0T}} = \frac{m_a^2}{2} P_{=\text{T}} \tag{6.30}$$

在调制一周期内的平均输出功率为

$$\begin{aligned}
P_{\text{oav}} &= \frac{1}{2\pi} \int_{-\pi}^{\pi} I_{\text{c1m}}^2 \frac{1}{2} R_\text{p} \mathrm{d}(\Omega t) = \\
&\quad \frac{1}{2\pi} \int_{-\pi}^{\pi} I_{\text{c1T}}^2 \frac{1}{2} (1 + m_a \cos \Omega t)^2 R_\text{p} \mathrm{d}(\Omega t) = \\
&\quad \frac{1}{2} I_{\text{c1T}}^2 R_\text{p} (1 + \frac{m_a^2}{2}) = \\
&\quad P_{\text{oT}} (1 + \frac{m_a^2}{2})
\end{aligned} \tag{6.31}$$

在调制信号一周期内平均集电极损耗功率为

$$P_{\text{cav}} = P_{=\text{av}} - P_{\text{oav}} = (P_{=\text{T}} - P_{\text{oT}})(1 + \frac{m_a^2}{2}) = P_{\text{cT}}(1 + \frac{m_a^2}{2}) \tag{6.32}$$

在调制一周内的平均集电极效率则为

$$\eta_{\text{cav}} = \frac{P_{\text{oav}}}{P_{=\text{av}}} = \frac{P_{\text{oT}}(1 + \frac{m_a^2}{2})}{P_{=\text{T}}(1 + \frac{m_a^2}{2})} = \eta_{\text{cT}} = \text{常数} \tag{6.33}$$

综上所述,可得出如下几点结论:

(1) 在调制信号一周内的平均功率都是载波状态对应频率的$(1 + m_a^2/2)$ 倍。

(2) 总输入功率分别由 U_{cT} 和 $u_\Omega(t)$ 所供给,U_{cT} 供给用以产生载波功率的直流功率 $P_{=\text{T}}$,$u_\Omega(t)$ 则供给用以产生边带功率的平均输入功率 P_Ω。

(3) 集电极平均损耗功率等于载波点的损耗功率的$(1 + m_a^2/2)$倍。应根据这一平均损耗功率来选择晶体管,以使 $P_{\text{cM}} > P_{\text{cav}}$。

(4) 在调制过程中,效率不变,这样可保证集电极调幅电路处于高效率下工作。

(5) 因为调制信号源 $u_\Omega(t)$ 需提供输入功率,故调制信号源 $u_\Omega(t)$ 一定要是功率源。大功率集电极调幅就需要大功率的调制信号源,这是集电极调幅的主要缺点。

6.3.2 基极调幅电路

图 6.13 是基极调幅电路。图中 C_1、C_3 为高频旁路电容;C_2 为低频旁路电容;T_{r_1} 为高频变压器;T_{r_2} 为低频变压器;LC 回路谐振于载波频率 ω_c,通频带为 $2\Omega_{\max}$。

基极调幅电路的基本原理是利用丙类功率放大器在电源电压 U_{CC}、输入信号振幅 U_{bm}、谐振电阻 R_p 不变的条件下,在欠压区改变 U_{bb},其输出电流随 U_{bb} 变化这一特点来实现调幅的。在实际电路中,由于集电极电流中的 I_{c0} 和 I_{c1m} 随 U_{bb} 的变化线性范围较小,因而,调制的范围将会受到一定的限制。为了说明基极调幅电路的特点,下面仅用线性调幅状态的功率、效率的关系来进行分析说明。图 6.14 是线性段的调幅特性。

设在调制电压变化范围内,I_{c0}、I_{c1m} 与 U_{bb} 的关系是线性的,且调制信号 $u_\Omega(t) = U_{\Omega m} \cos \Omega t$,令 $m_a = U_{\Omega m}/U_{\text{bT}}$,则

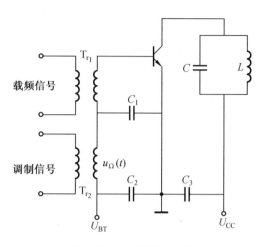

图 6.13　基极调幅电路

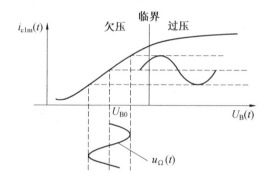

图 6.14　基极调幅特性

$$U_{bb} = U_{bT} + U_{\Omega m} \cos \Omega t = U_{bT}(1 + m_a \cos \Omega t)$$

$$I_{c0} = I_{c0T}(1 + m_a \cos \Omega t)$$

$$I_{c1} = I_{c1T}(1 + m_a \cos \Omega t)$$

在载波状态时，$u_\Omega(t) = 0$，$U_{bb} = U_{bT}$，$I_{c0} = I_{c0T}$，$I_{c1m} = I_{c1T}$，则载波状态的功率与效率为：

直流电源输入功率 $\qquad\qquad P_{=T} = U_{cc} I_{c0T}$

载波输出功率 $\qquad\qquad P_{oT} = \dfrac{1}{2} I_{c1T}^2 R_p$

集电极损耗功率 $\qquad\qquad P_{cT} = P_{=T} - P_{oT}$

集电极效率 $\qquad\qquad \eta_{cT} = P_{oT} / P_{=T}$

在调制波峰处，$\cos \Omega t = 1$。$U_{bb} = U_{bT}(1 + m_a)$，$I_{c0} = I_{c0T}(1 + m_a)$，$I_{c1m} = I_{c1T}(1 + m_a)$，则：

直流电源输入功率 $\qquad P_{=\max} = U_{cc} I_{c0\max} = P_{=T}(1 + m_a)$

高频输出功率 $\qquad P_{o\max} = \dfrac{1}{2} I_{c1\max}^2 R_p = \dfrac{1}{2} I_{c1T}^2 (1 + m_a)^2 R_p = P_{oT}(1 + m_a)^2$

集电极效率 $\qquad \eta_{\max} = P_{o\max} / P_{=\max} = (1 + m_a)\eta_{cT} > \eta_{cT}$

在调制信号一周内，平均输入功率 $P_{=av}$ 为

$$P_{=av} = \frac{1}{2\pi} \int_{-\pi}^{+\pi} U_{CC} I_{c0} \, \mathrm{d}(\Omega t) = U_{CC} I_{c0T} = P_{=T}$$

平均输出功率 $\qquad P_{\text{oav}} = (P_{=\text{au}} - P_{\text{oau}}) < P_{\text{cT}}$

集电极平均效率 η_{cav} 为

$$\eta_{\text{cav}} = P_{\text{oav}}/P_{=\text{av}} = \eta_{\text{cT}}(1 + m_a^2/2) > \eta_{\text{cT}}$$

由以上的讨论可知,基极调幅电路的特点是:

(1) 必须工作于欠压区。

(2) 载波功率和边频功率都由直流电源 U_{CC} 提供。

(3) 调制过程中效率是变化的。

(4) $P_{\text{cav}} < P_{\text{cT}}$,选取晶体管时应按照 $P_{\text{cT}} < P_{\text{cM}}$ 的条件选取。

6.4　模拟乘法器调幅电路

模拟乘法器是一种完成两个模拟信号(电压或电流)相乘作用的电子器件。它具有两个输入端对(即 X 和 Y 输入端对)和一个输出端对,是三端对非线性有源器件。其电路符号如图 6.15 所示。它的传输特性方程为

$$u_o(t) = K u_x(t) u_y(t) \qquad (6.34)$$

式中　K——乘法器的增益系数,单位为 $1/V$。

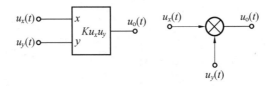

图 6.15　模拟乘法器调幅电路

模拟乘法器的电路类型多种多样,应用于频率变换的专用模拟乘法器也有多种型号。例如 MC1496、MC1596、XCC、BG314、AD630 等。实用的乘法器大多不是理想的相乘特性,在应用中要根据具体电路采取相应措施,以确保频率变换的需要。

6.4.1　双差分对管振幅调制电路

图 6.16 所示是常用的双差分对管模拟乘法器原理电路。它由两个单差分对管电路 T_1、T_2、T_5 和 T_3、T_4、T_6 组合而成。图中,u_1 加在两个单差分对管的输入端,u_2 加到 T_5 和 T_6 的输入端。

首先分析 T_5 和 T_6 组成差分对管的电流电压关系,根据晶体管的特性知

$$i_5 = I_S e^{\frac{q}{kT}u_{\text{BE5}}}, \quad i_6 = I_S e^{\frac{q}{kT}u_{\text{BE6}}}$$

在每个晶体管的 $\beta \gg 1$ 条件下,恒流源 I_0 为

$$I_0 = i_5 + i_6 = i_5(1 + i_6/i_5) = i_5(1 + e^{-\frac{q}{kT}u_2})$$

则

$$i_5 = I_0/(1 + e^{-\frac{qu_2}{kT}}) = \frac{I_0}{2}\left(1 + \text{th}\frac{qu_2}{2kT}\right) \qquad (6.35)$$

$$i_6 = I_0/(1 + e^{\frac{qu_2}{kT}}) = \frac{I_0}{2}\left(1 - \text{th}\frac{qu_2}{2kT}\right) \qquad (6.36)$$

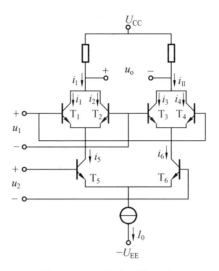

图 6.16 双差分对管电路

$$i_5 - i_6 = I_0 \operatorname{th}\left(\frac{qu_2}{2kT}\right) \tag{6.37}$$

式中　q——电子电荷；

　　　　k——玻耳兹曼常数；

　　　　T——热力学温度；

　　　　I_0——恒流源；

　　　　u_2——差模输入电压。

对于 T_1、T_2 和 T_3、T_4 组成的差分对，根据式(6.35)和式(6.36)，可得

$$i_1 = \frac{i_5}{2}\left(1 + \operatorname{th}\frac{qu_1}{2kT}\right), \quad i_2 = \frac{i_5}{2}\left(1 - \operatorname{th}\frac{qu_1}{2kT}\right)$$

$$i_3 = \frac{i_6}{2}\left(1 - \operatorname{th}\frac{qu_1}{2kT}\right), \quad i_4 = \frac{i_6}{2}\left(1 + \operatorname{th}\frac{qu_1}{2kT}\right)$$

当双端输出时，输出电压 u_o 正比于 $i_I - i_{II}$，其中，$i_I = i_1 + i_3$，$i_{II} = i_2 + i_4$。于是输出电流 i 可写成

$$i = i_I - i_{II} = (i_1 + i_3) - (i_2 + i_4) = (i_1 - i_2) - (i_4 - i_3) =$$

$$(i_5 - i_6)\operatorname{th}\left(\frac{qu_2}{2kT}\right) \tag{6.38}$$

代入上述各式，可得

$$i = I_0 \operatorname{th}\left(\frac{qu_1}{2kT}\right)\operatorname{th}\left(\frac{qu_2}{2kT}\right) \tag{6.39}$$

根据双曲正切函数的性质，当 u_1 和 u_2 都小于 26 mV 时，式(6.39)可近似为

$$i = I_0 \operatorname{th}\left(\frac{qu_1}{2kT}\right)\operatorname{th}\left(\frac{qu_2}{2kT}\right) = K_M u_1 u_2 \tag{6.40}$$

式(6.40)表示只有两个输入信号振幅都小于 26 mV 时，才能实现理想相乘，若将 u_1 用载波电压 $u_c(t) = U_{cm}\cos \omega_c t$，$u_2$ 用调制电压 $u_\Omega(t) = U_{\Omega m}\cos \Omega t$ 代替，则可实现双边带调幅。在实际电路中为使输出电压频谱纯净，仍需接一个中心频率为 ω_c 的带通滤波器。

为了扩大 u_2 的动态范围，可以在 T_5 与 T_6 的发射极之间接入负反馈电阻 R_y，并将恒流

源 I_0 分为两个 $I_0/2$ 的恒流源,这是集成模拟乘法器中常采用的一种恒流源形式。图 6.17 所示是接入负反馈电阻的差分对管电路,设流过 R_y 的电流为 I_y,其方向如图中所示。

$$I_y = i_{E5} - \frac{I_0}{2} = i_{E5} - \frac{i_{E5} + i_{E6}}{2} = \frac{i_{E5} - i_{E6}}{2}$$

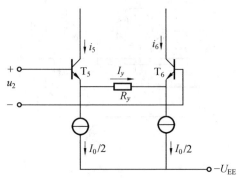

图 6.17 引入负反馈的差分对管电路

输入电压 u_2 为

$$u_2 = u_{BE5} + I_y R_y - u_{BE6} = u_{BE5} - u_{BE6} + \frac{(i_{E5} - i_{E6})R_y}{2}$$

因为 $i_{E5} = I_S \mathrm{e}^{\frac{q}{kT} u_{BE5}}$,$i_{E6} = I_S \mathrm{e}^{\frac{q}{kT} u_{BE6}}$,则

$$u_{BE5} - u_{BE6} = \frac{kT}{q} \ln \frac{i_{E5}}{i_{E6}}$$

所以

$$u_2 = \frac{kT}{q} \ln \frac{i_{E5}}{i_{E6}} + \frac{(i_{E5} - i_{E6})R_y}{2} \tag{6.41}$$

当 R_y 足够大,满足深度负反馈条件,即

$$\frac{(i_{E5} - i_{E6})R_y}{2} \gg \frac{kT}{q} \ln \frac{i_{E5}}{i_{E6}}$$

则式(6.41)可写成

$$u_2 \approx \frac{(i_{E5} - i_{E6})R_y}{2} \approx \frac{(i_5 - i_6)R_y}{2} \tag{6.42}$$

即

$$i_5 - i_6 = \frac{2u_2}{R_y} \tag{6.43}$$

代入式(6.38),得

$$i = \frac{2}{R_y} u_2 \mathrm{th} \frac{q}{2kT} u_1 \tag{6.44}$$

式(6.44)给出了当加入负反馈电阻 R_y 后,双差分对模拟乘法器输出电流 i 与 u_1、u_2 的关系。

值得注意的是,因为 $i_{E5} + i_{E6} = I_0$,且 i_{E5}、i_{E6} 均为正值,故 u_2 的最大动态范围为

$$-\frac{I_0}{2} \leqslant \frac{u_2}{R_y} \leqslant \frac{I_0}{2} \tag{6.45}$$

6.4.2　MC1596G 平衡调幅电路

图 6.18 所示是用模拟乘法器 MC1596G 构成的双边带调幅电路。偏置电阻 R_B 使 $I_0 = 2\ \mathrm{mA}$；R_1 和 R_2 向 7 端和 8 端提供偏压，8 端为交流地电位；51 Ω 电阻为与传输电缆特性阻抗匹配；两只 10 kΩ 电阻与 R_p 构成的电路，用来对载波信号调零。

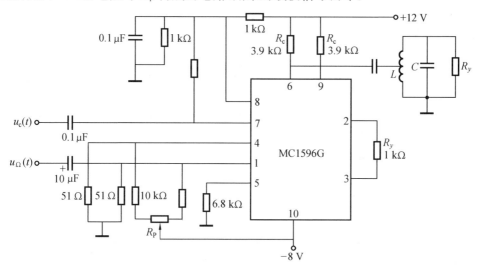

图 6.18　MC1596G 平衡调幅电路

设载波信号 $u_c(t) = U_{cm}\cos \omega_c t$，$U_{cm} \gg 2kT/q$，是大信号输入。根据双曲正切函数的特性，在下述条件下具有开关函数的形式

$$\mathrm{th}\,\frac{qu_c}{2kT} = \begin{cases} +1 & (-\pi/2 < \omega_c t \leqslant \pi/2) \\ -1 & (\pi/2 < \omega_c t \leqslant 3\pi/2) \end{cases} \tag{6.46}$$

上式的傅里叶级数展开式为

$$\mathrm{th}\,\frac{qu_c}{2kT} = \frac{4}{\pi}\cos \omega_c t - \frac{4}{3\pi}\cos 3\omega_c t + \frac{4}{5\pi}\cos 5\omega_c t - \cdots \tag{6.47}$$

因为在 2 与 3 端加了反馈电阻 $R_y = 1$ kΩ，对于输入调制信号 $u_\Omega(t) = U_{\Omega m}\cos \Omega t$ 可扩大线性范围，输出的电流 $i = i_{\mathrm{I}} - i_{\mathrm{II}}$ 可用式(6.44)表示为

$$i = \frac{2}{R_y} u_\Omega \,\mathrm{th}\,\frac{q}{2kT} u_c =$$

$$\frac{2}{R_y} U_{\Omega m}\cos \Omega t \left(\frac{4}{\pi}\cos \omega_c t - \frac{4}{3\pi}\cos 3\omega_c t + \frac{4}{5\pi}\cos 5\omega_c t - \cdots \right) \tag{6.48}$$

若在输出端加入一个中心频率为 ω_c、带宽为 2Ω 的带通滤波器，则取出的差值电流为

$$\Delta i = \frac{8}{\pi R_y} U_{\Omega m}\cos \Omega t \cos \omega_c t \tag{6.49}$$

显然，经滤波取出的电流分量为双边带信号。

从图 6.18 可看出，电路采用了单端输出方式。集电极电阻 R_c 对电流取样，可得单端输出时的 u_{OM} 表示为

$$u_{\mathrm{OM}} = \frac{1}{2} i R_c = \frac{R_c}{R_y} u_\Omega \,\mathrm{th}\,\frac{q}{2kT} u_c \tag{6.50}$$

若带通滤波器带内电压传输系数为 A_{BP}，则经带通滤波器后输出电压为

$$u_o = A_{BP} \frac{R_c}{R_y} \frac{4}{\pi} U_{\Omega m} \cos \Omega t \cos \omega_c t \tag{6.51}$$

这是一个抑制载波的双边带调幅波。

图 6.18 中，R_p 是载波调零电位器，其作用是调节 MC1596G 的 4 和 1 端的直流电位差为 0，确保输出为抑制载波的双边带调幅波。如果 4 和 1 的直流电位差不为 0，则有载波分量输出，相当于普通调幅波。

6.5 二极管检波电路

针对接收到的幅度调制信号，在接收端需要进行解调，恢复出调制信号。解调电路的构成与调制电路结构相似，包括输入回路、非线性元器件和输出回路。本节重点介绍二极管作为非线性元器件的解调电路。

6.5.1 大信号包络检波

大信号包络检波是高频输入信号的振幅大于 0.5 V，利用二极管两端加正向电压时导通，通过二极管对电容 C 充电，加反向电压时截止，电容 C 上电压对电阻 R 放电这一特性实现检波的。因为信号振幅较大，且二极管工作于导通和截止两种状态，所以其分析方法可采用折线分析法。

1. 大信号检波的工作原理

图 6.19 所示是大信号检波原理电路。它是由输入回路、二极管 D 和 RC 低通滤波器组成的。

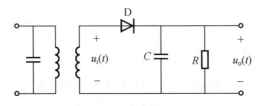

图 6.19　大信号检波原理电路

当输入信号 $u_i(t)$ 为高频等幅波时，电路接通后，由于低通滤波器的电容 C 上初始电压为 0，载波正半周时二极管处于正向导通，输入高频电压通过二极管对电容 C 充电，充电时间常数为 $r_d C$。因为 $r_d C$ 较小，充电很快。随着 C 被充电，输出电压 $u_o(t)$ 增长，作用在二极管上的电压为 $u_i(t)$ 与 $u_o(t)$ 之差。当 $t = t_1$ 时刻，$u_i(t)$ 与 $u_o(t)$ 相等，二极管截止，电流为 0。随着 t 的增加，$u_o(t)$ 大于 $u_i(t)$，二极管处于截止状态，电容器 C 经电阻 R 放电，放电时间常数为 RC。由于放电时间常数 RC 远大于充电时间常数 $r_d C$，所以放电较慢。当到达 $t = t_2$ 时刻，$u_i(t)$ 与 $u_o(t)$ 又相等，然后随着 t 的增加，$u_i(t)$ 大于 $u_o(t)$，二极管导通，$u_i(t)$ 通过二极管 D 对电容 C 又充电。到 $t = t_3$ 时刻，$u_i(t)$ 与 $u_o(t)$ 再次相等，随着 t 的增加，$u_o(t)$ 大于 $u_i(t)$，二极管又处于截止，电容器 C 又经电阻 R 放电。如此反复，直到在一周期内电容充电电荷量与放电电荷量相等，充放电达到动态平衡进入稳定工作状态。这时检波器的输出电

压 $u_o(t)$ 按高频信号的角频率做锯齿状等幅振动,如图 6.20 所示。在实际运用中,对于稳态来说,因为正向导通时间很短,放电时间常数又远大于高频电压周期,所以,输出电压 $u_o(t)$ 的起伏很小。再则暂态过程是很短暂的瞬间过程,在讨论和分析大信号检波时,将只考虑稳态过程。

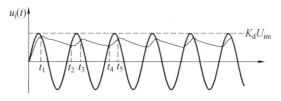

图 6.20　输入等幅波时检波过程

当输入为调幅波信号时,充放电波形如图 6.21 所示。其过程与等幅波输入情况相似。输出电压 $u_o(t)$ 的变化规律正好与输入信号的包络相同。

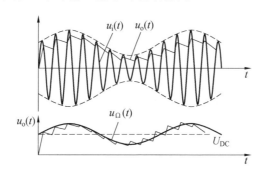

图 6.21　输入调幅波时检波过程

2. 大信号检波器的分析

二极管检波器工作于非线性状态,输出电压由滤波电容通过充放电建立,而且输出电压全部反馈作用到二极管两端,因此,要对它进行严格的数学分析就只能解非线性微分方程,这是较复杂的。通常只对其稳定状态做工程近似分析。

对于大信号检波,二极管的伏安特性可近似用折线表示,其数学表示式为

$$i_d = \begin{cases} g_d(u_d - U_{bz}) & (u_d \geqslant U_{bz}) \\ 0 & (u_d < U_{bz}) \end{cases} \tag{6.52}$$

其中　　g_d—— 二极管导通时的电阻 r_d 的倒数;

U_{bz}—— 二极管的截止电压。

由电路图 6.22 可知,二极管两端所加电压 $u_d = u_i - u_o$,若 $u_i = U_{im}\cos \omega_i t$,则

$$u_d = -u_o + U_{im}\cos \omega_i t \tag{6.53}$$

对应的二极管电流 i_d 为一重复频率为 ω_i 的周期余弦脉冲,其通角为 θ,振幅最大值为 I_M。同高频功率放大器折线分析法一样,可以将其分解为直流、基波和各次谐波分量,即

$$i_d = I_0 + I_{1m}\cos \omega_i t + I_{2m}\cos 2\omega_i t + \cdots + I_{nm}\cos n\omega_i t$$

其中　　I_0—— 直流分量,$I_0 = \alpha_0(\theta)I_M$;

I_{1m}—— 基波分量振幅,$I_{1m} = \alpha_1(\theta)I_M$;

I_{nm}——n 次谐波分量振幅,$I_{nm} = \alpha_n(\theta)I_M$。

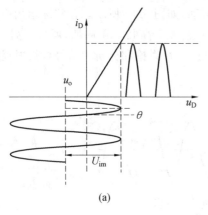 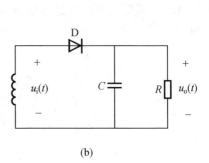

|(a)|(b)|

图 6.22　大信号检波原理图

而

$$\alpha_0(\theta) = \frac{1}{\pi} \frac{\sin \theta - \theta \cos \theta}{1 - \cos \theta}$$

$$\alpha_1(\theta) = \frac{1}{\pi} \frac{\theta - \sin \theta \cos \theta}{1 - \cos \theta}$$

$$\alpha_n(\theta) = \frac{2}{\pi} \frac{\sin n\theta \cos \theta - n \cos n\theta \sin \theta}{n(n^2 - 1)(1 - \cos \theta)} \quad (n > 1)$$

由上式可知,各电流分量由电流脉冲最大值 I_M 和通角 θ 决定。当 $u_d > U_{bz}$ 时,

$$i_d = g_d(-u_o + U_{im} \cos \omega_i t - U_{bz}) \tag{6.54}$$

由图 6.22 可知,当 $\omega_i t = \theta$ 时,$i_d = 0$,可得

$$g_d(-u_o + U_{im} \cos \theta - U_{bz}) = 0$$

因此

$$\cos \theta = \frac{u_o + U_{bz}}{U_{im}} \tag{6.55}$$

当 $\omega_i t = 0$ 时,$i_d = I_M$,可得

$$I_M = g_d(-u_o + U_{im} - U_{bz}) = g_d U_{im}(1 - \frac{U_{bz} + u_o}{U_{im}}) = g_d U_{im}(1 - \cos \theta) \tag{6.56}$$

可得

$$I_0 = \frac{1}{\pi r_d} U_{im}(\sin \theta - \theta \cos \theta) \tag{6.57}$$

$$I_{1m} = \frac{1}{\pi r_d} U_{im}(\theta - \sin \theta \cos \theta) \tag{6.58}$$

经低通滤波器的输出电压为

$$u_o = I_0 R = \frac{R}{\pi r_d} U_{im}(\sin \theta - \theta \cos \theta) \tag{6.59}$$

将式(6.59)除以 $\cos \theta$ 得

$$\frac{u_o}{u_o + U_{bz}} U_{im} = \frac{R}{\pi r_d} U_{im}(\tan \theta - \theta) \tag{6.60}$$

在 $U_{bz} = 0$ 或 $u_d < U_{bz}$ 的条件下,式(6.60)可写成

$$\tan \theta - \theta = \frac{\pi r_d}{R} \tag{6.61}$$

在 θ 很小的条件下 $(\theta < \pi/6 \text{ rad})$，$\tan \theta$ 可展开成级数

$$\tan \theta = \theta + \frac{1}{3}\theta^3 + \frac{2}{15}\theta^5 + \cdots \tag{6.62}$$

忽略高次项，代入式(6.61)中，可得

$$\theta \approx \sqrt[3]{\frac{3\pi r_{\mathrm{d}}}{R}}\ (\text{rad}) \tag{6.63}$$

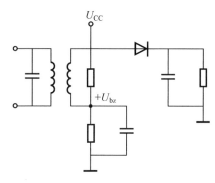

由式(6.63)可知，在 $U_{\mathrm{bz}} = 0$，$\theta < \pi/6 \text{ rad}$ 的条件下，通角 θ 仅与检波器的电路参数 r_{d} 和 R 有关，而与输入高频信号的振幅 U_{im} 无关。也就是说，在检波器电路确定之后，无论输入高频等幅波还是调幅波，其通角 θ 均保持不变。

在此应说明的是，检波二极管的导通电阻 r_{d} 通常比负载电阻 R 要小很多，$\theta < \pi/6 \text{ rad}$ 的条件是容易满足的。而 $U_{\mathrm{bz}} = 0$ 的条件，可以采用给检波电路加固定偏压的方法来获得。图 6.23 给出了加固定偏压的检波电路的形式。

图 6.23　加固定偏压的检波电路

由式(6.55)可得，输入电压为高频等幅波时的检波输出电压为

$$u_{\mathrm{o}} = u_{\mathrm{im}}\cos \theta - U_{\mathrm{bz}} = u_{\mathrm{im}}\cos \theta \tag{6.64}$$

对于输入信号为 $u_{\mathrm{i}} = U_{\mathrm{im}}(1 + m_{\mathrm{a}}\cos \Omega t)\cos \omega_{\mathrm{i}} t$ 的调幅波，由于 $\omega_{\mathrm{i}} \gg \Omega$，在高频电压一周内，由 Ω 引起的振幅变化可以认为是不变的。则检波输出电压为

$$u_{\mathrm{o}} = U_{\mathrm{im}}(1 + m_{\mathrm{a}}\cos \omega_{\mathrm{i}} t)\cos \theta \tag{6.65}$$

3. 大信号检波器的技术指标

(1) 电压传输系数。

若输入电压为 $u_{\mathrm{i}} = U_{\mathrm{im}}\cos \omega_{\mathrm{i}} t$ 的等幅波，则检波器的输出电压 $u_{\mathrm{o}} = U_{\mathrm{im}}\cos \theta$。根据输入为等幅波时电压传输系数的定义，则

$$K_{\mathrm{d}} = \frac{U_{\mathrm{im}}\cos \theta}{U_{\mathrm{im}}} = \cos \theta \tag{6.66}$$

若输入电压为 $u_{\mathrm{i}} = U_{\mathrm{im}}(1 + m_{\mathrm{a}}\cos \Omega t)\cos \omega_{\mathrm{i}} t$ 的调幅波，检波器的输出电压 $u_{\mathrm{o}} = U_{\mathrm{im}}(1 + m_{\mathrm{a}}\cos \Omega t)\cos \theta$。根据调幅波的电压传输系数的定义，可得

$$K_{\mathrm{d}} = \frac{m_{\mathrm{a}}U_{\mathrm{im}}\cos \theta}{m_{\mathrm{a}}U_{\mathrm{im}}} = \cos \theta \tag{6.67}$$

(2) 等效输入电阻 R_{id}。

检波器通常都是作为前级电路的负载，其等效输入电阻将会影响前级电路的特性。例如，检波器的前级为调谐放大器时，检波器的等效输入电阻就是调谐放大器的负载，它将会影响调谐回路的品质因数 Q_{L}，这样一来，放大器的电压增益和通频带都与检波器的输入电阻有关。因而必须讨论检波器的等效输入电阻由哪些量来决定。

根据定义，等效输入电阻为输入高频电压振幅与流过检波二极管的高频电流的基波振幅之比，即

$$R_{\mathrm{id}} = \frac{U_{\mathrm{im}}}{I_{\mathrm{1m}}} \tag{6.68}$$

由电流余弦脉冲分解公式，可得电流脉冲中的基波分量振幅为

$$I_{1m} = I_M\alpha_1(\theta) = \frac{1}{\pi r_d}U_{im}(\theta - \sin\theta\cos\theta)$$

所以

$$R_{id} = \frac{U_{im}}{I_{1m}} = \frac{\pi r_d}{\theta - \sin\theta\cos\theta} \tag{6.69}$$

将式(6.61)代入式(6.69)得

$$R_{id} = \frac{\tan\theta - \theta}{\theta - \sin\theta\cos\theta}R \tag{6.70}$$

将 $\tan\theta$、$\cos\theta$、$\sin\theta$ 展开成级数

$$\tan\theta = \theta + \frac{1}{3}\theta^3 + \frac{2}{15}\theta^5 + \cdots$$

$$\cos\theta = 1 - \frac{1}{2!}\theta^2 + \frac{1}{4!}\theta^4 - \cdots$$

$$\sin\theta = \theta - \frac{1}{3!}\theta^3 + \frac{1}{5!}\theta^5 - \cdots$$

并代入式(6.70)，通常 θ 很小，可忽略高次项，可得

$$R_{id} = \frac{(\theta + \frac{1}{3}\theta^3) - \theta}{\theta - (\theta - \frac{1}{3!}\theta^3)(1 - \frac{1}{2!}\theta^2)}R = \frac{\frac{1}{3}\theta^3}{\frac{1}{3!}\theta^3 + \frac{1}{2!}\theta^3}R = \frac{1}{2}R \tag{6.71}$$

(3) 失真。

检波器在实现对调幅信号进行解调时，为了取出原调制频率 Ω，通常要有隔直电容 C_c 作为耦合电容与下级输入电阻 R_L 相连接，在 R_L 上即可取出所需的调制信号。图 6.24 所示为一个考虑了耦合电容 C_c 后的检波电路。

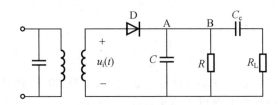

图 6.24 考虑耦合电容的检波电路

检波器的失真可分频率失真、非线性失真、惰性失真和负峰切割失真。

① 频率失真。

当输入信号是调制频率为 $\Omega_{min} \sim \Omega_{max}$ 的调幅波时，检波器输出端 A 点的电压频率包含直流、$\Omega_{min} \sim \Omega_{max}$，而输出 B 点的电压频谱包含 $\Omega_{min} \sim \Omega_{max}$。低通滤波器 RC 具有一定的频率特性，电容 C 的主要作用是滤除调幅波中的载波频率分量，为此应满足

$$\frac{1}{\omega_i C} \ll R \tag{6.72}$$

但是，当 C 取得过大时，对于检波后输出电压的上限频率 Ω_{max} 来说，C 的容抗将产生旁路作用。不同的 Ω 将产生不同的旁路作用。这样便引起了频率失真。为了不产生频率失

真,应使电容 C 的容抗对上限频率 $\Omega_{\max}$ 不产生旁路作用,为此应满足

$$\frac{1}{\Omega_{\max}C} \gg R \tag{6.73}$$

耦合电容 C_c 的容抗将影响检波器下限频率 $\Omega_{\min}$ 的输出电压,即在 $\Omega_{\min} \sim \Omega_{\max}$ 范围内,电容 C_c 上电压降大小不同,在输出端 B 点的电压会因此而产生频率失真。为了不引起频率失真,应使 C_c 对于下限频率 $\Omega_{\min}$ 的电压降很小,必须满足

$$\frac{1}{\Omega_{\min}C} \ll R_L \tag{6.74}$$

② 非线性失真。

实际二极管的伏安特性的起始部分是弯曲的,而在分析大信号检波器时,是采用折线来近似表示的。就伏安特性来说,在电压较小时,电流变化缓慢,而电压大时,电流增加得快。这样,当检波器输入为调幅波时,在调幅波包络的正半周,单位输入电压引起的电流变化大,检波输出电压大,而在调幅波包络的负半周,二极管电流变化的速度慢,单位输入电压引起的电流变化小,检波输出电压小,这样就造成了检波器输出电压正、负半周的不对称。这种波形的不对称是二极管伏安特性非线性引起的信号失真。

值得注意的是,检波器的输出电压是二极管的反向偏压,具有负反馈作用。输出电压大,负反馈强,输出电压减小,负反馈减弱。这个反向偏压的调整作用,使二极管电流的动态运用范围减小。显然,这将使非线性失真减小。检波负载电阻越大,反向偏压越大,非线性失真就越小。一般说来,二极管大信号检波器的失真较小。

③ 惰性失真。

检波器的低通滤波器 RC 的数值大小对检波器的特性有较大影响。负载电阻 R 越大,检波器的电压传输系数 K_d 越大,等效输入电阻 R_{id} 越大,非线性失真越小。但是随着负载电阻 R 的增大,RC 的时间常数将增大,就有可能产生惰性失真。

大信号检波器是利用二极管单向导电性和电容 C 的充电放电来实现的。在正常情况下,在高频电压一周内,二极管导通一次。导通时,电容 C 经二极管内阻 r_d 被充电。截止时,电容 C 通过负载电阻 R 放电。充放电过程所产生的锯齿波,其平均值与高频信号电压的包络一致。

从图 6.25 可知,二极管导通时对电容 C 充电。因为充电时间常数 r_dC 较小,充电快。二极管截止时电容 C 通过 R 放电。当 RC 太大时,放电很慢,电容上电压在其中一段时间内均高于输入电压,二极管一直截止。这样,输出电压的变化规律就不能反映输入电压的变化规律,从而产生失真。在输入信号电压振幅重新超过输出电压时,二极管才重新导通,这种失真是由电容 C 放电速度太慢引起的,所以称为惰性失真。

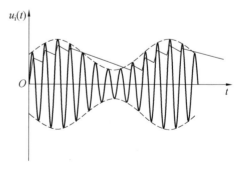

图 6.25　惰性失真

显然,当电容器上电压变化的速度比调幅波振幅变化的速度快时,则不会产生惰性失真,即

$$\left|\frac{\mathrm{d}u_\mathrm{c}}{\mathrm{d}t}\right| \geqslant \left|\frac{\mathrm{d}U'_\mathrm{im}}{\mathrm{d}t}\right|$$

设输入高频调幅波为 $u_\mathrm{i} = U_\mathrm{im}(1 + m_\mathrm{a}\cos\Omega t)\cos\omega_\mathrm{i}t$，其振幅为 $U'_\mathrm{im} = U_\mathrm{im}(1 + m_\mathrm{a}\cos\Omega t)$。振幅变化速度为

$$\left|\frac{\mathrm{d}U'_\mathrm{im}}{\mathrm{d}t}\right| = m_\mathrm{a}\Omega U_\mathrm{im}\sin\Omega t \tag{6.75}$$

电容器 C 通过电阻 R 放电，放电时通过 C 的电流为

$$i_\mathrm{c} = C\frac{\mathrm{d}u_\mathrm{c}}{\mathrm{d}t}$$

通过 R 的电流为

$$i_\mathrm{R} = \frac{u_\mathrm{c}}{R}$$

因为 $i_\mathrm{c} = i_\mathrm{R}$，即

$$C\frac{\mathrm{d}u_\mathrm{c}}{\mathrm{d}t} = \frac{u_\mathrm{c}}{R}$$

所以

$$\frac{\mathrm{d}u_\mathrm{c}}{\mathrm{d}t} = \frac{u_\mathrm{c}}{RC} \tag{6.76}$$

设大信号检波器的电压传输系数 $K_\mathrm{d} \approx 1$，则

$$u_\mathrm{c} = U_\mathrm{im}(1 + m_\mathrm{a}\cos\Omega t)K_\mathrm{d} = U_\mathrm{im}(1 + m_\mathrm{a}\cos\Omega t)$$

代入式 (6.76) 可得

$$\frac{\mathrm{d}u_\mathrm{c}}{\mathrm{d}t} = \frac{U_\mathrm{im}}{RC}(1 + m_\mathrm{a}\cos\Omega t) \tag{6.77}$$

不产生惰性失真的条件为

$$\left|\frac{\mathrm{d}u_\mathrm{c}}{\mathrm{d}t}\right| \geqslant \left|\frac{\mathrm{d}U'_\mathrm{im}}{\mathrm{d}t}\right|$$

令 $A = \left|\dfrac{\mathrm{d}U'_\mathrm{im}}{\mathrm{d}t}\right| \Big/ \dfrac{\mathrm{d}u_\mathrm{c}}{\mathrm{d}t}$，则不产生惰性失真的条件为 $A \leqslant 1$。

将式 (6.75) 和式 (6.76) 代入上式得

$$A = RC\Omega\left|\frac{m_\mathrm{a}\sin\Omega t}{1 + m_\mathrm{a}\cos\Omega t}\right|$$

因为 A 是 t 的函数，只有 $A_\mathrm{max} \leqslant 1$，才能保证不产生惰性失真。将 A 值对 t 求导数，并令 $\mathrm{d}A/\mathrm{d}t = 0$，可以求得

$$A_\mathrm{max} = RC\Omega\frac{m_\mathrm{a}}{\sqrt{1 - m_\mathrm{a}^2}} \tag{6.78}$$

式中 Ω——调幅信号中的调制信号的角频率。

不产生惰性失真的条件是

$$RC\Omega\frac{m_\mathrm{a}}{\sqrt{1 - m_\mathrm{a}^2}} \leqslant 1 \tag{6.79}$$

若调幅波为多频调制，其调制信号的角频率为 $\Omega_\mathrm{min} \sim \Omega_\mathrm{max}$，则不产生惰性失真的条件是

$$RC\Omega_\mathrm{max}\frac{m_\mathrm{a}}{\sqrt{1 - m_\mathrm{a}^2}} \leqslant 1 \tag{6.80}$$

$$RC\Omega_{\max} \leqslant \frac{\sqrt{1 - m_a^2}}{m_a} \tag{6.81}$$

④ 负峰切割失真。

为了将调制信号 Ω 传送到下级负载 R_L 上，采用了隔直耦合电容 C_c 来实现，其电路如图 6.26 所示。当输入电压为调幅波 $u_i = U_{im}(1 + m_a \cos\Omega t)\cos\omega_i t$ 时，检波器输出 $u_A = U_{im}(1 + m_a \cos\Omega t)\cos\theta$，而 $u_B = m_a U_{im}\cos\Omega t\cos\theta$，在电容 C_c 上建立电压为直流 $U_{im}\cos\theta$。因为 C_c 的电容量大，其上电压可认为在 Ω 一周内保持不变。这个电压再通过 R 和 R_L 的分压，将会在电阻 R 上建立分压 U_R。这个电压对二极管 D 来说是反向偏压。当输入调幅信号振幅的最小值附近电压数值小于 U_R 时，二极管 D 截止，将会产生输出电压波形的底部被切割。图 6.26 是其波形图。通常称其为负峰切割失真。

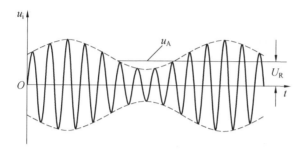

图 6.26　负峰切割失真波形

由上述讨论可见，不产生负峰切割失真的条件是输入调幅波的振幅的最小值必须大于或等于 U_R。假设 $K_d = \cos\theta = 1$，即

$$U_{im}(1 - m_a) \geqslant U_R = \frac{R}{R + R_L}U_{im}$$

可得

$$m_a \leqslant \frac{R_L}{R + R_L} = \frac{R_\Omega}{R} \tag{6.82}$$

其中 $R_\Omega = R_L R/(R + R_L)$。

由式 (6.82) 可见，当 m_a 一定时，R_Ω 越接近于 R，负峰切割失真越不易产生，而提高 R_Ω 需要提高 R_L。在实际应用中，为了提高 R_L，可在检波器和下级放大器之间插入一级射极跟随器，另外还可以如图 6.27 所示，将直流负载电阻 R 分成两部分再与下级连接。

电路中直流负载电阻与交流负载电阻分别为

$$R = R_1 + R_2$$

$$R_\Omega = R_1 + \frac{R_L R_2}{R_2 + R_L}$$

显然，当 R 一定时，R_1 越大则交、直流负载电阻差别就越小，负峰切割失真也就不易产生。但是由于 R_1、R_2 的分压作用，使有用的输出电压也减小了。因此应兼顾二者，通常取

$$R_1 = (0.1 \sim 0.2)R_2$$

为了提高检波器的高频滤波能力，进一步滤去高频分量，在电路中的 R_2 上并接了电容 C_2。滤波电路的时间常数为

$$RC = (R_1 + R_2)C_1 + R_2 C_2$$

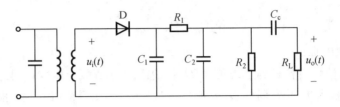

图 6.27　减小交直流负载差别的检波电路

通常取 $C_1 = C_2$。

6.5.2　小信号包络检波

　　小信号检波是高频输入信号的振幅小于 0.2 V，利用二极管伏安特性弯曲部分进行频率变换，然后通过低通滤波器来实现检波。通常称其为平方律检波。

1. 小信号检波的工作原理

　　图 6.28 所示是二极管小信号检波器的原理电路。因为是小信号输入，需外加偏压 U_Q 使其静态工作点位于二极管特性曲线的弯曲部分的 Q 点。

　　当加的输入信号为调幅信号时，二极管中的电流变化规律如图 6.29 所示。图中输入为对称的调幅信号，由于二极管伏安特性的非线性，二极管的电流变化则为失真的非对称调幅电流 i_d。波形失真表明产生了新的频率，而其中包含有调制信号频率 Ω 的成分 I_Ω。经过滤波器后，就可以得到所需的原调制信号。

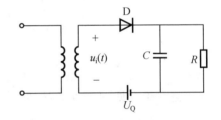

图 6.28　二极管小信号检波器

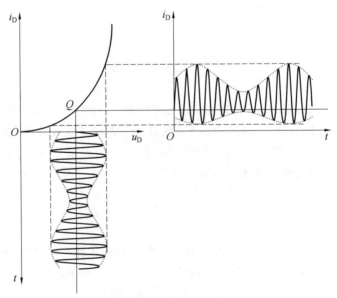

图 6.29　输入为小信号调幅信号时的工作过程

2. 小信号检波器的分析

二极管的伏安特性在工作点 Q 附近,可用泰勒级数展开,即

$$i_d = b_0 + b_1(u_d - U_Q) + b_2(u_d - U_Q)^2 + b_3(u_d - U_Q)^3 + \cdots \tag{6.83}$$

因为二极管小信号检波器输出电压很小,忽略输出电压的反作用,可得

$$u_d = u_i + U_Q$$

则

$$i_d = b_0 + b_1 u_i + b_2 u_i^2 + b_3 u_i^3 + \cdots$$

当 u_i 较小时,可忽略其高次项,可得

$$i_d = b_0 + b_1 u_i + b_2 u_i^2 \tag{6.84}$$

式中　　b_0——二极管偏置电流,$b_0 = I_Q$;

$\quad b_1$、b_2——工作点处泰勒级数的展开式系数。

当输入为等幅波 $u_i = U_{im} \cos \omega_i t$ 时,得

$$i_d = I_Q + b_1 U_{im} \cos \omega_i t + b_2 U_{im}^2 \cos^2 \omega_i t =$$

$$I_Q + b_1 U_{im} \cos \omega_i t + \frac{1}{2} b_2 U_{im}^2 (1 + \cos 2\omega_i t) \tag{6.85}$$

经低通滤波器取出 $I_Q + b_2 U_{im}^2 / 2$。其中 $b_2 U_{im}^2 / 2$ 为直流电流增量,它代表二极管的检波作用的结果。输出电压增量为 $b_2 U_{im}^2 R / 2$。

当输入信号为调幅波 $u_i = U_{im}(1 + m_a \cos \Omega t) \cos \omega_i t$ 时,因为 $\omega_i \gg \Omega$,可认为在 ω_i 一周内 $U_{im}(1 + m_a \cos \Omega t) = U'_{im}$ 是不变的。这样检波器的输出电压增量为

$$\frac{1}{2} b_2 U'^2_{im} R = \frac{1}{2} b_2 R U_{im}^2 (1 + m_a \cos \Omega t)^2 =$$

$$\frac{1}{2} b_2 R U_{im}^2 + \frac{1}{4} b_2 R m_a^2 U_{im}^2 + b_2 m_a R U_{im}^2 \cos \Omega t + \frac{1}{4} b_2 R m_a^2 U_{im}^2 \cos 2\Omega t$$

此电压增量经 C_c 隔直耦合在 R 上得到电压为

$$b_2 m_a R U_{im}^2 \cos \Omega t + \frac{1}{4} b_2 R m_a^2 U_{im}^2 \cos 2\Omega t$$

可见输出电压中除 Ω 分量外,还有 2Ω 的频率成分,也就是产生了非线性失真。

3. 小信号检波器的主要技术指标

输入为等幅波时,小信号检波器的电压传输系数为

$$K_d = \frac{\frac{1}{2} b_2 U_{im}^2 R}{U_{im}} = \frac{1}{2} b_2 U_{im} R \tag{6.86}$$

而输入为调幅波时,小信号检波器的电压传输系数为

$$K_d = \frac{b_2 m_a U_{im}^2 R}{m_a U_{im}} = b_2 U_{im} R \tag{6.87}$$

上式说明,小信号检波器的电压传输系数 K_d 不是常数,而是与输入高频电压的振幅成正比。当输入高频电压振幅 U_{im} 很小时,电压传输系数 K_d 也很小。即检波效率很低,这是小信号检波器的缺点。

对于小信号检波器而言,因为负载上的电压降一般很小,而且二极管一直处于导通状态,所以检波器的等效输入电阻可近似地认为等于二极管的导通电阻 r_d。

小信号检波器的非线性失真系数为

$$K_f = \frac{\sqrt{U_{2\Omega m}^2 + U_{3\Omega m}^2 + \cdots}}{U_{\Omega m}} = \frac{\frac{1}{4} b_2 m_a^2 U_{im}^2}{b_2 m_a U_{im}^2} = \frac{1}{4} m_a$$

可见,调制系数 m_a 越大,则 K_f 越大,失真越严重。非线性失真大是小信号检波器的又一个缺点。

因为小信号检波器的输出电压与输入信号振幅的平方成正比,所以常用来作为测量信号功率的方法之一。

6.6 同步检波器

同步检波器用于载波被抑制的双边带或单边带信号进行解调。它的特点是必须外加一个频率和相位都与被抑制的载波相同的电压。同步检波的名称即由此而来。

外加载波信号电压加入同步检波器可以有两种方式:一种是将它与接收信号在检波器中相乘,经低通滤波器后,检出原调制信号,如图 6.30(a) 所示;另一种是将它与接收信号相加,经包络检波器后取出原调制信号,如图 6.30(b) 所示。

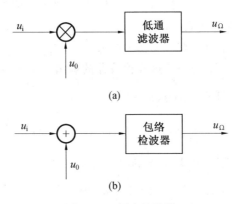

图 6.30 同步检波器

先讨论图 6.30(a) 所示的乘积检波器。设输入的已调波为载波分量被抑制的双边带信号 u_i,即

$$u_i = U_{im} \cos \Omega t \cos \omega_i t \tag{6.88}$$

本地载波电压

$$u_0 = U_0 \cos(\omega_0 t + \varphi) \tag{6.89}$$

本地载波的角频率 ω_0 准确地等于输入信号载波的角频率 ω_i,即 $\omega_0 = \omega_i$,但二者的相位可能不同;这里 φ 表示它们的相位差。

这时相乘输出(假定相乘器传输系数为 1)

$$u_2 = U_{im} U_0 (\cos \Omega t \cos \omega_i t) \cos(\omega_i t + \varphi) =$$
$$\frac{1}{2} U_{im} U_0 \cos \varphi \cos \Omega t + \frac{1}{4} U_{im} U_0 \cos[(2\omega_i + \Omega)t + \varphi] +$$
$$\frac{1}{4} U_{im} U_0 \cos[(2\omega_i - \Omega)t + \varphi] \tag{6.90}$$

低通滤波器滤除 $2\omega_i$ 附近的频率分量后,就得到频率为 Ω 的低频信号,有

$$u_{\Omega} = \frac{1}{2} U_{\text{im}} U_0 \cos \varphi \cos \Omega t \qquad (6.91)$$

由式(6.91)可见,低频信号的输出幅度与 $\cos \varphi$ 成正比。当 $\varphi = 0$ 时,低频信号电压最大,随着相位差 φ 加大,输出电压减弱。因此,在理想状况下,除本地载波与输入信号载波的角频率必须相等外,希望二者的相位也相等。此时,乘积检波称为"同步检波"。

对单边带信号来说,解调过程也是一样的,不再重复。

若输入为含有载波频率的已调波,则本地载波频率可用一个中心频率为 ω_0 的窄带滤波器直接从已调波信号中取得。

采用环形或桥形调制器电路,都可做成同步检波器电路,只是将调制电路中的音频信号输入改为双边带或单边带信号输入,即成为乘积检波电路。也可以采用模拟乘法器作为乘积检波器,同样是将音频信号输入改为双边带或单边带信号输入即可。

对于图 6.30(b) 所示的电路,合成输入信号为

$$u = u_i + u_0$$

此处,u_0 为本振电压 $U_0 \cos \omega_0 t$。设 u_i 为单边带信号 $U_{\text{im}} \cos(\omega_0 + \Omega) t$,则

$$\begin{aligned} u &= U_{\text{im}} \cos(\omega_0 + \Omega) t + U_0 \cos \omega_0 t = \\ & U_{\text{im}} \cos \omega_0 t \cos \Omega t + U_0 \cos \omega_0 t - U_{\text{im}} \sin \omega_0 t \sin \Omega t = \\ & U_{\text{m}} \cos(\omega_0 t + \theta) \end{aligned} \qquad (6.92)$$

式中

$$U_{\text{m}} = \sqrt{(U_0 + U_{\text{im}} \cos \Omega t)^2 + (U_{\text{im}} \sin \Omega t)^2} \qquad (6.93)$$

$$\theta = \arctan \frac{-U_{\text{im}} \sin \Omega t}{U_0 + U_{\text{im}} \cos \Omega t} \qquad (6.94)$$

由此可知,合成信号的包络 U_{m} 和相角 θ 都受到调制信号的控制,因而由包络检波器构成的同步检波器检出的调制信号显然有失真。为使失真减小到允许值,就必须使 $U_0 \gg U_{\text{1m}}$。分析如下:

式(6.93)可改写为

$$\begin{aligned} U_{\text{m}} &= U_0 \left[1 + 2 \frac{U_{\text{im}}}{U_0} \cos \Omega t + \left(\frac{U_{\text{im}}}{U_0} \right)^2 \right]^{\frac{1}{2}} \approx \\ & U_0 \left(1 + 2 \frac{U_{\text{im}}}{U_0} \cos \Omega t \right)^{\frac{1}{2}} \approx \\ & U_0 \left[1 + \frac{U_{\text{im}}}{U_0} \cos \Omega t - \frac{1}{8} \left(2 \frac{U_{\text{im}}}{U_0} \cos \Omega t \right)^2 \right] \approx \\ & U_0 \left[1 - \frac{1}{4} \left(\frac{U_{\text{im}}}{U_0} \right)^2 + \frac{U_{\text{im}}}{U_0} \cos \Omega t - \frac{1}{4} \left(\frac{U_{\text{im}}}{U_0} \right)^2 \cos 2\Omega t \right] \end{aligned} \qquad (6.95)$$

式中二次谐波与基波振幅之比定义为

$$K_{\text{f2}} = \frac{1}{4} \frac{U_{\text{im}}}{U_0}$$

若要求 $K_{\text{f2}} < 2.5\%$,则要求 U_0 应比 U_{im} 大 10 倍以上。

下面讨论本地载波产生方法以及本地载波频率和相位与输入信号载波频率和相位不同时产生的影响。

在单边带接收机中如何使得本地载波与输入信号载波频率一样呢?一种方法是发射机

除发射单边带信号外,还发射受到一定程度抑制的载波(又称导频)。当接收机收到导频后,去控制本地载波振荡器,使二者频率一样。另一种方法是发射机的信号载波振荡器和接收机的本地载波振荡器都采用频率稳定度很高的石英晶体振荡器,使两个频率保持不变。

至于本地载波与输入信号载波频率和相位不同时,显然会产生失真和输出减小等影响。

先讨论二者相位相同而频率不同的情况,这会引起解调失真。如果两个频率偏调 $\Delta\omega = \omega_0 - \omega_i$,则在解调式(6.11)所示的双边带信号时,可求得乘积检波器经滤波后得到的低频信号为

$$u_\Omega = \frac{1}{2}U_{im}U_0\cos \Omega t \cos \Delta\omega t \tag{6.96}$$

由式(6.96)可见,$\Delta\omega$ 影响了输出低频信号的幅度,且会产生失真(输出信号受一个频率很低的信号的控制)。

在解调单边带信号 $U_{im}\cos(\omega_0 + \Omega)t$ 时,可求得输出低频信号为

$$u_\Omega = \frac{1}{2}U_{im}U_0\cos(\Omega \pm \Delta\omega)t \tag{6.97}$$

式中加减号取决于 ω_0 高于 ω_i 还是低于 ω_i。

由式(6.97)可见,输出低频偏移了 $\Delta\omega$,同样产生失真。

最后,讨论输入信号载波和本地载波频率相同,而相位不同的情况。

由式(6.91)可见,$\cos \varphi$ 减小低频信号的输出幅度,但不会引起失真。但是,若 φ 是随机变化的,则输出信号也会起伏性衰减,影响解调质量。

6.7　数字信号调幅与解调

当调制信号为数字信号对载波进行幅度调制时,称为数字信号调幅,也称为幅度键控(ASK)。二进制数字振幅键控通常称为 2ASK。

数字调幅信号的解调与模拟调幅信号的解调相似。2ASK 信号的解调由振幅检波器完成,具体方法主要有两种:包络解调法和相干解调法。

6.7.1　数字信号调幅的基本原理

设二进制数字序列 a_n,即

$$a_n = \begin{cases} 1 & (\text{概率为 } P) \\ 0 & (\text{概率为 } 1-P) \end{cases} \tag{6.98}$$

将 a_n 通过基带信号形成器转换成单极性基带矩形序列 $S(t)$

$$S(t) = \sum_n a_n g(t-nT_s) \tag{6.99}$$

式中　$g(t)$——持续时间为 T_s 的矩形脉冲。

如果用模拟乘法器 $u = K_M u_1 u_2$ 将 $S(t)$ 与载波信号 $u_c(t) = U_m\cos \omega_c t$ 相乘,可得数字调幅波 $u(t)$ 为

$$u(t) = K_M\left[\sum_n a_n g(t-nT_s)\right]U_m\cos \omega_c t \tag{6.100}$$

实现数字信号调幅的原理框图如图 6.31 所示。其输出 2ASK 信号如图 6.32 所示。

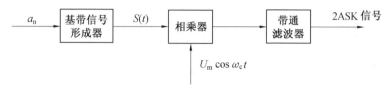

图 6.31　数字信号调幅的原理框图

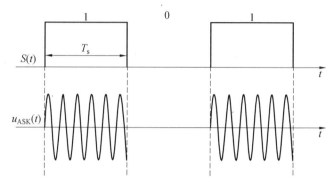

图 6.32　2ASK 信号波形图

6.7.2　数字信号调幅的实现方法

1. 乘法器实现法

利用相乘原理实现 2ASK，与模拟信号调幅相似，可以利用模拟乘法器来实现。图 6.33 所示利用环形调幅电路来实现 2ASK。其中输入载波信号加到 1、2 端，而基带数字信号加到 5、6 端。因为基带数字信号的性质决定 5 端电压始终大于或等于 6 端的电压，二极管 D_3、D_4 始终截止，实际上可不用，只有 D_1、D_2 的导通受基带数字信号控制。信号源发送"1"时，D_1、D_2 导通，在 3、4 端有载波信号输出；信号源发送"0"时，D_1、D_2 截止，在 3、4 端无输出。

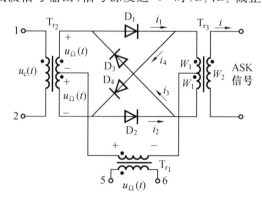

图 6.33　环形数字调幅电路

2. 键控法

用一个电键来控制载波振荡的输出可以获得 2ASK 信号，图 6.34 所示是这种方法的原理框图。

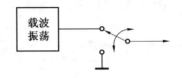

图 6.34　键控法产生 2ASK 信号的原理框图

6.7.3　数字调幅信号的解调方法

1. 包络解调法

图 6.35 所示是 2ASK 信号包络解调的原理框图。带通滤波器恰好使 2ASK 信号完整地通过,经包络检波法,输出其包络。低通滤波器的作用是滤除高频杂波,使基带包络信号通过。为了提高数字解调的性能,在低通滤波器后增加了抽样判决器,它包括抽样、判决及码元形成,有时又称为译码器。包络检波器输出基带包络经抽样、判决后将码元再生,即可恢复数字序列 a_n。

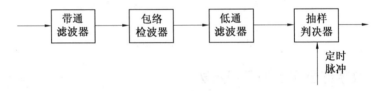

图 6.35　2ASK 信号包络解调的原理框图

2. 相干解调法

相干解调就是同步解调。与模拟调幅信号同步检波一样,利用乘法器实现同步检波,再通过抽样判决器恢复数字序列 a_n。图 6.36 所示是 2ASK 信号相干解调的原理框图。

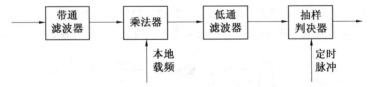

图 6.36　2ASK 信号相干解调的原理框图

6.8　振幅调制电路 Multisim 仿真

6.8.1　乘法器 Multisim 建模

参考乘法器 MC1496 器件数据手册,利用 Multisim 对其进行建模,建模结果如图 6.37 所示。

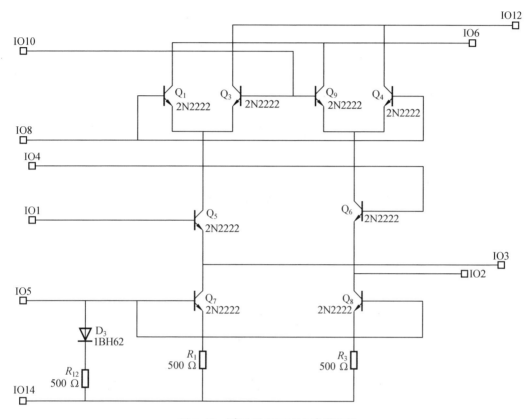

图 6.37　乘法器 MC1496 建模结果

6.8.2　振幅调制

利用乘法器搭建的振幅调制电路如图 6.38 所示。基带信号通过耦合电容 C_{11} 输入,载频信号通过耦合电容 C_7 输入,两个信号在乘法器 MC1496 中完成相乘过程,经过电容 C_8 耦合输出,得到 AM 波。

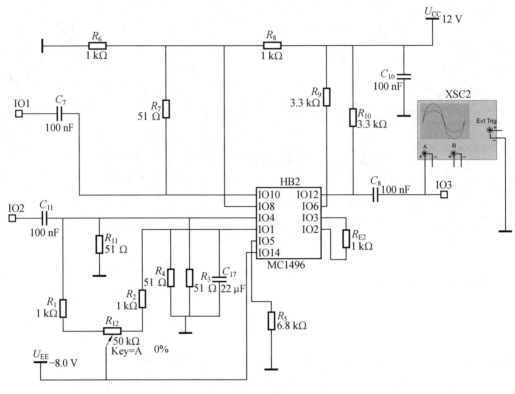

图 6.38 振幅调制电路

6.9 振幅调制信号的解调——包络检波器

经典的振幅调制信号解调采用包络检波的方式进行,其电路图如图 6.39 所示。振幅调制信号经过大比例耦合电感 T_2 变成大幅值振幅调制信号,利用二极管 D_1 的单向导通特性,对该振幅调制信号的上包络进行跟踪提取,再通过后续低通滤波电路对该包络进行平滑处理得到基带信号。

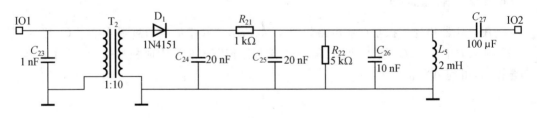

图 6.39 包络检波器

习　　题

6.1 已知载波电压为 $u_c(t) = U_{cm}\cos\omega_c t$,调制信号如题 6.1 图所示,$f_c \gg 1/T_\Omega$,分别画出 $m_a = 0.5$ 和 $m_a = 1$ 两种情况下所对应的普通调幅波波形。

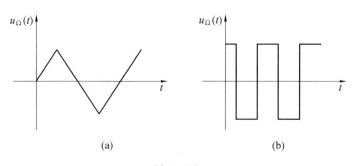

题 6.1 图

6.2 设某一广播电台的信号电压 $u(t)=20(1+0.3\cos 6\,280t)\cos 6.33\times 10^6 t$ mV,问此电台的频率是多少？调制信号的频率是多少？

6.3 为什么调制必须利用电子器件的非线性特性才能实现？它和小信号放大在本质上有什么不同？

6.4 有一调幅波,载波功率为 100 W,试求当 $m_a=1$ 与 $m_a=0.3$ 时的总功率、边频功率和每一边频的功率。

6.5 某发射机输出级在负载 $R_L=100$ Ω 上的输出信号为 $u(t)=4(1+0.5\cos \Omega t)$ $\cos \omega_c t$ V,试求总的输出功率、载波功率和边频功率。

6.6 试指出下列电压是什么已调波。写出已调波的电压表示式,并指出它们在单位电阻上消耗的平均功率及相应的频谱宽度。

(1) $u(t)=[2\cos(4\pi\times10^6 t)+0.1\cos(3\,996\pi\times10^3 t)+0.1\cos(4\,004\pi\times10^3 t)]$ V

(2) $u(t)=\{4\cos(2\pi\times10^6 t)+1.6\cos[2\pi\times(10^6+10^3)t]+0.4\cos[2\pi\times(10^6+10^4)t]+1.6\cos[2\pi\times(10^6-10^3)t]+0.4\cos[2\pi\times(10^6-10^4)t]\}$ V

6.7 试画出下列已调波的波形和频谱图。已知 $\omega_c\gg\Omega$,并说明它们是什么波。

(1) $u(t)=5(\cos \Omega t)\cos \omega_c t$ V

(2) $u(t)=5\cos[(\Omega+\omega_c)t]$ V

(3) $u(t)=(5+3\cos \Omega t)\cos \omega_c t$ V

6.8 单二极管调幅电路如题 6.8 图所示,输入的载波信号 $u_c(t)=U_{cm}\cos \omega_c t$ 和调制信号 $u_\Omega(t)=U_{\Omega m}\cos \Omega t$ 都为小信号,在偏置电压 U_Q 作用下,二极管偏置电流为 I_Q,在工作点附近二极管特性为 $i_D=I_Q+b_1(u_D-U_Q)+b_2(u_D-U_Q)^2+b_3(u_D-U_Q)^3+\cdots$,试分析:

(1) 流过负载电阻的电流包含哪些频率成分？应采取什么样的滤波器才能取出调幅波？

(2) 与单二极管开关状态调幅电路相比较,分析说明开关状态调幅特点是什么？

6.9 双二极管平衡调幅电路如题 6.9 图所示,在输入的载波信号 $u_c(t)=U_{cm}\cos \omega_c t$ 和调制信号 $u_\Omega(t)=U_{\Omega m}\cos \Omega t$ 都为小信号时,二极管的偏置电压应怎样加入？二极管的特性应怎样选取？并分析没有带通滤波器时,输出电流中所含有的频谱成分,与 $u_c(t)$ 为大信号时的开关状态调幅相比较有什么不同？

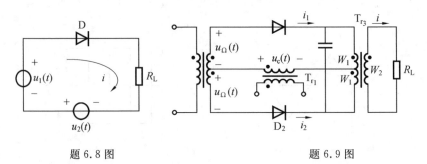

题 6.8 图 　　　　　　　　　　　　　题 6.9 图

6.10　二极管平衡调制器电路如题 6.10 图所示。如果载波信号 $u_c(t) = U_{cm}\cos \omega_c t$ 和调制信号 $u_\Omega(t) = U_{\Omega m}\cos \Omega t$ 的注入位置如图所示，$U_{cm} \gg U_{\Omega m}$，求 $u(t)$ 的表示式（输出调谐回路的中心频率为 ω_c）。

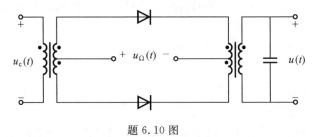

题 6.10 图

6.11　某调幅电路如题 6.11 图所示。图中 D_1、D_2 的伏安特性相同，均为自原点出发、斜率为 g_d 的直线，设调制电压 $u_\Omega(t) = U_{\Omega m}\cos \Omega t$，载波电压 $u_c(t) = U_{cm}\cos \omega_c t$，并且 $\omega_c \gg \Omega$，$U_{cm} \gg U_{\Omega m}$。

（1）试问这两个电路是否都能实现振幅调制作用？

（2）在能实现振幅调制的电路中，试分析其输出电流的频谱。

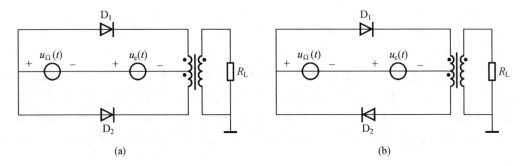

（a）　　　　　　　　　　　　　　　　（b）

题 6.11 图

6.12　题 6.12 图所示电路中，调制信号电压 $u_\Omega(t) = U_{\Omega m}\cos \Omega t$，载波电压 $u_c(t) = U_{cm}\cos \omega_c t$，并且 $\omega_c \gg \Omega$，$U_{cm} \gg U_{\Omega m}$，二极管特性相同，均为从原点出发、斜率为 g_d 的直线，试问图中电路能否实现双边带调制？为什么？

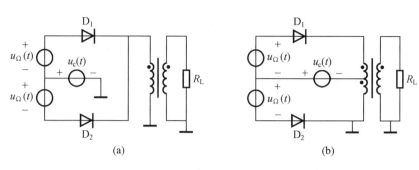

题 6.12 图

6.13　二极管环形调制器如题 6.13 图所示,设四个二极管的伏安特性完全一致,均为自原点出发、斜率为 g_d 的直线。调制信号 $u_\Omega(t)=U_{\Omega m}\cos\Omega t$,载波电压 $u_c(t)$ 为如图(b)所示的对称方波,重复周期为 $T_c=2\pi/\omega_c$,并且有 $U_{cm}>U_{\Omega m}$,试求输出电流的频谱分量。

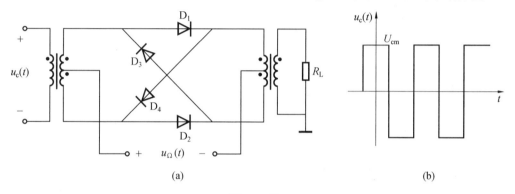

题 6.13 图

6.14　振幅检波器必须有哪几个组成部分? 各部分作用如何? 下列各电路能否检波? 图中 RC 为正常值,二极管为折线特性。

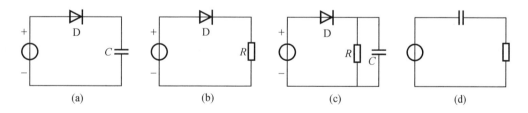

题 6.14 图

6.15　检波电路如题 6.15 图所示,二极管的 $r_d=100\ \Omega$,$U_{BZ}=0$,输入电压 $u_i=1.2(1+0.5\cos 10\pi\times 10^3 t)\cos 2\pi\times 465\times 10^3 t(V)$,试计算输出电压 u_A 和 u_B,等效输入电阻 R_{id},并判断能否产生负峰切割失真和惰性失真。

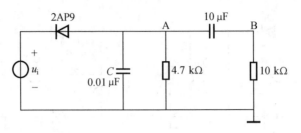

题 6.15 图

6.16　二极管检波电路如题 6.16 图所示。已知输入电压 $u_i(t) = 2[1 + 0.6\cos(2\pi \times 10^3 t)]\cos(2\pi \times 10^6 t)$ (V)，检波器负载电阻 $R = 5\ \text{k}\Omega$，二极管导通电阻 $r_d = 80\ \Omega$，$U_{BZ} = 0$，试求：

(1) 检波器电压传输系数 K_d。

(2) 检波器输出电压 u_A。

(3) 保证输出波形不产生惰性失真时的最大负载电容 C。

6.17　二极管检波器如题 6.17 图所示。已知 $R = 5\ \text{k}\Omega$，$R_L = 10\ \text{k}\Omega$，$C = 0.01\ \mu\text{F}$，$C_c = 20\ \mu\text{F}$，输入调幅波的载波为 465 kHz，最高调制频率为 5 kHz，调幅波振幅的最大值为 20 V，最小值为 5 V，二极管导通电阻 $r_d = 60\ \Omega$，$U_{BZ} = 0$，试求：

(1) u_A、u_B。

(2) 能否产生惰性失真和负峰切割失真？

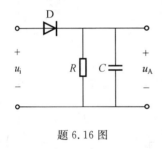

题 6.16 图

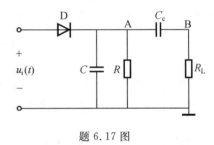

题 6.17 图

6.18　二极管检波电路如题 6.17 图所示。$R_L = 5\ \text{k}\Omega$，其他电路参数与题 6.17 相同，输入信号电压为

$$u_i(t) = 1.2\cos(2\pi \times 465 \times 10^3 t) + 0.36\cos(2\pi \times 462 \times 10^3 t) +$$
$$0.36\cos(2\pi \times 468 \times 10^3 t) \text{(V)}$$

试求：

(1) 调幅波的调幅指数 m_a、调制信号频率 F，并写出调幅波的数学表达式。

(2) 试问会不会产生惰性失真或负峰切割失真？

(3) u_A、u_B。

(4) 画出 A、B 点的瞬时电压波形图。

6.19　二极管检波电路如题 6.17 图所示。$u_i(t)$ 为调幅信号电压，其调制信号频率 $f = 100 \sim 10\ 000\ \text{Hz}$，$C = 0.01\ \mu\text{F}$，$R = 5\ \text{k}\Omega$，$R_L = 10\ \text{k}\Omega$，$C_c = 20\ \mu\text{F}$，$r_d = 60\ \Omega$，$U_{BZ} = 0$。试问：

(1) 不产生惰性失真，m_a 最大值应为多少？

(2) 不产生负峰切割失真，m_a 最大值应为多少？

（3）不产生惰性失真和负峰切割失真，m_a 应为多少？

6.20 二极管包络检波电路如题 6.20 图所示。已知：$f = 465\ \text{Hz}$，单频调制指数 $m_a = 0.3$，$R_P = 0 \sim 5.1\ \text{k}\Omega$，为不产生负峰切割失真，$R_P$ 的滑动点应放在什么位置？

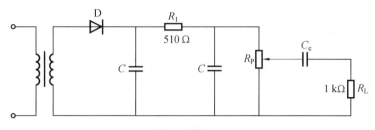

题 6.20 图

6.21 同步检波电路如题 6.21 图所示，乘法器的乘积因子为 K，本地载频信号电压 $u_o = \cos(\omega_c t + \varphi)$。若输入信号电压 u_i 为

（1）双边带调幅波

$$u_i = (\cos \Omega_1 t + \cos \Omega_2 t)\cos \omega_c t$$

（2）单边带调幅波

$$u_i = \cos(\omega_c + \Omega_1)t + \cos(\omega_c + \Omega_2)t$$

试分别写出两种情况下输出电压 $u(t)$ 的表达式。并说明是否有失真。假设：$Z_L(\omega_c) \approx 0$，$Z_L(\Omega) \approx R_L$。

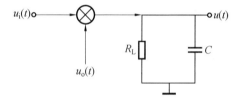

题 6.21 图

6.22 设乘积同步检波器中，$u_i(t) = U_{im}\cos \Omega t \cos \omega_i t$，而 $u_o = U_{om}\cos(\omega_i + \Delta\omega)t$，并且 $\Delta\omega < \Omega$，试画出检波器输出电压频谱。在这种情况下能否实现不失真解调？

6.23 设乘积同步检波器中，$u_i = U_{im}\cos(\omega_i + \Delta\omega)t$，即 u_i 为单边带信号，而 $u_o = U_{om}\cos(\omega_i t + \varphi)$，试问当 φ 为常数时能够实现不失真解调吗？

6.24 试用相乘器、相加器、滤波器组成产生下列信号的框图：

（1）AM 信号；

（2）DSB 信号；

（3）SSB 信号；

（4）2ASK 信号。

第 7 章

混 频 电 路

在无线通信接收机系统中,通常将射频段的高频信号进行频率变换转换成适合解调的中频信号,如超外差式 AM 收音机将电台射频信号通过频率变换转换成固定的中频信号,中频信号频率为 465 kHz。在无线通信发射机系统中,通常先将基带信号加载到中频信号上,然后对中频已调波进行变频,转换成适合发射和远距离传输的射频已调信号。本章重点介绍构成超外差式电台的基本单元混频电路。

7.1 概　　述

频率变换通常指将已调高频信号的载波频率从高频转换为中频,或者将已调中频信号的载波频率转换为高频,同时必须保持其调制规律不变。具有这种作用的电路称为混频电路或变频电路,也称混频器或变频器。

具体的功能结构如图 7.1 所示。

图 7.2 是一具体的例子,输入高频调幅波 u_s 的载频范围为 $1.7 \sim 6$ MHz,与本振等幅波 u_0 的频率范围为 $2.165 \sim 6.465$ MHz,经混频后,输出频率为 $(2.165 \sim 6.465)\text{MHz}-(1.7 \sim 6)\text{MHz}= 0.465$ MHz 的中频调幅波 u_i。输出的中频调幅波与输入的高频调幅波的调制规律完全相同。即变频前与变频后的频谱结构相同,只是中心频率由 f_s 改变为 f_i,即产生了

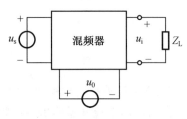

图 7.1　混频器的功能结构

频谱搬移。但应注意,高频已调信号的上、下边频搬移到中频位置后,分别成了下、上边频。参见图 7.3。

与其他频率变换电路一样,为了完成频率变换,必须有二极管、三极管、场效应管、差分对管、模拟乘法器等非线性元器件,完成频率的非线性变换,然后通过选频网络选出所需要的频率分量 ω_1。因此一般变频器由输入回路、非线性元器件、带通滤波器和本地振荡器四部分构成,组成功能框图如图 7.4 所示。

在实际应用中也可能将高频信号变为频率更高但固定的高中频信号。这时,同样只是把已调高频信号的载波频率变为更高的高中频,但调制规律保持不变。在频谱上也只是把已调波的频谱从高频位置移到高中频位置,各频谱分量的相对大小和相互间距离并不发生变化。输出的高中频可以取本振信号频率与输入信号频率的差频,也可以取它们的和频。

为了简单,假定输入到混频器的两个信号都是正弦波,且设混频器的伏安特性为

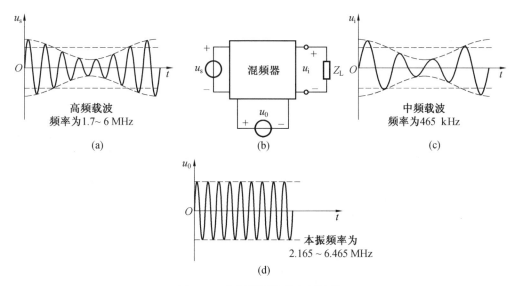

图 7.2　高频调幅波的变频波形

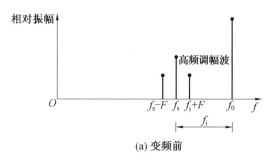

图 7.3　变频前后的频谱图

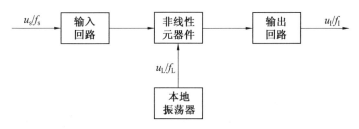

图 7.4　混频器的组成

$$i = b_0 + b_1 u + b_2 u^2$$

则将 $u = u_s + u_0 = U_{sm}\cos \omega_s t + U_{0m}\cos \omega_0 t$ 代入上式,即得

$$i = b_0 + b_1 U_{sm} \cos \omega_s t + b_1 U_{0m} \cos \omega_0 t + \frac{1}{2} b_2 U_{sm}^2 +$$

$$\frac{1}{2} b_2 U_{sm}^2 \cos 2\omega_s t + \frac{1}{2} b_2 U_{0m}^2 + \frac{1}{2} b_2 U_{0m}^2 \cos 2\omega_0 t +$$

$$b_2 U_{sm} U_{0m} \left[\cos(\omega_0 - \omega_s) t + \cos(\omega_0 + \omega_s) t \right] \tag{7.1}$$

因此,当两个不同频率的高频电压作用于非线性器件时,电流中不仅包含基波(ω_s,ω_0)成分,同时由于平方项的存在,还产生了许多新的频率成分(即直流、二次谐波、和频与差频等)。通常,振幅为 $b_2 U_{sm} U_{0m}$ 且与输入信号电压振幅成正比的差频分量 $\omega_0 - \omega_s$ 就是变频所需要的中频成分 ω_i。只要在输出端接上一个中心频率为 ω_i 的滤波网络,就能选出中频成分,而滤除其他成分。

以上假设 u_s 是正弦波的情况。如果 u_s 是调幅波,即它的振幅 U_{sm} 按照调制规律而变化,则由式(7.1)可知,输出中频电流 $b_2 U_{sm} U_{0m} \cos(\omega_0 - \omega_s) t$ 的振幅与 U_{sm} 成正比,即按同样调制规律而变化。这样,就完成了变频作用。

最后介绍一下变频器的主要技术指标。

(1) 变频增益。

变频器中频输出电压振幅 U_{im} 与高频输入信号电压振幅 U_{sm} 之比,称为变频电压增益或变频放大系数,变频电压增益表示如下:

变频电压增益 $\qquad\qquad A_{uc} = \dfrac{U_{im}}{U_{sm}} \tag{7.2}$

另一种表示方法为:

变频功率增益 $\qquad\qquad A_{pc} = \dfrac{\text{中频输出信号功率 } P_i}{\text{高频输入信号功率 } P_s} \tag{7.3}$

显然,变频增益高对提高接收机的灵敏度有利。

(2) 失真和干扰。

失真有频率失真(线性失真)与非线性失真。非线性还会产生组合频率、交叉调制与互相调制、阻塞和倒易混频等干扰。这些是变频器产生的特有干扰,以后还要讨论。

(3) 选择性。

接收有用信号(中频),排除干扰信号的能力决定于中频输出回路的选择性是否良好。

(4) 噪声系数。

变频器的噪声系数对接收设备的总噪声系数影响很大,应尽量降低。这就要求很好地选择所用器件和工作点电流。

7.2　二极管混频电路

二极管混频电路的工作原理与二极管平衡型调制及环型调制电路的工作原理相近,因此电路结构也相近,有二极管平衡型混频电路和二极管环型混频电路两类。它有组合频率少、动态范围大、噪声小、本振电压无反向辐射等优点。缺点是变频增益小于1。

7.2.1　二极管平衡型混频器

图7.5(a)是二极管平衡型混频器的原理性电路,图7.5(b)是它的等效电路。图7.5中

可以看到变压器 T_{r_1} 和 T_{r_2} 的中心抽头两边是对称的。由图可见,信号电压 $u_s = U_{sm} \cos \omega_s t$ 反相加在两个二极管 D_1 和 D_2 上;振荡电压 $u_0 = U_{0m} \cos \omega_0 t$ 同相地加在 D_1 和 D_2 上。如果 $U_{0m} > U_{sm}$,则 D_1 和 D_2 工作于开关状态,其开关频率为 $\omega_0/2\pi$。可得此时的开关函数为

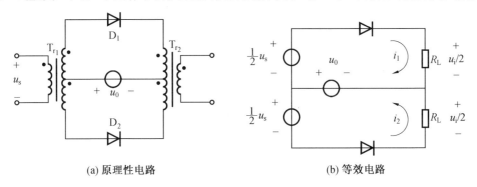

(a) 原理性电路　　　　　　　　　(b) 等效电路

图 7.5　二极管平衡型混频器

$$S(t) = \frac{1}{2} + \frac{2}{\pi} \cos \omega_0 t - \frac{2}{3\pi} \cos 3\omega_0 t + \frac{2}{5\pi} \cos 5\omega_0 t - \cdots \tag{7.4}$$

可以分别求出 i_1 与 i_2,此时 $\frac{1}{2} u_s$ 与 u_0 即分别相当于该式中的 u_1 与 u_2。有

$$i_1 = \frac{1}{r_d + R_L} S(t) \left(\frac{1}{2} u_s + u_0 \right) \tag{7.5}$$

$$i_2 = \frac{1}{r_d + R_L} S(t) \left(u_0 - \frac{1}{2} u_s \right) \tag{7.6}$$

经过变压器 T_{r_2} 的作用,输出应与 $i_1 - i_2$ 成比例,因此

$$i = i_1 - i_2 = \frac{1}{r_d + R_L} S(t) u_s =$$

$$\frac{1}{r_d + R_L} \left(\frac{1}{2} + \frac{2}{\pi} \cos \omega_0 t - \frac{2}{3\pi} \cos 3\omega_0 t + \frac{2}{5\pi} \cos 5\omega_0 t - \cdots \right) U_{sm} \cos \omega_s t \tag{7.7}$$

由式(7.7)可知,混频器输出的频率分量为 ω_s、$\omega_0 \pm \omega_s$、$3\omega_0 \pm \omega_s$、$5\omega_0 \pm \omega_s$、0、$\cdots$,与晶体管混频器输出电流中的频率分量 ω_0、$2\omega_0$、$3\omega_0$、$\cdots$,ω_s、$\omega_0 \pm \omega_s$、$2\omega_0 \pm \omega_s$、$3\omega_0 \pm \omega_s$、$\cdots$ 相比较可知,二极管平衡混频器的输出频率的组合分量大为减少。同时,在输入端没有本振角频率 ω_0 及其谐波分量的电压。没有 ω_0,说明本地振荡器无反向辐射;没有 $n\omega_0$,说明在输出中频回路选择性不够好的情况下,不致影响第一级中放的工作点。

7.2.2　二极管环型混频器(双平衡混频器)

为了在混频器中进一步抑制某些非线性频率分量的产生,目前还广泛采用环型混频器。环型混频器的原理电路如图 7.6 所示。本振电压从输入和输出变压器 T_{r_1}、T_{r_2} 中心抽头加入。四个二极管均按开关状态工作。各电流、电压的极性如图中所示。图 7.6 中实线箭头表示本振电压在负半周的电流方向;虚线箭头表示本振电压在正半周的电流方向。由图 7.6 可见,它相当于两个平衡混频器的组合。

在本振电压的正半周,二极管 D_1 与 D_3 导通,D_2 与 D_4 截止。此时,混频器相当于一个二极管反相型平衡混频器,如图 7.7 所示。

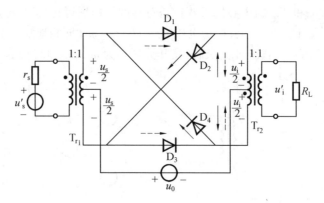

图 7.6　环型混频器

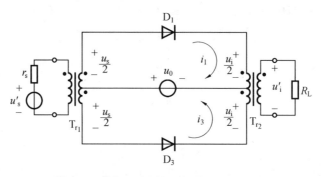

图 7.7　本振正半周的二极管环型混频器

这与上面分析的平衡混频器完全一样。由式(7.7)可见,在输出变压器 T_{r_2} 初级产生的电流为

$$i' = i_1 - i_3 = \frac{1}{r_d + R_L} S(t) u_s \tag{7.8}$$

在本振电压的负半周,二极管 D_2 与 D_4 导通,D_1 与 D_3 截止。此时,混频器也相当于一个二极管平衡混频器,如图 7.8 所示。

输出变压器 T_{r_2} 初级产生的电流为

$$i'' = i_4 - i_2 = \frac{1}{r_d + R_L} S^*(t) \left(-\frac{u_s}{2} - u_0 \right) - \frac{1}{r_d + R_L} S^*(t) \left(\frac{u_s}{2} - u_0 \right) =$$

$$\frac{-1}{r_d + R_L} S^*(t) u_s \tag{7.9}$$

式中　$S^*(t)$—— 相应于图 7.8 中本振电压极性的开关函数,它和 $S(t)$ 的区别仅在于二者在开关时间上相差半个振荡电压周期,如图 7.9 所示,即

$$S^*(t) = S\left(t + \frac{T}{2}\right) \tag{7.10}$$

$S^*(t)$ 可以写成

$$S^*(t) = \frac{1}{2} + \frac{2}{\pi} \cos \omega_0 \left(t + \frac{T}{2}\right) - \frac{2}{3\pi} \cos 3\omega_0 \left(t + \frac{T}{2}\right) + \cdots =$$

$$\frac{1}{2} + \frac{2}{\pi} \cos(\omega_0 t + \pi) - \frac{2}{3\pi} \cos(3\omega_0 t + 3\pi) + \cdots =$$

$$\frac{1}{2}+\frac{2}{\pi}\cos \omega_0 t-\frac{2}{3\pi}\cos \omega_0 t+\cdots \tag{7.11}$$

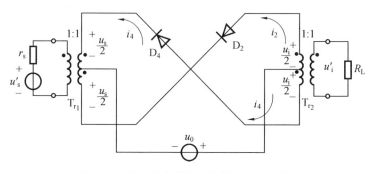

图 7.8　本振负半周的二极管环型混频器

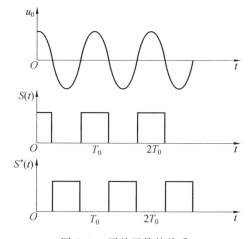

图 7.9　开关函数的关系

环型混频器的输出电流 $i=i'+i''$,由式(7.8) 与式(7.9) 得

$$i=\frac{1}{r_d+R_L}\left[S(t)-S^*(t)\right]u_s \tag{7.12}$$

由式(7.4) 与式(7.11) 得

$$S(t)-S^*(t)=\frac{4}{\pi}\cos \omega_0 t-\frac{4}{3\pi}\cos 3\omega_0 t+\cdots \tag{7.13}$$

因此式(7.12) 可改写为

$$i=\frac{1}{r_d+R_L}\left[\frac{4}{\pi}\cos \omega_0 t-\frac{4}{3\pi}\cos 3\omega_0 t+\cdots\right]u_s \tag{7.14}$$

若将 $u_s=U_s\cos \omega_s t$ 代入式(7.14) 可见,输出电流中除了和频 $\omega_0+\omega_s$ 与差频 $\omega_0-\omega_s$(中频) 成分之外,仅有 $3\omega_0 \pm \omega_s$、$5\omega_0 \pm \omega_s$ 等项,因此非线性产物进一步被抑制。

双平衡电路规定用符号 R、L 和 I 分别代表信号输入端口、本振输入端口和中频输出端口,各端口的匹配阻抗都是 50 Ω。当本振注入功率为 5 mW(相当于加在 50 Ω 电阻上的本振电压有效值为 0.5 V),输入信号功率小于本振功率 1/10 以下时,二极管工作于受本振电压控制的开关状态,混频损耗约为 4 dB。

7.3 晶体管混频电路

二极管混频器的最大缺点就是变频增益低,采用晶体管混频器可以获得较高的变频增益,因而在中短波接收机和测量仪器中广泛采用。但它有如下一些缺点:动态范围较小,一般只有几十毫伏;组合频率较多,干扰严重;噪声较大(与二极管相比较);在无高放的接收机中,本振电压可通过混频管极间电容从天线辐射能量,形成干扰,这种辐射称为反向辐射。下面详细讨论晶体管混频电路的工作原理及特点。

图 7.10 为晶体管混频器的原理性电路。图 7.10(a)中,本振电压 u_0 和信号电压 u_s 都加在晶体管的基极与发射极之间,利用基极与发射极之间的非线性特性来实现变频。实际上,晶体管混频器电路有多种形式。按照晶体管的组态和本振电压注入点的不同,有如图 7.10 所示的四种基本电路。其中图 7.10(a)和图 7.10(b)为共发混频电路。图 7.10(a)表示信号电压由基极输入,本振电压也由基极注入;图 7.10(b)表示信号电压由基极输入,本振电压由发射极注入;图 7.10(c)和图 7.10(d)为共基混频电路。图 7.10(c)表示信号电压由发射极输入,本振电压也由发射极注入,图 7.10(d)表示信号电压由发射极输入,本振电压由基极注入。

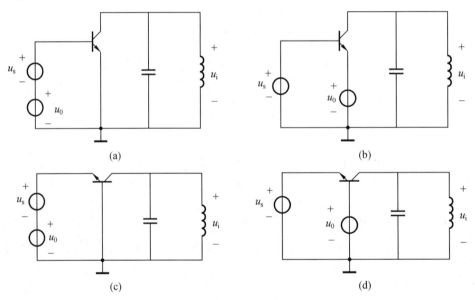

图 7.10 晶体管混频器的原理性电路

这四种电路组态各有其优缺点。

图 7.10(a)电路对振荡电压来说是共发电路,输入阻抗较大,因此用作混频时,本地振荡电路比较容易起振,需要的本振注入功率也较小。这是它的优点。但是因为信号输入电路与振荡电路相互影响较大(直接耦合),可能产生牵引现象。这是它的缺点。当 ω_s 与 ω_0 的相对频差不大时,牵引现象比较严重,不宜采用此种电路。

图 7.10(b)电路的输入信号与本振电压分别从基极输入和发射极注入,因此,相互干扰产生牵引现象的可能性小。同时,对于本振电压来说是共基电路,其输入阻抗较小,不易过激励,因此振荡波形好,失真小。这是它的优点,但需要较大的本振注入功率;不过通常所需

功率也只有几十毫瓦,本振电路是完全可以供给的。因此,这种电路应用较多。

图 7.10(c) 和图 7.10(d) 两种电路都是共基混频电路。在较低的频率工作时,变频增益低,输入阻抗也较低,因此在频率较低时一般都不采用。但在较高的频率工作时,因为共基电路的 f_α 比共发电路的 f_β 要大得多,所以变频增益较大。因此,在较高频率工作时也有采用这种电路的。

下面把晶体管混频器看成线性参变元件进行分析。

加上信号电压 u_s 和振荡电压 u_0 后,晶体管的转移特性如图 7.11 所示。

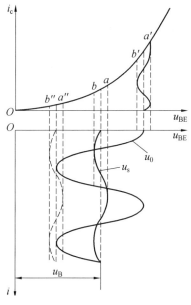

图 7.11　加电压后的晶体管转移特性曲线

由于信号电压 u_s 很小,无论它工作在特性曲线的哪个区域,都可以认为特性曲线是线性的。而由于本振信号 u_0 很大,在混频过程中,混频管的跨导(即转移特性曲线的斜率)是按 u_0 的角频率 ω_0 周期性地变化的。这时,集电极电流 i_c 和输入电压 u_{BE} 的关系式为

$$i_c = f(u_{BE}) = f(U_{BB} + u_0 + u_s) \tag{7.15}$$

式中　U_{BB}——直流偏置电压。

若信号电压 u_s 远小于本振电压 u_0,可得

$$i_c = (I_{c0} + I_{cm1} \cos \omega_0 t + I_{cm2} \cos 2\omega_0 t + \cdots) +$$
$$(g_0 + g_1 \cos \omega_0 t + g_2 \cos 2\omega_0 t + \cdots) \cdot U_{sm} \cos \omega_s t \tag{7.16}$$

若中频频差取差频 $\omega_i = \omega_0 - \omega_s$,则由上式可得出中频电流分量为

$$i_{im} = U_{sm} \frac{g_1}{2} \cos (\omega_0 - \omega_s) t \tag{7.17}$$

其振幅为

$$I_{im} = U_{sm} \frac{g_1}{2} \tag{7.18}$$

输出的中频电流振幅 I_{im} 与输入的高频信号电压振幅 U_{sm} 之比称为变频跨导 g_c,有

$$g_c = \frac{I_{im}}{U_{sm}} = \frac{1}{2} g_1 \tag{7.19}$$

晶体管的跨导 $g(t)$ 随本振信号 u_0 做周期性变化,可表示成

$$g(t) = g_0 + g_1 \cos \omega_0 t + g_2 \cos 2 \omega_0 t + \cdots \tag{7.20}$$

$$g_1 = \frac{2}{T} \int_{-\frac{T}{2}}^{\frac{T}{2}} g(t) \cos \omega_0 t \, dt \tag{7.21}$$

$g(t)$ 是一个复杂的函数,想用式(7.21)的积分关系求出 g_1 是很困难的。下面用图解法进行近似计算,适用于工程实际应用。

晶体管跨导 g 与 u_{BE} 的关系曲线如图 7.12 所示。

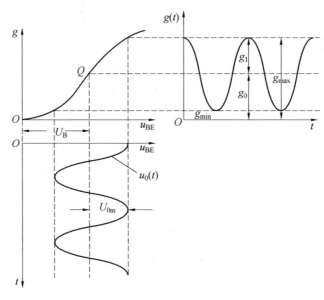

图 7.12　混频器跨导随本振电压的变化情况

设直流工作点选在曲线的线性部分的中间 Q 点处。同时认为,在本振电压 u_0 的作用下,跨导不超出线性范围,因此

$$g(t) = g_0 + g_1 \cos \omega_0 t$$

式中　　g_0——工作点的跨导。

由图 7.12 可见

$$g_1 = \frac{g_{max} - g_{min}}{2} \approx \frac{g_{max}}{2}$$

而 Q 点的

$$g_0 = \frac{g_{max} + g_{min}}{2} \approx \frac{g_{max}}{2}$$

所以当 $g_{max} \gg g_{min}$ 时,可得

$$g_1 = g_0 = \frac{g_{max}}{2}$$

即在数值上,g_1 可看成等于工作点的跨导 g_0。因而变频跨导

$$g_c = \frac{1}{2} g_0 = \frac{1}{2} g_1 = \frac{1}{4} g_{max} \tag{7.22}$$

晶体管用作放大器时,工作点可选在 g_{max} 附近,以得到较高的电压和功率增益;用作混频器时,由式(7.22)可知,g_c 仅为 g_{max} 的 1/4。因此,在负载相同的情况下,变频电压增益和

功率增益分别只有用作放大器时电压和功率增益的 1/4 和 1/16。

知道了变频跨导 g_c，即可求出变频电压增益与变频功率增益，参阅图 7.13 所示的晶体管混频器的等效电路。图中，g_{ic} 为输入电导；g_{oc} 为输出电导；g_c 为变频跨导；G_L 为负载电导。

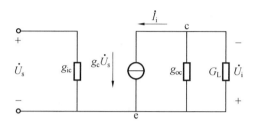

图 7.13　晶体管混频器的等效电路

由图 7.13 可得

$$U_i = \frac{g_c U_s}{g_{oc} + G_L}$$

因此变频电压增益为

$$A_{uc} = \frac{U_i}{U_s} = \frac{g_c}{g_{oc} + G_L} \tag{7.23}$$

变频功率增益为

$$A_{pc} = \frac{U_i^2 G_L}{U_s^2 g_{ic}} = \frac{g_c^2}{(g_{oc} + G_L)^2} \cdot \frac{G_L}{g_{ic}} = A_{uc}^2 \frac{G_L}{g_{ic}} \tag{7.24}$$

当 $G_L = g_{oc}$ 时，变频功率增益达到最大，即

$$A_{pc\max} = \frac{g_c^2}{4 g_{ic} g_{oc}} \tag{7.25}$$

7.4　差分对模拟乘法器混频电路

差分对混频器电路之一如图 7.14 所示。高频信号电压 $u_s = U_{sm} \cos \omega_s t$ 经变压器 T_{r_1} 推挽地（反相地）加在差分对晶体管 T_2 和 T_3 基极。本振信号电压 $u_0 = U_{0m} \cos \omega_0 t$ 加在恒流晶体管 T_1 的基极，使总电流 I_k 随 ω_0 周期性地变化。因此，差分对管可以看成一个参数（跨导）在改变的线性元件。当高频信号电压通过此线性参变元件时，便产生各种频率分量，其中的差频（中频）电压在变压器 T_{r_2} 次级输出。

同样，也可以把差分对混频器看成平衡混频器。高频信号电压反相地加在两个管子的基极，本振电压同相地加在两个管子的发射极。经过非线性变换后，两个管子的输出电流在中频变压器中反相叠加，滤除其他频率分量后，输出中频分量电压。

因此，差分对混频器在管子完全相同，且输入和输出变压器完全对称的情况下，输出端主要为所需要的差频 $\omega_0 - \omega_s$ 项，不包含本振角频率 ω_0 及其谐波，不包含信号角频率 ω_s 的偶次谐波，也不包含 u_s 的偶次方与 u_0 的相乘项所引起的组合频率。因此，差分对混频器抑制了许多组合频率，大大地减小了组合频率干扰。

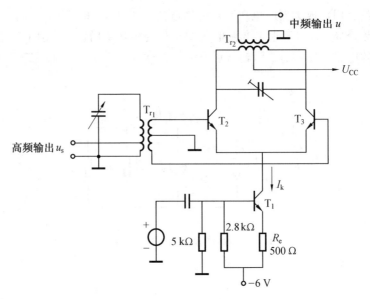

图 7.14　差分对模拟乘法混频电路

7.5　混频器中的干扰和失真

由以上各节的讨论已知,由于混频器的非线性效应所产生的干扰是很重要的问题,也是衡量混频器质量标准之一。在混频器中产生的干扰有:组合频率干扰和副波道干扰、交叉调制(交调)和相互调制(互调)、阻塞干扰和相互混频等。以下分别予以讨论,最后扼要介绍克服干扰的措施。

7.5.1　组合频率干扰(干扰哨声)和副波道干扰

（1）组合频率干扰。

如前所述,混频器的输出电流中,除需要的差频(中频)电流外,还存在一些谐波频率和组合频率,如 $3f_0$、$3f_s$、$2f_s-f_0$、$3f_s-f_0$、$2f_0-f_s$、$3f_0-f_s$、…。如果这些组合频率接近中频 $f_i=f_0-f_s$,并落在中频放大器的通频带内,它就能与有用信号(正确的中频信号 f_i)一道进入中频放大器,并被放大后加到检波器上。通过检波器的非线性效应,这些接近中频的组合频率与中频 f_i 差拍检波,产生音频,最终在耳机中以哨叫声的形式出现。

组合频率 f_k 的通式可以写成

$$f_k = \pm pf_0 \pm qf_s \tag{7.26}$$

式中　　p 和 q——任意正整数,它们分别代表本振频率和信号频率的谐波次数。

显然,只要满足以下关系

$$f_k = \pm pf_0 \pm qf_s \approx f_i \tag{7.27}$$

组合频率 f_k 的干扰信号就能进入中频放大器,经差拍检波后,产生干扰哨声。

式(7.27)包括以下四种情况:

$$pf_0 - qf_s \approx f_i$$
$$-pf_0 + qf_s \approx f_i$$

$$pf_0 + qf_s \approx f_i$$
$$- pf_0 + qf_s \approx f_i$$

第四种情况是不存在的，第三种情况是不可能的。如取 $f_i = f_0 - f_s$，则第一、二种情况可写成

$$f_s \approx \frac{p-1}{q-p} f_i; \quad f_s \approx \frac{p+1}{q-p} f_i$$

将两式合写成一个公式，得

$$f_s \approx \frac{p \pm 1}{q-p} f_i \qquad (7.28)$$

上式说明，当中频 f_i 一定时，只要信号频率接近上式算出来的数值，就可能产生干扰哨声。

（2）副波道干扰。

另外，如果混频器之前的输入回路和高频放大器的选择性不够好，除要接收的有用信号外，干扰信号也会进入混频器。它们与本振频率的谐波同样可以形成接近中频频率的组合频率干扰，产生干扰哨声。这种组合频率干扰也称为组合副波道干扰。

干扰频率 f_n 与本振频率 f_0 满足下列关系时

$$pf_0 - qf_n \approx f_i \quad 或者 \quad - pf_0 + qf_n \approx f_i \qquad (7.29)$$

都会产生组合副波道干扰。式中，p 和 q 为正整数；f_n 为干扰频率。

由式（7.29）可以求出接收机调谐在信号频率 $f_s = f_0 - f_i$ 时，产生组合副波道干扰的干扰信号频率为

$$f_n \approx \frac{1}{q}(pf_0 \pm f_i) \qquad (7.30)$$

$$f_n \approx \frac{1}{q}[pf_s + (p \pm 1)f_i] \qquad (7.31)$$

在上述的组合副波道干扰中，有些特定频率形成的干扰称为副波道干扰。典型的副波道干扰有中频干扰与镜像频率干扰。

中频干扰是式（7.30）中取 $p=0,q=1$，得 $f_n \approx f_i$。即干扰频率等于或接近于中频 f_i 时，干扰信号将被混频器和各级中频放大器放大，以干扰哨声的形式出现。

镜像频率干扰是式（7.31）中 $p=1,q=1$ 时产生的，此时 $f_n = 2f_i + f_s$。因为通常本振频率 $f_0 = f_i + f_s$，因此这时 $f_n = f_0 + f$。即信号频率 f_s 比本振频率 f_0 低一个 f_i，干扰频率则比 f_0 高一个 f_i。二者对称地分布在 f_0 两侧，因此 f_n 称为镜像频率干扰，它与 f_0 差拍也产生 f_i，成为干扰信号。

上面所讨论的组合频率干扰和副波道干扰都是由混频器本身特性所产生的。另外，当干扰信号与有用信号同时进入混频器后，经过非线性变换，也会产生接近中频 f_i 的分量，而引起干扰。除混频器可产生这类干扰外，混频器之前的高频放大器也可能产生这类干扰。这类干扰包括交调、互调、阻塞干扰和相互混频等。下面就来讨论它们。

7.5.2　交叉调制（交调）

如果接收机前端电路的选择性不够好，使有用信号与干扰信号同时加到接收机输入端，而且这两种信号都是受音频调制的，就会产生交叉调制干扰现象。这种现象就是当接收机

调谐在有用信号的频率上时,干扰电台的调制信号听得清楚;而当接收机对有用信号频率失谐时,干扰电台调制信号的可听度减弱,并随着有用信号的消失而完全消失。换句话说,就好像干扰电台的调制信号转移到了有用信号的载波上。

交叉调制产生的机理可由晶体管的转移特性 $i_c - u_{BE}$ 的非线性特性来说明。

设输入的信号电压 $u_s = U_{sm} \cos \omega_s t$,干扰电压 $u_n = U_{nm} \cos \omega_n t$,则总的输入电压为

$$\Delta u = U_{sm} \cos \omega_s t + U_{nm} \cos \omega_n t \tag{7.32}$$

将 i_c 展开成泰勒级数形式:

$$i_c = f(u_B + \Delta u) = f(u_B) + g\Delta u + \frac{1}{2} g' \Delta u^2 + \frac{1}{6} g'' \Delta u^3 + \cdots \tag{7.33}$$

将式(7.32)代入上式,经三角变换后,取出信号基波电流,得

$$i_{c1} = \left(gU_{sm} + \frac{1}{4} g'' U_{sm} U_{nm}^2 m_2 \cos \Omega_2 t + \cdots \right) \cos \omega_s t \tag{7.34}$$

若 u_s 和 u_n 都是已调制信号,它们的振幅随音频而变,则可将式(7.34)中的 U_{sm} 代以 $U_{sm}(1 + m_1 \cos \omega_1 t)$,$U_{nm}$ 代以 $U_{nm}(1 + m_2 \cos \omega_2 t)$,经变换后,略去高次项,即得

$$i_{c1} = \left(gU_{sm} + \cdots + gU_{sm} m_1 \cos \omega_1 t + \cdots + \frac{1}{2} g' U_{sm} U_{nm}^2 m_2 \cos \Omega_2 t + \cdots \right) \cos \omega_s t$$

$$\tag{7.35}$$

式(7.35)中的第二项为有用信号 Ω_1 的调制,第三项为干扰信号 Ω_2 的调制。为了表示交叉调制的程度,定义

$$交叉调制系数 \; k_f = \frac{干扰信号所转移的调制}{有用信号的调制} =$$

$$\frac{\frac{1}{2} g'' U_{sm} U_{nm}^2 m_2}{g U_{sm} m_1} = \frac{1}{2} \frac{m_2}{m_1} U_{nm}^2 \tag{7.36}$$

由上式可见,k_f 与 g'' 成正比,即交叉调制是由晶体管特性中的三次或更高次非线性项所产生的。k_f 与有用信号幅度 U_{sm} 无关,但与干扰信号的振幅平方成正比,因此,提高前端电路的选择性,减小 U_{nm},是克服交调的有效措施。最后,是否产生交调,只决定于放大器或混频器的非线性,与干扰信号的频率无关。只要干扰信号足够强,并进入接收机的前端电路,就可能产生交调。因此,交调是危害性较大的一种干扰形式。

7.5.3　互相调制(互调)

若有两个或更多个干扰信号同时加到接收机的输入端,则由于放大器的非线性作用,使干扰信号彼此混频,就可能产生频率接近有用信号频率的互调干扰分量,与有用信号同时进入接收机的中频系统,经检波差拍后,产生哨叫声。事实上,只要干扰频率 ω_1、ω_2 和信号频率 ω_s 满足下式时

$$\pm m\omega_1 \pm m\omega_2 = \omega_s \tag{7.37}$$

即可产生互调现象。由于频率不能为负,因此 $-m\omega_1 - m\omega_2$ 不成立,其他三种情况都存在。

与分析交调情况相似,互调干扰是由高放(或混频)级的二次、三次和更高次非线性项所产生的,而且干扰信号幅度越大,互调干扰分量也越大。

7.5.4　阻塞现象与相互混频

当一个强干扰信号进入接收机输入端后,由于输入电路抑制不良,会使前端电路内的放大器或混频器工作于严重的非线性区域,甚至完全破坏晶体管的工作状态,使输出信噪比大大下降。这就是强信号阻塞现象。信号过强时,甚至可能导致晶体管的 PN 结被击穿,晶体管的正常工作状态被破坏,产生了完全堵死的阻塞现象。

相互混频也是混频器一种特有的干扰形式。它是由于在混频器输入端存在强干扰信号,而在本振源内又存在杂散噪声所引起的。这种现象可用图 7.15 来说明。图中,f_0 为本振频率,在本振信号两侧存在边带噪声,如虚线三角部分所示。

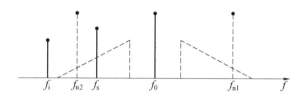

图 7.15　倒易混频示意图

f_s 是有用信号频率。f_s 与 f_0 混频后,产生中频 f_i。f_{n1} 与 f_{n2} 为两个干扰信号。它们与 f_0 混频后,产生的频率分量可能不在中频通带之内,因而不会引起干扰哨声。但 f_{n1} 或 f_{n2} 与边带噪声中的某些噪声分量混频后,可能产生正好落在中频通带内的频率分量,形成中频噪声。结果使输出信噪比下降,即接收机的实际灵敏度下降。因为这时是将本振源的边带噪声去调制干扰信号(较强),故称为噪声调制。这时干扰信号作为噪声调制中的载频,本振源中的边带噪声(较弱)当作输入信号,正好与原来的混频位置颠倒,所以又称为倒易混频。由上述可知,为了避免产生相互混频现象,应要求本振频谱尽量纯净。

7.5.5　克服干扰的措施

根据上面的讨论可知,产生各种干扰的主要原因是:前端电路选择性不好、器件的非线性、动态范围小、中频选择不当等。因此,应从以下几方面来考虑克服干扰的具体措施。

(1) 提高前端电路的选择性,对抑制各种外部干扰有着决定性的作用。有时为了进一步抑制非线性干扰,还可以加滤波器。

过去为了提高前端电路的选择性,常常增加调谐回路数目,增加高放级。但这样将使整机电路和结构变得很复杂,而且高放级级数增加后,会加重前端电路的非线性,减小动态范围,使交调、互调、阻塞等干扰更严重。因此,目前的趋势是采用没有高放级的高中频和固定滤波器,以进一步抑制干扰和简化整机电路与结构。

(2) 合理选择中频,能大大减少组合频率干扰和副波道干扰,对交调、互调等干扰也有一定的抑制作用。式(7.28)可以改写为

$$\frac{f_s}{f_i} = \frac{p \pm 1}{q - p} \tag{7.38}$$

这说明在接收机频率范围内,当中频 f_i 一定时,只要信号频率 f_s 满足上式,就可能产生组合频率干扰。因而合理地选择中频,可大大减少组合频率干扰点落在接收频段内的数目。选用高中频,在接收频段内的干扰点数只有三个,而且基本上抑制了镜频和中频干扰。因此低中频和高中频方案都被采用,视情况而定。

此外,也可以采用二次变频接收机,第一中频选用高中频,减少非线性干扰。第二中频

采用低中频,满足增益和邻近波道选择性等要求。

（3）合理选用电子器件与工作点。工作点的选择应使晶体管工作于三次非线性最小的区域,以减小交调、互调和阻塞等干扰。还可以加交流负反馈,以减小晶体管的非线性特性和扩大动态范围。此外,由于场效应管的转移特性近似于平方律特性,因此采用场效应管作为放大器与混频器,对改善互调、交调和阻塞干扰是很有利的。另外,差分对放大器的动态范围较大,用它作为高频放大器或混频,对改善阻塞、交调和互调等也是有利的。

7.6　集成变频电路

下面举几个实际的集成变频电路的例子。

图 7.16 表示某调幅通信机所采用的混频器电路。高频调幅波（载频为 1.7 ～ 6 MHz）由第二高放输出回路的次级加至混频管的基极。本振电压（频率为 2.165 ～ 6.465 MHz）经电感耦合加至该管的发射极。集电极负载回路输出的是频率为 465 kHz 的中频调幅波。电阻 R_1、R_2、R_3、R_4 和 R_6 共同组成混频管的偏置电路。R_2 为具有负湿度系数的补偿电阻。R_5 为发射极交流负反馈电阻,用以改善混频管的非线性特性和扩大动态范围,以提高抗干扰的能力（见 7.2 节）。R_7 和 C_9、C_{10} 组成去耦电路。第二高放的次级回路调谐在高频信号频率上,它与初级回路除互感耦合外,还存在电容耦合（耦合电容 C_{18}）。

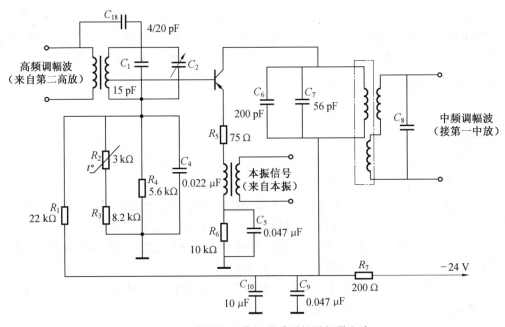

图 7.16　某调幅通信机所采用的混频器电路

图 7.17 表示变频器电路或称自激式变频器。其中的晶体管除了完成混频之外,本身还构成一个自激振荡器。信号电压加至晶体管的基极,振荡电压注入晶体管的发射极,在输入调谐回路上得到中频电压。在晶体管的发射极和地之间（即发射极和基极之间）接有调谐回路（调谐于本振频率 f_0）,集电极和发射极间通过变压器 T_{r_2} 的正反馈作用完成耦合,所以适当地选择 T_{r_2} 的匝数比和连接的极性,能够产生并维持振荡。电阻 R_1、R_2 和 R_3 组成变频

管的偏置电路。C_7 为耦合电容。振荡回路除 T_{r_2} 的次级和主调电容 C_2 外,还有串联电容 C_5 和并联电容 C_4 共同组成的调谐回路,以达到统一调谐的目的。

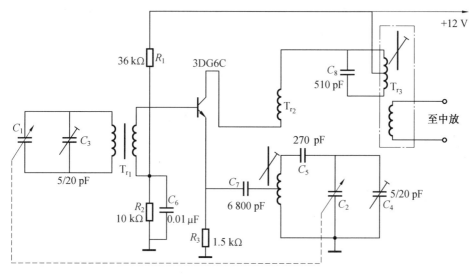

图 7.17　自激式变频器电路

　　图 7.18 所示为由集成片 CXA1019 组成的调频 / 调幅接收机中模拟乘法器组成的混频器和前置中频放大器。高频信号经耦合电容器 C_2 送给混频器。由晶体管 $T_2 \sim T_7$、电流源 I_{01} 构成的四象限模拟乘法器作为混频器。当乘法器两管对称时,其输出信号中所包含的组合频率成分很少,减小了组合频率干扰,混频器的输出经电容 C_3、C_4 以差分方式送给前置中频放大器。

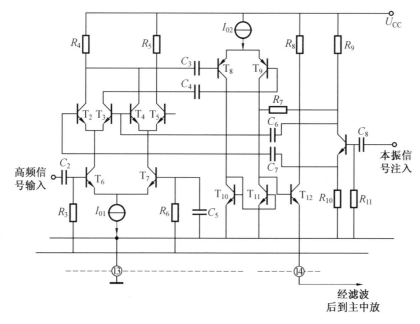

图 7.18　模拟乘法器混频器

前置中频放大器由差分放大器和射极跟随器组成。差放由晶体管 $T_8 \sim T_{11}$ 和电流源

I_{02} 构成,它兼起双端—单端变换作用。放大后的信号经由晶体管 T_{12} 构成的射极跟随器输出,经中频滤波器后至主中放。

本振信号经耦合电容 C_8 注入。晶体管 T_{13} 的作用是作为有源器件的缓冲放大器,供给混频器以差分输出,并将本地振荡器与混频器隔离。

7.7 混频电路 Multisim 仿真

乘法器的主要特性是能够将两个信号进行相乘,其相乘特性不仅能够用于振幅调制,还适用于其他信号的相乘过程,比如混频(频谱搬移)过程。利用乘法器实现信号的频谱搬移的典型电路如图 7.19 所示。射频信号(幅度调制、频率调制或相位调制)通过电容 C_2 耦合输入乘法器 MC1496,本地振荡器通过 C_1 耦合输入 MC1496。信号经过频率搬移后,会产生上变频和下变频的两部分镜像频率信号,所以需要通过选频电路(C_6、C_7 和 L_1 构成的谐振电路)完成对目标信号的调谐(滤波)。最终目标混频信号经过选频电路(谐振电路)输出。

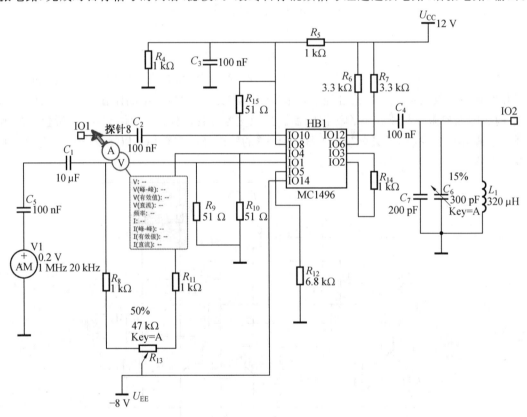

图 7.19 混频电路

习 题

7.1 电路如图(a)所示,试根据图(b)(c)(d)所示输入信号频谱,画出相乘器输出电压 $u'_o(t)$ 的频谱。已知各参考信号频率为:(b)600 kHz;(c)12 kHz;(d)560 kHz。

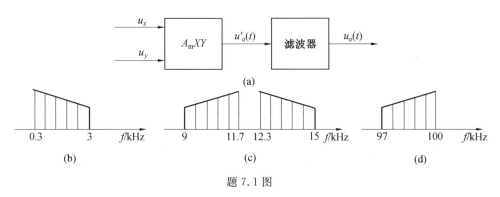

题 7.1 图

7.2　如图所示三极管混频电路中,三极管在工作点展开的转移特性为 $i_c = a_0 + a_1 u_{be} + a_2 u_{be}^2$, 其中 $a_0 = 0.5$ mA, $a_1 = 3.25$ mA/V, $a_2 = 7.5$ mA/V^2, 若本振电压 $u_L = 0.16\cos(\omega_L t)$ V, $u_s = 10^{-3}\cos(\omega_c t)$ V, 中频回路谐振阻抗 $R_P = 10$ kΩ, 求该电路的混频电压增益 A_c。

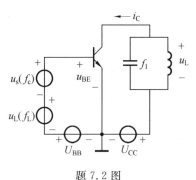

题 7.2 图

7.3　三极管混频电路如图所示,已知中频 $f_1 = 465$ kHz, 输入信号 $u_s(t) = 5[1 + 0.5\cos(2\pi \times 10^3 t)]\cos(2\pi \times 10^6 t)$ mV, 试分析该电路,并说明 $L_1 C_1$、$L_2 C_2$、$L_3 C_3$ 三谐振回路调谐在什么频率上。画出 F、G、H 三点对地电压波形并指出其特点。

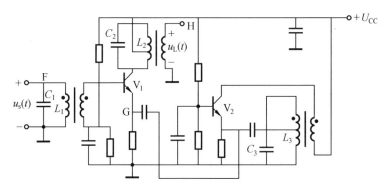

题 7.3 图

7.4　超外差式广播收音机,中频 $f_I = f_L = f_c = 465$ kHz, 试分析下列两种现象属于何种干扰:(1) 当接收 $f_c = 560$ kHz 电台信号时,还能听到频率为 1 490 kHz 的强电台信号;

(2) 当接收 $f_c = 1460$ kHz 电台信号时,还能听到频率为 730 kHz 的强电台信号。

7.5 混频器输入端除了有用信号 $f_c = 20$ MHz 外,同时还有频率分别为 $f_{N1} = 19.2$ MHz,$f_{N2} = 19.6$ MHz 的两个干扰电压,已知混频器的中频 $f_1 = f_L - f_c = 3$ MHz,试问这两个干扰电压会不会产生干扰?

7.6 某超外差接收机工作频段为 $0.55 \sim 25$ MHz,中频 $f_I = 455$ kHz,本振 $f_L > f_s$。试问波段内哪些频率上可能出现较大的组合干扰(6 阶以下)?

7.7 试分析与解释下列现象:(1)在某地,收音机接收到 1 090 kHz 信号时,可以收到 1 323 kHz 的信号;(2)收音机接收 1 080 kHz 信号时,可以听到 540 kHz 信号;(3)收音机接收 930 kHz 信号时,可同时收到 690 kHz 和 810 kHz 信号,但不能单独收到其中的一个台(例如另一电台停播)。

7.8 某发射机发出某一频率的信号。现打开接收机在全波段寻找(设无任何其他信号),发现在接收机度盘的三个频率(6.5 MHz、7.25 MHz、7.5 MHz)上均能听到对方的信号,其中以 7.5 MHz 的信号最强。问接收机是如何收到的? 设接收机 $f_I = 0.5$ MHz,$f_L > f_s$。

7.9 设变频器的输入端除有用信号($f_s = 20$ MHz)外,还作用着两个频率分别为 $f_{J1} = 19.6$ MHz,$f_{J2} = 19.2$ MHz 的电压。已知中频 $f_I = 3$ MHz,问是否会产生干扰? 干扰的性质如何?

7.10 某超外差接收机中频 $f_I = 500$ kHz,本振频率 $f_L < f_s$,在收听 $f_s = 1.501$ MHz 的信号时,听到哨叫声,其原因是什么? 试进行具体分析(设此时无其他外来干扰)。

第8章

角度调制电路

在广播、通信、控制等系统中,基本调制方式除了振幅调制外,还广泛采用频率调制和相位调制,其中振幅调制是实现频谱的线性变换,而频率调制和相位调制是实现频率的非线性变换。即已调信号的频谱结构不再保持原调制信号频谱的内部结构,且调制后的信号带宽通常比原调制信号带宽大得多。因此,虽然角度调制信号的频带利用率不高,但其抗干扰和噪声的能力较强。

频率调制和相位调制均是反映总的相位变化而幅度保持不变的过程,只是变化的规律不同而已。由于频率与相位间存在微分与积分的关系,调频与调相之间也存在着密切的关系,即调频必调相,调相必调频。因此,频率调制和相位调制统称为角度调制,简称调角。

8.1　概　　述

8.1.1　调角波的时域分析

对于任何高频振荡信号都可以表示为

$$u(t) = U_\mathrm{m} \cos \varphi(t) = U_\mathrm{m} \cos(\omega_\mathrm{c} t + \varphi_0) \tag{8.1}$$

设调制信号为 $u_\Omega(t)$,用其控制 $u(t)$ 的三个参数,即幅度 U_m、频率 ω_c 和相位 φ,可以实现对 $u(t)$ 的各种调制方式。

调制信号为 $u_\Omega(t)$ 的调幅波的振幅为 $U_\mathrm{m}(t) = U_\mathrm{m}[1 + k_\mathrm{a} v_\Omega(t)]$,这里 k_a 表示比例系数,设振荡频率 ω_c 为恒值,那么瞬时相位 $\varphi(t) = \int_0^t \omega_\mathrm{c} \mathrm{d}t = \omega_\mathrm{c} t + \varphi_0$,则相应调幅波的一般表达式为

$$u_\mathrm{AM} = U_\mathrm{m}[1 + k_\mathrm{a} u_\Omega(t)] \cos(\omega_\mathrm{c} t + \varphi_0) \tag{8.2}$$

(1) 调相波。

若调制信号 $u_\Omega(t) = U_{\Omega\mathrm{m}} \cos \Omega t$ 控制 $u(t)$ 的相位,且在调制过程中,$u(t)$ 的振幅 U_m 为恒值,而瞬时相位应在参数值 $\omega_\mathrm{c} t$ 上叠加上按调制信号规律变化的附加相角,即 $\Delta \varphi = k_\mathrm{p} u_\Omega(t)$,则 $\varphi(t) = \omega_\mathrm{c} t + k_\mathrm{p} u_\Omega(t)$,其中 k_p 表示比例常数,单位为 rad/V。因而相应的调相波一般表达式为

$$u_\mathrm{PM} = U_\mathrm{m} \cos[\omega_\mathrm{c} t + k_\mathrm{a} u_\Omega(t)] \tag{8.3}$$

而调相波的瞬时角频率 $\omega(t)$ 为 $\varphi(t)$ 对时间的导数

$$\omega(t) = \frac{\mathrm{d}\varphi(t)}{\mathrm{d}t} = \omega_\mathrm{c} + k_\mathrm{p} \frac{\mathrm{d}u_\Omega(t)}{\mathrm{d}t} = \omega_\mathrm{c} + \Delta\omega(t) \tag{8.4}$$

式中　$\Delta\omega(t)$——角频率变化量，$\Delta\omega(t)=k_{\mathrm{p}}\dfrac{\mathrm{d}u_{\Omega}(t)}{\mathrm{d}t}$。

（2）调频波。

作为调频波，振幅 U_{m} 与调相波一样是不变的恒值，而瞬时频率在恒定的角频率 ω_{c} 上叠加上随调制信号规律变化的 $\Delta\omega(t)=k_{\mathrm{p}}u_{\Omega}(t)$，即

$$\omega(t)=\omega_{\mathrm{c}}+k_{\mathrm{f}}u_{\Omega}(t) \tag{8.5}$$

式中　k_{f}——比例系数，$\mathrm{rad}/(\mathrm{s}\cdot\mathrm{V})$。因而总的瞬时相位为

$$\varphi(t)=\omega_{\mathrm{c}}t+k_{\mathrm{f}}\int_{0}^{t}u_{\Omega}(t)\mathrm{d}t \tag{8.6}$$

则调频波的一般表达式为

$$u_{\mathrm{FM}}=U_{\mathrm{m}}\cos\left[\omega_{\mathrm{c}}t+k_{\mathrm{f}}\int_{0}^{t}u_{\Omega}(t)\mathrm{d}t\right] \tag{8.7}$$

综上所述，无论调相波或调频波，$\omega(t)$ 和相位 $\varphi(t)$ 都同时受到调变，其区别仅在于按调制信号规律做线性变化的物理量不同，在调相波中是 $\Delta\varphi(t)$，在调频波中是 $\Delta\omega(t)$。

8.1.2　调角波的波形分析

为了直观简化分析，下面设单音调制信号 $u_{\Omega}(t)=U_{\Omega\mathrm{m}}\cos\Omega t$，载波 $u_{\mathrm{c}}(t)=U_{\mathrm{cm}}\cos\omega_{\mathrm{c}}t$，并且 $\omega_{\mathrm{c}}\gg\Omega$，可分别写出调频波和调相波的表达式。

1. 调频波（图 8.1）

调频波的瞬时角频率为

$$\omega(t)=\omega_{\mathrm{c}}+k_{\mathrm{f}}U_{\Omega\mathrm{m}}\cos\Omega t=\omega_{\mathrm{c}}+\Delta\omega_{\mathrm{m}}\cos\Omega t \tag{8.8}$$

式中　$\Delta\omega_{\mathrm{m}}$——调频波最大角频偏，$\Delta\omega_{\mathrm{m}}=k_{\mathrm{f}}U_{\Omega\mathrm{m}}$；

　　　ω_{c}——未调制的载波角频率，称为调频波的中心角频率。可得调频波的瞬时相位为

$$\varphi(t)=\int_{0}^{t}\omega(t)\mathrm{d}t=\omega_{\mathrm{c}}t+\frac{\Delta\omega_{\mathrm{m}}}{\Omega}\sin\Omega t=\omega_{\mathrm{c}}t+m_{\mathrm{f}}\sin\Omega t \tag{8.9}$$

令 $m_{\mathrm{f}}=\dfrac{\Delta\omega_{\mathrm{m}}}{\Omega}$，称为调频波的调制指数或表示调频波的最大相位偏移。m_{f} 可取任意整数，通常总大于 1。因此单音调制的调频波可写为

$$u_{\mathrm{FM}}(t)=U_{\mathrm{m}}\cos\left[\omega_{\mathrm{c}}t+m_{\mathrm{f}}\sin\Omega t\right] \tag{8.10}$$

2. 调相波（图 8.2）

调相波的瞬时相位为

$$\varphi(t)=\omega_{\mathrm{c}}t+k_{\mathrm{p}}U_{\Omega\mathrm{m}}\cos\Omega t=\omega_{\mathrm{c}}t+m_{\mathrm{p}}\cos\Omega t \tag{8.11}$$

令 $m_{\mathrm{p}}=k_{\mathrm{p}}U_{\Omega\mathrm{m}}$。于是调相波电压可表示为

$$u_{\mathrm{PM}}(t)=U_{\mathrm{cm}}\cos(\omega_{\mathrm{c}}t+m_{\mathrm{p}}\cos\Omega t) \tag{8.12}$$

式中　m_{p}——调相波的调制指数或表示调相波最大的相位偏移，由上式可求出调相波的瞬时角频率为

$$\omega(t)=\frac{\mathrm{d}\varphi(t)}{\mathrm{d}t}=\omega_{\mathrm{c}}-k_{\mathrm{p}}U_{\Omega\mathrm{m}}\Omega\sin\Omega t=\omega_{\mathrm{c}}-m_{\mathrm{p}}\Omega\sin\Omega t \tag{8.13}$$

由上式可见,调相波的最大角频偏为

$$\Delta \omega_{\mathrm{m}} = m_{\mathrm{p}} \Omega = k_{\mathrm{p}} U_{\Omega \mathrm{m}} \Omega \tag{8.14}$$

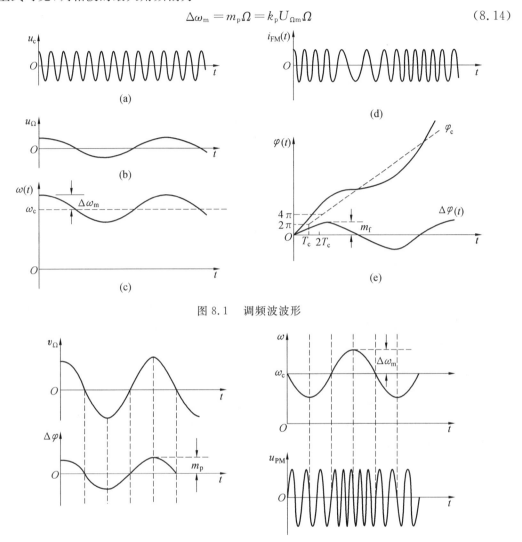

图 8.1　调频波波形

图 8.2　调相波波形

综上所述,单音调制的调频波和调相波的表达式均可用 m_{f}(或 m_{p})以及定义截然不同的三个角频率参数 ω_{c}、Ω 和 $\Delta \omega_{\mathrm{m}}$ 来描述。其中载波角频率 ω_{c} 表示瞬时角频率变化的平均值;调制信号的角频率 Ω 表示瞬时频率变化快慢的程度;最大角频偏 $\Delta \omega_{\mathrm{m}}$ 表示瞬时角频率偏移 ω_{c} 的最大值。这两种调制波由上述分析可见,单音调制时两种调制波的 $\Delta \omega(t)$ 和 $\Delta \varphi(t)$ 均为简谐波,但是它们的最大角频偏 $\Delta \omega_{\mathrm{m}}$ 和调频指数 m_{f}(或调相指数 m_{p})随 $U_{\Omega \mathrm{m}}$ 和 Ω 的变化规律不同。在调频波中,$\Delta \omega_{\mathrm{m}}$ 与 $U_{\Omega \mathrm{m}}$ 成正比,而与 Ω 无关;m_{p} 则与 $U_{\Omega \mathrm{m}}$ 成正比,而与 Ω 成反比。在调相波中,m_{p} 与 $U_{\Omega \mathrm{m}}$ 成正比,而与 Ω 无关;$\Delta \omega_{\mathrm{m}}$ 与 $U_{\Omega \mathrm{m}}$ 和 Ω 乘积成正比。如图 8.3 所示。

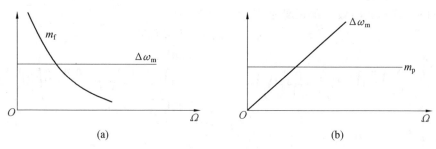

图 8.3　$U_{\Omega m}$ 一定时，$\Delta \omega_m$ 和 m_f（或 m_p）随 Ω 变化的曲线

8.1.3　调角波间的关系

尽管调频波与调相波有共同点和不同点，由于频率和相位之间存在着内在联系，即

$$\omega(t) = \frac{\mathrm{d}\varphi(t)}{\mathrm{d}t} \quad \text{或} \quad \varphi(t) = \int_0^t \omega(t)\mathrm{d}t \tag{8.15}$$

从中不难看出，若将调制信号 $u_\Omega(t)$ 先经过微分处理后，再对载波进行频率调制，那么所得到的已调制信号将是以 $u_\Omega(t)$ 为调制信号的调相波。类似地，如果先将 $u_\Omega(t)$ 进行积分处理，再对载波进行相位调制，那么对所得到的已调信号将是以 $u_\Omega(t)$ 为调制信号的调频波，这充分说明，可以通过调相实现调频的方法，也可以通过调频实现调相的方法，即调频与调相可以相互转化。

8.1.4　调角波的频谱结构和带宽

为了决定调角信号传输系统的带宽，必须对调角波的频谱进行分析。单频调制时，调频波和调相波的表达式是相似的，因此，它们具有相同的频谱。下面仅讨论调频波的频谱，对于调相波，分析结果也完全适用。

由上节可以看出，调频波和调相波都是时间的周期函数，因此可以展成傅里叶级数，则调频波（如式（8.10））可展成

$$u_{\mathrm{FM}}(t) = U_{\mathrm{cm}}\cos \omega_c t \cdot \cos(m_f \sin \Omega t) - U_{\mathrm{cm}}\sin \omega_c t \cdot \sin(m_f \sin \Omega t) \tag{8.16}$$

式中

$$\cos(m_f \sin \Omega t) = \mathrm{J}_0(m_f) + 2\sum_{n=1}^{\infty} \mathrm{J}_{2n}(m_f)\cos 2n\Omega t \tag{8.17a}$$

和

$$\sin(m_f \sin \Omega t) = 2\sum_{n=0}^{\infty} \mathrm{J}_{2n+1}(m_f)\sin(2n+1)\Omega t \tag{8.17b}$$

这里 n 均取正整数。$\mathrm{J}_n(m_f)$ 是以 m_f 为参数的 n 阶第一类贝塞尔函数，$\mathrm{J}_n(m_f) = \dfrac{1}{2\pi}\displaystyle\int_{-\pi}^{\pi} \mathrm{e}^{\mathrm{j}(m_f \sin x - nx)}\mathrm{d}x$，其数值均有表（表 8.1）或曲线可查，整理可得

$$u_{\mathrm{FM}}(t) = U_{\mathrm{cm}}\sum_{n=-\infty}^{\infty} \mathrm{J}_n(m_f)\cos(\omega_c + n\Omega)t \tag{8.18}$$

当 n 为整数时，$\mathrm{J}_n(m_f)$ 的数值如图 8.4 所示。

第 8 章　角度调制电路

表 8.1　一阶贝塞尔函数值

$n\backslash m_f$	0	0.5	1	2	3	4	5	6	7
0	1	0.939	0.765	0.224	−0.260	−0.397	−0.178	0.151	0.300
1		0.242	0.440	0.577	0.339	−0.066	−0.328	−0.277	−0.005
2		0.003	0.115	0.353	0.486	0.364	0.047	−0.243	−0.301
3			0.020	0.129	0.309	0.430	0.364	0.115	−0.168
4			0.003	0.034	0.132	0.281	0.391	0.358	0.158
5				0.007	0.043	0.132	0.261	0.362	0.348
6				0.001	0.011	0.049	0.131	0.246	0.339
7					0.003	0.015	0.053	0.130	0.234
8						0.004	0.018	0.057	0.120
9							0.006	0.021	0.056
10							0.002	0.007	0.024
11									0.008

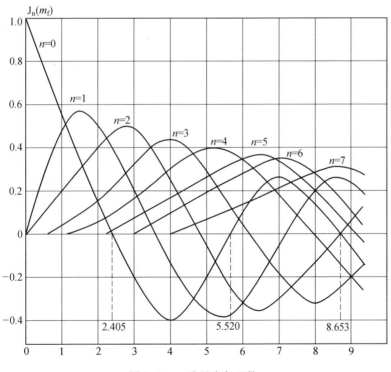

图 8.4　一阶贝塞尔函数

由图表分析特点：

(1) 调频波的频谱由 $n=0$ 时的载波分量和 $n\geqslant1$ 时的无穷多个边带分量组成。

(2) 相邻两个频率分量间隔 Ω，载频分量和各边带分量的相对幅度由相应的贝塞尔函数值确定。

（3）有些边带分量的幅度可能超过载频分量的幅度。这是调频波频谱的一个重要特点。

（4）n 为奇数时，上下边带分量相位相反，振幅相同。

（5）理论上调频波的带宽应为无穷大，但从能量观点看，调频波能量的绝大部分实际上是集中在载频附近的有限带宽上。

（6）调制指数越大，具有较大振幅的边频分量就越多。这与调幅波不同，在简谐信号调幅的情况下，边频数目与调制指数无关。

（7）对于某些 m_f 值，载频或某些边频振幅为零。利用这一现象可以测定调制指数。

从表 8.1 可知，当 m_f 一定时，随 n 的增大，$|J_n(m_f)|$ 数值虽有起伏变化，但总的趋势仍是减少的。通常规定 $|J_n(m_f)| < 0.1$ 的边频分量可以忽略，这并不会引起调频波的明显失真。理论上已经证明，当 $n > m_f + 1$ 时 $|J_n(m_f)| < 0.1$，考虑到上下边频是成对出现的，因此调频波频谱的有效宽度（简称为频带宽度）可用下式计算

$$BW_{CR} = 2(m_f + 1)F \qquad (8.19)$$

式中　　$F = \Omega/2\pi$。

由上式可知，当 $m_f \ll 1$，$BW_{CR} \approx 2F$，说明窄带调频时频带宽度与调幅波的基本相同，窄带调频广泛应用于移动的通信台中；当 $m_f \gg 1$ 时，$BW_{CR} \approx 2m_f F = 2\Delta f_m$，说明宽带调频的频带宽度可按最大频偏的两倍来估算，而与调制频率无关，因此频率调制又称为恒定带宽调制。图 8.5 所示为当 $U_{\Omega m}$ 一定而调制信号频率变化时的调频波的频谱图。它是以载频分量为中心，对称分布，但对称边带分量数目发生变化。而作为调相波时，$BW_{CR} = 2(m_p + 1)F$，当 $m_p \gg 1$ 时 $BW_{CR} \approx 2\Delta f_m$，由于 $2\Delta f_m = m_f F$，其中 $m_p = k_p U_{\Omega m}$，因而当 $U_{\Omega m}$ 一定而调制频率变化时，BW_{CR} 与 F 成正比，如图 8.6 所示。

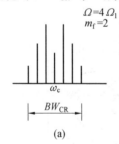
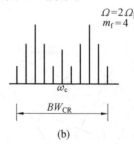
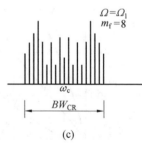

图 8.5　$U_{\Omega m}$ 一定时调频波频谱图

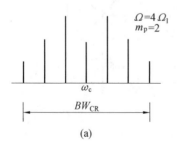
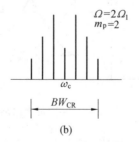
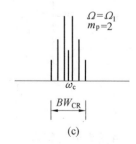

图 8.6　$U_{\Omega m}$ 一定时调相波频谱图

上面讨论了单音调制时的有效频带宽度，如果调制信号为多音的复杂信号，则调频波所

含的频谱分量明显增多,除了出现 $\omega_c \pm n_1\Omega_1$, $\omega_c \pm n_2\Omega_2$,… 上下边带分量外,还会出现 $\omega_c \pm n_1\Omega_1 \pm n_2\Omega_2 \pm \cdots$ 组合频率分量,并且随着调频指数的增大,其幅度有明显的下降趋势。因此对于复杂信号调制的调频波,其频带宽度可按下式估算

$$BW_{CR} = 2(\Delta f_m + F_{max}) \tag{8.20a}$$

对于调相波,由于调相指数 m_p 与调制信号 F 无关,所以 $U_{\Omega m}$ 不变时 m_p 不变,而 BW_{CR} 与 F 成正比,如图 8.6 所示。对于复杂信号调制的调相波,其频带宽度可按下式估算

$$BW_{CR} = 2(m_p + 1)F_{max} \tag{8.20b}$$

例如,调频广播系统中最高调制频率为 15 kHz,规定其最大频偏为 75 kHz,所以 $m_f = 5$,$BW_{CR} = 180$ kHz,此时载频和各边带幅度的相对大小如图 8.7 所示,显然调频信号占据的频带比调幅信号的宽得多,不宜工作在信道拥挤的短波波段,其载波一般选在超高频段。

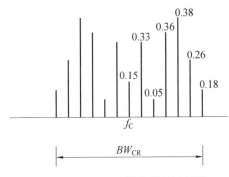

图 8.7　$m_p = 5$ 单音调频波频谱

必须指出,频谱宽度与最大频偏是两个不同的概念,不能混淆。最大频偏是指在调制信号作用下,瞬时频率离开中心频率 ω_c 的最大值,即频率摆动的幅度。而频谱宽度则是将长时间稳定的调角信号分解为许多正弦分量,按一定的条件(如忽略小于载波振幅10%的边频)得到的上、下边带所占的频率范围。

宽带调频广泛应用于电视台、调频广播电台等。

8.1.5　调角波的平均功率

调频波与调相波功率计算方法相同,现以调频波为例分析其平均功率。

调频波是幅度与调制指数 m_f 无关的等幅波。下面仍然以单音频率信号为例,调频波在 R_L 的平均功率为

$$P_{av} = \frac{U_{cm}^2 \sum\limits_{n=-\infty}^{\infty} J_n^2(m_f)}{2R_L} \tag{8.21}$$

根据贝塞尔函数的性质,对于任何 m_f,均有

$$\sum_{n=-\infty}^{\infty} J_n^2(m_f) = 1 \tag{8.22}$$

则式(8.21)变为

$$P_{av} = \frac{U_{cm}^2}{2R_L} \tag{8.23}$$

未调制载波在 R_L 上的功率为 $U_{cm}^2/(2R_L)$,说明调制后调频波的平均功率恒等于未调制的载

波功率。然而调制后的平均功率是载波分量功率和所有边带分量功率之和。

若 U_{cm} 不变,则调频波总平均功率是不变的,m_f 增加只是引起各频率分量之间的重新分配。这样,就可以适当选择 m_f 的大小,使载波分量携带的功率很小,绝大部分功率由边带分量携带,从而极大地提高了调频波的传输效率。另外,适当增大 m_f 可提高调频信号抗干扰能力。

8.1.6 调频波抗干扰能力分析

从占据频带方面看,调幅信号的带宽明显小于调制指数远大于 1 的调频信号的带宽,所以在同一波段中,能容纳调幅电台的数目远比调频电台的多。以广播系统为例,调幅广播安排在中波段,而调频广播则安排在超短波段,以解决信道的拥挤问题。

调频与调幅相比,最大的优点是抗干扰能力强。普通调幅波绝大部分功率被载波分量占有,而携带信息的边带分量却只占一小部分。调频波的功率分配则完全不同于普通调幅波,在适当选择 m_f 的条件下,可使载波分量占有的功率很小,大部分功率被边带分量占有,边带功率是含有用信号的,说明调频波的功率利用系数高。在抗干扰方面,有

$$\left(\frac{P_S}{P_N}\right)_{FM} \Big/ \left(\frac{P_S}{P_N}\right)_{AM} = 3\left(\frac{m_f}{m_a}\right)^3 \tag{8.24}$$

所以调频接收机输出端要比调幅接收机输出端信噪比大得多。说明调频指数越大,调频波抗干扰能力越强。但是与此同时,调频信号占据的频带也越宽,所以,频率调制是通过增加信道带宽来提高抗干扰能力的。

8.1.7 调频电路的主要性能指标

(1) 线性的调制特性。

所谓调频波调制特性是表示调频波的角频偏 $\Delta\omega$(或频偏 Δf)与输入信号 u_Ω 的关系,即若 $\Delta\omega$ 与 u_Ω 成正比关系,说明调制特性是线性的。但实际电路中难免会产生一定程度的非线性失真,应力求避免,提高调制的线性度。

(2) 中心频率稳定度。

对调频发射机来说,至关重要问题是保持中心频率(即载频)稳定,这是保证正常通信的必要条件。

(3) 最大频偏。

在调制信号频率一定时,最大频偏反映了调制指数 m_f 的大小。不同的调频系统要求最大频偏值 Δf_m 不同,例如,调频广播要求 $\Delta f_m = 75 \text{ kHz}$,电视伴音 $\Delta f_m = 50 \text{ kHz}$,移动通信和无线电话要求 $\Delta f_m = 5 \text{ kHz}$。

(4) 调制灵敏度高。

单位调制电压产生的频率偏移称为调制灵敏度,通常用 $S = \Delta f_m / U_{\Omega m}$ 或 $k_f = \Delta\omega_m / U_{\Omega m}$ 来估算。灵敏度越高越容易产生频偏大的调频波。

综上所述,调频可以实现频谱搬移非线性变换,因而不能采用相乘器和滤波器组成的电路模型来实现。可采用直接调频和间接调频两种方法来实现。

8.2　变容二极管工作原理

采用调制信号直接控制高频振荡器的振荡频率的方法称为直接调频。例如,对于 *LC* 振荡器,频率由回路 *LC* 电抗元件参数决定,如果其中一个可控电抗元件作为振荡回路元件,那么用调制信号去控制该电抗元件便可改变振荡器的频率,使瞬时频率随调制信号线性变化,即实现了调频。常用的可控电抗元件有电抗管、电容话筒、变容二极管以及铁氧体磁芯的电感线圈等。由于变容二极管工作频率范围宽,固有损耗小,使用方便,构成的调频器电路简单,因此变容管调频器是一种应用非常广泛的调频电路。

变容二极管是根据 PN 结势垒电容能随反向电压变化而变化的原理设计的一种二极管,它具有工作效率高和使用方便的优点,目前得到广泛使用。

利用 PN 结反向偏置时势垒电容随外加反向偏压变化的机理,在制作半导体二极管的工艺上进行特殊处理,控制掺杂浓度和掺杂分布,可以使二极管的势垒电容灵敏地随反偏电压变化且呈现较大的变化。这样制作的变容二极管可以看作一压控电容,在调频振荡器中起着可变电容的作用。变容二极管符号如图 8.8 所示。

图 8.8　变容二极管符号

变容二极管结电容 C_j 与在其两端所加反偏电压 u_r 之间存在着如下关系

$$C_j = \frac{C_{j0}}{\left(1 + \dfrac{u_r}{U_D}\right)^{\gamma}} \tag{8.25}$$

式中　C_{j0}——变容二极管在零偏置时的结电容值;

　　　U_D——变容二极管 PN 结的势垒电位差(硅管约为 0.7 V,锗管约为 0.3 V);

　　　γ——变容二极管的结电容变化指数,它决定于 PN 结的杂质分布规律并与制造工艺有关。

图 8.9(a) 为不同指数 γ 时的 $C_j \sim u_r$ 曲线,图 8.9(b) 为一实际变容管的 $C_j \sim u_r$ 曲线。$\gamma = 1/3$ 称为缓变结,扩散型管多属此种。$\gamma = 1/2$ 为突变结,合金型管属于此类。超突变结的 γ 在 $1 \sim 5$ 之间。

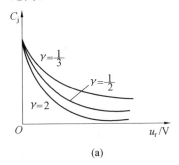

(a)

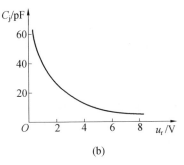

(b)

图 8.9　变容二极管的 $C_j \sim u_r$ 曲线

为了保证变容二极管在调制过程中保持反偏工作,必须加一个反向偏置电压 U_Q,则在静态工作点为 U_Q 时,变容二极管结电容为

$$C_j = C_Q = \frac{C_{j0}}{\left(1 + \dfrac{U_Q}{U_D}\right)^\gamma} \tag{8.26}$$

设在变容二极管上加的调制信号电压为 $u_\Omega(t) = U_{\Omega m}\cos\Omega t$,则

$$u_r = U_Q + u_\Omega(t) = U_Q + U_{\Omega m}\cos\Omega t \tag{8.27}$$

将上式代入式(8.25),得

$$C_j = \frac{C_{j0}}{\left(1 + \dfrac{U_Q + U_{\Omega m}\cos\Omega t}{U_D}\right)^\gamma} = \frac{C_{j0}}{\left(1 + \dfrac{U_Q}{U_D}\right)^\gamma} \frac{1}{\left(1 + \dfrac{U_{\Omega m}}{U_Q + U_D}\cos\Omega t\right)^\gamma} = \tag{8.28}$$

$$C_Q(1 + m\cos\Omega t)^{-\gamma}$$

式中 m——电容调制度,$m = \dfrac{U_{\Omega m}}{U_Q + U_D} \approx \dfrac{U_{\Omega m}}{U_Q}$,它表示结电容受调制信号调变的程度,$U_{\Omega m}$ 越大,C_j 变化越大,调制越深。C_j 随外加电压变化如图 8.10 所示。从图可以看出,为了减少 C_j 对外加电压非线性变换,往往 $U_Q > u_{\Omega m}$。

将此变容管接入振荡回路,根据 $u_\Omega(t)$ 的变化,将会引起 C_j 的变化,进而引起回路谐振频率的变化,从而实现调频。

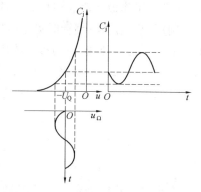

图 8.10　电容随外加电压变化曲线

8.3　变容二极管直接调频电路

将变容二极管接在振荡器的谐振回路里,使它成为回路电容的总电容或回路电容的一部分,就构成了变电容二极管直接调频电路。下面按两种情况进行分析,一是以 C_j 为回路总电容接入回路,二是以 C_j 作为回路部分电容接入回路。

8.3.1　变容二极管全部接入振荡回路

变容二极管全部接入振荡回路的直接调频称为理想直接调频,振荡回路的原路电路如图 8.11(a)所示,图中 L 和变容二极管为振荡回路的电感和电容,变容二极管的控制电容包括两部分:调制信号电容 $u_\Omega(t)$ 和直流偏置电压 U_Q,U_Q 的取值应保证两点:在 $u_\Omega(t)$ 的变化范围内保持反偏工作;U_Q 决定的振荡频率等于所要求的载波频率。其中 L_1 为高频扼流圈,它对高频的感抗很大,接近开路,C_2 为高频滤波电容,它对高频的容抗很小接近短路,而对调制频率的容抗很大,接近开路。它们的作用是防止电路对振荡回路性能产生影响。接入 C_1 的目的是有效地将 $u_\Omega(t)$ 和 U_Q 加到变容二极管上,而不至于被振荡回路电感 L 旁路,C_1 对调制频率是开路的,而对振荡频率短路。因此其等效的电路图可画成图 8.11(b)所示的形式,图中 C_j 为变容二极管呈现的结电容,其值如式(8.28),可进一步求得振荡器瞬时频率为

$$\omega(t) = \frac{1}{\sqrt{LC_j}} = \frac{1}{\sqrt{LC_Q}} (1 + m\cos \Omega t)^{\frac{\gamma}{2}} =$$

$$\omega_c (1 + m\cos \Omega t)^{\frac{\gamma}{2}} \tag{8.29}$$

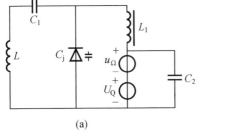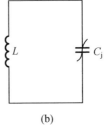

(a)   (b)

图 8.11   变容二极管为振荡回路总电容的原理电路

令 $x = m\cos \Omega t = \dfrac{U_{\Omega m}}{U_D + U_Q}\cos \Omega t$，称为归一化的调制信号电容，则式(8.29)可改写成

$$\omega(x) = \omega_c (1 + x)^{\frac{\gamma}{2}} \tag{8.30}$$

适当选值，使得 x 的绝对值小于1，因此可将式(8.30)按傅里叶级数展开，并忽略 x 的三次方以上各项，得

$$\omega(x) \approx \omega_c \left[1 + \frac{\gamma}{2}x + \frac{\gamma}{2} \cdot \frac{\frac{\gamma}{2} - 1}{2!}x^2\right] =$$

$$\omega_c \left[1 + \frac{\gamma}{2}m\cos \Omega t + \frac{\gamma}{8} \cdot \left(\frac{\gamma}{2} - 1\right)m^2 + \frac{\gamma}{8} \cdot \left(\frac{\gamma}{2} - 1\right)m^2\cos 2\Omega t\right] \tag{8.31}$$

从以上可知对于变容二极管调频器，若使用的变容二极管的变容系数 $\gamma \neq 2$，则输出调频波会产生非线性失真和中心频率偏移。其结果如下：

(1) 调频波的最大角频率偏移为

$$\Delta\omega = \frac{\gamma}{2}m\omega_c \tag{8.32}$$

(2) 调频波会产生二次谐波失真，其二次谐波失真的最大角频率偏移为

$$\Delta\omega_2 = \frac{\gamma}{8}\left(\frac{\gamma}{2} - 1\right)m^2\omega_c \tag{8.33}$$

调频的二次谐波失真系数为

$$k_{f2} = \left|\frac{\Delta\omega_2}{\Delta\omega}\right| = \left|\frac{m}{4}\left(\frac{\gamma}{2} - 1\right)\right| \tag{8.34}$$

(3) 调频波会产生中心频率偏移，其偏离值为

$$\Delta\omega_c = \frac{\gamma}{8}\left(\frac{\gamma}{2} - 1\right)m^2\omega_c \tag{8.35}$$

(4) 中心角频率的相对偏离值为

$$\frac{\Delta\omega_c}{\omega_c} = \frac{\gamma}{8}\left(\frac{\gamma}{2} - 1\right)m^2 \tag{8.36}$$

综上所述，若要调频的频偏大就要增大 m，这样中心频率偏移量和非线性失真量也会增大。换言之，提高信号质量(采用提高频宽的措施)受到非线性失真和中心频率偏移量的限制。当 m 选定后即调频波的相对角频偏值一定时，提高 ω_c 可以增加调频波的最大角频偏，

在相对频偏较小的情况下,对变容二极管 γ 值的要求并不严格。然而在微波调频多路通信系统中,通常需要产生相对频偏比较大的调频信号,这时由于 m 值较大,当 $\gamma \neq 2$ 时,就会产生较大的非线性失真和中心频率偏移。在这种情况下,则应采用 γ 近于 2 的变容二极管。

除了 γ 的因素外,要想实现理想(线性)直接调频,还要考虑到外界因素发生变化,使电源电压 U_Q 产生漂移,C_Q 发生变化,从而造成中心频率 f_c 不稳定。经过分析可知加在变容二极管两端的瞬时电压三部分,除了 U_Q 和 $u_\Omega(t)$ 外,还有振荡器产生的高频电压 u_ω。如图 8.12 所示,由于结电容变化曲线 C_j 上、下不对称地叠加有非余弦波,因此它的平均分量将由 $C_j(t)$ 变成 $C_j'(t)$,同时,叠加在 $C_j'(t)$ 上的高频分量不仅影响振荡随调制信号变化规律,而且还影响振荡幅度和中心频率稳定的性能。所以在实际电路中应尽量减少加到变容二极管上的高频电压信号。

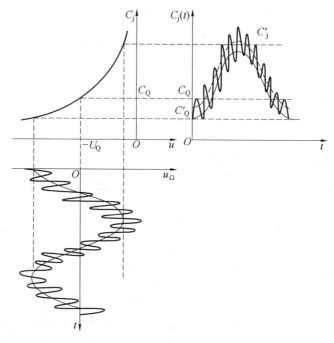

图 8.12　变容二极管结电容变化曲线

8.3.2　变容二极管全部接入振荡回路

变容二极管的结电容作为回路总电容的调频电路的中心频率稳定度较差,这是因为中心频率 ω_c 决定于变容二极管结电容的稳定性。当温度变化或反向偏压 U_Q 不稳时会引起结电容的变化,它又会引起中心频率的较大变化。为了减小中心频率不稳,提高中心频率稳定度,通常采用部分接入的方法来改善性能。

变容二极管部分接入振荡回路的等效电路如图 8.13 所示。变容二极管和 C_2 串联,再和 C_1 并联构成振荡回路总电容 C_Σ,即

$$C_\Sigma = C_1 + \frac{C_2 C_j}{C_2 + C_j} \tag{8.37}$$

将式(8.28)代入式(8.37),即可得 C_Σ 随 $u_\Omega(t)$ 的变化规律为

$$C_\Sigma = C_1 + \frac{C_2 C_Q}{C_2 (1+x)^\gamma + C_Q} \tag{8.38}$$

相应的调频特性方程为

$$\omega(x) = \frac{1}{\sqrt{LC_\Sigma}} = \frac{1}{\sqrt{L\left(C_1 + \dfrac{C_2 C_Q}{C_2 (1+x)^\gamma + C_Q}\right)}} \tag{8.39}$$

在实际振荡回路中,一般 C_2 取值较大,约几十皮法至几百皮法,C_1 的取值较小,约为几皮法至几十皮法。首先定性讨论变容二极管与 C_2、C_1 串并联后对调频特性的影响。

根据图 8.10 中的 $C_j - u_\Omega(t)$ 特性可知,当变容二极管反偏压 $u \uparrow \rightarrow C_j \downarrow \rightarrow \omega \uparrow$,即可画出调频特性 $\omega(t) - u_\Omega(t)$ 的曲线,当变容二极管不串联 C_2 也不并联 C_1 时,其特性曲线如图 8.14 中曲线 ① 所示。

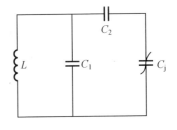

图 8.13   变容二极管部分接入
振荡回路

(1) 当 C_j 串联 C_2 而 $C_1 = 0$ 时,$C_\Sigma < C_j$,所以 $\omega(t) - u_\Omega(t)$ 特性应在图中曲线 ① 的上方。当 $u_\Omega(t)$ 较大时,C_j 值很小,处于高频端,此时再串联数值较大的电容 C_2,则 $C_\Sigma = C_j /\!/ C_2 \approx C_j$,说明高频端的调频特性没有得到补偿,而当 $u_\Omega(t)$ 较小时,C_j 值较大,处于低频端,同样串联数值较大的电容 C_2,则 $C_\Sigma < C_j$,使 $\omega(t)$ 上升,说明低频端的调频特性得到补偿,如图中曲线 ② 所示。

(2) 当 C_j 只并联 C_1 而 C_2 趋于无穷大时,则 $C_\Sigma > C_j$,所以调频特性在曲线 ① 的下方。当 $u_\Omega(t)$ 较大时,C_j 值很小,处于高频端,则 $C_\Sigma = C_1 + C_2$,所以使 $\omega(t)$ 下降,说明高频端的调频特性得到补偿,而当 $u_\Omega(t)$ 较小时,C_j 值较大,处于低频端,则 $C_\Sigma \approx C_j$,$\omega(t)$ 基本不变,没有得到补偿,调频特性如图中曲线 ③ 所示。

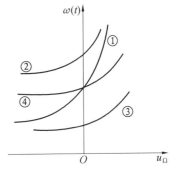

图 8.14   变容二极管直接调频特性

(3) 若 C_j 既串联 C_2 又并联 C_1,则显然高频端与低频端均得到补偿,如图中曲线 ④ 所示。可见通过电容串、并联后,调频特性得到改善,即图中 $\omega(t) - u_\Omega(t)$ 特性斜率变小,说明它牺牲了调制灵敏度,也可以说提高调频线性使最大角频偏下降,或者使变容指数下降。

综上所述,在采用变容二极管部分接入振荡回路的直接调频电路中,必须使 $\gamma > 2$,并反复调制 C_1、C_2 和 U_Q 值,就能在一定调制电压变化范围内使 γ 逐渐下降到近似等于 2,即可实现理想直接调频,而且载波频率等于所要求的数值。因为变容二极管部分接入振荡回路,其中心频率稳定度比全部接入振荡回路要高,但其最大频偏要减小。

8.3.3   变容二极管直接调频电路实例

图 8.15 所示是中心频率为 90 MHz 并且采用变容二极管部分接入的直接调频电路。图中振荡器采用电容三点式电路,变容二极管先与 5 pF 电容串联,再与其他回路电容并联。在变容二极管的控制电路中,U_Q 是由 -9 V 的电源经 56 kΩ 和 22 kΩ 电阻分压后供给的,而调制信号 $u_\Omega(t)$ 则经过 47 μF 的高频扼流圈接入。0.001 μF 的高频旁路电容并联在调

制信号输入端,这个电容的数值不宜太大,否则会引起调制信号的高音频失真。等效电路如图 8.15(b) 所示,将 C_1、C_2 折到 L 两端为 C',显然由 C'、C_3、C_4 并联总电容为 C'',即可得到等效振荡回路,如图 8.15(c) 所示,显然它是变容二极管部分接入振荡回路的直接调频。

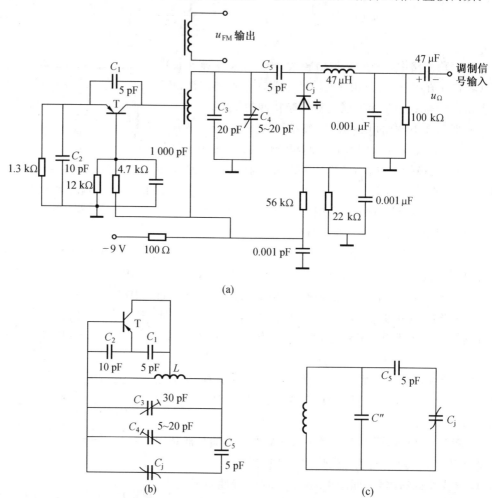

图 8.15 90 MHz 变容二极管直接调频电路

变容二极管部分接入的另一实例如图 8.16 所示。振荡电路由 C_1、C_2、C_3、C_4 和 L 及变容二极管组成。两个变容二极管是反向串联,反向偏置电压同时加到两个变容二极管的正端,调制信号同时加到两个变容二极管的负端,所以对直流和调制信号而言,两个变容二极管是并联的。对高频而言,两个变容二极管是串联的,所以总变容二极管的电容为 $C'_j = C_j/2$,这样加到两个变容二极管的高频电压值就降低了一半,从而减弱了高频电容对变容二极管的影响,中心频率稳定度提高了;同时采用两个变容二极管反向串联,这样在高频信号的任意半个周期内,一个变容二极管寄生电容增大,另一个则等量减少,二者相互抵消,从而减弱了寄生调制。此电路与单变容二极管部分接入调频相比,在最大频偏要求相同时,m 值可以降低。另外,改变变容二极管偏置及调节电感 L,可使该电路中心频率在 $50 \sim 100$ MHz 范围变化。

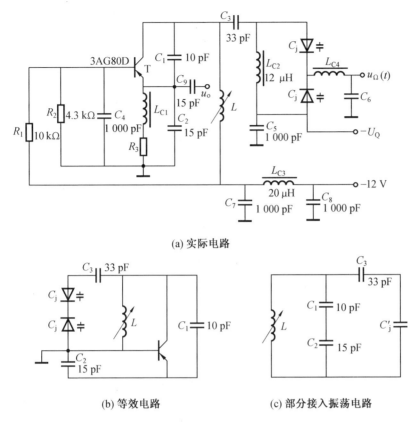

(a) 实际电路

(b) 等效电路　　　　　　(c) 部分接入振荡电路

图 8.16　变容二极管直接调频实际电路

8.4　晶体振荡器直接调频电路

在某些对中心频率稳定度要求很高的场合,可以采用直接对石英晶体振荡器进行调频。例如,在 88 ~ 108 MHz 波段的调频电台,为了减小邻近电台的相互干扰,通常规定各电台调频信号中心频率的绝对稳定度小于 ±2 kHz,也就是在整个频段,其相对频率稳定度不劣于 10^{-5} 数量级。因而采用简单的直接调频振荡器难于实现高稳定度的要求。目前,稳定中心频率的方法有:对石英晶体振荡器进行直接调频;采用自动频率微调电路;利用锁相环路稳频。

晶体振荡器直接调频电路通常是将变容二极管接入并联型晶体振荡器的回路中实现调频。变容二极管接入振荡回路有两种形式。一种是与石英晶体相串联,另一种是与石英晶体相并联。无论哪一种形式,变容二极管的结电容的变化均会引起晶体振荡器的振荡频率变化。变容二极管与石英晶体串联的连接方式应用得比较广泛,其作用是改变振荡支路中的电抗,以实现调频。

图 8.17(a) 为晶体振荡器直接调频电路,图 8.17(b) 为其交流等效电路。变容管的结电容变化将引起晶体的等效电抗变化,从而引起等效串联谐振频率或并联谐振频率发生变化。由图可知,此电路为并联型晶振皮尔斯电路,其稳定度高于密勒电路。其中,变容二极管相当于晶体振荡器中的微调电容,它与 C_1、C_2 的串联等效电容作为石英谐振器的负载电

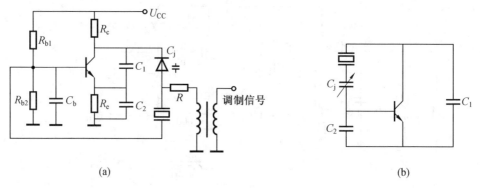

(a)   (b)

图 8.17　晶体振荡器直接调频电路

容 C_L。此电路的振荡频率为

$$f_1 = f_q \Big(1 + \frac{C_q}{2(C_L + C_0)} \Big) \tag{8.40}$$

式中　C_q—— 晶体的动态电容；

　　　C_0—— 晶体的静电容；

　　　C_L—— C_1、C_2 及 C_j 的串联电容值；

　　　f_q—— 晶体的串联谐振频率。

当 C_j 变化时，C_L 变化，晶体的串联谐振频率变化，从而使振荡频率发生变化。

由于振荡器工作于晶体的感性区，f_1 只能处于晶体的串联谐振频率 f_q 与并联谐振频率 f_p 之间。由于晶体的相对频率变化范围很窄，只有 $10^{-3} \sim 10^{-4}$ 量级，再加上 C_j 的影响，则可变范围更窄，因此，晶体振荡器直接调频电路的最大相对频偏为 10^{-3}。在实际电路中，需要采取扩大频偏的措施。

要扩大相对频偏，就需要提高 C_q/C_0 的数值，尤其是减小 C_0 的影响。工程中常用的方法有三种：一种方法是在晶体两端并联小电感，这种方法简便易行，是一种常用的方法，但用这种方法获得的扩展范围有限，且还会使调频信号的中心频率的稳定度有所下降。另一种方法是利用 π 型网络进行阻抗变换，在这种方法中，晶体接于 π 型网络的终端。但较受欢迎的是在调频振荡器输出端增设多次倍频和混频的方法，这样不仅满足了载频的要求，也增加了频偏。

晶体振荡器直接调频电路的主要缺点就是相对频偏非常小，但其中心频率稳定度较高，一般可达 10^{-5} 以上。如果为了进一步提高频率稳定度，可以采用晶体振荡器间接调频的方法。

8.5　调相电路

实现调相的方法通常有三类：一类是可变移相法调相；第二类是可变时延法调相；第三类是矢量合成法调相。

因为调相电路输入的载波振荡信号可采用频率稳定度很高的晶体振荡器，所以采用调相电路实现间接调频，可以提高调频电路中心频率的稳定度。在实际应用中，间接调频是一种应用较为广泛的方式。

8.5.1　可变移相法调相电路

将载波振荡信号电压通过一个受调制信号电压控制的相移网络,即可以实现调相。可控相移网络有多种实现电路。其中,应用最广的是变容二极管调相电路。图 8.18 所示电路是单回路变容二极管调相电路。它是利用由电感 L 和变容二极管组成的谐振回路的谐振频率随变容二极管结电容变化而变化来实现调相的。图中 C_1、C_2 对载波频率 ω_c 相当于短路,是耦合电容。它们的另一作用是起隔直作用,保证直流电源能给变容二极管提供直流偏压。C_3 的作用是保证变容二极管上能加上反向直流偏压,而对于 ω_c 相当于短路。R_1、R_2 是谐振回路对输入和输出端的隔离电阻;R_4 是直流电源与调制信号源之间的隔离电阻。

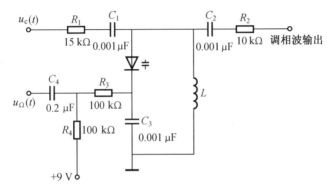

图 8.18　单回路变容二极管调相电路

调相过程是,当调制电压 $u_\Omega(t) = 0$ 时,9 V 的直流电压加在变容二极管的负极,提供反向直流偏压 $U_Q = 9$ V。在这种条件下,变容二极管的结电容 C_Q 与 L 组成谐振回路,其谐振频率正好与输入载波信号的频率 ω_c 相等。谐振回路的相频特性如图 8.19 中的曲线 ② 所示。谐振回路对 ω_c 来说无附加相移,输出电压与输入载波相位相同。当 $u_\Omega(t) > 0$ 时,变容二极管的负极电压增大,即反向偏压增大,则变容二极管的结电容减小,L 与 C_j 组成谐振回路的谐振频率增大,其相频特性如图 8.19 中的曲线 ① 所示。这时谐振回路对 ω_c 来说有一个正的附加相移 φ,输出电压的相位为 $\omega_c t + \varphi$。当 $u_\Omega(t) < 0$ 时,变容二极管的反向偏压减小,则变容二极管的结电容增大,L 与 C_j 组成谐振回路的频率降低,其相频特性如图 8.19 中的曲线 ③ 所示。这时谐振回路对 ω_c 来说有一个负的附加相移 $-\varphi$,输出电压的相位为 $\omega_c t - \varphi$。因为附加相移 φ 是由 $u_\Omega(t)$ 控制变容二极管产生的,这样输出电压的相位就随 $u_\Omega(t)$ 变化而变化,从而实现了调相。

设载波信号为 $u_c(t) = U_{cm} \cos \omega_c t$,调制信号为 $u_\Omega(t) = U_{\Omega m} \cos \Omega t$。当调制信号为零时,谐振回路的谐振角频率与输入载波信号频率 ω_c 相等。当加上调制信号 $u_\Omega(t)$ 后,与直接调频中变容二极管作为回路总电容一样,在 m 较小的情况下,回路的谐振角频率为

$$\omega(t) = \omega_c \left(1 + \frac{\gamma}{2} m \cos \Omega t\right) = \omega_c + \Delta\omega(t) \tag{8.41}$$

式中　$\Delta\omega(t) = \dfrac{\gamma}{2} m \omega_c \cos \Omega t$。

为了得到输出电压,可以将谐振回路及输入电压画出高频等效电路。 电流源 $i_s = \dfrac{U_{cm}}{R_1}\cos \omega_c t = I_{cm}\cos \omega_c t$,输出电压即回路电压 $u(t)$ 可由等效电路得出

$$u(t) = I_{cm}Z(\omega_c)\cos(\omega_c t + \varphi) \quad (8.42)$$

式中 $Z(\omega_c)$、φ—— 分别是谐振回路在 $\omega = \omega_c$ 上呈现的阻抗幅值和相移。在失谐不很大的条件下,φ 可表示为

$$\varphi = -\arctan 2Q\frac{\omega_c - \omega(t)}{\omega(t)} \quad (8.43)$$

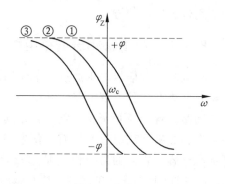

图 8.19 谐振频率变化产生的附加相移

当 $\varphi < \dfrac{\pi}{6}$ 时,可近似认为 $\tan \varphi \approx \varphi$,故可得

$$\varphi \approx -2Q\frac{\omega_c - \omega(t)}{\omega(t)} \quad (8.44)$$

代入 $\omega(t)$,并且有 $\Delta\omega(t) \ll \omega_c$,得

$$\varphi \approx -2Q\frac{\omega_c - [\omega_c + \Delta\omega(t)]}{\omega_c + \Delta\omega(t)} \approx 2Q\frac{\Delta\omega(t)}{\omega_c} = Q\gamma_m \cos \Omega t = m_p \cos \Omega t \quad (8.45)$$

式中 $m_p = Q\gamma_m$,输出电压为

$$u(t) = I_{cm}Z(\omega_c)\cos(\omega_c t + m_p \cos \Omega t) \quad (8.46)$$

从而可以看出,因为 $Z(\omega_c)$ 也受调制信号 $u_\Omega(t)$ 的控制,这样等幅的频率恒定的载波信号通过谐振频率受调制信号调变的谐振回路,其输出电压将是一个幅度受调制信号控制的调相波。若 $\Delta\omega(t)$ 很小,其幅度调制会很小。再则,m_p 应限制在 $\pi/6$ 以下,实际应用中,通常需要较大的调相指数 m_p,为了增大 m_p,可以采用多级单回路构成的变容二极管调相电路。

图 8.20 是一个三级单回路变容二极管调相电路。每一个回路均有一个变容二极管以实现调相。三个变容二极管的电容量变化均受同一调制信号控制。为了保证三个回路产生相等的相移,每个回路的 Q 值都可用可变电阻(22 kΩ)调节。极间采用小电容作为耦合电容,因其耦合弱,可认为极与极之间的相互影响较小,总相移是三级相移之和。这种电路能在 $90°$ 范围内得到线性调制。这类电路由于电路简单、调整方便,故得到了广泛的应用。

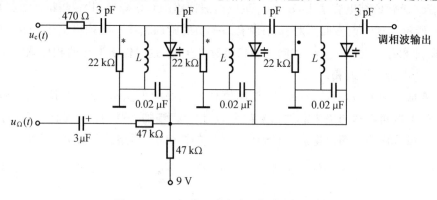

图 8.20 三级单回路变容二极管调相电路

8.5.2　可变时延法调相电路

将载波振荡电压通过一个受调制信号电压控制的时延网络,如图 8.21 所示。时延网络的输出电压为

$$u_0(t) = U_m \cos\left[\omega_c(t-\tau)\right] \tag{8.47}$$

式中　$\tau = ku_\Omega(t) = kU_{\Omega m}\cos\Omega t$,则 $u_0(t)$ 就是调相波

$$u_0(t) = U_m \cos\left[\omega_c t - \omega_c ku_\Omega(t)\right] = U_m \cos\left[\omega_c t - m_p \cos\Omega t\right] \tag{8.48}$$

式中　$m_p = \omega_c kU_{\Omega m}$。

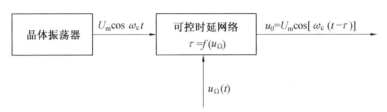

图 8.21　可变时延调相电路方框图

脉冲调相电路是一种对脉冲波进行可控时延的调相电路。其组成方框原理图如图8.22所示。在调制信号电压 $u_\Omega(t) = 0$ 时,对应各点的波形如图 8.23 所示。

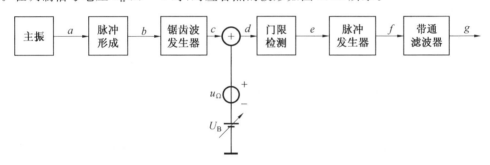

图 8.22　脉冲调相电路方框图

主振器是由晶体振荡器产生的载波振荡信号,如图 8.23(a) 所示,经脉冲成形电路(放大、限幅、微分)取出正的等幅等宽的窄脉冲序列,如图 8.23(b) 所示。然后去触发锯齿波发生器,产生重复周期为 $T_c = 2\pi/\omega_c$ 的锯齿波,如图 8.23(c) 所示。将该锯齿波与调制信号 $u_\Omega(t)$、直流电压 U_B 叠加后加到门限检测电路。当 $u_\Omega(t) = 0$ 时,选取 U_B 的值使锯齿波中点电压等于门限检测电路的门限电压,如图 8.23(d) 所示。此时门限检测电路输出宽度为 $T_c/2$ 的等间隔方波,如图 8.23(e) 所示。而脉冲发生器的输出为时间滞后 $T_c/2$ 的等幅等宽的窄脉冲序列,如图 8.23(f) 所示。通过带通滤波器取出其中的基波,如图 8.23(g) 所示。此正弦波与输入的载波有一固定 180° 的相移。

当加入调制信号后,因门限电压和 U_B 不变,故脉冲产生器的输出脉冲相对于 $u_\Omega(t) = 0$ 时的输出脉冲产生可变延时 τ,如图 8.24 所示。从图中可以看出,当锯齿波是理想线性变化时,可变延时为

$$\tau = -kU_{\Omega m}\cos\Omega t = -\tau_m \cos\Omega t \tag{8.49}$$

式中　τ_m——最大延时,$\tau_m = kU_{\Omega m}$;

　　k——锯齿电压的变化率的倒数。

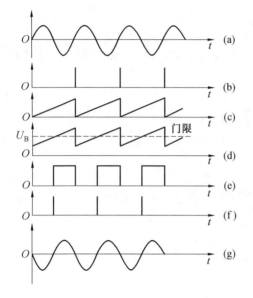

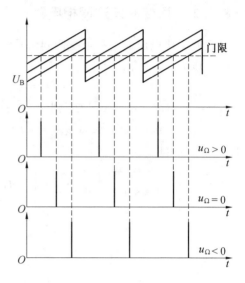

图 8.23 $u_\Omega(t)=0$ 时各点波形 　　　图 8.24 $u_\Omega(t)\neq0$ 时可变时延波形

负号表示 $u_\Omega(t)$ 为正值时,τ 为负值,表示超前,$u_\Omega(t)$ 为负值时,τ 为正值,表示滞后。因为输出脉冲的延时受调制信号控制,所以用带通滤波器取出的基波分量相位也受调制信号控制,即输出为调相波。

为了实现不失真调相,τ_m 不能大于 $T_c/2$,考虑到锯齿波的回扫时间,最大延时

$$\tau_m \leqslant 0.4 T_c \tag{8.50}$$

所以调相波的最大相移 m_p 可达

$$m_p = \omega_c \tau_m \leqslant \frac{2\pi}{T_c} 0.4 T_c = 0.8\pi \tag{8.51}$$

脉冲调相电路可得到较大的相移,而且调制线性较好,只是电路复杂些。因此,用脉冲调相实现间接调频所获得的调频波的线性较好,在调频广播发射机和电视伴音发射机中得到广泛的应用。

8.5.3　矢量合成法调相电路

设调制信号为 $u_\Omega(t)$,则相应的调相波的数学表示式为

$$u_{PM}(t) = U_m \cos\left[\omega_c t + k_p u_\Omega(t)\right] \tag{8.52}$$

将上式展开得

$$u_{PM}(t) = U_m \cos\omega_c t\cos\left[k_p u_\Omega(t)\right] - U_m \sin\omega_c t\sin\left[k_p u_\Omega(t)\right] \tag{8.53}$$

若最大相移很小,在满足

$$\left|\Delta\theta(t)\right|_{max} = k_p \left|u_\Omega(t)\right|_{max} \leqslant \frac{\pi}{12}(\text{rad})$$

时则有

$$\cos\left[k_p u_\Omega(t)\right] \approx 1$$

$$\sin\left[k_p u_\Omega(t)\right] \approx k_p u_\Omega(t)$$

式(8.53)可近似为

$$u_{PM}(t) = U_m \cos \omega_c t - U_m k_p u_\Omega(t) \sin \omega_c t \tag{8.54}$$

可见,调相波可以由两个信号进行矢量合成而成。前一项是载波振荡信号 $U_m \cos \omega_c t$,第二项 $-U_m k_p u_\Omega(t) \sin \omega_c t$ 是载波被抑制的双边带调幅波,它与载波信号的高频相位相差 $\dfrac{\pi}{2}$。图 8.25 所示的方框图就是根据上面的公式(8.54)实现的调相。

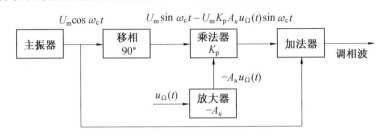

图 8.25　矢量合成实现调相

8.5.4　间接调频的实现

根据所叙述的间接调频的原理,只要将调制信号积分后,再加至上述任何一个调相电路上对载波振荡进行调相,最后即可得到所需的调频波。

由上面的讨论知道,除脉冲调相外,其余的调相方法都只能得到很小的调制指数。例如,要求 $m \leqslant 0.5$ 才能保证一定的调制线性。若最低调制频率为 100 Hz,则相应的最大频移为

$$\Delta f = m F_{min} = 0.5 \times 100 \text{ Hz} = 50 \text{ Hz}$$

这样小的频偏是远远不能满足需要的。例如,调频广播所要求的最大频移为 75 kHz。为了使频偏加大到所需的数值,常常采用倍频的方法。对于这里的例子,需要的倍频次数为 $(75 \times \dfrac{10^3}{50}) = 1\,500$ 倍,可见所需的倍频次数是很高的。

如果倍频之前载波频率为 1 MHz,则经 1 500 次倍频后,中心频率增大为 1 500 MHz。这个数值又可能不符合对中心频率的要求。

当然,倍频也可以分散进行,例如先倍频 N_1 次,之后进行混频,然后再倍频 N_2 次。如有必要,可以如此进行多次。正是由于倍频和混频电路常常是不可缺少的,所以间接调频电路一般来说要比直接调频复杂。脉冲调相变调频可以获得较大频偏,因此一般情况下,倍频和混频电路数目用得较少;但是,脉冲调相电路本身仍然是比较复杂的。

8.6　集成调频发射电路

8.6.1　调频发射机原理框图

图 8.26 是一种调频发射机的框图。其载频 $f_c = 88 \sim 108$ MHz(接收机的接收频率),输入调制信号频率为 $50 \sim 15$ kHz,最大频偏为 75 kHz。由图 8.26 可知,调频方式为间接调频。由高稳定度晶体振荡器产生 $f_{c1} = 200$ kHz 的初始载波信号送入调相器,由经预加重和积分的调制信号对其调相。调相输出的最大频偏为 25 Hz,调制指数 $m_f < 0.5$。经 64 倍

频后,载频变为 12.8 MHz,最大频偏为 1.6 kHz。再经混频器,只将载频降低到 1.8～2.3 MHz,然后再经 48 倍频,载频变为 86.4～110.4 MHz(覆盖 88～108 MHz),最大频偏也提高到 76.8 kHz(大于 75 kHz),调制指数也得到了提高,满足要求。最后,经功率放大后由天线辐射出去。

调频信号的带宽较宽,调制指数较大,因此,调频制具有优良的抗噪声性能。但也正因为如此,调频发射机必须工作在超高频段以上。

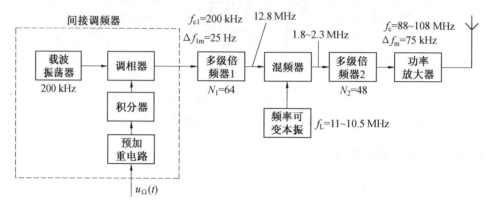

图 8.26　调频发射机框图

8.6.2　集成调频发射电路

MAX2606 调频发射芯片内部集成了带变容二极管的压控振荡器和射频差分输出放大器,只需外接少量元件就能组成一台高品质调频发射机。MAX2606 采用 SOT23－6 微型封装,其组成框图及引脚功能如图 8.27(a)所示。

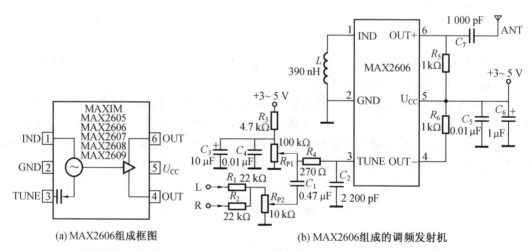

(a) MAX2606 组成框图　　　　(b) MAX2606 组成的调频发射机

图 8.27　MAX2606 及其应用电路

典型的 FM 应用电路如图 8.27(b)所示。MAX2606 的第 1 脚外接电感 L 用于中心频率的调整。改变电感 L 的值,可以调整 MAX2606 的中心频率。调制 MAX2606 的第 3 脚的直流电位也可改变 MAX2606 内部电路的振荡频率,进而达到调整发射频率的目的。例如,调节电位器 R_{P1} 可以在 88～108 MHz 的 FM 波段选择一个频道(中心频率)作为发射输出频率。图 8.27(b)中的两个输入端分别连接音频功放电路的左、右声道的线路(LINE)输出端,左、右声道音频信号分别通过 22 kΩ 电阻叠加,再经电位器 R_{P2} 衰减后,由第 3 脚送入控制 MAX2606 内部的变容二极管的负端电压,随着音频信号的变化压控振荡器的振荡频率也相应变化,从而实现直接调频。由于 MAX2606 输入端的信号幅度高于 60 mV 时将产生失真,因此使用电位器 R_{P2} 将信号衰减到该电平以下。经过调制后的射频 FM 信号从第 6 脚输出到发射天线,输出功率对 50 Ω 的天线约为 -21 dB。在没有标准的 FM 发射天线时,可以用一段 750 mm 的直导线代替发射天线,此时发射距离约为 50 m。为保证最佳接收效果,发射天线最好与接收天线平行安装。MAX2606 可工作于 $3\sim 5$ V 的单电源,且采用稳定的直流电压供电,外接的 0.01 μF 退耦电容 C_4、C_5 不能省略,以减少频率漂移和噪声。

8.7 　数字调频调相

8.7.1 　数字频率调制

用数字基带信号 $s(t)$ 对载波的瞬时频率进行控制的方式,称为数字调频。在数字通信中,称之为频移键控,记为 FSK。

二进制数字频移键控(2FSK)信号是用两个不同频率的载波来代表数字信号的两种电平。

若数字基带信号为

$$s(t)=\sum_n a_n g(t-nT_s) \tag{8.55}$$

式中　$g(t)$——持续时间为 T_s 的矩形脉冲。a_n 为

$$a_n=\begin{cases} 1 & （概率为 P） \\ 0 & （概率为 1-P） \end{cases}$$

波形如图 8.28(a)所示,则 2FSK 信号的表达式为

$$u(t)=\left[\sum_n a_n g(t-nT)\right]\cos \omega_1 t+\left[\sum_n \overline{a}_n g(t-nT)\right]\cos \omega_2 t \tag{8.56}$$

其中 $\overline{a}_n$ 为 a_n 的反码。则 2FSK 的波形如图 8.28(b)所示。

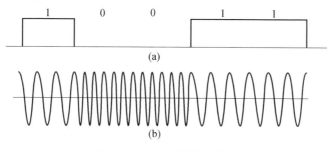

图 8.28 　2FSK 信号波形

通常,FSK 可以用直接调频法和频率键控法来实现频移键控。

(1) 直接调频法。

直接调频法是用数字基带信号直接控制载波振荡器的振荡频率。模拟信号的直接调频

电路都可以用来产生 2FSK 信号。其优点是电路简单,信号相位连续。缺点是频率稳定度低。

(2) 频率键控法。

两个独立信号源组成的频率键控:由数字基带信号控制转换开关接通不同频率的信号源来实现。其特点是载波频率稳定度高,转换速度较快,但其转换相位不连续。其原理框图如 8.29 所示。

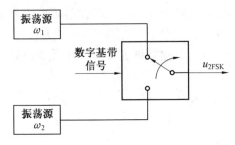

图 8.29　频率键控法原理框图

为了兼顾相位连续和频率稳定度高,常用图 8.30 所示的数字式调频器来产生 2FSK 信号。它主要由标准频率源和可变分频器组成。独立晶体振荡器作为标准信号源,数字基带信号去控制可变分频器产生不同的载频。其特点是频率稳定度高,转换速度也较快,且转换相位是连续的。

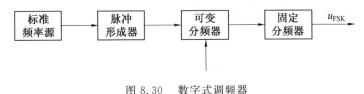

图 8.30　数字式调频器

8.7.2　数字相位调制

数字基带信号控制载波的相位,使载波的相位发生跳变的调制方式为数字相位调制,又称为相位键控(PSK)。二进制相位键控(2PSK)用同一载波的两种相位来代表数字信号。由于 PSK 系统抗噪性能优于 ASK 和 FSK,而且频带利用率较高,在中、高速数字通信中被广泛应用。

数字调相常分为绝对调相(CPSK)和相对调相(DPSK)。

(1) 绝对调相(CPSK)。

以未调制载波相位作为基准的调制称为绝对调相。在二进制相位键控中,设码元取"1"时,已调波相位与未调制载波相位相同,取"0"时,则反相位。其数学表达式为

$$u_{2CPSK} = \begin{cases} A\sin(\omega_c t + \theta_0) & \text{(为 1 码)} \\ A\sin(\omega_c t + \theta_0 + \pi) & \text{(为 0 码)} \end{cases}$$

式中　θ_0——载波的初相位。

受控载波在 0 和 π 两个相位上变化,其波形如图 8.31 所示。图中 8.31(a) 为数字基带信号,图 8.31(b) 为载波,图 8.31(c) 为 2CPSK 绝对调相波形,图 8.31(d) 为双极性数字基带信号。从图中可以看出 2CPSK 信号可以看成是双极性基带信号乘以载波而产生,即

$$u_{2CPSK} = s'(t)A\sin(\omega_c t + \theta_0) \tag{8.57}$$

式中　$s'(t)$——双极性基带信号。

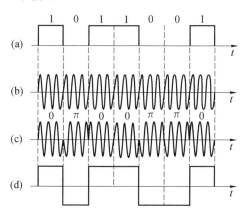

图 8.31　两相的绝对调相波形

图 8.32 所示是一个典型的环型调制器。它是采用环型调制器实现的 2CPSK 直接调相电路。

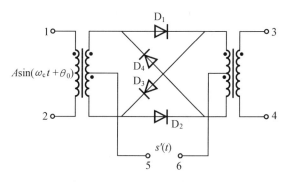

图 8.32　直接调相电路

其中,1、2 端接载波信号;5、6 端接双极性基带信号 $s'(t)$;则 3、4 端为 CPSK 信号输出。当 $s'(t)$ 为正时,D_1、D_2 导通,D_3、D_4 截止,输出电压载波与输入载波同相。当 $s'(t)$ 为负时,D_3、D_4 导通,D_1、D_2 截止,输出电压载波与输入载波反相。

图 8.33 给出了相位选择法产生 CPKS 信号的电路。

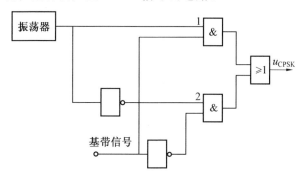

图 8.33　相位选择法的电路

振荡器产生载波信号 $A\sin\omega_c t$，一路送给与门1，另一路经反相器变成 $A\sin(\omega_0 t+\pi)$ 加到与门2。基带信号也是分两路一路送给与门1，另一路经反相器送给与门2。当基带信号码元为"1"时，与门1选通，输出 $A\sin(\omega_c t+\pi)$。当基带信号码元为"0"时，与门2选通，输出为 $A\sin\omega_c t$。

　　(2) 相对调相（DPSK）。

　　相对调相是各码元的载波相位，不是以未调制载波相位为基准，而是以相邻的前一码元的载波相位为基准。例如，当码元为"1"时，它的载波相位取与前一码元的载波相位差为 π。当码元为"0"时，它的载波相位取与前一码元的载波相位相同，如图 8.34 所示。

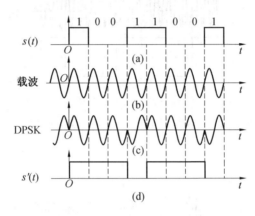

图 8.34　DPSK 信号波形

　　其中，图 8.34(a) 是数字基带信号 $s(t)$ 的波形，又称为绝对码；图 8.34(b) 为载波，图 8.34(c) 为 DPSK 波形，图 8.34(d) 是数字基带信号的相对码 $s'(t)$，用它对载波进行绝对调相和用绝对码对载波进行相对调相，其输出结果相同。其原理框图如图 8.35(a) 所示。图 8.35(b) 是绝对码变换成相对码的原理图，它是由异或门和延时一个码元宽度 T_B 的演示器组成。它完成的功能是 $b_n = a_n \oplus b_{n-1}$（$n-1$ 表示 n 前一个码元）。也就是将图 8.34(a) 所示的绝对码基带信号 $s(t)$ 转换成图 8.34(d) 所示的相对码基带信号 $s'(t)$。

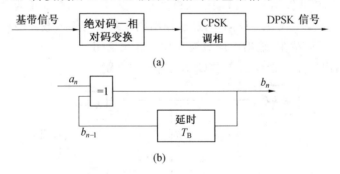

图 8.35　DPSK 信号的产生

习　　题

　　8.1　调角波 $u(t)=10\cos(2\pi\times10^6 t+10\cos 2\,000\pi t)$ V，试确定：(1) 最大频偏；(2) 最

大相偏;(3) 信号带宽;(4) 此信号在单位电阻上的功率;(5) 能否确定这是 FM 波或是 PM 波?(6)调制电压。

8.2　调制信号 $u_\Omega = 2\cos(2\pi \times 10^3 t) + 3\cos(3\pi \times 10^3 t)$ V,调频灵敏度 $k_f = 3$ kHz/V,载波信号为 $u_c = 5\cos(2\pi \times 10^7 t)$ V,试写出此 FM 信号表达式。

8.3　频率为 100 MHz 的载波被频率为 5 kHz 的正弦信号调制,最大频偏为 50 kHz,求此 FM 波的带宽。若 U_Ω 加倍,F 不变,带宽是多少?若 U_Ω 不变,F 增大一倍,带宽如何?若 U_Ω 和 F 都增大一倍,带宽又如何?

8.4　已知某调频电路调频信号中心频率为 $f_c = 50$ MHz,最大频偏为 75 kHz。求调制信号频率 F 为 300 Hz、15 kHz 时,对应的调频指数 m_f,有效频谱宽度 B_{CR}。

8.5　有一个调幅波和一个调频波,它们的载频均为 1 MHz,调制信号电压均为 $u_\Omega = 0.1\cos(2\pi \times 10^3 t)$ V。若调频时单位调制电压产生的频偏为 1 kHz,求调幅波的频谱宽度 B_{AM} 和调频波的有效频谱宽度 B_{CR}。若调制信号电压改为 $u_\Omega = 20\cos(2\pi \times 10^3 t)$ V,试求对应的 B_{AM} 和 B_{CR},并对此结果进行比较。

8.6　调频振荡器回路由电感 L 和变容二极管组成。$L = 2$ μH,变容二极管参数为:$C_{j0} = 225$ pF,$\gamma = 0.5$,$U_\phi = 0.6$ V,$U_Q = -6$ V,调制电压 $u_\Omega = 3\cos(10^4 t)$ V。求输出调频波的(1) 载频;(2) 由调制信号引起的载频漂移;(3) 最大频偏;(4) 调频系数;(5) 二阶失真系数。

8.7　如图所示为变容管 FM 电路。$f_c = 360$ MHz,$\gamma = 3$,$U_\phi = 0.6$ V,$u_\Omega = \cos(\Omega t)$ V。图中 L_c 为高频扼流圈,C_3、C_4 和 C_5 为高频旁路电容。(1)分析此电路工作原理并说明其他各元件作用;(2) 调节 R_2 使变容管反偏电压为 6 V,此时 $C_{jQ} = 20$ pF,求 L;(3) 计算最大频偏和二阶失真系数。

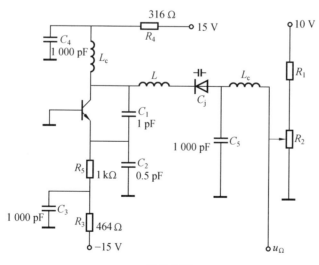

题 8.7 图

8.8　如图所示为晶体振荡器直接调频电路,试说明其工作原理及各元件的作用。

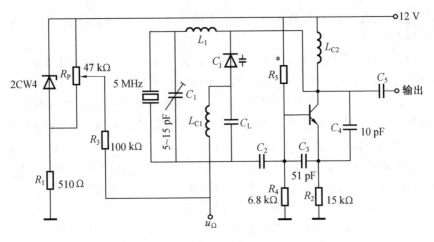

题 8.8 图

8.9 变容管调频器的部分电路如图所示。其中,两个变容管的特性完全相同,均为 $C_j = C_{j0} / (1 + u/u_\varphi)^\gamma$,$L_1$ 及 L_2 为高频扼流圈,C_1 对振荡频率短路。试推导:(1)振荡频率表达式;(2)基波最大频偏;(3)二次谐波失真系数。

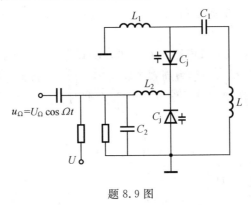

题 8.9 图

第 9 章

角度解调电路

相比较调幅信号而言,调角信号在实际通信系统中获得了更好的性能,因而应用范围更广。在第 8 章中重点介绍了调频和调相信号及产生电路,本章中重点介绍调频信号和调相信号的解调电路。

9.1 概　　述

角度调制波的解调就是将已调波恢复成原始调制信号的过程。将调制信号从调相信号中解调出来的过程称为鉴相(PD);将调制信号从调频信号中解调出来的过程称为鉴频(FD)。

与调幅接收机一样,调频接收机的组成也是采用超外差式的。在超外差式的调频接收机中,鉴频通常在中频频率(如调频广播接收机的中频频率 10.7 MHz)上进行(随着技术的发展,现在也有在基带上用数字信号处理的方法实现)。但是,调相波和调频波都是等幅的高频振荡,调制信号的变换规律分别反映在这个高频振荡的相位或频率的变化上,而不是像普通调幅波那样反映在高频振荡的振幅(或包络)的变化上。因此,不能直接用包络检波器解调出原来的调制信号。

在调频信号的产生、传输和通过调频接收机前端电路的过程中,不可避免地受到噪声、衰落及滤波器的影响,使本来是等幅的调频波,出现了幅度上的起伏,或者说引入了寄生调幅,有时也会产生寄生调频。因此一般在末级中放和鉴频器之间设置限幅器就可以消除由寄生调幅所引起的鉴频器的输出噪声。可见,限幅与鉴频一般是连用的,统称为限幅鉴频器。若调频信号的调频指数较大,它本身就可以抑制寄生调频。

9.1.1　角度解调电路功能

就功能而言,鉴相器是一个将输入调相波的瞬时相位变换为相应的解调输出电容的变换器;同理,鉴频器是一个将输入调频波的瞬时频率(或频偏)变换为相应的解调输出电压的变换器。

本节将以鉴频器为例,简单介绍一下角度解调电路功能。假设鉴频器输入的调频波的瞬时频率为 f,其输出的解调输出电压为 u_o,如图 9.1(a)所示。通常将此变换器的变换特性称为鉴频特性。用曲线表示为输出电压 u_o 与瞬时频率 f 之间的关系曲线,称为鉴频特性曲线。在线性解调的理想情况下,此曲线为一直线,但实际上往往有弯曲,呈"S"形,简称"S"曲线,如图 9.1(b)所示。

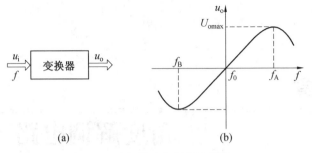

图 9.1 鉴频器及鉴频特性曲线

对于鉴频器,其输入调频波若为

$$u_i(t) = U_{cm}\cos\left[\omega_c t + m_f \sin\Omega t\right] \tag{9.1}$$

则鉴频器输出为

$$u_o(t) = U_m\cos\Omega t \tag{9.2}$$

同理,对于鉴相器,其输入调相波若为

$$u_i(t) = U_{cm}\cos\left[\omega_c t + m_p \cos\Omega t\right] \tag{9.3}$$

则鉴相器输出为

$$u_o(t) = U_m\cos\Omega t \tag{9.4}$$

9.1.2 角度解调电路分类

鉴相电路通常可分为模拟电路型和数字电路型两大类。而在集成电路系统中,常用的电路有乘积型鉴相和门电路鉴相。鉴相器除了用于解调调相波外,还可构成移相鉴频电路,特别是在锁相环路中作为主要组成部分得到了广泛的应用。

常见的鉴频电路按照其原理,大致可以分成以下几类:

(1)振幅鉴频。此类鉴频方法是先设法将频率随调制信号变化的调制波转化成瞬时幅度随瞬时频率变化的调幅－调频波,然后用幅度检波的方法解调调频信号。

(2)相位鉴频。此方法是先设法将调频信号中的频率变化转化为相位变化,然后用鉴相器解调转化后的调相信号。

(3)脉冲计数式鉴频。此方法直接将单位时间内已调波的周波数目转换为脉冲个数,然后通过低通滤波器取出调制信号。

(4)锁相环鉴频。

9.1.3 技术指标

鉴频器的主要性能指标大都与鉴频特性曲线有关,具体为:

(1)鉴频器中心频率 f_0。

鉴频器中心频率对应于鉴频特性曲线原点处的频率。在接收机中,鉴频器位于中频放大器之后,其中心频率应与中频频率 f_{IF} 一致。在鉴频器中,通常将中频频率 f_{IF} 写作 f_c,因此也认为鉴频器中心频率为 f_c。

(2)鉴频带宽 B_m。

能够不失真地解调所允许的输入信号频率变化的最大范围称为鉴频器的鉴频带宽,它可以近似地衡量鉴频特性线性区宽度。在图 9.1(b) 中,它指的是鉴频特性曲线左右两个最大值($\pm U_{\text{omax}}$) 对应的频率间隔,因此也称峰值带宽。鉴频特性曲线一般是左右对称的,若峰值点的频偏为 $\Delta f_{\text{A}} = f_{\text{A}} - f_{\text{c}} = f_{\text{c}} - f_{\text{B}}$,则 $B_{\text{m}} = 2\Delta f_{\text{A}}$。对于鉴频器来讲,要求线性范围宽($B_{\text{m}} > 2\Delta f_{\text{A}}$)。

(3) 线性度。

为了实现线性鉴频,鉴频特性曲线在鉴频带宽内必须呈线性。但在实际上,鉴频特性在两峰之间都存在一定的非线性,通常只有在 $\Delta f = 0$ 附近才有较好的线性。

(4) 鉴频跨导 S_{D}。

所谓鉴频跨导,就是鉴频特性在载频处的斜率,它表示的是单位频偏所能产生的解调输出电压。鉴频跨导又称鉴频灵敏度,用公式表示为

$$S_{\text{D}} = \frac{\mathrm{d}u_{\text{o}}}{\mathrm{d}f}\bigg|_{f=f_c} = \frac{\mathrm{d}u_{\text{o}}}{\mathrm{d}\Delta f}\bigg|_{\Delta f=0} \tag{9.5}$$

另一方面,鉴频跨导也可以理解为鉴频器将输入频率转换为输出电压的能力或效率,因此,鉴频跨导又可以称为鉴频效率。调频制具有良好的抗噪声能力,是以鉴频器输入为高信噪比为条件的,一旦鉴频器输入信噪比低于规定的门限值,鉴频器的输出信噪比将急剧下降,甚至无法接收。这种现象称为门限效应。实际上,各种鉴频器都存在门限效应,只是门限电平的大小不同而已。

相类似,鉴相器的主要性能指标也包括四个:

(1) 鉴相特性曲线:即鉴相器输出电压与输入信号的瞬时相位偏移 $\Delta\varphi$ 的关系。通常要求是线性关系。

(2) 鉴相跨导:鉴相器输出电压与输入信号的瞬时相位偏移 $\Delta\varphi$ 的关系的比例系数。

(3) 鉴相线性范围:能够不失真地解调所允许的输入信号相位变化的最大范围。通常应大于调相波最大相移的 2 倍。

(4) 非线性失真:由于鉴相特性不是理想直线而使解调信号产生的失真称为鉴相器的非线性失真。

9.2 鉴 相 器

鉴相电路通常可分为模拟电路型和数字电路型两大类。而常用的电路有乘积型鉴相和门电路鉴相。本节将对乘积型鉴相和门电路鉴相分别进行介绍。

9.2.1 乘积型鉴相电路

这种鉴相电路采用模拟乘法器作为非线性器件进行频率变换,然后通过低通滤波器取出原调制信号。其方框原理图如图 9.2 所示。

图中 u_1 是需解调的调相波,u_2 是由 u_1 变化来的或是系统本身产生的与 u_1 有确定关系的参考信号。通常两者是正交关系,以取得正弦型鉴相特性,即

$$u_1 = U_{1\text{m}}\cos[\omega_c t + \varphi_1(t)] \tag{9.6}$$

$$u_2 = U_{2\text{m}}\sin \omega_c t \tag{9.7}$$

因为 u_2 是参考信号,因此通常假设 u_2 的初相位为 0 或为常数。为了分析的简单,在式

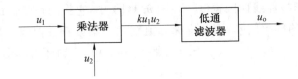

图 9.2　乘积型鉴相器原理框图

(9.7)中取初相为 0。而通过前面章节分析可知,模拟乘法器的输出电流可表示为

$$i = I_0 \, \text{th} \, \frac{qu_1}{2KT} \, \text{th} \, \frac{qu_2}{2KT} \tag{9.8}$$

根据 U_{1m} 和 U_{2m} 的大小不同,鉴相电路有三种工作情况:u_1 和 u_2 均为小信号;u_1 和 u_2 均为大信号;u_1 为小信号,u_2 为大信号。

1. u_1 和 u_2 均为小信号

当 u_1 和 u_2 均小于 26 mV 时,根据模拟乘法器特性,其输出电流为

$$i = I_0 \, \text{th} \, \frac{qu_1}{2KT} \, \text{th} \, \frac{qu_2}{2KT} =$$

$$\frac{1}{2} K_M U_{1m} U_{2m} \sin[-\varphi_1(t)] + \frac{1}{2} K_M U_{1m} U_{2m} \sin[2\omega_c t + \varphi_1(t)] \tag{9.9}$$

式中第二项高频成分经低通滤波器滤除,在负载 R_L 上可得输出电压为

$$u_o = -\frac{1}{2} K_M U_{1m} U_{2m} R_L \sin \varphi_1(t) \tag{9.10}$$

式中　　$\varphi_1(t)$——u_1 和 u_2 两信号的瞬时相位差。

通常可用 $\varphi_e(t)$ 来表示。由式(9.10)可画出 u_o 与 $\varphi_e(t)$ 的关系曲线,如图 9.3 所示。称其为鉴相器的鉴相特性曲线。这是一个周期性的正弦曲线。

从鉴相特性曲线可以求出鉴相器的两个主要指标:

(1)鉴相跨导。根据其定义

$$S_\varphi = \frac{du_o}{d\varphi_e} \bigg|_{\varphi_e = 0} \tag{9.11}$$

S_φ 的单位为 V/rad,通常希望 S_φ 大一些。对于 u_1 和 u_2 均为小信号且 $|\varphi_e| < \frac{\pi}{6}$ rad 时

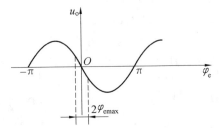

图 9.3　小信号正交乘积鉴相特性

$$S_\varphi = -\frac{1}{2} K_M U_{1m} U_{2m} R_L \tag{9.12}$$

(2)线性鉴相范围。它表示不失真解调所允许输入信号的最大相位变化范围,用 φ_{emax} 表示。对于正弦型鉴相特性来说,可认为 $|\varphi_e| < \frac{\pi}{6}$ rad 时,$\sin \varphi_e \approx \varphi_e$,鉴相特性近于直线,即

$$\varphi_{emax} = \pm \frac{\pi}{6} \text{rad} \tag{9.13}$$

正弦型鉴相特性对使用者来说比较方便和直观。因为 $\varphi_e = 0$ 时,$u_o = 0$,而当 φ_e 在零点附近做正负变化时,u_o 也相应地在零值附近做正负变化。这也是为何在式(9.6)和式(9.7)中任何两个信号要正交的原因。

2. u_1 为小信号, u_2 为大信号

当 u_2 的振幅大于 100 mV 时, 此时可认为是大信号状态。u_1 和 u_2 表达式如式(9.6)和式(9.7)所示。则在 u_1 为小信号、u_2 为大信号条件下, 乘法器的输出电流 i 可表示为

$$i = K'_M u_1 \text{th} \frac{q}{2kT} u_2 \tag{9.14}$$

因为 u_2 是大信号, 双曲正切函数具有开关函数的形式, 即

$$\text{th} \frac{q}{2kT} u_2 = \begin{cases} +1 & (0 \leqslant \omega_c t \leqslant \pi) \\ -1 & (\pi \leqslant \omega_c t \leqslant 2\pi) \end{cases} \tag{9.15}$$

对式(9.15)按傅里叶级数展开为

$$\text{th} \frac{q}{2kT} u_2 = \frac{4}{\pi} \sin \omega_c t + \frac{4}{3\pi} \sin 3\omega_c t + \frac{4}{5\pi} \sin 5\omega_c t + \cdots \tag{9.16}$$

相乘后的输出电流为

$$
\begin{aligned}
i &= K'_M U_{1m} \cos[\omega_c t + \varphi_1(t)] \left[\frac{4}{\pi} \sin \omega_c t + \frac{4}{3\pi} \sin 3\omega_c t + \cdots \right] = \\
&\quad \frac{2}{\pi} K'_M U_{1m} \sin[-\varphi_1(t)] + \frac{2}{\pi} K'_M U_{1m} \sin[2\omega_c t + \varphi_1(t)] + \\
&\quad \frac{2}{3\pi} K'_M U_{1m} \sin[2\omega_c t - \varphi_1(t)] + \frac{2}{3\pi} K'_M U_{1m} \sin[4\omega_c t + \varphi_1(t)] + \cdots
\end{aligned} \tag{9.17}
$$

经低通滤波器取出输出电流的低频分量, 在负载 R_L 上得到输出电压为

$$u_o = -\frac{2}{\pi} K'_M R_L U_{1m} \sin[\varphi_1(t)] \tag{9.18}$$

由式(9.18)可知, 乘积型鉴相器的一个输入为大信号时, 鉴相特性曲线仍是正弦型, 只是鉴相跨导为

$$S_\varphi = -\frac{2}{\pi} K'_M R_L U_{1m} \tag{9.19}$$

3. u_1 和 u_2 均为大信号

在 u_1 和 u_2 均为大信号的条件下, 乘法器的输出电流 i 可表示为

$$i = K_M \text{th} \frac{q}{2kT} u_1 \text{th} \frac{q}{2kT} u_2 \tag{9.20}$$

因为 u_1 是大信号, 双曲正切函数也具有开关函数的形式, 即

$$\text{th} \frac{q}{2KT} u_1 = \begin{cases} +1 & \left(-\frac{\pi}{2} \leqslant \omega_c t + \varphi_1(t) \leqslant \frac{\pi}{2} \right) \\ -1 & \left(\frac{\pi}{2} \leqslant \omega_c t + \varphi_1(t) \leqslant \frac{3}{2}\pi \right) \end{cases} \tag{9.21}$$

其傅里叶级数为

$$\text{th} \frac{q}{2KT} u_1 = \frac{4}{\pi} \cos[\omega_c t + \varphi_1(t)] - \frac{4}{3\pi} \cos 3[\omega_c t + \varphi_1(t)] + \frac{4}{5\pi} \cos 5[\omega_c t + \varphi_1(t)] - \cdots \tag{9.22}$$

则

$$i = K_M \left(\frac{4}{\pi} \cos[\omega_c t + \varphi_1(t)] - \frac{4}{3\pi} \cos 3[\omega_c t + \varphi_1(t)] + \cdots \right) \left[\frac{4}{\pi} \sin \omega_c t + \frac{4}{3\pi} \sin 3\omega_c t + \cdots \right] =$$

$$-K_M \frac{8}{\pi^2} \sin[\varphi_1(t)] + K_M \frac{8}{\pi^2} \sin[2\omega_c t + \varphi_1(t)] +$$

$$K_M \frac{8}{3\pi^2} \sin[2\omega_c t + 3\varphi_1(t)] - K_M \frac{8}{3\pi^2} \sin[4\omega_c t + 3\varphi_1(t)] +$$

$$K_M \frac{8}{3\pi^2} \sin[2\omega_c t - \varphi_1(t)] + K_M \frac{8}{3\pi^2} \sin[4\omega_c t + \varphi_1(t)] +$$

$$K_M \frac{8}{9\pi^2} \sin[3\varphi_1(t)] - K_M \frac{8}{9\pi^2} \sin[6\omega_c t + 3\varphi_1(t)] + \cdots \tag{9.23}$$

经低通滤波器取出低频分量,在负载 R_L 上建立电压为

$$u_o = -K_M R_L \left[\frac{8}{\pi^2} \sin\varphi_1(t) - \frac{8}{(3\pi)^2} \sin 3\varphi_1(t) + \frac{8}{(5\pi)^2} \sin 5\varphi_1(t) - \cdots \right] =$$

$$-K_M R_L \left[\frac{8}{\pi^2} \sum_{n=1}^{\infty} \frac{(-1)^{n-1}}{(2n-1)^2} \sin(2n-1)\varphi_1(t) \right] \tag{9.24}$$

式(9.24)在 n 取不同值时 u_o 的结果如图 9.4 所示。

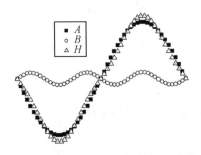

(a) $n=1$(曲线A), $n=2$(曲线B)叠加结果(H曲线)

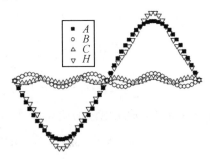

(b) $n=1, n=2$和$n=3$(C曲线)叠加结果(H曲线)

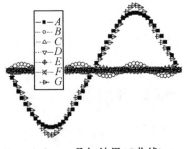

(c) $n=1,2,\cdots,6$叠加结果(G曲线)

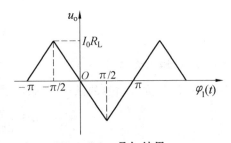

(d) $n=1,2,\cdots$叠加结果

图 9.4　u_1 和 u_2 均为大信号的正交乘积鉴相特性

可见,两个输入信号均为大信号时,其鉴相特性为三角波形。在 $-\frac{\pi}{2} \leqslant \varphi_1(t) \leqslant \frac{\pi}{2}$ 区间,鉴相特性是线性的。因此其线性鉴相范围为

$$\varphi_{\text{emax}} = \pm \frac{\pi}{2} \tag{9.25}$$

对比式(9.13),可以看出三角波型鉴相特性的线性范围比正弦型鉴相特性大。而鉴相跨导为

$$S_\varphi = -\frac{2}{\pi} K_M R_L \tag{9.26}$$

以上分析表明,乘积型鉴相器应尽量采用大信号工作状态,这样可获得较宽的线性鉴相范围。

9.2.2　门电路鉴相器

门电路鉴相器的电路简单,线性鉴相范围大、易于集成化,因此得到较为广泛的应用。常用的有或门鉴相器和异或门鉴相器。

图9.5(a)是一个异或门鉴相器的原理图。它由异或门电路和低通滤波器组成。若输入给鉴相器的两个信号$u_1(t)$和$u_2(t)$均为周期为T_i的方波信号,$u_1(t)$和$u_2(t)$之间的延时为τ_e,它反映两信号之间的相位差$\varphi_e = 2\pi\tau_e/T_i$。因为异或门电路的两个输入电平不同时,输出为"1"电平,而其他情况均为"0"电平。

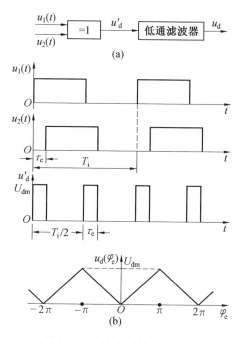

图9.5　异或门鉴相器及波形

由于经过低通滤波器的输出相当于对异或门输出信号$u'_d(t)$取平均分量,根据τ_e与T_i的关系,可得

当$0 \leqslant \tau_e \leqslant \dfrac{T_i}{2}$时,

$$u_d = U_{dm}\frac{\tau_e}{T_i/2}$$

即

$$u_d(\varphi_e) = U_{dm}\frac{\varphi_e}{\pi} \quad (0 \leqslant \varphi_e \leqslant \pi) \tag{9.27}$$

当$\dfrac{T_i}{2} \leqslant \tau_e \leqslant T_i$时,

$$u_d = U_{dm}\frac{[T_i/2 - (\tau_e - T_i/2)]}{T_i/2} = U_{dm}\frac{[T_i - \tau_e]}{T_i/2} \tag{9.28}$$

即

$$u_{\mathrm{d}}(\varphi_{\mathrm{e}})=U_{\mathrm{dm}}\left(2-\frac{\varphi_{\mathrm{e}}}{\pi}\right) \quad (\pi \leqslant \varphi_{\mathrm{e}} \leqslant 2\pi)$$

综合上述结果,可得

$$u_{\mathrm{d}}(\varphi_{\mathrm{e}})=\begin{cases} U_{\mathrm{dm}}\dfrac{\varphi_{\mathrm{e}}}{\pi} & (0 \leqslant \varphi_{\mathrm{e}} \leqslant \pi) \\[3mm] U_{\mathrm{dm}}\left(2-\dfrac{\varphi_{\mathrm{e}}}{\pi}\right) & (\pi \leqslant \varphi_{\mathrm{e}} \leqslant 2\pi) \end{cases} \tag{9.29}$$

其结果如图 9.5(b) 所示。可见,异或门鉴相器的输出 $u_{\mathrm{d}}(\varphi_{\mathrm{e}})$ 与 φ_{e} 的关系为三角形曲线,其鉴相跨导为

$$S_{\varphi}=\pm\frac{U_{\mathrm{dm}}}{\pi} \tag{9.30}$$

9.3 鉴 频 器

实现调频信号解调的鉴频电路可分为三类,第一类是调频－调幅调频变换型。这种类型是先通过线性网络把等幅调频波变换成振幅与调频波瞬时频率成正比的调幅调频波,然后用振幅检波器进行振幅检波。第二类是相移乘法鉴频器。这种类型是将调频波经过移相电路变成调相调频波,其相位的变化正好与调频波瞬时频率的变化呈线性关系,然后将调相调频波与原调频波进行相位比较,通过低通滤波器取出解调信号。因为相位比较器通常用乘法器组成,所以称为相移乘法鉴频。第三类是脉冲均值型。这种类型是把调频信号通过过零比较器变换成重复频率与调频信号瞬时频率相等的单极性等幅脉冲序列,然后通过低通滤波器取出脉冲序列的平均值,这就恢复出与瞬时频率变化成正比的信号。

9.3.1 双失谐回路鉴频器

图 9.6 是双失谐回路鉴频器的原理图。它是由三个调谐回路组成的调频－调幅调频变换电路,和上下对称的两个振幅检波器组成。

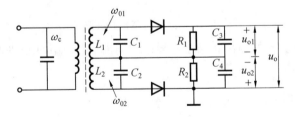

图 9.6 双失谐回路鉴频器

初级回路谐振于调频信号的中心频率 ω_{c},其通带较宽。次级两个回路的谐振频率分别为 ω_{01}、ω_{02},并使 ω_{01} 和 ω_{02} 与 ω_{c} 成对称失谐。即 $\omega_{\mathrm{c}}-\omega_{01}=\omega_{02}-\omega_{\mathrm{c}}$。

图 9.7 左边是双失谐回路鉴频器的幅频特性,其中实线表示第一个回路的幅频特性,虚线表示第二个回路的幅频特性,这两个幅频特性对于 ω_{c} 是对称的。

(1) 当输入调频信号的频率为 ω_{c} 时,两个次级回路输出电压幅度相等,经检波后输出电压 $u_{\mathrm{o}}=u_{\mathrm{o1}}-u_{\mathrm{o2}}$,故 $u_{\mathrm{o}}=0$。

(2) 当输入调频信号的频率由 ω_{c} 向升高的方向偏离时,$L_2 C_2$ 回路输出电压大,而 $L_1 C_1$

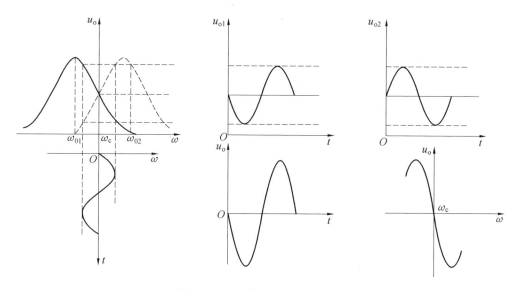

图 9.7 双失谐回路鉴频器的特性

回路输出电压小,则经检波后 $u_{o1} < u_{o2}$,则 $u_o < 0$。当输入调频波的频率由 ω_c 向降低方向偏离时,L_1C_1 回路输出电压大,L_2C_2 回路输出电压小,经检波后 $u_{o1} > u_{o2}$,则 $u_o > 0$。其总鉴频特性如图 9.7 的右下边所示。

9.3.2 相位鉴频器

相位鉴频器是利用双耦合回路的相位－频率特性将调频波变成调幅调频波,通过振幅检波器实现鉴频的一种鉴频器。它常用于频偏在几百千赫兹以下的调频无线接收设备中。常用的相位鉴频器根据其耦合方式可分为互感耦合和电容耦合两种鉴频器。由于其工作原理相同,所以下面仅讨论互感耦合相位鉴频器。

1. 相位鉴频器的工作原理

图 9.8 所示电路是互感耦合鉴频器的基本电路。

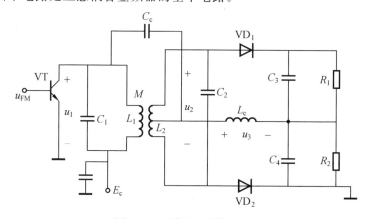

图 9.8 相位鉴频器原理电路

它由调频－调幅调频变换电路和振幅检波器两部分组成。调频－调幅调频变换电路由双耦合回路组成,其初级 L_1C_1 和次级 L_2C_2 都调谐于输入调频波的中心频率 f_c。为了实现调频－调幅调频变换，初级与次级之间采用了两种耦合方式，一是互感 M 的耦合，即由 u_1 通过互感 M 在次级产生 u_2；另一是通过电容 C_c 将 u_1 耦合到高频扼流圈 L 上，因为 C_4、C_c 对高频可认为短路，这样就可以认为 u_1 全加在 L 上，即 $u_3 = u_1$。另外，C 点为 L_2 的中心抽头，故变换电路送给检波器 VD_1 和 VD_2 的电压如图 9.9 所示。

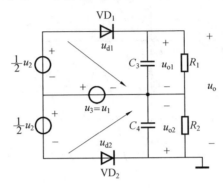

图 9.9　等效检波器电路

则 $u_{d2} = u_1 - \dfrac{1}{2}u_2$，$u_{d1} = u_1 + \dfrac{1}{2}u_2$。设检波器的传输系数为 $K_{d1} = K_{d2} = K_d$，则有

$$u_{o1} = K_{d1}\,|u_{d1}| = K_d U_{d1}$$
$$u_{o2} = K_{d2}\,|u_{d2}| = K_d U_{d2} \qquad (9.31)$$

因此输出电压 u_o 为

$$u_o = u_{o1} - u_{o2} = K_d(U_{d1} - U_{d2}) \qquad (9.32)$$

其中　U_{d1}、U_{d2}——矢量 u_{d1} 和 u_{d2} 的振幅。

对于调频－调幅调频变换电路，由于 u_1 是等幅波，而在耦合回路的通带内 u_2 的振幅也可以认为是不变的。但是 u_1 和 u_2 之间的相位关系却随着频率变化而变化。相位鉴频器正是利用了 u_2 与 u_1 的相位差随频率变化，实现了调频－调幅调频变换。u_{d1} 和 u_{d2} 均为调幅调频波，经振幅检波器可实现鉴频。

2. 相位鉴频器的鉴频特性的定性分析

为了分析的简化，先假设相位鉴频器的初级回路的品质因数较高，初、次级回路的互感耦合比较弱。这样在估算初级回路电流时，就不必考虑初级本身的损耗电阻和从次级引入到初级的损耗电阻，于是可以得图 9.10 所示等效电路图，近似地计算初级回路（L_1C_1 回路）电流 i_1 为

$$i_1 = \frac{u_1}{r_1 + j\omega L_1} \simeq \frac{u_1}{j\omega L_1} \qquad (9.33)$$

初级回路电流 i_1 在次级回路中感应电动势 E_2 在 i_2 的方向和同名端如图 9.10 所示的条件下得

$$E_2 = j\omega M i_1 = \frac{M}{L_1} u_1 \qquad (9.34)$$

次级回路电流 i_2 为

$$i_2 = \frac{E_2}{r_2 + j\left(\omega L_2 - \dfrac{1}{\omega C_2}\right)} = \frac{M}{L_1}\,\frac{u_1}{\left[r_2 + j\left(\omega L_2 - \dfrac{1}{\omega C_2}\right)\right]} \qquad (9.35)$$

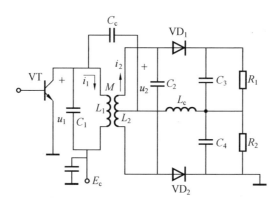

图 9.10　相位鉴频器定性分析电路图

则 u_2 可由等效电路求出，即

$$u_2 = \frac{i_2}{\mathrm{j}\omega C_2} = -\mathrm{j}\frac{M}{L_1}\frac{u_1}{\omega C_2\left[r_2 + \mathrm{j}\left(\omega L_2 - \dfrac{1}{\omega C_2}\right)\right]} \tag{9.36}$$

当输入信号瞬时频率 f 等于调频波中心频率 f_c 时，次级回路谐振，即

$$\omega L_2 - \frac{1}{\omega C_2} = 0 \tag{9.37}$$

则有

$$u_2 = -\mathrm{j}\frac{M}{L_1}\frac{u_1}{\omega C_2 r_2} = \frac{M}{L_1}\frac{u_1}{\omega C_2 r_2}\angle -90° \tag{9.38}$$

此式表明，次级回路电压 u_2 比初级回路电压 u_1 滞后 $90°$，则电压矢量图如图 9.11(a) 所示。因为鉴频器的输出电压 u_o 与 $U_{d1} - U_{d2}$ 成正比(见式(9.32))，由矢量图知 $U_{d1} = U_{d2}$，则鉴频器的输出电压为

$$u_o = u_{o1} - u_{o2} = K_d(U_{d1} - U_{d2}) = 0 \tag{9.39}$$

当输入信号瞬时频率 $f > f_c$ 时，$\omega L_2 - \dfrac{1}{\omega C_2} > 0$，这时次级回路呈电感性，此时

$$u_2 = -\mathrm{j}\frac{M}{L_1}\frac{u_1}{\omega C_2 Z_2} = \frac{M}{L_1}\frac{u_1}{\omega C_2\,|Z_2|}\angle -(90° + \Delta\varphi) \tag{9.40}$$

式中　　Z_2—— 次级回路阻抗，$Z_2 = r_2 + \mathrm{j}\left(\omega L_2 - \dfrac{1}{\omega C_2}\right)$；

$\Delta\varphi$—— Z_2 的相角，$\Delta\varphi = \arctan\dfrac{\omega L_2 - \dfrac{1}{\omega C_2}}{r_2}$。

如图 9.11(b) 所示，u_2 滞后 u_1 的相角大于 $90°$，并且随着瞬时频率 f 的增加，两者的相位差趋向 $180°$，因此

$$u_o = u_{o1} - u_{o2} = K_d(U_{d1} - U_{d2}) < 0 \tag{9.41}$$

当输入信号瞬时频率 $f < f_c$ 时，$\omega L_2 - \dfrac{1}{\omega C_2} < 0$，这时次级回路呈电容性，此时

$$u_2 = -\mathrm{j}\frac{M}{L_1}\frac{u_1}{\omega C_2 Z_2} = \frac{M}{L_1}\frac{u_1}{\omega C_2\,|Z_2|}\angle -(90° - \Delta\varphi) \tag{9.42}$$

其矢量图如图 9.11(c) 所示，u_2 滞后 u_1 的相角小于 $90°$，并且随着瞬时频率 f 的增加，两者的

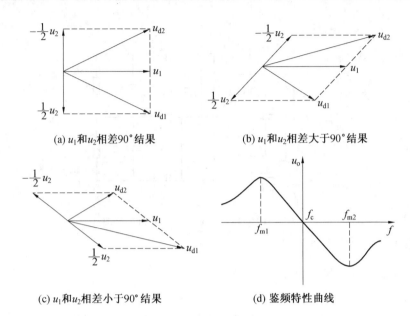

(a) u_1 和 u_2 相差90°结果   (b) u_1 和 u_2 相差大于90°结果

(c) u_1 和 u_2 相差小于90°结果   (d) 鉴频特性曲线

图 9.11　相位鉴频器鉴频特性曲线定性分析结果

相位差趋向 $0°$，因此

$$u_o = u_{o1} - u_{o2} = K_d (U_{d1} - U_{d2}) > 0 \tag{9.43}$$

由上分析可得鉴频器输出电压 u_o 与频率 f 的关系曲线如图 9.11(d) 所示。在 $f = f_c$ 点，$u_o = 0$；随着失谐的加大，U_{d1} 与 U_{d2} 幅度的差值增大，u_o 的绝对值加大。当 $f > f_c$ 时，u_o 为负。当 $f < f_c$ 时，u_o 为正。当频率偏离超过初次级回路谐振频率 f_{m1} 和 f_{m2} 两点时，曲线弯曲，这是由于两个回路失谐严重，u_1 和 u_2 幅度都变小，合成电压也减小，鉴频特性曲线下降。

3. 相位鉴频器的鉴频特性

对于实际电路，前面定性分析中的两点假设是不完全符合实际的，因而应该考虑回路损耗和耦合强弱的影响。设初、次级回路的谐振频率都为 f_c，且品质因数 Q_L 和谐振电阻 R_p 都相同，一般来说，初级回路是接在晶体管的集电极电路中，因此可以恒流源 I 作为信号输入，得到的等效电路如图 9.12 所示。

根据耦合电路分析方法可求得

$$u_1 = \frac{1 + j\xi}{(1 + j\xi)^2 + \eta^2} I R_p \tag{9.44}$$

$$u_2 = -\frac{j\eta}{(1 + j\xi)^2 + \eta^2} I R_p \tag{9.45}$$

式中　　$R_p = \dfrac{L}{Cr}$；

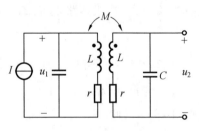

图 9.12　互感耦合回路电路

　　　　ξ——回路广义失谐，$\xi = Q_L \left(\dfrac{f}{f_c} - \dfrac{f_c}{f} \right) = 2Q_L \dfrac{\Delta f}{f_c}$；

　　　　$\Delta f = f - f_c$ 为一般失谐；

η——耦合因数，$\eta = KQ_L$；

K——耦合系数，$K = M / \sqrt{L_1 L_2} = M/L$。

将上述两个表达式代入式(9.32)可得

$$u_{d1} = u_1 + \frac{u_2}{2} = IR_p \frac{1 + j\xi - j\eta/2}{(1 + j\xi)^2 + \eta^2} \tag{9.46}$$

$$u_{d2} = u_1 - \frac{u_2}{2} = IR_p \frac{1 + j\xi + j\eta/2}{(1 + j\xi)^2 + \eta^2} \tag{9.47}$$

则鉴频器的输出电压为

$$u_o = K_d(|u_{d1}| - |u_{d2}|) =$$

$$K_d IR_p \frac{\sqrt{1 + (\xi - \eta/2)^2} - \sqrt{1 + (\xi + \eta/2)^2}}{\sqrt{(1 + \eta^2 - \xi^2)^2 + 4\xi^2}} = K_d IR_p \psi(\xi, \eta) \tag{9.48}$$

上式是鉴频特性的数学表达式。显然，鉴频特性在 K_d、I、R_p 一定时，取决于 $\psi(\xi, \eta)$。因此鉴频特性可用一组通用的曲线族表示，图9.13 是 $\psi(\xi, \eta)$ 曲线的一半，即 $\xi > 0$ 的一半。另一半与其相似，即 $\xi < 0$，ψ 为正。若将该曲线乘以 $K_d IR_p$ 就可以得到鉴频曲线族。

由该曲线可以看出，$\eta < 1$ 的鉴频特性的非线性较严重且线性范围小，而 $\eta = 1.5 \sim 3$ 时，线性范围增大，鉴频跨导减小。在 $\eta > 3$ 范围内鉴频特性的非线性又严重起来，为了确保鉴频特性曲线的线性好，通常 η 取 $1.5 \sim 3$。

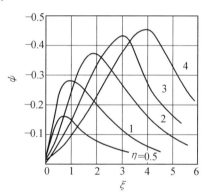

图 9.13　$\psi(\xi, \eta)$ 曲线

由该曲线族还可以看出，当 $\eta \geqslant 1$ 时，对应于曲线最大值的广义失谐量 ξ_m 近似等于 η。因此，$\xi_m = Q_L 2\Delta f_{max}/f_c$，$\eta = KQ_L$，所以鉴频特性曲线两个最大值之间的宽度（鉴频宽度）为 $B_m = 2\Delta f_{max} = Kf_c$。通过上面讨论可知，耦合回路相位鉴频器的鉴频特性曲线与 η 有关，而其鉴频宽度则由 K 决定。当 K 决定后，回路的 Q_L 应由所需 η 决定。

9.3.3　比例鉴频器

相位鉴频器的输出电压除了与输入电压的瞬时频率有关外，还与输入电压的振幅有关。必须尽可能去掉或减小。因而在相位鉴频器前通常需加一级限幅放大，以消除寄生调幅。对于要求不太高的设备，例如调频广播和电视接收中，常采用一种兼有抑制寄生调幅能力的鉴频器，这就是比例鉴频器。

1. 比例鉴频器的基本电路及工作原理

比例鉴频器原理电路如图 9.14 所示。

它与相位鉴频器在调频－调幅调频波变换部分相同，但检波器部分有较大变化，主要差别是：

(1) 在 $a'b'$ 两端并接一个大电容 C_o，其电容量约为 $10\ \mu F$，由于 C_o 和 $(R+R)$ 组成电路的时间常数很大，通常为 $0.1 \sim 0.2\ s$，这样在检波过程中，对于 15 Hz 以上的寄生调幅变化，电容 C_o 上的电压 u_{dc} 基本保持不变。

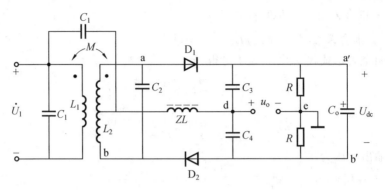

图 9.14　比例鉴频器原理电路

（2）两个二极管中一个与相位鉴频器接法方向相反。这样除了保证两个二极管的支流通路外，还使得两个检波器的输出电压变成极性相同。因此，a′b′两端就是两个检波电压之和，即 $U_{a'b'} = U_{c3} + U_{c4} = U_{dc}$。

（3）把两个检波电容 C_3 和 C_4 的连接点 d 与两个电阻连接点 e 分开，鉴频器的输出电压 u_o 从 d、e 两点取出。

因为波形变换电路与相位鉴频器相同，所以电压 u_{ab} 与 u_1 的关系与式（9.32）相同。两个检波器的输入电压 u_{d1} 和 u_{d2} 为

$$u_{d1} = u_1 + u_{ab}/2 \tag{9.49}$$

$$u_{d2} = -u_1 + u_{ab}/2 \tag{9.50}$$

检波器输出电压为

$$U_{c3} = K_d |u_{d1}| \tag{9.51}$$

$$U_{c4} = K_d |u_{d2}| \tag{9.52}$$

并且 $U_{c3} + U_{c4} = U_{dc}$。

值得注意的是，检波器只对 u_{d1}、u_{d2} 的振幅进行检波，检波后的电压方向完全由二极管的方向来决定。

从图中可以看出，由于 U_{dc} 不变，鉴频器的输出电压 u_o 为

$$u_o = U_{c4} - \frac{1}{2}U_R = U_{c4} - \frac{1}{2}U_{dc} =$$

$$\frac{1}{2}U_{c4} - \frac{1}{2}U_{c3} = \frac{1}{2}K_d (|u_{d2}| - |u_{d1}|) \tag{9.53}$$

可见比例鉴频器的输出也取决于两个检波器输入电压之差，但输出电压值为相位鉴频器的一半。

2. 比例鉴频器抑制寄生调幅的原理

从前面的分析可知，比例鉴频器的输出电压为

$$u_o = U_{c4} - \frac{1}{2}U_{dc} = \frac{1}{2}U_{dc}\left(\frac{2U_{c4}}{U_{dc}} - 1\right) = \frac{1}{2}U_{dc}\left(\frac{2U_{c4}}{U_{c3} + U_{c4}} - 1\right) =$$

$$\frac{1}{2}U_{dc}\left(\frac{2}{1 + \dfrac{U_{c3}}{U_{c4}}} - 1\right) = \frac{1}{2}U_{dc}\left(\frac{2}{1 + \dfrac{|u_{d1}|}{|u_{d2}|}} - 1\right) \tag{9.54}$$

由此式可以看出，因为 U_{dc} 不变，所以 u_o 的大小取决于 $|u_{d1}|$ 与 $|u_{d2}|$ 的比值，而不取决

于它本身的大小。与相位鉴频器分析一样,在调频信号的瞬时频率变化时,$|u_{d1}|$ 与 $|u_{d2}|$ 一个增大,一个减小,其比值随着频率变化而变化,这就实现了鉴频作用。但是,当输入调频信号的幅度发生变化时,$|u_{d1}|$ 与 $|u_{d2}|$ 同时增大或同时减小,但其比值可保持不变,这样比例鉴频器输出电压 u_o 就不随输入调频信号的振幅变化而变化,起到抑制寄生调幅作用。

比例鉴频器抑制寄生调幅的作用也可以从电路的动态工作中定性进行说明。在检波器分析中已知,大信号检波器的传输系数 K_d 和输入电阻 R_{id} 在检波电路一定的条件下是常数。而比例鉴相器的大信号振幅检波器却不是这样。由于电容器 C_o 的作用,两端电压 U_{dc} 保持不变,相当于给两个检波二极管加一个固定的直流偏置。当输入调频信号的振幅增大时,u_1 和 u_{ab} 增大,则 $|u_{d1}|$ 与 $|u_{d2}|$ 都增大,检波电流增大。因为 U_{dc} 不变,则检波器的等效负载电阻 R 减小,使得检波器的导通角 θ 增大,从而使检波器的电压传输系数 $K_d = \cos\theta$ 减小。另外,由于 R 减小,使得检波器的等效输入电阻 $R_{id} = R/2$ 减小,使初级回路的品质因数 Q_L 减小,又使前面放大器的电压增益减小。二者的综合运用能起到自动调整输出电压不受输入振幅变化的影响。同理,输入调频信号的振幅减小时,其过程与上相反,也能达到自动调整的作用。

9.3.4　相移乘法鉴频器

1. 相移乘法鉴频器基本原理

图 9.15 是相移乘法鉴频器的原理方框图。它由进行调频－调相调频波形变换的移相器、实现相位比较的乘法器和低通滤波器组成。

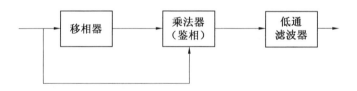

图 9.15　相移乘法鉴频器的原理方框图

目前广泛采用谐振回路作为移相器。图 9.16(a) 所示是一个由电容 C_1 和单调谐回路 LC_2R 组成的分压传输移相网络。

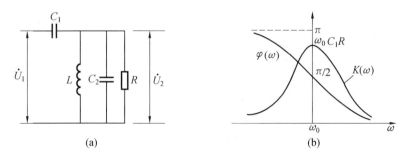

图 9.16　采用谐振回路作为移相器

设输入电压为 $\dot{U}_1$,则输出电压 $\dot{U}_2$ 为

$$\dot{U}_2 = \dot{U}_1 \frac{\dfrac{1}{\left(\dfrac{1}{R} + j\omega C_2 + \dfrac{1}{j\omega L}\right)}}{\dfrac{1}{j\omega C_1} + \dfrac{1}{\left(\dfrac{1}{R} + j\omega C_2 + \dfrac{1}{j\omega L}\right)}} = \dot{U}_1 \frac{j\omega C_1}{\dfrac{1}{R} + j\omega (C_1 + C_2) + \dfrac{1}{j\omega L}} \tag{9.55}$$

令 $\omega_0 = 1/\sqrt{L(C_1 + C_2)}$，$Q_L = R/(\omega_0 L) = R\omega_0 (C_1 + C_2)$，则 ω 在 ω_0 附近变化时，式 (9.55) 可简化为

$$\dot{U}_2 = \dot{U}_1 \frac{j\omega C_1 R}{1 + j Q_L \dfrac{2(\omega - \omega_0)}{\omega_0}} = \dot{U}_1 \frac{j\omega C_1 R}{1 + j\xi} \tag{9.56}$$

式中　ξ——广义失谐量，$\xi = 2(\omega - \omega_0) Q_L / \omega_0$。

由式 (9.56) 可得移相网络传输的幅频特性如图 9.16(b) 所示。$K(\omega)$ 和相频特性 $\varphi(\omega)$ 分别为

$$K(\omega) = \frac{\omega C_1 R}{\sqrt{1 + \xi^2}} \tag{9.57}$$

$$\varphi(\omega) = \frac{\pi}{2} - \arctan \xi \tag{9.58}$$

当 ω 变化较小，即 $\arctan \xi < \pi/6$ 时，$\tan \xi \approx \xi$。此时

$$\varphi(\omega) \approx \frac{\pi}{2} - \xi = \frac{\pi}{2} - 2Q_L \frac{\omega - \omega_0}{\omega_0} \tag{9.59}$$

对于输入调频信号来说，其瞬时频率 $\omega(t) = \omega_c + K_f u_{\Omega}(t)$。因为要求移相网络的 $\omega_0 = \omega_c$，则

$$\varphi(\omega) = \frac{\pi}{2} - 2Q_L \frac{\omega(t) - \omega_c}{\omega_c} = \frac{\pi}{2} - 2Q_L \frac{K_f u_{\Omega}(t)}{\omega_c} \tag{9.60}$$

式 (9.60) 表示输入为调频波时，经移相网络产生调相调频波的相位随瞬时频率变化的关系。上述经过移相网络产生的调相调频波与原调频波输入给乘法器实现相位比较，经低通滤波器取出原调制信号。

2. 鉴频原理

对于乘法器实现鉴相，原则上前面乘积型鉴相电路的三种方式都可应用。下面以乘法器输入均为小信号为例进行说明。

设输入调频波为

$$u_1 = U_{1m} \cos[\omega_c t + m_f \sin \Omega t] \tag{9.61}$$

其原调制信号为

$$u_{\Omega} = U_{\Omega m} \cos \Omega t \tag{9.62}$$

调频波 u_1 经移相器产生调相调频波 u_2 为

$$u_2 = K(\omega) U_{1m} \cos[\omega_c t + m_f \sin \Omega t + \varphi(\omega)] \tag{9.63}$$

在 u_1 和 u_2 均为小信号的条件下，乘法器的输出电流为

$$i = K_M u_1 u_2 =$$

$$K_M K(\omega) U_{1m}^2 \cos[\omega_c t + m_f \sin \Omega t] \cos[\omega_c t + m_f \sin \Omega t + \varphi(\omega)] =$$

$$\frac{1}{2} K_M K(\omega) U_{1m}^2 \cos \varphi(\omega) + \frac{1}{2} K_M K(\omega) U_{1m}^2 \cos[2(\omega_c t + m_f \sin \Omega t) + \varphi(\omega)] \tag{9.64}$$

又设低通滤波器在通带内的传输系数 $K_L = 1$，负载电阻为 R_L，则乘法器输出电流经低通滤波后在 R_L 上得到电压为

$$u_o = \frac{1}{2} K_M K(\omega) R_L U_{1m}^2 \cos \varphi(\omega) =$$

$$\frac{1}{2} K_M K(\omega) R_L U_{1m}^2 \cos \left[\frac{\pi}{2} - 2Q_L \frac{K_f u_\Omega(t)}{\omega_c} \right] =$$

$$\frac{1}{2} K_M K(\omega) R_L U_{1m}^2 \sin 2Q_L \frac{K_f u_\Omega(t)}{\omega_c} \tag{9.65}$$

当 $\xi = 2Q_L K_f u_\Omega(t)/\omega_c < \frac{\pi}{6}$ (rad) 时，则

$$u_o \approx \frac{1}{2} K_M K(\omega) R_L U_{1m}^2 \left(\frac{2Q_L K_f}{\omega_c} \right) U_{\Omega m} \cos \Omega t \tag{9.66}$$

这种鉴频电路能实现线性解调，在集成电路中被广泛采用。

9.3.5　脉冲均值型鉴频器

调制信号瞬时频率的变化，直接表现为单位时间内调频信号过零值点（简称过零点）的疏密变化，如图 9.17 所示。

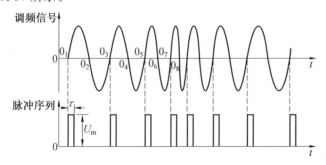

图 9.17　调频信号变换成单向矩形脉冲序列

调频信号每周期有两个过零点，由负变为正的过零点称为"正过零点"，如 0_1、0_3、0_5 等；由正变为负的过零点称为"负过零点"，如 0_2、0_4、0_6 等。如果在调频信号的每一个正过零点处由电路产生一个振幅为 U_m、宽度为 τ 的单极性矩形脉冲，这样就把原始调频信号转换成了重复频率与调频信号的瞬时频率相同的单向矩形脉冲序列。这时单位时间内矩形脉冲的数目就反映了调频波的瞬时频率，该脉冲序列振幅的平均值能直接反映单位时间内矩形脉冲的数目。脉冲个数越多，平均分量越大，脉冲个数越少，平均分量越小。因此实际应用时，不需要对脉冲直接计数，而只需用一个低通滤波器取出这一反映单位时间内脉冲个数的平均分量，就能实现鉴频。

设调频信号通过变换电路得到一个矩形脉冲序列，并让这一脉冲序列通过传输系数为 K_L 的低通滤波器进行滤波，则滤波后的输出电压 u_o 可写成

$$u_o = u_{av} = \frac{U_m \tau K_L}{T} = U_m \tau K_L f \tag{9.67}$$

式中　u_{av}——一个周期内脉冲振幅的平均值；

τ——脉冲宽度；

K_L—— 低通滤波器的传输系数；

f—— 重复频率，也就是调频信号的瞬时频率；

T—— 重复周期。

由式(9.67)可知，滤波后输出电压与调制信号的瞬时频率 f 成正比。脉冲计数式鉴频器的优点是线性好，频带宽，易于集成化，一般工作在 10 MHz 左右，是一种应用较广泛的鉴频器。

9.4 实际调频接收机

9.4.1 调频接收机框图

图 9.18 为广播调频接收机典型方框图。为了获得较好的接收机灵敏度和选择性，增加了限幅器等几个附加电路。调频广播基本参数与发射机相同。由于信号带宽为 180 kHz，留出±10 kHz 的余量，接收机频带约为 200 kHz，其放大器带宽远大于调幅接收机。

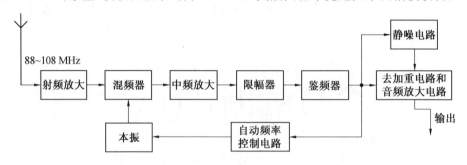

图 9.18 调频接收机方框图

混频器只改变信号的载波频率，而不改变其频偏。其中频值为 10.7 MHz，它稍大于调频广播频段(108 MHz－88 MHz＝20 MHz)的一半，这样可以避免镜频干扰。由于 $f_L = f_c + 10.7$ MHz，当 $f_c = 88$ MHz 时，其镜像频率为 109.4 MHz，这个频率已位于调频广播波段之外。当然这并不能避免该频率范围以外的其他电台的镜频干扰。

图中的自动频率控制（AFC）电路可微调本振频率，使混频输出稳定在中频数值 10.7 MHz上，这样不仅可以提高整个调频接收机的选择性和灵敏度，而且对改善接收机的保真度也是有益的。

9.4.2 调频接收机的限幅电路

除比例鉴频器外，其他鉴频器基本上都不具有自动限幅（软限幅）能力，为了抑制寄生调幅，需在中放级采用硬限幅电路。硬限幅器要求的输入信号电压较大，为 1～3 V，因此，其前面的中频放大器的增益要高，级数较多。

所谓限幅器（图 9.19(a)），就是把输入幅度变化的信号变换为输出幅度恒定的信号的变换电路。在鉴频器中采用限幅器，其目的在于将具有寄生调幅的调频波变换为等幅的调频波。限幅器分为瞬时限幅器和振幅限幅器两种。脉冲计数式鉴频器中的限幅器属于瞬时限幅器，其作用是把输入的调频波变为等幅的调频方波。振幅限幅器的实现电路很多，但若在瞬时限幅器后面接上带通滤波器,取出等幅调频方波中的基波分量,也可以构成振幅限幅器。但这个滤波器的带宽应足够宽,否则会因滤波器的传输特性不好而引入新的寄生调幅。

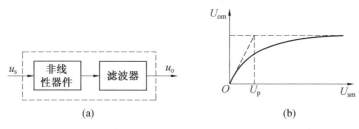

图 9.19　限幅器及其特性曲线

振幅限幅器的性能可由图 9.19(b)所示的限幅特性曲线表示。图中,U_p 表示限幅器进入限幅状态的最小输入信号电压,称为门限电压。对限幅器的要求主要是在限幅区内要有平坦的限幅特性,门限电压要尽量小。

限幅电路一般有二极管电路、三极管电路和集成电路三类。典型的二极管限幅器(瞬时限幅器)电路简单,限幅特性对称,限幅输出中没有直流分量和偶次谐波成分。三极管限幅器是利用饱和和截止效应进行限幅的,同时具有一定的放大能力。高频功率放大器在过压区(饱和状态)就是一种三极管限幅器。集成电路中常用的限幅电路是差分对电路,当输入电压大于 100 mV 时,电路就进入限幅状态。它通常是利用截止特性进行限幅的,因此不受基区载流子存储效应的影响,工作频率较高。为了降低限幅门限,常常在差分对限幅器前增设多级放大器,构成多级差分限幅放大器。

9.4.3　调频接收机的瞬时频偏控制(IDC)电路

在调频系统中,在给定信道带宽条件下,调频指数 m_f 越大,频偏越大,系统的抗干扰能力越强。因此,调频系统中调频指数应选得稍大一些。但在实际中,m_f 还与用户的话音幅度成正比。而 m_f 越大,调频波的边频分量就越丰富,落入相邻信道的频率成分也就越多,造成的邻道干扰就越大。为此,通常在语音加工电路中用瞬时频偏控制电路(IDC, Instantaneous Deviation Control)来限定用户的最高话音幅度。

瞬时频偏控制电路的实质是限幅,但与鉴频器之前的限幅器(带通限幅器＝双向限幅器＋带通滤波器)不同,IDC 电路是一个低通限幅器,就是在限幅器后加上阻带特性极陡峭的低通滤波器,以抑制限幅器后产生的高频分量。因此,此滤波器也称为邻道抑制滤波器。

9.4.4　调频接收机的预加重及去加重电路

理论证明,对于输入白噪声,调幅制的输出噪声频谱呈矩形,在整个调制频率范围内,所有噪声都一样大。图 9.20(a)为调频制信噪比曲线。调频制的噪声频谱(电压谱)呈三角形,如图 9.20(b)所示,随着调制频率的增高,噪声也增大。调制频率范围越宽,输出的噪声也越大。

但对信号来说,如话音、音乐等,其信号能量不是均匀地分布,而是在较低的频率范围内集中了大部分能量,高频部分能量较少。这恰好与调频噪声谱相反。这样会导致调制频率高频端信噪比降低到不允许的程度。为了改善输出端的信噪比,可以采用预加重与去加重

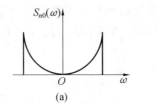 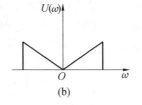

图 9.20　调频解调器的输出噪声频谱

措施。

　　所谓预加重,是在发射机的调制器前,有目的地、人为地改变调制信号,使其高频端得到加强(提升),以提高调制频率高端的信噪比。信号经过这种处理后,产生了失真,因此在接收端应采取相反的措施,在调解器后接去加重网络,以恢复原来调制频率之间的比例关系。

　　由于调频噪声频谱呈三角形,或者说与 ω 呈线性关系,可联想到将信号做相应的处理,即要求预加重网络的特性为 $H(\mathrm{j}\omega)=\mathrm{j}\omega$,这是个微分器。也就是说对信号微分后再进行频率调制,这样就等于用 PM 代替了 FM。这种方法存在带宽不经济的缺点。故采用折中的办法,使预加重网络传递函数在低频段为常数而在较高频段相当于微分器。近似这种响应的 RC 网络如图 9.21(a)所示,它是典型的预加重网络。图 9.21(b)是网络频率响应的渐近线。

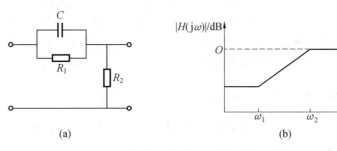

图 9.21　预加重网络及其特性

　　CR_1 的典型值为 75 μs。由 $\omega_1=1/(CR_1)$ 看出,这意味着在 2.1 kHz 以上的频率分量都被"加重"。f_2 选择在所要传输的最高音频处。对于高质量的接收,可取 $f_2=15$ kHz。

　　去加重网络及其频响曲线如图 9.22 所示。从图看出,当 $\omega<\omega_2$ 时,预加重和去加重网络总的频率传递函数近似为一常数,这正是使信号不失真所需要的条件。采用预、去加重网络后,对信号不会产生变化,但对信噪比却得到较大的改善,如图 9.23 所示。

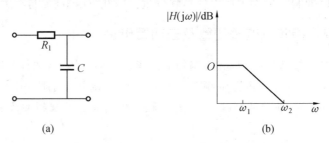

图 9.22　去加重网络及其特性

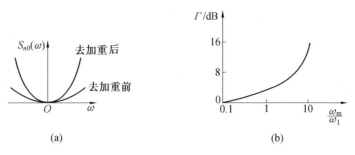

图 9.23　预、去加重网络对信噪比的改善

9.5　数字鉴频鉴相

9.5.1　数字鉴相

数字鉴相的方法概括起来包括两种：极性比较法和相位比较法。下面分别加以介绍。

1. 极性比较法（同步解调）

在第 8 章中介绍了两种数字调相信号 CPSK 和 DPSK。本节分别对这两种信号的极性比较法给出原理电路图。

图 9.24 为极性比较法解调 CPSK 信号的原理电路图。

图 9.24　极性比较法解调 CPSK 信号的原理电路

CPSK 信号经带通滤波器后加到乘法器，与载波进行极性比较。因为 CPSK 信号是以载波相位为基准的，所以经低通滤波和抽样判决电路后得到原数字基带信号。

若输入信号为 DPSK，则由图 9.24 得到的只是相对码，还需要经过相对码－绝对码变换器才能得到原数字基带信号。图 9.25 给出了相对码－绝对码变换电路，它其实是实现了 $a_n = b_n \oplus b_{n-1}$ 的功能。若将图 9.25 中电路加到图 9.24 电路后端，就构成了 DPSK 信号极性比较法解调电路。

图 9.25　DPSK 解调所使用的相对码－绝对码变换电路

2. 相位比较法

DPSK 相位比较法解调器的原理框图如图 9.26 所示。由于 DPSK 信号的相位是以前一码元相位作为参考相位，因此 DPSK 信号经带通滤波后，一路加到乘法器，另一路经延时器延时一个码元时间，加乘法器作为相干载波。经乘法器相乘后，再经低通滤波器滤除高

频项,取出前后码元载波的相位差,相位差为 0 对应"0",相位差为 π 对应"1"。最后经抽样判决器直接解调出原绝对码基带信号。

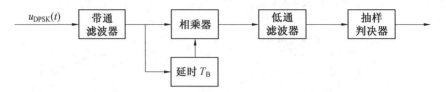

图 9.26　DPSK 相位比较法解调器的原理框图

9.5.2　数字鉴频

数字鉴频主要包括三种方法:包络解调法、同步解调法和过零检测法。

1. 包络解调法

对于 2FSK 信号的包络解调法原理框图如图 9.27 所示。具体鉴频原理:

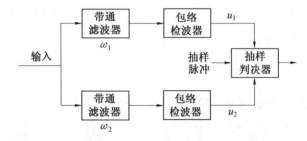

图 9.27　2FSK 包络检波原理框图

(1)2FSK 信号经上下两路宽带带通滤波器,上路中心频率为 ω_1,下路中心频率为 ω_2。将等幅的调频波变换成 ASK 信号。上路载频为 ω_1,下路载频为 ω_2。

(2) 经上、下两路包络检波,分别取出 ASK 信号的包络 u_1 和 u_2。若载频 ω_1 代表数字"1",载频 ω_2 代表数字"0",则 u_1 和 u_2 经抽样判决器输出数字基带信号。

(3)$u_1 - u_2 > 0$,判决为"1",$u_1 - u_2 < 0$,判决为"0"。

2. 同步解调法

对于 2FSK 信号的同步解调法原理框图如图 9.28 所示。具体鉴频原理:

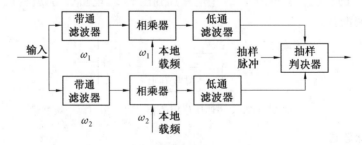

图 9.28　2FSK 同步解调原理框图

(1)2FSK 信号经上下两路宽带带通滤波后,变成 ASK 信号。

(2) 经上下两个乘法器各自进行同步检波。上路本地载频 ω_1,下路本地载频 ω_2。经低通滤波器上路输出 u_1,下路输出 u_2。由抽样判决器进行比较判决,输出原数字基带信号。

3. 过零检测法

对于 FSK 信号的过零检测法原理框图如图 9.29 所示。具体鉴频原理：

(1)FSK 信号经限幅放大,输出矩形脉冲波。

(2)矩形脉冲经微分,得到具有正负的双向脉冲,然后经全波整流将双向尖脉冲变单向尖脉冲。每一个尖脉冲对应一个过零点。单向尖脉冲重复频率为信号频率的 2 倍。

(3)将尖脉冲去触发一单稳态电路,产生一定宽度的矩形脉冲序列。

(4)经低通滤波器,输出的平均分量的变化反映了输入信号频率的变化。码元"1"和"0"在幅度上可区分开,从而恢复数字基带信号。

图 9.29　FSK 过零检测法原理框图

习　　题

9.1　为什么比例鉴频器具有抑制寄生调幅作用？其根本原因何在？

9.2　为什么通常应在相位鉴频器之前加限幅器？而比例鉴频器却不用加限幅器？

9.3　将双失谐回路鉴频器的两个检波二极管 D_1 和 D_2 都调换极性反接,电路还能否工作？只接反其中一个,电路还能否工作？有一个损坏(开路),电路还能否工作？

9.4　由或门与低通滤波器组成的门电路鉴相器,试分析说明此鉴相器的鉴相特性。

9.5　在图中所示两个电路中,哪个能实现包络检波,哪个能实现鉴频,相应的回路参数应如何配置？

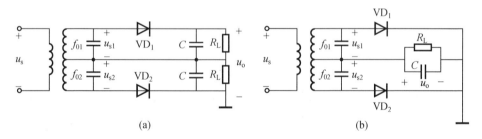

题 9.5 图

9.6　已知某鉴频器的鉴频特性在鉴频带宽之内为正弦型,$B_m = 2$ MHz,输入信号 $u_i(t) = U_i \sin(\omega_c t + m_f \cos 2\pi F t)$ V,求以下两种情况下的输出电压：(1)$F = 1$ MHz,$m_f = 6.32$；(2)$F = 1$ MHz,$m_f = 10$。

9.7　如图为一个正交鉴频器电路。(1)画出时延网络的 ϕ-f 曲线；(2)说明此电路的鉴频原理；(3)求输出电压的表达式。

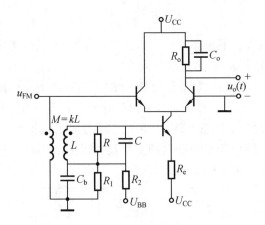

题 9.7 图

9.8　如图为一个相位鉴频器电路,其中 R_1、L_1、C_1 组成高 Q 谐振回路,相移网络的电压增益为1,变压器和检波器均为理想。试求此鉴频器的鉴频跨导。

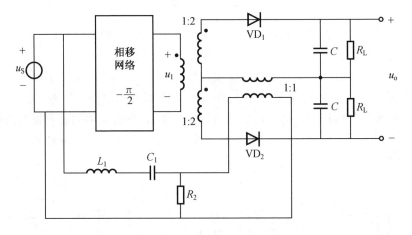

题 9.8 图

9.9　用矢量合成原理定性描绘出比例鉴频器的鉴频特性。

9.10　相位鉴频器使用久了,出现了以下现象,试分析产生的原因:

(1)输入载波信号时,输出为一直流电压;(2)出现严重的非线性失真。

第 10 章

反馈控制电路

10.1 概　　述

电子设备往往需要各种类型的控制电路,来改善其性能指标。这些控制电路都是运用反馈的原理,因而可统称为反馈控制电路。这些控制电路主要有:

(1)自动增益控制电路,它主要用于接收机中,以维持整机输出恒定,几乎不随外来信号的强弱而变化。

(2)自动频率微调电路,它用于维持电子设备的工作频率稳定。

(3)锁相环路,它用于锁定相位,利用这一环路能够实现很多功能。这是本章的重点。

本章将研究上述反馈控制电路的工作原理。

10.2　自动增益控制电路(AGC)

自动增益控制电路是接收机的控制电路之一。

接收机工作时,其输出功率是随着外来信号场强的大小而变化的。当外来信号场强大时,接收机输出功率大;当外来信号输出场强小时,输出功率小。接收机所接收的信号,随各种条件的改变而有很大的差异,信号强度的变化可由几微伏至几百毫伏。但我们希望接收机输出电平变化范围尽量小,避免过强的信号使晶体管和终端器件过载,以致损坏。因此,在接收弱信号时,希望接收机有很高的增益,而在接收强信号时,接收机的增益应减小一些。这种要求只靠人工增益控制来实现是困难的,必须采用 AGC 电路。

10.2.1　工作原理

自动增益控制电路的作用是,当输入信号电压变化很大时,保持接收机输出电压几乎不变。具体地说,当输入信号很弱时,接收机的增益大,自动增益控制电路不起作用。当输入信号很强时,自动增益控制电路进行控制,使接收机的增益减小。这样,当信号场强变化时,接收机的输出端的电压或功率几乎不变。

为了实现自动增益控制,必须有一个随外来信号强度改变的电流(或电压),然后再用这个电流(或电压)去控制接收机有关级的增益。具有自动增益控制电路的超外差式接收机方框图如图 10.1 所示。其基本组成如图 10.2 所示。

设输入信号振幅为 u_i,输出信号振幅为 u_o,可控增益放大器增益为 $K_V(u_c)$,为 u_c 的函

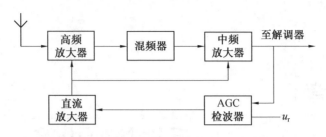

图 10.1 具有 AGC 电路的接收机组成框图

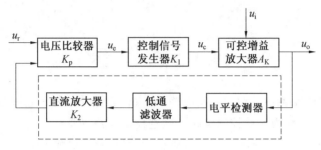

图 10.2 自动增益控制电路框图

数,则有

$$u_o = K_V(u_c) u_i \tag{10.1}$$

在 AGC 电路中,比较参量是信号电平,所以采用电压比较器。反馈网络由电平检测器、低通滤波器和直流放大器组成,检测出输出信号振幅电平(平均电平或峰值电平),滤除不需要的较高频率分量,进行适当放大后与恒定的参考电平 u_r 比较,产生一个误差信号 u_e。这个误差信号 u_e 控制可控增益放大器的增益。当 u_i 减小而使输出 u_o 减小时,环路产生的控制信号 u_c 将使增益 K_V 增加,从而使 u_o 趋于增大;当 u_i 增大而使输出 u_o 增大时,环路产生的控制信号 u_c 将使增益 K_V 减小,从而使 u_o 趋于减小。无论何种情况,通过环路不断地循环反馈,会使输出信号振幅 u_o 保持基本不变或仅在较小范围变化。

10.2.2 自动增益控制电路

根据输入信号的类型、特点以及对控制的要求,AGC 电路主要有以下几种类型。

1. 简单 AGC 电路

在简单 AGC 电路里,参考电平 $u_r = 0$。这样,只要输入信号振幅 u_i 增加,AGC 的作用就会使增益 K_V 减小,从而使输出信号振幅 u_o 减小。图 10.3 为简单 AGC 的特性曲线。

简单 AGC 电路的优点是线路简单,在实用电路中不需要电压比较器;主要缺点是,一旦有外来信号,AGC 立即起作用,接收机的增益就受控制而减小。这

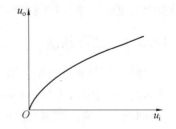

图 10.3 简单 AGC 的特性曲线

对提高接收机的灵敏度是不利的,尤其在外来信号很微弱时。所以简单 AGC 电路适用于输入信号振幅较大的场合。

设 m_o 是 AGC 电路限定的输出信号振幅最大值与最小值之比(输出动态范围),即

$$m_{o} = \frac{U_{omax}}{U_{omin}} \tag{10.2}$$

m_i 为 AGC 电路限定的输入信号振幅最大值与最小值之比(输入动态范围),即

$$m_{i} = \frac{U_{imax}}{U_{imin}} \tag{10.3}$$

则有

$$\frac{m_{i}}{m_{o}} = \frac{U_{imax}}{U_{imin}} / \frac{U_{omax}}{U_{omin}} = \frac{U_{omin}/U_{imin}}{U_{omax}/U_{imax}} = \frac{K_{Vmax}}{K_{Vmin}} = n_{v} \tag{10.4}$$

式中　　K_{Vmax}——输入信号振幅最小时可控增益放大器的增益,显然,这应是它的最大增益;

　　　　K_{Vmin}——输入信号振幅最大时可控增益放大器的增益,这应是它的最小增益。

比值 n_v 越大,表明 AGC 电路输入动态范围越大,而输出动态范围越小,则 AGC 性能越佳,这就要求可控增益放大的增益控制倍数 n_v 尽可能大,n_v 也可称为增益动态范围,通常用 dB 数表示。

2. 延迟 AGC 电路

在延迟 AGC 电路里有一个启控门限,即比较器参考电压 U_R,它对应的输入信号振幅为 U_{imin},如图 10.4 所示。

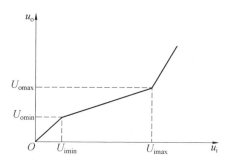

图 10.4　延迟 AGC 特性曲线

当输入信号 U_i 小于 U_{imin} 时,反馈环路断开,AGC 不起作用,放大器 K_V 不变,输出信号 U_o 与输入信号 U_i 呈线性关系。当 U_i 大于 U_{imin} 后,反馈环路接通,AGC 电路才开始产生误差信号和控制信号,使放大器增益 K_V 有所减小,保持输出信号 U_o 基本恒定或仅有微小变化。这种 AGC 电路由于需要延迟到 $U_i > U_{imin}$ 之后才开始起控制作用,故称为延迟 AGC。但应注意,这里"延迟"二字不是指时间上的延迟。

图 10.5 是一延迟 AGC 电路。二极管 VD 和负载 R_1C_1 组成 AGC 检波器,检波后的电压经 RC 低通滤波器供给 AGC 直流电压。另外,在二极管 VD 上加有一负电压(由负电源分压获得),称为延迟电压。当输入信号 U_i 很小时,AGC 检波器的输入电压也比较小,由于延迟电压的存在,AGC 检波器的二极管 VD 一直不导通,没有 AGC 电压输出,因此没有 AGC 作用。只有当输入电压 U_i 大到一定程度($U_i > U_{imin}$),使检波器输入电压的幅值大于延迟电压后,AGC 检波器才工作,产生 AGC 作用。调节延迟电压可改变 U_{imin} 的数值,以满足不同的要求。由于延迟电压的存在,信号检波器必然要与 AGC 检波器分开,否则延迟电压会加到信号检波器上,使外来小信号时不能检波,而信号大时又产生非线性失真。

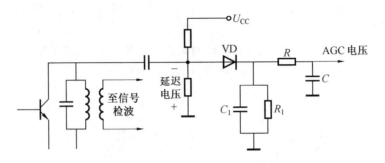

图 10.5 延迟 AGC 电路

3. 前置 AGC、后置 AGC 与基带 AGC

前置 AGC 是指 AGC 处于解调以前,由高频(或中频)信号中提取检测信号,通过检波和直流放大,控制高频(或中频)放大器的增益。前置 AGC 的动态范围与可变增益单元的级数、每级的增益和控制信号电平有关,通常可以做得很大。

后置 AGC 是从解调后提取检测信号来控制高频(或中频)放大器的增益。由于信号解调后信噪比较高,AGC 就可以对信号电平进行有效的控制。

基带 AGC 是整个 AGC 电路均对解调后的基带进行处理。基带 AGC 可以用数字处理的方法完成,这将成为 AGC 电路的一种发展方向。

除此之外,还有利用对数放大、限幅放大— 带通滤波等方式完成系统的 AGC。

10.2.3 AGC 的性能指标

AGC 电路的主要性能指标有两个,一是动态范围,二是响应时间。

1. 动态范围

AGC 电路是利用电压误差信号去消除输出信号振幅与要求输出信号振幅之间电压误差的自动控制电路。所以当电路达到平衡状态后,仍会有电压误差存在。从对 AGC 电路的实际要求考虑,一方面希望输出信号振幅的变化越小越好,即要求输出电压振幅的误差越小越好;另一方面也希望容许输入信号振幅的变化范围越大越好。因此,AGC 的动态范围是在给定输出信号振幅误差范围时最大的输入信号振幅变化范围。AGC 的动态范围越大,性能越好。例如,收音机的 AGC 指标为:输入信号强度变化 26 dB 时,输出电压的变化不超过 5 dB。在高级通信机中,AGC 指标为输入信号强度变化 60 dB 时,输出电压的变化不超过 6 dB;输入信号在 10 μV 以下时,AGC 不起作用。

2. 响应时间

AGC 电路是通过对可控增益放大器增益的控制来实现对输出信号振幅变化的限制,而增益变化又取决于输入信号振幅的变化,所以要求 AGC 电路的反应既要能跟得上输入信号振幅的变化速度,又不会出现反调制现象,这就是响应时间特性。

对 AGC 电路的响应时间长短的要求,取决于输入信号的类型和特点。根据响应时间长短分别有慢速 AGC 和快速 AGC 之分。而响应时间长短的调节由环路带宽决定,主要是低通滤波器的带宽。低通滤波器带宽越宽,则响应时间越短,但容易出现反调制现象。所谓的反调制是指当输入调幅信号时,调幅波的有用幅值变化被 AGC 电路的控制作用所抵消。

10.3　自动频率控制电路

频率源是通信和电子系统的心脏,频率源性能的好坏,直接影响到系统的性能。频率源的频率经常受各种因素的影响而发生变化,偏离了标称的数值。本节讨论的自动频率控制,将使频率源的频率自动锁定到近似等于预期的标准频率上。

10.3.1　工作原理

自动频率控制(AFC)电路由频率比较器、低通滤波器和可控频率器件三部分组成,如图 10.6 所示。

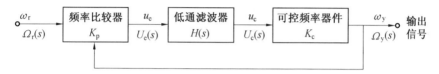

图 10.6　自动频率控制电路的组成

AFC 电路的被控参量是频率。AFC 电路输出的角频率 ω_y 与参考角频率 ω_r 在频率比较器中进行比较,频率比较器通常有两种,一种是鉴频器,另一种是混频－鉴频器。在鉴频器中的中心角频率 ω_0 就起参考信号角频率 ω_r 的作用,而在混频－鉴频器中,本振信号角频率 ω_L 与输出信号 ω_y 混频,然后再进行鉴频,参考信号角频率 $\omega_r = \omega_0 + \omega_L$。当 $\omega_y = \omega_r$ 时,频率比较器无输出,可控频率器件输出频率不变,环路锁定;当 $\omega_y \neq \omega_r$ 时,频率比较器输出误差电压 u_e,它正比于 $\omega_y - \omega_r$,将 u_e 送入低通滤波器后取出缓变控制信号 u_c。可控频率器件通常是压控振荡器(VCO),其输出振荡角频率可写成

$$\omega_y = \omega_{y0} + K_c u_c \tag{10.5}$$

其中　　ω_{y0} —— 控制信号 $u_c = 0$ 时的振荡角频率,称为 VCO 的固有振荡角频率;

　　　　K_c —— 压控灵敏度。

u_c 控制 VCO,调节 VCO 的振荡角频率,使之稳定在鉴频器中心角频率 ω_0 上。

由此可见,自动频率控制电路利用误差信号的反馈作用来控制被稳定的振荡器频率,使之稳定。误差信号是由鉴频器产生的,它与两个比较频率源之间的频率差成正比。显然达到最后稳定状态时,两个频率不可能完全相等,必定存在剩余频差 $\Delta\omega = \omega_y - \omega_r$。

10.3.2　主要性能指标

对于 AFC 电路,其主要的性能指标是暂态和稳态响应以及跟踪特性。

1. 暂态和稳态特性

由图 10.6 可得 AFC 电路的闭环传递函数为

$$T(s) = \frac{\Omega_y(s)}{\Omega_r(s)} = \frac{K_p K_c H(s)}{1 + K_p K_c H(s)} \tag{10.6}$$

由此可得到输出信号角频率的拉氏变换为

$$\Omega_y(s) = \frac{K_p K_c H(s)}{1 + K_p K_c H(s)} \Omega_r(s) \tag{10.7}$$

对上式求拉氏反变换,即可得到 AFC 电路的时域响应,包括暂态响应和稳态响应。

2. 跟踪特性

由图 10.6 可求得 AFC 电路的误差传递函数 $T_e(s)$,为误差角频率 $\Omega_e(s)$ 与参考角频率 $\Omega_r(s)$ 之比,其表达式为

$$T_e(s) = \frac{\Omega_e(s)}{\Omega_r(s)} = \frac{1}{1 + K_p K_c H(s)} \tag{10.8}$$

从而可得 AFC 电路中误差角频率 ω 的时域稳定误差值为

$$\omega_{e\infty} = \lim_{s \to 0} s\Omega_e(s) = \lim_{s \to 0} \frac{s}{1 + K_p K_c H(s)} \Omega_r(s) \tag{10.9}$$

3. 应用

自动频率控制电路广泛用作接收机和发射机中的自动频率微调电路、调频接收机中的解调电路等。

(1)自动频率微调电路(简称 AFC 电路)。

图 10.7 是一个调频通信机的 AFC 系统方框图。这里是以固定中频 f_1 作为鉴频器的中心频率,也作为 AFC 系统的标准频率。当混频器输出差频 $f'_1 = f_0 - f_s$ 不等于 f_1 时,鉴频器即有误差电压输出,通过低通滤波器,只允许直流电压输出,用来控制本振(压控振荡器),从而使 f_0 改变,直到 $|f'_1 - f_1|$ 减小到等于剩余频差为止。这固定的剩余频差称为剩余失谐,显然,剩余失谐越小越好。例如图 10.7 中,本振频率 f_0 为 $46.5 \sim 56.5$ MHz,信号频率 f_s 为 $45 \sim 55$ MHz,固定中频 f_1 为 1.5 MHz,剩余失谐不超过 9 kHz。

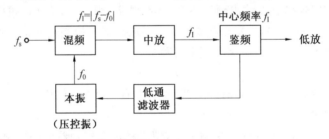

图 10.7　调频通信机的 AFC 系统方框图

(2)电视机中的自动微调(AFT)电路。

AFT 电路完成将输入信号偏离标准中频(38 MHz)的频偏大小鉴别出来,并线性地转化成慢变化的直流误差电压,反送到调谐器本振回路的 AFT 变容二极管两端,以微调本振频率,从而保证中频准确、稳定。AFT 电路主要由限幅放大、移相网络、双差分乘法器等组成,其原理方框图如图 10.8 所示。

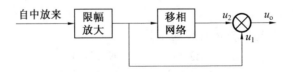

图 10.8　AFT 原理方框图

10.4　锁相环路的基本工作原理及数学模型

AFC 电路是以消除频率误差为目的的反馈控制电路。由于它的基本原理是利用频率误差电压去消除频率误差,所以当电路达到平衡状态之后,必然会有剩余频率误差存在,即频率误差不可能为零。这是它固有的缺点。

锁相环也是一种以消除频率误差为目的的反馈控制电路。但它的基本原理是利用相位误差去消除频率误差,所以当电路达到平衡状态时,虽然有剩余相位误差存在,但频率误差可以降低到零,从而实现无频率误差的频率跟踪和相位跟踪。

锁相环可以实现被控振荡器相位对输入信号相位的跟踪。根据系统设计的不同,可以跟踪输入信号的瞬时相位,也可以跟踪其平均相位。同时,锁相环对噪声还有良好的过滤作用。锁相环具有优良的性能,主要包括锁定时无频差、良好的窄带跟踪特性、良好的调制跟踪特性、门限效应好、易于集成化等,因此被广泛应用于通信、雷达、制导、导航、仪器仪表和电机控制等领域。

10.4.1　工作原理

锁相环是一个相位负反馈控制系统。它由鉴相器(Phase Detector,PD)、环路滤波器(Loop Filter,LF)和电压控制振荡器(Voltage Controlled oscillator,VCO)三个基本部件组成,如图 10.9 所示。

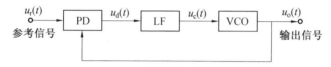

图 10.9　锁相环的基本构成

设参考信号为

$$u_r(t) = U_r \sin[\omega_r t + \theta_r(t)] \tag{10.10}$$

式中　　U_r——参考信号的振幅;

　　　　ω_r——参考信号的载波角频率;

　　　　$\theta_r(t)$——其载波相位 $\omega_r t$ 为参考时的瞬时相位。

若参考信号是未调载波时,则 $\theta_r(t) = \theta_r =$ 常数。

$$u_o(t) = U_o \cos[\omega_0 t + \theta_o(t)] \tag{10.11}$$

式中　　U_o——输出信号振幅;

　　　　ω_0——压控振荡器的自由振荡角频率;

　　　　$\theta_o(t)$——信号以其载波相位 $\omega_0 t$ 为参考的瞬时相位,在 VCO 未受控之前它是常数,受控后它是时间的函数。

则两信号之间的瞬时相差为

$$\theta_e(t) = [\omega_r t + \theta_r(t)] - [\omega_0 t + \theta_o(t)] \tag{10.12}$$

由频率和相位之间的关系可得两信号之间的瞬时频差为

$$\frac{d\theta_e(t)}{dt} = \omega_r - \omega_0 - \frac{d\theta_o(t)}{dt} \tag{10.13}$$

鉴相器是相位比较器，它把输出信号 $u_o(t)$ 和参考信号 $u_r(t)$ 的相位进行比较，产生对应于两信号相位差 $\theta_e(t)$ 的误差电压 $u_d(t)$。环路滤波器的作用是滤除误差电压 $u_d(t)$ 中的高频成分和提高系统的稳定性。压控振荡器受控制电压 $u_c(t)$ 使 VCO 输出的频率向参考信号的频率靠近，于是两者频率之差越来越小，直至频差消除而被锁定。锁定后两信号之间的相位差表现为一固定的稳态值，即

$$\lim_{t \to \infty} \frac{\mathrm{d}\theta_e(t)}{\mathrm{d}t} = 0 \tag{10.14}$$

此时，输出信号的频率已偏离了原来的自由振荡频率 ω_0（控制电压 $u_c(t) = 0$ 时的频率），其偏移量由式 (10.13) 和式 (10.14) 得到，为

$$\frac{\mathrm{d}\theta_o(t)}{\mathrm{d}t} = \omega_r - \omega_0 \tag{10.15}$$

这时输出信号的工作频率已变为

$$\frac{\mathrm{d}}{\mathrm{d}t}[\omega_0 t + \theta_o(t)] = \omega_0 + \frac{\mathrm{d}\theta_o(t)}{\mathrm{d}t} = \omega_r \tag{10.16}$$

由此可见，通过锁相环路的相位跟踪作用，最终可以实现输出信号与参考信号同步，两者之间不存在频差而只存在很小的稳态相差。

10.4.2　基本环路方程

为了建立锁相环路的数学模型，首先建立鉴相器、环路滤波器和压控振荡器的数学模型。

1. 鉴相器

鉴相器(PD)又称为相位比较器，它是用来比较两个输入信号之间的相位差 $\theta_e(t)$。鉴相器输出的误差信号 $u_d(t)$ 是相差 $\theta_e(t)$ 的函数。

鉴相器的形式很多，按其鉴相特性分为正弦型、三角型和锯齿型等。作为原理分析，通常使用正弦型，较为典型的正弦鉴相器可用模拟乘法器与低通滤波器的串接构成，如图 10.10 所示。

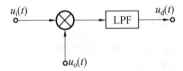

图 10.10　正弦鉴相器模型

若以压控振荡器的载波相位 $\omega_0 t$ 作为参考，将输出信号 $u_o(t)$ 与参考信号 $u_r(t)$ 变形，有

$$u_o(t) = U_o \cos[\omega_0 t + \theta_2(t)] \tag{10.17}$$

$$u_r(t) = U_r \sin[\omega_r t + \theta_r(t)] = U_r \sin[\omega_0 t + \theta_1(t)] \tag{10.18}$$

式中

$$\theta_2(t) = \theta_o(t)$$

$$\theta_1(t) = (\omega_r - \omega_0)t + \theta_r(t) = \Delta\omega_0 t + \theta_r(t) \tag{10.19}$$

将 $u_o(t)$ 与 $u_r(t)$ 相乘，滤除 $2\omega_0$ 分量，可得

$$u_d(t) = U_d \sin[\theta_1(t) - \theta_2(t)] = U_d \sin\theta_e(t) \tag{10.20}$$

式中　　$U_d = K_m U_r U_o / 2$；

K_m——相乘器的相乘系数，$1/V$。

在同样的 $\theta_e(t)$ 下 U_d 越大，鉴相器的输出就越大。因此，U_d 在一定程度上反映了鉴相器的灵敏度。图 10.11 是正弦鉴相器的数学模型和鉴相特性。

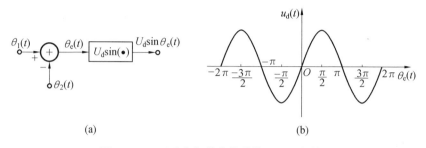

图 10.11　正弦鉴相器的数学模型和鉴相特性

2. 环路滤波器

环路滤波器(LF)是一个线性低通滤波器，用来滤除误差电压 $u_d(t)$ 中高频分量和噪声，更重要的是它对环路参数调整起到决定性的作用。环路滤波器由线性元件电阻、电容和运算放大器组成。因为它是一个线性系统，在频域分析中可用传递函数 $F(s)$ 表示，其中 $s = \sigma + j\Omega$ 是复频率。若用 $s = j\Omega$ 代入 $F(s)$ 就得到它的频率响应 $F(j\Omega)$，如图 10.12 所示。

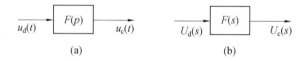

图 10.12　环路滤波器的时域与频域模型

常用的环路滤波器有 RC 积分滤波器、无源比例积分滤波器和有源积分滤波器三种。

(1)RC 积分滤波器。

RC 积分滤波器是最简单的低通滤波器，电路如图 10.13 所示，其传递函数为

$$F(s) = U_c(s)/U_d(s) = \frac{1}{1 + s\tau_1} \tag{10.21}$$

式中　τ_1——时间常数，$\tau_1 = RC$，它是 RC 积分滤波器唯一可调的参数。

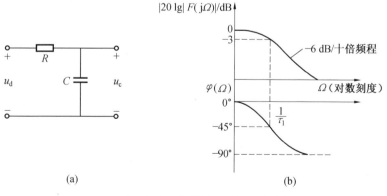

图 10.13　RC 积分滤波器的组成与频率特性

用 $s = j\Omega$ 代入，可得滤波器的频率响应，其对数频率特性如图 10.13(b) 所示。由图可见，它具有低通特性，且相位滞后。当频率很高时，幅度趋于零，相位滞后接近 $90°$。

（2）无源比例积分滤波器。

无源比例积分滤波器如图 10.14(a) 所示。与 RC 积分滤波器相比，它附加了一个与电容 C 串联的电阻 R_2，这样就增加了一个可调参数。它的传递函数为

$$F(s)=U_c(s)/U_d(s)=\frac{1+s\tau_2}{1+s\tau_1} \tag{10.22}$$

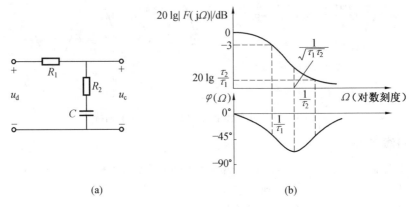

图 10.14　无源比例积分滤波器的组成与频率特性

式中　　$\tau_1=(R_1+R_2)C$；

　　　　$\tau_2=R_2C$。

其频率特性如图 10.14(b) 所示。与 RC 积分滤波器不同的是，当频率很高，趋近无穷大时，$F(j\Omega)=R_2/(R_1+R_2)$。

从相频特性上看，当频率很高时有相位超前校正的作用，这是由相位超前校正因子 $1+j\Omega\tau_2$ 引起的。这个相位超前作用对改善环路的稳定性是有好处的。

（3）有源比例积分滤波器。

有源比例积分滤波器由运算放大器组成，电路如图 10.15 所示。当开环电压增益 A 为有限值时，它的传递函数为

$$F(s)=U_c(s)/U_d(s)=-A\frac{1+s\tau_2}{1+s\tau'_1} \tag{10.23}$$

式中　　$\tau_1'=(R_1+AR_1+R_2)C$；

　　　　$\tau_2=R_2C$。

A 很高，则

$$F(s)=-A\frac{1+sR_2C}{1+s(AR_1+R_1+R_2)C}\approx-A\frac{1+sR_2C}{1+sAR_1C}\approx-\frac{1+sR_2C}{sR_1C}=-\frac{1+s\tau_2}{s\tau_1} \tag{10.24}$$

式中　　$\tau_1=R_1C$；

负号表示滤波器输出电压与输入电压反相。

其频率特性如图 10.15(b) 所示。由图可见，它也具有低通特性和比例作用。相频特性也有超前校正。

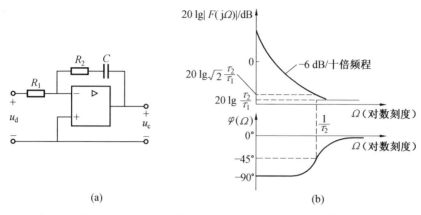

(a)

(b)

图 10.15　有源比例积分滤波器的组成与频率特性

3. 压控振荡器

压控振荡器(VCO)是一个电压－频率变换器,在环路中作为被控振荡器,它的振荡频率应随输入控制电压 $u_c(t)$ 线性地变化,即

$$\omega_v(t) = \omega_0 + K_0 u_c(t) \tag{10.25}$$

式中　K_0——线性特性斜率,表示单位控制电压,可使 VCO 角频率变化的数值,因此又称为 VCO 的控制灵敏度或增益系数,具有频率的量纲。

式(10.25)对应的瞬时相位为

$$\int_0^t \omega_v(\tau)\,\mathrm{d}\tau = \omega_0 t + K_0 \int_0^t u_c(\tau)\,\mathrm{d}\tau \tag{10.26}$$

将此式与式(10.17)比较,可知以 $\omega_0 t$ 为参考的输出瞬时相位为

$$\theta_2(t) = K_0 \int_0^t u_c(\tau)\,\mathrm{d}\tau \tag{10.27}$$

由此可见,VCO 在锁相环中起了一次积分作用,因此也称它为环路中的固有积分环节。式(10.27)就是压控振荡器相位控制特性的数学模型,若对式(10.27)进行拉氏变换,可得到在复频域的表示式为

$$\Theta_2(s) = K_0 \frac{u_c(s)}{s} \tag{10.28}$$

因此,VCO 的传递函数为

$$\frac{\Theta_2(s)}{u_c(s)} = \frac{K_0}{s} \tag{10.29}$$

图 10.16 给出了 VCO 的复频域的数学模型。

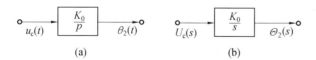

(a)　　　　　　　　　(b)

图 10.16　VCO 的复频域模型

4. 环路相位模型和基本方程

上面分别得到了鉴相器、环路滤波器和压控振荡器的模型,将三个模型连接起来,就可得到锁相环路的相位模型,如图 10.17 所示。

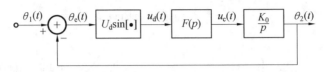

图 10.17　锁相环路的相位模型

复时域分析时可用一个传输算子 $F(p)$ 来描述，p 为微分算子，即 $p \equiv \mathrm{d}/\mathrm{d}t$。根据图 10.17，可以得出锁相环路的基本方程为

$$\theta_e(t) = \theta_1(t) - \theta_2(t) \tag{10.30}$$

$$\theta_2(t) = U_d \sin \theta_e(t) F(p) \frac{K_0}{p} \tag{10.31}$$

将式(10.31) 代入式(10.30) 得

$$p\theta_e(t) = p\theta_1(t) - K_0 U_d \sin \theta_e(t) F(p) = p\theta_1(t) - K \sin \theta_e(t) F(p) \tag{10.32}$$

式中　　K——环路增益，$K = K_0 U_d$。

U_d——误差电压的最大值，U_d 的单位是 V，它与 K_0 的乘积就是压控振荡器的最大频偏量。故环路增益 K 具有频率的量纲，而单位取决于 K_0 所用的单位。若 K_0 的单位为 $\mathrm{rad}/(\mathrm{s} \cdot \mathrm{V})$，则 K 的单位为 $\mathrm{rad/s}$；若 K_0 的单位用 $\mathrm{Hz/V}$，则 K 的单位为 Hz。下面来分析基本方程的物理含义。

设环路输入一个频率 ω_r 和相位 θ_r 均为常数的信号，即

$$u_r(t) = U_r \sin[\omega_r t + \theta_r] = U_r \sin[\omega_0 t + (\omega_r - \omega_0)t + \theta_r] \tag{10.33}$$

式中　　ω_0——控制电压 $u_c(t) = 0$ 时 VCO 输出信号的中心频率；

θ_r——参考输入信号的初相位。

令

$$\theta_1(t) = (\omega_r - \omega_0)t + \theta_r \tag{10.34}$$

则

$$p\theta_1(t) = \omega_r - \omega_0 = \Delta\omega_0 \tag{10.35}$$

将式(10.35) 代入式(10.32) 可得固定频率输入时的环路基本方程为

$$p\theta_e(t) = \Delta\omega_0 - K_0 U_d \sin \theta_e(t) F(p) \tag{10.36}$$

等式左边 $p\theta_e(t)$ 表示参考信号和输出信号相位的瞬时频差 $\Delta\omega = \omega_r - \omega_v$。而等式右边第一项 $\Delta\omega_0$ 称为固有频差，它反映锁相环需要调整的频率量 $\Delta\omega_0 = \omega_r - \omega_0$。右边第二项是闭环后 VCO 受控制电压 $u_c(t)$ 作用，产生的输出信号频率 ω_v 相对于固有振荡频率 ω_0 的频差 $\Delta\omega_v = \omega_v - \omega_0$，因此回路时刻存在如下关系：瞬时频差 = 固有频差 - 控制频差，记为

$$\Delta\omega = \Delta\omega_0 - \Delta\omega_v \tag{10.37}$$

即

$$\omega_r - \omega_v = (\omega_r - \omega_0) - (\omega_v - \omega_0) \tag{10.38}$$

10.4.3　锁相环工作过程的定性分析

式(10.36)是锁相环路的基本方程，它描述了锁相环工作时每个状态的关系，可从中求出锁相环的各种性能指标，如锁定、跟踪、捕获、失锁等。但要严格地求解式(10.36)往往是比较困难的。尽管式中已认为压控振荡器的控制特性为线性，但因为鉴相特性的非线性，基本方程是非线性方程。又因为压控振荡器的固有积分作用，基本方程至少是一阶非线性微

分方程。若再考虑环路滤波器的积分作用,方程可能是高阶的。前面介绍的三种常用滤波器都是一阶的,应用这些滤波器的环路,其基本方程都是二阶非线性微分方程,这是最常见的。若再进一步考虑噪声的影响,则基本方程一般的形式是高阶非线性随机微分方程,求解这类方程是极端困难的。工程实践中,总是根据不同的工作条件,做出合理近似,以便得到相应的环路性能指标。

下面对锁相环路的工作过程给出定性分析。

1. 锁定状态

当在环路的作用下,调整控制频差等于固有频差时,瞬时相差 $\theta_e(t)$ 趋于一个固定值,并一直保持下去,即满足

$$\lim_{t \to \infty} p\theta_e(t) = 0 \qquad (10.39)$$

那么,此时认为锁相环路进入锁定状态。环路对输入固定频率的信号锁定后,输入到鉴相器的两信号之间无频差,而只有一固定的稳态相差 $\theta_e(\infty)$。于是控制电压 $U_d \sin \theta_e(\infty)$ 为一直流量,环路滤波器对其增益为 $F(0)$。将上述分析结果代入式(10.36),可得

$$\Delta\omega_0 = K_0 U_d \sin \theta_e(\infty) F(0) \qquad (10.40)$$

可从上式中解得稳态相差

$$\theta_e(\infty) = \arcsin \frac{\Delta\omega_0}{K_0 U_d F(0)} \qquad (10.41)$$

可见,锁定状态正是由于稳态相差 $\theta_e(\infty)$ 的存在,使得存在一个固定的 VCO 控制电压,它使得输出信号的振荡角频率 ω_v 相对于 ω_0 偏移了 $\Delta\omega_0$ 而与参考角频率 ω_r 相等,即

$$\omega_v = \omega_0 + K_0 U_d \sin \theta_e(\infty) F(0) = \omega_0 + \Delta\omega_0 = \omega_r \qquad (10.42)$$

锁定后没有稳态频差是锁相环的一个重要特性。

2. 跟踪过程

跟踪是在锁定的前提下,输入参考频率和相位在一定的范围内,以一定的速率发生变化时,输出信号的频率和相位以同样的规律跟随变化,这一过程称为环路的跟踪过程。例如当 ω_r 增大时,固有频差 $|\omega_r - \omega_0| = |\Delta\omega_0|$ 也增大,这使稳态相差 $\theta_e(\infty)$ 增大又使直流控制电压增大,这必使 VCO 产生的控制频差 $\Delta\omega_v$ 增大,当 $\Delta\omega_v$ 大得足以补偿固有频差 $\Delta\omega_0$ 时,环路维持锁定,因而有

$$\Delta\omega_0 = \Delta\omega_v = K_0 U_d \sin \theta_e(\infty) F(0) \qquad (10.43)$$

故

$$|\Delta\omega_0|_{\max} = K_0 U_d F(0) \qquad (10.44)$$

如果继续增大 $\Delta\omega_0$,使 $|\Delta\omega_0| > K_0 U_d F(0)$,则环路失锁,即 $\omega_v \neq \omega_r$。

环路能够继续维持锁定状态的最大固有频差定义为环路的同步带

$$\Delta\omega_H = |\Delta\omega_0|_{\max} = K_0 U_d F(0) \qquad (10.45)$$

同步带 $\Delta\omega_H$ 的物理意义是:当参考信号频率 ω_r 在同步范围 $\Delta\omega_H$ 内变化时,环路能够维持锁定;若超出此范围,环路将失锁。锁定与跟踪统称为同步,其中跟踪是锁相环正常工作时最常见的情况。

3. 失锁状态

当 VCO 的固有振荡频率偏离输入参考频率较大时,环路失锁。失锁状态就是瞬时频差

$\Delta\omega=\omega_r-\omega_v$ 总不为零的状态,这时,鉴相器输出为一上下不对称的稳定差拍波,其平均分量为一恒定的直流。这一恒定的直流电压通过环路滤波器的作用使 VCO 的平均频率 ω_v 偏离 ω_0 向 ω_r 靠拢,这就是环路的频率牵引效应。也就是说,锁相环处于失锁差拍状态时,虽然 VCO 的瞬时角频 $\omega_v(t)$ 始终不能等于参考信号频率 ω_r,即环路不能锁定,但平均频率 ω_v 已向 ω_r 方向牵引,这种牵引作用的大小显然与恒定的直流电压的大小有关,恒定的直流电压的大小又取决于差拍 $U_d(t)$ 的上下不对称状态。

4. 捕获过程

前面的讨论是在假定环路已经锁定的前提下来讨论环路跟踪过程的。但在实际工作中,例如开机、换频或由开环到闭环,一开始环路总是失锁的。因此,环路需要经历一个由失锁进入锁定的过程,这一过程称为捕获过程。捕获过程分为频率捕获和相位捕获两个过程。

开机时,鉴相器输入端两信号之间存在着起始频差(即固有频差)$\Delta\omega_0$,其相位差 $\Delta\omega_0 t$。因此,鉴相器输出是一个角频率等于频差 $\Delta\omega_0$ 的差拍信号,即

$$u_d(t)=U_d\sin(\Delta\omega_0 t) \tag{10.46}$$

若 $\Delta\omega_0$ 很大,$u_d(t)$ 差拍信号的拍频很高,易受环路滤波器抑制,这样加到 VCO 输入端的控制电压 $u_c(t)$ 很小,控制频差不能建立起来,$u_d(t)$ 仍是一个上下接近对称的稳定差拍波,环路不能入锁。

当 $\Delta\omega_0$ 减小到某一范围时,鉴相器输出的误差电压 $u_d(t)$ 是上下不对称的差拍波,其平均分量(即直流分量)不为零。通过环路滤波器的作用,使控制电压 $u_c(t)$ 中 ω_v 平均地向 ω_r 靠拢。这使 $u_d(t)$ 的拍频($\omega_r-\omega_v$)减小,增大 $u_d(t)$ 差拍波的不对称性,即增大直流分量,这又将使 VCO 的频率进一步接近 ω_r。这样,差拍波上下不对称性不断加大,$u_c(t)$ 中的直流分量不断增加,VCO 的平均频率 ω_v 不断地向输入参考频率 ω_r 靠近。在一定条件下,经过一段时间之后,当平均频差减小到某一频率范围时,以上频率捕获过程即告结束。此后进入相位捕获过程,$\theta_e(t)$ 的变化不再超过 2π,最终趋于稳态值 $\theta_e(\infty)$。同时,$u_d(t)$、$u_c(t)$ 也分别趋于它们的稳态值 $U_d\sin\theta_e(\infty)$、$U_c(\infty)$,压控振荡器的频率被锁定在参考信号频率 ω_r 上,使 $p\theta_e(\infty)=0$,即 $\omega_v=\omega_r$,捕获全过程即告结束,环路锁定。捕获全过程的各点波形变化过程如图 10.18 所示。

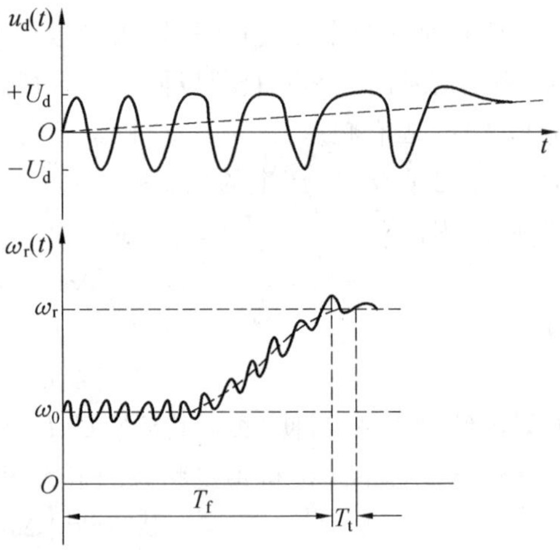

需要指出的是,环路能否发生捕获与固有频差 $\Delta\omega_0$ 的大小有关。只有当 $\Delta\omega_0$ 小到某一频率范围时,环路才能捕获入锁,这一范围称为环路的捕获带 $\Delta\omega_p$。它定义为在失锁状态下能使环路经频率牵引,最终锁定的最大固有频差 $|\Delta\omega_0|_{\max}$,即

$$\Delta\omega_p=|\Delta\omega_0|_{\max} \tag{10.47}$$

若 $|\Delta\omega_0|>\Delta\omega_p$,环路不能捕获入锁。

图 10.18 频率捕获锁定示意图

10.4.4　锁相环路的线性分析

锁相环路的线性分析的前提是环路同步,线性分析实际上是鉴相器的线性化。虽然压控振荡器也可能是非线性的,但只要恰当地设计与使用就可以做到控制特性线性化。鉴相器在具有三角波和锯齿波鉴相特性时具有较大的线性范围。而对于正弦型鉴相特性,当 $|\theta_e| \leqslant \pi/6$ 时,可把原点附近的特性曲线视为斜率为 K_d 的直线,如图 10.19 所示。因此式(10.20)可写成

$$u_d(t) = K_d\theta_e(t) \tag{10.48}$$

相应的线性化鉴相器模型如图 10.19 所示。其中 K_d 为线性化鉴相器的鉴相增益或灵敏度,数值上等于正弦鉴相特性的输出最大电压值 U_d,单位为 V/rad。

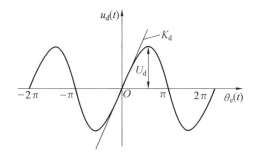

图 10.19　正弦鉴相器线性化特性曲线

用 $K_d\theta_e(t)$ 取代基本方程式(10.36)中的 $U_d\sin\theta_e(t)$ 可得到环路的线性基本方程为

$$p\theta_e(t) = p\theta_1(t) - K_0K_dF(p)\theta_e(t) =$$
$$p\theta_1(t) - KF(p)\theta_e(t) \tag{10.49}$$

式中　　K——环路增益,$K = K_0K_d$。K 应有频率的量纲。式(10.49)相应的锁相环线性相位模型如图 10.20 所示。

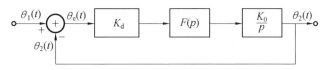

图 10.20　锁相环线性相位模型(时域)

对式(10.49)两边取拉氏变换,就可以得到相应的复频域中的线性相位模型,如图 10.21 所示。

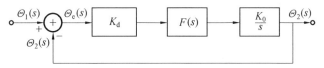

图 10.21　锁相环的线性相位模型(复频域)

环路的相位传递函数有三种,用于研究环路不同的响应函数。

(1)开环传递函数研究开环 $\theta_e(t) = \theta_1(t)$ 时,由输入相位 $\theta_1(t)$ 所引起的输出相位 $\theta_2(t)$ 的响应,为

$$H_0(s) = \frac{\Theta_2(s)}{\Theta_1(s)}\bigg|_{\text{开环}} = K\frac{F(s)}{s} \qquad (10.50)$$

（2）闭环传递函数 研究闭环时，由输入相位 $\theta_1(t)$ 所引起的输出相位 $\theta_2(t)$ 的响应，为

$$H(s) = \frac{\Theta_2(s)}{\Theta_1(s)} = \frac{KF(s)}{s + KF(s)} \qquad (10.51)$$

（3）误差传递函数 研究闭环时，由输入相位 $\theta_1(t)$ 所引起的误差响应 $\theta_e(t)$ 的响应，为

$$H_e(s) = \frac{\Theta_e(s)}{\Theta_1(s)} = \frac{\Theta_1(s) - \Theta_2(s)}{\Theta_1(s)} = \frac{s}{s + KF(s)} \qquad (10.52)$$

$H_0(s)$、$H(s)$、$H_e(s)$ 是研究锁相环路同步性能最常用的三个传递函数，三者之间存在如下关系：

$$H(s) = \frac{H_0(s)}{1 + H_0(s)} \qquad (10.53)$$

$$H_e(s) = \frac{1}{1 + H_0(s)} = 1 - H(s) \qquad (10.54)$$

式（10.50）～（10.52）是环路传递函数的一般形式。不难看出，它们除了与 K 有关之外，还与环路滤波器的传递函数 $F(s)$ 有关。表 10.1 列出了采用无源比例积分滤波器和理想积分滤波器（即 A 很高时的有源比例积分滤波器）的环路传递函数。

表 10.1　无源比例积分滤波器和理想积分滤波器的环路传递函数

	无源比例积分滤波器的二阶环	理想二阶环
$F(s)$	$\dfrac{1 + s\tau_2}{1 + s\tau_1}$	$\dfrac{1 + s\tau_2}{s\tau_1}$
$H_0(s)$	$\dfrac{K/\tau_1 + s\tau_2/\tau_1}{s^2 + s/\tau_1}$	$\dfrac{sK\tau_2/\tau_1 + K/\tau_1}{s^2}$
$H_e(s)$	$\dfrac{s^2 + s/\tau_1}{s^2 + s/\tau_1 + K\tau_2/\tau_1 + K/\tau_1}$	$\dfrac{s^2}{s^2 + sK\tau_2/\tau_1 + K/\tau_1}$
$H(s)$	$\dfrac{sK\tau_2/\tau_1 + K/\tau_1}{s^2 + s/\tau_1 + K\tau_2/\tau_1 + K/\tau_1}$	$\dfrac{sK\tau_2/\tau_1 + K/\tau_1}{s^2 + sK\tau_2/\tau_1 + K/\tau_1}$

因为锁相环是一个伺服系统，其响应在性质上可以是非谐振型的或振荡型的。因此习惯上引入无阻尼振荡频率 ω_n(rad/s) 和阻尼系数 ξ 这两个参数来描述系统的特性。表 10.2 列出了用 ξ、ω_n 表示的传递函数及系统参数 ξ、ω_n 与电路参数 K、τ_1 和 τ_2 的关系。

表 10.2　用 ξ、ω_n 表示的传递函数及系统参数 ξ、ω_n 与电路参数 K、τ_1 和 τ_2 的关系

	无源比例积分滤波器的二阶环	理想二阶环
$H_e(s)$	$\dfrac{s(s+\omega_n^2/K)}{s^2+2\xi\omega_n s+\omega_n^2}$	$\dfrac{s^2}{s^2+2\xi\omega_n s+\omega_n^2}$
$H_0(s)$	$\dfrac{\omega_n s(2\xi-\omega_n/K)+\omega_n^2}{s^2+2\xi\omega_n s+\omega_n^2}$	$\dfrac{2\xi\omega_n s+\omega_n^2}{s^2+2\xi\omega_n s+\omega_n^2}$
ω_n	$\sqrt{K/\tau_1}$	$\sqrt{K/\tau_1}$
ξ	$\dfrac{1}{2}\sqrt{\dfrac{1}{K\tau_1}}\,(\tau_2+1/K)$	$\dfrac{\tau_2}{2}\sqrt{\dfrac{K}{\tau_1}}$

在上面的各式中，$H(s)$ 的分母多项式中 s 的最高幂次（极点）称为环路的阶数，因为 VCO 中的 $1/s$ 是环路的固有一阶因子，故环路的阶数等于环路滤波器的阶数加一；$H_0(s)$ 中为二阶 Ⅰ 型环，理想积分滤波器的环路为二阶 Ⅱ 型环，又称为理想二阶环。

比较这两种环路的传递函数，可以看到，当环路增益很高（即 $K\gg\omega_n$）时，采用无源比例积分滤波器的环路传递函数与理想二阶环的传递函数相似。故只要 $K\gg\omega_n$ 成立，这两种环路的性能是近似的。通常把 $K\gg\omega_n$ 的二阶锁相环称为高增益二阶环。

1. 跟踪特性

锁相环的一个重要特点是对输入信号相位的跟踪能力。衡量跟踪性能好坏的指标是跟踪相位误差，即相位误差函数 $\theta_e(t)$ 的暂态响应和稳态响应。相位误差函数的暂态响应和稳态响应就是输入信号的频率或相位发生变化（频率阶跃和斜升、相位阶跃）时系统输出的暂态响应和稳态误差，主要用相位误差的最大瞬时跳变值、锁定后的稳态相位误差值和趋于稳定的时间三个量描述。一般地，最大瞬时跳变值不能超过鉴相器的鉴相范围；稳态相位误差越小，趋于稳定的时间越短，跟踪性能越好。暂态响应用来描述跟踪速度的快慢及跟踪过程中相位误差波动的大小，稳态响应用来表征系统的跟踪精度。

在给定锁相环路之后，根据式（10.52）可以计算出复频域中相位误差函数 $\Theta_e(s)$，对其进行拉氏反变换，就可以得到时域误差函数 $\theta_e(t)$。

下面分析理想二阶环对于频率阶跃信号的暂态误差响应。

当输入参考信号的频率在 $t=0$ 时有一阶跃变化，即

$$\omega_0(t)=\begin{cases}0 & (t<0)\\ \Delta\omega & (t\geqslant 0)\end{cases} \tag{10.55}$$

其对应的输入相位为

$$\theta_1(t)=\Delta\omega t \tag{10.56}$$

那么

$$\Theta_1(s)=\Delta\omega/s^2 \tag{10.57}$$

则

$$\Theta_e(s)=\Theta_1(s)H_e(s)=\frac{\Delta\omega}{s^2+2\xi\omega_n s+\omega_n^2} \tag{10.58}$$

进行拉氏反变换，得

$$\theta_e(t) = \begin{cases} \dfrac{\Delta\omega}{\omega_n}e^{-\xi\omega_n t}\dfrac{\sin\omega_n\sqrt{\xi^2-1}\,t}{\sqrt{\xi^2-1}} & (\xi>1) \\[3mm] \dfrac{\Delta\omega}{\omega_n}e^{-\xi\omega_n t}\omega_n t & (\xi=1) \\[3mm] \dfrac{\Delta\omega}{\omega_n}e^{-\xi\omega_n t}\dfrac{\sin\omega_n\sqrt{1-\xi^2}\,t}{\sqrt{1-\xi^2}} & (0<\xi<1) \end{cases} \qquad (10.59)$$

式(10.59)相应的响应曲线如图 10.22 所示。

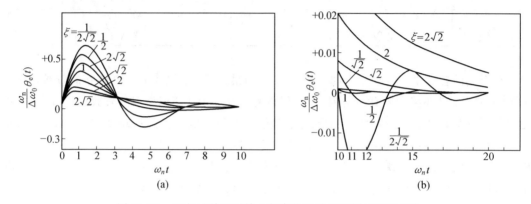

图 10.22　理想二阶环对输入频率阶跃的相位误差响应曲线

由图可见：

（1）暂态过程的性质由 ξ 决定。当 $\xi<1$ 时，暂态过程是衰减振荡，环路处于欠阻尼状态；当 $\xi>1$ 时，暂态过程按指数衰减，尽管可能有过冲，但不会在稳态值附近多次摆动，环路处于过阻尼状态；当 $\xi=1$ 时，环路处于临界阻尼状态，其暂态过程没有振荡。因此阻尼系数的物理意义得到进一步明确。

（2）当 $\xi<1$ 时，暂态过程的振荡频率为 $(1-\xi)^{1/2}\omega_n$。若 $\xi=0$，则振荡频率等于 ω_n。所以 ω_n 作为无阻尼自由振荡角频率的物理意义很明确。

（3）由图可见，二阶环的暂态过程有过冲现象，过冲量的大小与 ξ 值有关。ξ 越小，过冲量越大，环路相对稳定性越差。

（4）暂态过程是逐步衰减的，至于衰减到多少才认为暂态过程结束，完全取决于如何选择暂态结束的标准。选定之后，不难从式(10.59)中求出暂态时间。从相对稳定性和快速跟踪的角度考虑，工程上一般选择 $\xi=0.707$。

稳态相位误差是用来描述环路最终能否跟踪输入信号的相位变化及跟踪精度与环路参数之间的关系。求解稳态相差 $\theta_e(\infty)$ 的方法有两种：

① 由前面求出的 $\theta_e(t)$，令 $t\to\infty$ 即可求出

$$\theta_e(\infty)=\lim_{t\to\infty}\theta_e(t) \qquad (10.60)$$

② 利用拉氏变换的终值定理，直接从 $\Theta_e(s)$ 求出

$$\theta_e(\infty)=\lim_{s\to0}s\,\Theta_e(s) \qquad (10.61)$$

对于不同的环，在不同的输入信号的稳态相位误差，列于表 10.3。

表 10.3　不同输入信号下的稳态相位误差

	一阶环	二阶 I 型环	二阶 II 型环	三阶 III 型环
相位阶跃 $\theta_1(t) = \Delta\theta \cdot 1(t)$	0	0	0	0
频率阶跃 $\theta_1(t) = \Delta\omega t \cdot 1(t)$	$\Delta\omega/K$	$\Delta\omega/K$	0	0
频率斜升 $\theta_1(t) = Rt^2/2 \cdot 1(t)$	∞	∞	R/ω_n^2	0

由此可见：

（1）同环路对不同输入的跟踪能力不同，输入变化越快，跟踪性能越差，$\theta_e(\infty) = \infty$ 意味着环路不能跟踪。

（2）同一输入，采用不同环路滤波器的环路的跟踪性能不同。可见环路滤波器对改善环路跟踪性能的作用。

（3）同是二阶环，对同一信号的跟踪能力与环路的"型"有关（即环内理想积分因子 $1/s$ 的个数）。"型"越高跟踪精度越高；增加"型"数，可以跟踪更快变化的输入信号。

（4）理想二阶环（二阶 II 型）跟踪频率斜升信号的稳态相位误差与扫描速率 R 成正比。当 R 加大时，稳态相差随之加大，有可能进入非线性跟踪状态。

2. 频率响应

频率响应是决定锁相环对信号和噪声过滤性能好坏的重要特性，由此可以判断环路的稳定性，并进行校正。

采用 RC 积分滤波器，其传递函数如式（10.28）所示，则闭环传递函数为

$$H(s) = \frac{\omega_n^2}{s^2 + 2\xi\omega_n s + \omega_n^2} \tag{10.62}$$

相应的幅频特性为

$$H(\omega) = \frac{1}{\left[1 - \dfrac{\omega^2}{\omega_n^2}\right]^2 + \left[2\xi\dfrac{\omega}{\omega_n}\right]^2} \tag{10.63}$$

阻尼系数 ξ 取不同值时画出的幅频特性曲线如图 10.23 所示，可见具有低通滤波特性。环路带宽 $BW_{0.7}$ 可令式（10.63）等于 0.707 后求得，即

$$BW_{0.7} = \frac{1}{2\pi}\omega_n\left[1 - 2\xi^2 + 4\xi^4 - 4\xi^2 + 2\right]^{1/2} \tag{10.64}$$

调节阻尼系数 ξ 和自然谐振角频率 ω_n 可以改变带宽，调节 ξ 还可以改变曲线的形状。当 $\xi = 0.707$ 时，曲线最平坦，相应的带宽为

$$BW_{0.7} = \frac{1}{2\pi}\omega_n = \frac{1}{2\pi}\left[\frac{K_d K_0}{\tau_1}\right]^{1/2} \tag{10.65}$$

当 $\xi < 0.707$ 时，特性曲线出现峰值。

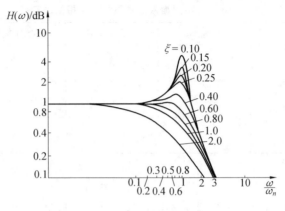

图 10.23　闭环幅频特性

10.5　锁相环路的应用

10.5.1　锁相环路的主要特点

1. 良好的跟踪特性

锁相环路锁定后,其输出信号频率可以精确地跟踪输入信号频率的变化。即当输入信号频率 ω_R 稍有变化时,通过环路控制作用,压控振荡器的振荡频率也发生相应的变化,最后达到 $\omega_V = \omega_R$。

2. 良好的窄带滤波特性

锁相环路就频率特性而言,相当于一个低通滤波器,而且其带宽可以做得很窄。这种窄带滤波特性是任何 LC、RC、石英晶体、陶瓷等滤波器难以达到的。

3. 锁定状态无剩余频差

锁相环路利用相位差来产生误差电压,因而锁定时只有剩余相位差,没有剩余频率差。

4. 易于集成化

组成环路的基本部件易于集成化。环路集成化可减小体积和降低成本、提高可靠性,更可贵的是减少了调整的困难。

10.5.2　锁相环路的应用举例

1. 锁相倍频电路

锁相倍频电路的组成方框图如图 10.24 所示。它是在基本锁相环路的基础上增加了一个分频器。根据锁相原理,当环路锁定后,鉴相器的输入信号角频率 ω_r 与压控振荡器输出信号角频率 ω_0 经分频器反馈到鉴相器的信号角频率 $\omega'_0 = \dfrac{\omega_0}{N}$ 相等,即 $\omega_0 = N\omega_r$。若采用具有高分频次数的可变数字分频器,则锁相倍频电路可做成高倍频次数的可变倍频器。

锁相倍频器与普通倍频器相比较,其优点是:

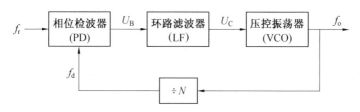

图 10.24   锁相倍频电路

（1）锁相环路具有良好的窄带滤波特性，容易得到高纯度的频率输出，而在普通倍频器的输出中，谐波干扰是经常出现的。

（2）锁相环路具有良好的跟踪特性和滤波特性，锁相倍频器特别适用于输入信号频率在较大范围内漂移，并同时伴随有噪声的情况，这样的环路兼有倍频和跟踪滤波的双重作用。

2. 锁相分频电路

锁相分频电路在原理上与锁相倍频电路相似，就是在锁相环路的反馈通道中插入倍频器，这样就可以组成基本的锁相分频电路。图 10.25 是一个锁相分频电路的基本组成方框图。根据锁相原理，当环路锁定时，鉴相器的输入信号角频率 ω_i 与压控振荡器经倍频后反馈到鉴相器的信号角频率 $\omega'_0 = N\omega_0$ 相等，即 $\omega_0 = \dfrac{\omega_r}{N}$。

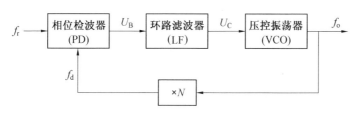

图 10.25   锁相分频电路

3. 锁相混频电路

锁相混频电路的基本组成方框图如图 10.26 所示。它是在锁相环路的反馈通道中插入混频器和中频放大器组成的。

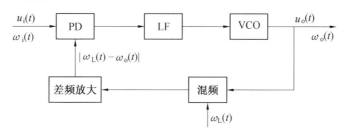

图 10.26   锁相混频电路

设送给鉴相器的输入信号 $u_i(t)$ 频率为 ω_i，送给混频器的输入信号为 $u_0(t)$，其角频率为 ω_0，混频器的本振信号输入由压控振荡器输出提供，其角频率为 ω_L，若混频器输出中频取差频（也可取和频），它由混频器的中频回路和中频放大器的频率特性决定。

根据锁相环路锁定后无剩余频差的特性，由图 10.26 可得

$$\omega_i = |\omega_0 - \omega_L|$$

当 $\omega_0 > \omega_L$ 时,则 $\omega_0 = \omega_i + \omega_L$;当 $\omega_0 < \omega_L$ 时,则 $\omega_0 = \omega_L - \omega_i$。即压控振荡器输出信号频率是和频还是差频仅由 $\omega_0 > \omega_L$ 或 $\omega_0 < \omega_L$ 来决定。

4. 锁相调频电路

采用锁相环路调频,能够得到中心频率高度稳定的调频信号。图 10.27 给出了锁相调频电路的方框图。

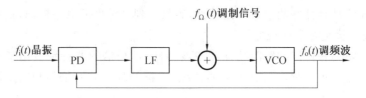

图 10.27　锁相调频电路

这种电路实现的条件是:

(1)压控振荡器固有振荡频率的不稳定变化频率应在环路低频滤波器的带宽内,即锁相环路的作用只对载波频率的慢变化起调整作用,滤波器为窄带滤波,保证载波频率稳定度高。

(2)调制信号频谱要处于环路滤波器带宽之外,即环路对调制信号引起的频率变化不灵敏,不起作用。但调制信号却使压控振荡器振荡频率受调制而输出调频波。

5. 锁相调频解调电路

图 10.28 给出了锁相调频解调电路的组成方框图。调频信号输入给鉴相器,而解调输出从环路滤波器取出。当锁相环路作为调频解调电路时,其实现条件是环路滤波的通带必须足够宽,使鉴相器的输出电压能顺利通过。在这样的条件下,压控振荡器在环路滤波器输出电压的控制下,输出信号频率将跟踪输入信号频率的变化。而环路滤波器的输出电压则正好是调频信号解调出的调制信号。

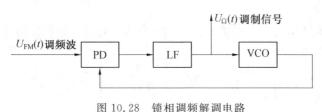

图 10.28　锁相调频解调电路

10.6　集成锁相环

由于集成电路技术的迅速发展,目前,锁相环路几乎已全部集成化了。集成锁相环路的性能优良,价格便宜,使用方便,因而为许多电子设备所采用。可以说,集成锁相环路已成为继集成运算放大器之后,又一个用途广泛的多功能集成电路。

集成锁相电路种类很多。按电路形式,可分为模拟式与数字式两大类。按用途分,无论是模拟式还是数字式的又都可分为通用型与专用型两种。通用型都具有鉴相器与 VCO,有的还附加有放大器和其他辅助电路,其功能为多用的;专用型均为单功能设计,例如调频立体声解调环、电视机中用的正交色差信号的同步检波环等,即属此类。

现在以单片集成锁相环 NE562 为例,来说明它的电路原理。NE562 是最高工作频率可达 30 MHz 的通用型集成锁相环。它的组成方框图如图 10.29 所示。图中除包含锁相环路的基本部件鉴相器与压控振荡器之外,为了改善环路性能和满足通用的要求,还有若干放大器、限幅器和稳压电路等辅助部件。此外,为了达到部分功能的目的,环路反馈不是在内部预先接好的,而是将 VCO 输出端和鉴相器输入端之间断开,以便在它们之间插入分频器和混频器,使环路作倍频或移频之用。

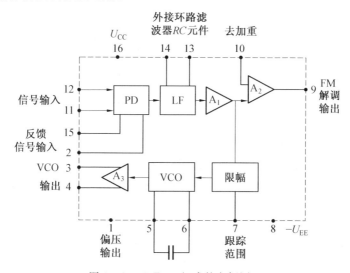

图 10.29　NE562 组成的方框图

NE562 的各管脚功能如下。

①PD(鉴相器):采用双平衡模拟乘法器。

②LF:13、14 脚可外接 RC 元件构成环路滤波器。

③VCO:是射极定时的压控多谐振荡器,定时电容由 5、6 脚外接电容。

④限幅器:是与 VCO 串接的一级控制电路,7 脚注入电流的大小可以控制环路的跟踪范围。

⑤11、12 脚:外接输入信号。

⑥放大器 A_1、A_2、A_3:作为隔离、缓冲放大器,10 脚用于外接去加重电容。当环路用于解调时,A_1、A_2 的放大作用可以提高 9 脚输出的解调信号的电平值。既可以保证 VCO 的频稳度,又放大了 VCO 的输出电压,使 3、4 脚输出的电压幅度增大到约 4.5 V,以满足 PD 对 VCO 信号电压幅度的要求。

⑦VCO 输出 3、4 脚与 PD 的反馈信号输入端 2、15 脚之间,可外接其他部件以发挥多功能作用。

当使用 NE562 时,要从以下五个方面考虑:

(1)$U_i(t)$ 输入信号从 11、12 脚输入时,应采用电容耦合,以避免影响输入端的直流电位,要求容抗 $\dfrac{1}{\omega_c}$ ≪ 输入电阻(2 kΩ)。

$U_i(t)$ 可以双端输入,也可单端输入,单端输入时,另一端应交流接地,以提高 PD 增益。

（2）环路滤波器的设计。

NE562 常用的环路滤波器有如下四种形式,如图 10.30 所示。

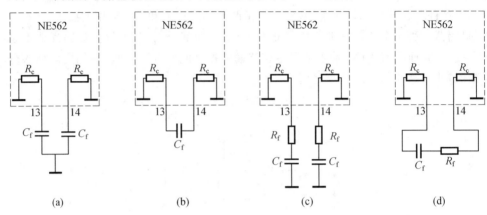

图 10.30　NE562 常用的四种滤波器形式

13、14 脚的外接电路与 NE562 内部的 PD 负载电阻 R_c 共同构成积分滤波器。 一般已知 $R_c = 6\ \text{k}\Omega$,R_f 通常选在 $50 \sim 200\ \Omega$ 之间,根据所要求设计的环路滤波器截止频率 ω_c 可计算出 C_f 值,若采用图 10.30 所示的四类滤波器,其 C_f 的计算结果分别为

$$C_f = \frac{1}{\omega_c R_c} = \frac{1}{2\pi f_c R_c}$$

$$C_f = \frac{1}{2\omega_c R_c} = \frac{1}{4\pi f_c R_c}$$

$$C_f = \frac{1}{\omega_c (R_c + R_f)} = \frac{1}{2\pi f_c (R_c + R_f)}$$

$$C_f = \frac{1}{\omega_0 (2R_c + R_f)} = \frac{1}{2\pi f_c (2R_c + R_f)}$$

（3）VCO 的输出方式与频率调整。

①VCO 信号输出端 3、4 脚与地之间应接上数值相等的射极电阻,阻值一般为 $2 \sim 12\ \text{k}\Omega$,使内部射极输出器的平均电流不超过 4 mA,如图 10.31(a) 所示。

② 当 VCO 输出需与逻辑电路连接时,必须外接电平移动电路,使 VCO 输出端 12 V 的直流电平移到某一低电平值上,并使输出方波符合逻辑电平要求,工作频率可达到 20 MHz,如图 10.31(b) 所示。

③VCO 的频率及其跟踪范围能调整与控制。VCO 频率的调整,除采用直接调节与定时电容并联的微变电容外,还有如图 10.32 所示的三种方法。

对于图 10.32(a) 中电路的 VCO 的工作频率为

$$f'_0 = f_0 \left(1 + \frac{6.4 - E_A}{1.3R}\right)$$

其中　f_0——$E_A = 6.4$ V 时 VCO 的固有振荡频率,改变 E_A 值,振荡频率相对发生变化。

而对于图 10.32(b) 和 10.32(c),可将 VCO 频率扩展到 30 MHz 以上,图 10.32(c) 可用外接电位器 R_w 微调频率。

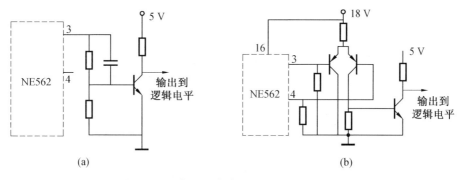

图 10.31　实用的单端与双端输出电路

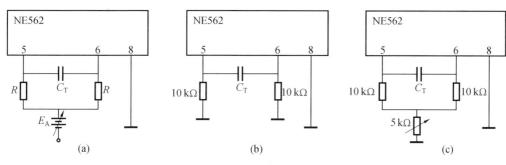

图 10.32　VCO 频率调整方法

（4）PD 的反馈输入与环路增益控制方式。

PD 的反馈输入方式一般采用单端输入工作方式，如图 10.33 所示，1 脚的 ＋7.7 V 电压经 R（2 kΩ）分别加到反馈输入端 2、15 脚作为 IC 内部电路基极的偏压，而且 1 脚到地接旁路电容，反馈信号从 VCO 的 3 脚输出，并经分压电阻取样后，通过耦合电容加到 2 脚构成闭环系统。

环路增益还普遍采用在 13、14 脚并接电阻 R_f 的方式，此时的环路总增益为

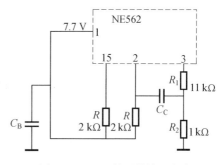

图 10.33　PD 的反馈输入方式

$$G_{LF} = G_L \frac{R_f}{1\ 200 + R_f}$$

其中，R_f 的单位为 Ω，可以抵消因 f_o 上升而使 G_L 过大造成的工作不稳定性。

（5）解调输出方式。

当 NE562 用作 FM 信号的解调时，解调信号由 9 脚输出，此时 9 脚需外接一个电阻到地（或负电源）作为 NE562 内部电路的射极负载，电阻数值要合适（常取 15 kΩ）以确保内部射极输出电流不超过 5 mA，另外 10 脚应外加重电容。

图 10.34 给出了 NE562 的一个应用实例。

其中，需要注意的是 NE562 内部限幅器集电极电流受 7 脚外接电路的控制。一般 7 脚注入电流增加，则内部限幅器集电流减小，VCO 跟踪范围小；反之则跟踪范围增大。当 7 脚注入电流大于 0.7 mA 时，内部限幅器截止，VCO 的控制被截断，VCO 处于失控自由振荡工

作状态(系统失锁)。

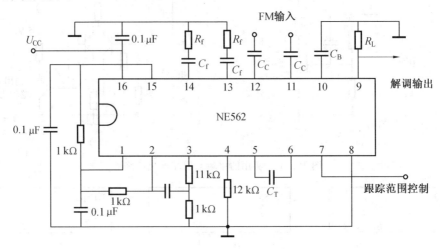

图 10.34　NE562 应用实例

习　　题

10.1　有哪几类反馈控制电路,每一类反馈控制电路控制的参数是什么,要达到的目的是什么?

10.2　锁相环路稳频与自动频率控制电路在工作原理上有何区别? 为什么说锁相环路相当于一个窄带跟踪滤波器?

10.3　锁相分频、锁相倍频与普通分频器、倍频器相比,主要优点是什么?

10.4　概述锁相环工作的几个状态及其特点。

10.5　AGC 的作用是什么,主要的性能指标包括哪些?

10.6　PLL 由哪几部分组成,其工作原理是什么?

10.7　AFC 的组成包括哪几部分,其工作原理是什么?

10.8　AFC 电路达到平衡时回路有频率误差存在,而 PLL 在电路达到平衡时频率误差为零,这是为什么? PLL 达到平衡时,存在什么误差?

10.9　PLL 的主要性能指标有哪些,其物理意义是什么?

10.10　已知一阶锁相环路鉴相器的 $U_d = 2$ V,压控振荡器的 $K_0 = 10^4/\text{V}$,自由振荡频率 $\omega_0 = 2\pi \times 10^6$ rad/s。问当输入信号频率 $\omega_i = 2\pi \times 1\ 015 \times 10^3$ rad/s 时,环路能否锁定? 若能锁定,稳态相差等于多少? 此时的控制电压等于多少?

10.11　已知一阶锁相环路鉴相器的 $U_d = 0.63$ V,压控振荡器的 $K_0 = 20$ kHz/V,$f_0 = 2.5$ MHz,在输入载波信号作用下环路锁定,控制频差等于 10 kHz。问:输入信号频率 ω_i 为多大? 环路控制电压 $u_o(t)$ 为多少? 稳定相差 $\theta_e(\infty)$ 为多少?

第 11 章

软件无线电

随着技术的进步,在 1992 年美国科学家 Mitola Joe 提出了软件无线电的概念。软件无线电被认为是继模拟通信至数字通信、固定通信至移动通信的第三次通信技术革命,引起了广泛的重视。软件无线电概念下的无线通信系统结构较传统结构有了根本性变化,本章主要介绍软件无线电的基础知识,进一步具体深入的学习可以参考相关资料。

11.1 软件无线电概念的提出

现代的无线通信系统有很多类型,例如,卫星通信、蜂窝移动通信、无线寻呼、短波通信、微波通信系统等等,而且各种无线通信的调制方式和多址方式也很多。各种通信系统根据自身的特点而应用于不同场合,例如,短波电台适合远距离传输,其所需的发射功率不大,传输的中继系统电离层不会被摧毁;卫星通信能传播高质量的信息,所能提供的频带很宽;微波通信抗干扰能力强,适合大量的数据传输,但只能实现点与点的信息传输。

与民用移动通信相比,军事上对移动性的要求要高得多,要求不但用户设备可以移动,而且基础设施也要能移动。另外随着军备技术的进一步升级,军队体系中对语音、传真、图像、视频业务(如电视电话会议)等多媒体通信业务的需求进一步增加,这些业务大多需要具有鉴别及加密功能的安全环境。然而,目前的军用电台往往是根据某种特定的用途而设计的,功能单一,根本就不具备多媒体通信的功能。有些电台的基本结构相似,而工作频段、调制方式、波形结构、通信协议、数字信息的编码方式、加密方式等等都有所不同。电台之间的这些差异极大地限制了不同电台之间的互连互通。而且,由于不同频段的电台只能满足某些特定的要求,无法满足部队各种各样的军事需求,给协同作战带来了困难。作战过程中,为了保证及时高效的通信联络,不得不借助许多额外的无线电台,这大大增强了通信保障的复杂程度。因而很有必要开发能够兼容各种通信体制、能完成多种多媒体通信业务的、开放性强易于升级的军用电台来满足当前时代的军事要求。

在当前的民用移动通信中也存在互通性差的问题,多种体制共存、新体制不断涌现是当前移动通信市场的突出特点。仅以公用蜂窝移动通信系统为例,模拟体制与数字体制共存;而在数字蜂窝系统中,以 TDMA 为多址方式的体制与以 CDMA 为多址方式的体制并存(如 GSM、ADC、JDC 与 CDMA 并存);从全球地域角度来看不同地域上并存着不同的体制(北美 ADC、欧洲及中国的 GSM、日本的 JDC 等)。这些体制互不兼容,无论给用户还是给经营者都带来了极大的不便,严重限制了移动通信的全球性发展,其主要缺点在于:

(1)新的通信体制和标准不断提出,通信产品的生存期缩短,开发费用上升。以移动电话为例,已有 GSM、CDMA 等多种系统投入使用,且另一些系统正在研制中。各国、各大公司为了争夺市场,纷纷制定自己的标准,划定各自的市场范围,从而使产品生存期大大缩短,传统的通信体制很难适应这种发展趋势。

(2)各种通信体制的共存,对各种通信体制间互连的要求也日趋强烈。

(3)无线频带越来越拥挤,对通信系统的频带利用率和抗干扰能力要求不断提高,而由于多体制的存在使得很难对频带重新规划,若采用新的抗干扰方法,需对系统结构做较大改动。

为了解决互通性问题,各国军方进行了积极的探索,努力使不同设备既能满足互通的要求,又能满足抗干扰、保密性好的要求;既能使通信设备跟上移动通信飞速发展的步伐,又能延长设备的使用寿命。在此前提下,软件无线电技术应运而生。1992 年 5 月,MITRE 公司的 Joe Mitola III 首次明确提出了软件无线电(Software Radio,SWR)的概念。软件无线电的思想是在一个通用的硬件平台上,通过软件加载的方式用软件实现所有无线电台的功能。这一思想延伸到移动通信领域,设想无须为每一种新的移动通信体制重新建网、更换设备,只需在各个基站中建设统一的硬件平台,然后不论现有的或将来的各种体制或标准,都以软件加载的方式进行更新换代。需要更新的软件可以通过一个统一的软件供应商来供给,软件可以以无线电波的形式从空中下载。使用这种理想的软件无线电概念后,所有的体制和标准的更新,以及不同体制间的兼容,都可以通过更换适当的软件来完成,这样既节省了重新建网的费用,又缩短了研发周期。

软件无线电的概念一经提出,就得到了全世界无线电领域的广泛关注。由于软件无线电所具有的灵活、开放、可配置、可重构等特点,使其不仅在军、民无线通信中获得了应用,而且将在其他领域例如电子战、雷达、信息化家电等领域得到推广,这也将极大促进软件无线电技术及其相关产业的迅速发展。

11.2 软件无线电的基础知识

11.2.1 软件无线电的基本概念及特点

1992 年 5 月,Joe Mitola 在美国电信系统会议(IEEE National Telesystem Conference)上首次提出了软件无线电的概念。其中心思想是:构造一个具有开放性、标准化、模块化的通用硬件平台,将各种功能,如工作频段、调制解调类型、数据格式、加密模式、通信协议等用软件来完成,并使宽带 A/D 和 D/A 转换器尽可能靠近天线,以研制出具有高度灵活性、开放性的新一代无线通信系统。选用不同的软件模块就可以实现不同的功能,而且软件可以升级更新,其硬件也可不断地升级换代。理想的移动软件无线电系统示意图如图 11.1 所示。

由图 11.1 可以看出,A/D 和 D/A 转换器的位置尽可能地靠近天线,并且软件中的无线电功能的定义是软件无线电的标志。软件无线电移动单元及基站共享一个公共的软件工厂,它下载个性给移动单元并更新基础结构。因此,虽然软件无线电采用数字技术,但软件控制的数字无线电未必是软件无线电,关键的区别在于软件无线电的全部可编程性,它包括可编程的 RF 频带、信道接入模式以及信道调制。其中的可编程处理器设计采用专用集成电路(Application Specific Integrated Circuit,ASIC)、现场可编程门阵列(Field Programmable Gate Arrays,FPGA)、数字信号处理器(Digital Signal Processor,DSP)及通用处理器(General Processor,GP)技术。目前 DSP 的每秒百万指令(Million Instructions Per Second,MIPS)及通用中心处理器单元(Central Processing Unit,CPU)的价格已降到低于 10 美元/MIPS,使得软件无线电在经济上就越加引人注目。

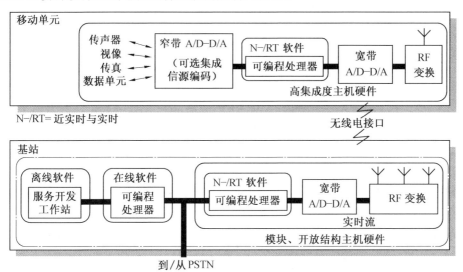

图 11.1　理想的移动软件无线电系统示意图

由此看出,理想的软件无线电有以下的主要特点:

(1) 完全数字化。

软件无线电的基本思想就是力图从通信系统的基带信号直至中频段、射频段进行数字化处理,因而这是比目前任何一个数字通信系统的数字化程度都要高得多的全数字化通信系统。

(2) 完全的可编程性。

软件无线电通过一种通用的硬件平台,将通信的各种功能实现完全由相应软件运行来完成。包括:宽频带内的可编程的信道调制方式,可编程的射频与中频频段,可编程的信道解调方式,信源编码、解码方式等。

(3) 系统升级的便捷性与系统功能的可扩充性。

由于软件无线电的各种功能更多体现在软件上,系统升级只需要改变相应的软件,通过软件工具可扩展通信业务、分析无线通信环境、定义所需扩展增强的各项通信业务。

(4) 系统便于实现模块化

利用软件无线电的基本思想,对现行的通信系统均可以实行模块化设计,模块的物理及电气接口性能指标符合统一、开放的标准。通过更换模块可以维护或提高系统性能,便于系统间复用。

软件无线电突破了传统无线电台功能单一、可扩展性差和以硬件为核心的设计局限,强调以最简单的硬件为通用平台,尽可能地用可升级、可重新配置的应用软件来实现各种无线电功能。用户在同一硬件平台上,可以通过选购不同的应用软件来满足不同时期、不同使用环境下的不同功能需求。如果软件无线电要实现新的通信业务,只要为它增加一个新的软件模块即可,方便快捷。同时由于它能形成各种调制波形和通信协议,故还可与旧体制的各种电台互通,即向上兼容,大大延长了电台的使用周期,节约了开支。

11.2.2　软件无线电的主要研究内容

软件无线电的基本思想就是尽可能地简化射频模拟前端,使 A/D 转换尽可能地靠近天线去完成模拟信号的数字化,从而使信号的产生、调制、解调、编码、解码等功能均可通过通用可编程硬件平台来完成。另外,软件无线电的平台应具有开放性、通用性,软件要求可升级、可替换。

从功能模块来看,典型的软件无线电系统的结构如图 11.2 所示。

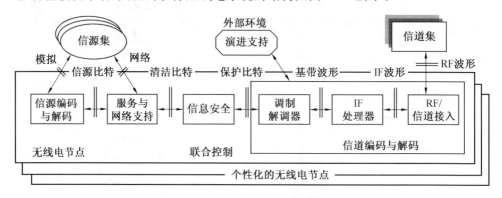

图 11.2　软件无线电系统的结构

首先,多频段技术可立即在一个以上的通信信道 RF 频带上接入,从而使 RF 信道一般化为图 11.2 中的信道集。多频带无线电的信道编码器包括 RF/信道接入、IF 处理以及调制解调器。RF/信道接入包括宽带天线及多单元阵列智能天线,它也提供多个信号途径及跨越多个 RF 频段的 RF 变换;IF 处理可包含滤波、进一步的 A/D 与 D/A 频率变换、空/时分集处理、波束成形以及相关功能;多模式无线电产生多个空中接口波形(模式),它们原则上是在 RF 信道调制解调器中确定,这些波形可以是在不同的频带和跨多个频带,调制解调器直接将 IF 信号变换成信道比特。

虽然许多应用并不要求信息安全,但身份认证将减少欺骗,流加密可以保证隐私,二者有助于保证数据的稳固性。信源编/解码器包含了数据、传真、视频及多媒体源等,某些信源将在物理上远离无线电节点,是经由同步数字系列、局域网等服务及网络支持连接的。联合控制保证得到系统稳定、差错恢复,适时数据流,以及语音和视频的同步流;当无线电进一步发展时,联合控制就变得更为复杂,向频带、模式及数据格式的自动选择演进。

在一个软件无线电系统中,用户能够上载新的空中接口个性。这些个性可以改善空中接口的任何方面,包括波形是否跳动、扩展或其他构成。演进支持功能必须包括本地或网络支持的软件工厂,去确定波形的个性,去下载它们并保证每一新的个性在起作用前是安全的。

上面所介绍的理想软件无线电节点的功能分配总结见表 11.1。

表 11.1　软件无线电功能模型的功能分配

功能部件	分配的功能	备注
信源编码与解码	音频、数据、视频及传真接口	算法(如:ITU[15],ETSI[16])
服务与网络支持	多路;建立与控制;数据服务; 网络互连	有线与包括移动性的 互联网标准
信息安全	传输安全,身份验证,不拒绝, 隐私,数据坚固性	可选择使用
信道编解码: 调制解调器	基带调制解调器,定时恢复,均衡, 信道波形,预失真,黑色数据处理	INFOSEC、调制解调器及 IF 接口认为标准化
IF 处理	波束成形,分集合并, 全部 IF 信道特性	为信号与增强 QoS 的 创新的信道编码
RF 接入	天线,分集,RF 变换	IF 接口尚未标准化
信道集	同时性,多频带传播, 有线互操作性	自动采用多信道或 为 QoS 管理的多模式
多个个性	多频带、多模式、快捷, 具有遗留模式的互操作	多个同时的个性 可能引起的无线频率干扰
演进支持	确定与管理个性	本地或网络支持的软件工厂
联合控制	联合信源/信道编码,动态 QoS 与负载控制,处理资源管理	集成用户与网络接口;多用户, 多频带,以及多模式能力

软件无线电的主要研究内容包括:

(1) 数字中频(射频)理论。

软件无线电对 A/D 和 D/A 转换器件的要求很高,数字中频理论主要研究宽带中频(射频)信号的采样量化和波形形成、多采样率数字信号处理、数字化信道选择、基带调制信号和带通调制信号的正交调制(解调)和数字上(下)变频技术。

(2) 高速信号处理部分:多模式调制解调。

软件无线电的一个重要特征是在基带进行调制和解调,从信号空间角度建立多模式调制解调理论,通过正交基函数集合来表征调制信号,从而实现基函数波形合成调制器和基函数相关解调器,在此基础上研究数字信号的检测和模拟波形的估计。这部分主要完成基带处理、调制解调、比特流处理和编译码等工作。这部分工作用高速数字信号处理器来完成,是软件无线电的核心部件,也是主要瓶颈。

(3) 全数字化和软件化信道估计与检测。

信道估计主要完成信道延迟、载波频率与相位、幅度衰减等参数的估计和抑制各种干扰的波形估计,它们是信号解调的基础。在模拟无线电和数字无线电中往往采用反馈环方法进行参数估计,在真正的软件无线电中将基于软化时钟概念采用直接计算方法进行信道估计和信号解调,这也是软件无线电的一个重要特点。由于软件无线电是一种多频段多模式并与多种网络接口的系统,对信道环境的分析和检测十分重要,包括实时频谱监控、动态频率分配、确定接收信号的方位和能量分布等。

（4）自适应波束形成与智能天线。

智能天线是在相控阵和数字波束形成技术基础上发展而来的，包括空间特征矢量获取、天线波束的数字赋形等，从而实现自适应多用户跟踪、干扰抑制、智能化发射等。其基本思想是在发射信号时，智能天线可以分别发射多个高增益的动态窄波束以跟踪多个期望用户；在接收信号时，来自目标反向窄波束以外的信号即被抑制。此外，发射信号时，既要使所需用户接收的信号功率最大，也需使窄波束照射范围以外的非期望用户收到的干扰最小。

但需注意的是，智能天线中的波束跟踪并不一定将天线发射的高增益窄波束指向所需用户的实际方向。因为在随机多径信道上，移动用户的实际位置与方向是难以确定的，并且在发射基站至接收机的"视线"上一般总存有障碍物，对用户的物理方向并不是天线的理想波束方向。因此，智能天线波束跟踪的真正含义是在所需最佳路径方向上形成高增益窄波束并能跟踪最佳路径的变化，而且这种波束跟踪不需要预先得到期望信号和干扰环境的有关信息。

（5）软件无线电的体系结构。

以上几部分是软件无线电的数字化理论基础，软件无线电的体系结构是关于软件无线电系统实现的核心理论与技术。软件无线电的根本目标是要将多频段、多模式、多个性、多业务融入一个开放的、可扩展的、可重用的模块化平台中，包括硬件平台和软件平台。

（6）软件无线电的应用技术研究。

软件无线电的应用主要集中在三大方面：军用电台、第三代移动通信、雷达与无线电测控通信系统，另外基于软件无线电的灾难预测和处理系统等的研制也在进行中。

11.3　软件无线电系统的基本结构

软件无线电系统前端的 A/D/A 转换器起着关键作用，原因是 A/D/A 的不同采样方式决定了射频处理前端的组成结构，也影响了其后 DSP/FPGA 平台的处理方式和对处理速度的不同要求，而且 A/D/A 的性能也严重制约整个软件无线电性能的提高。对应 A/D/A 对射频模拟信号的不同采样方式，可以得到图 11.3 所示的几种典型的软件无线电结构。

由于软件无线电的工作频段位于 0.1 MHz～2 GHz 之间，射频全宽开的低通采样软件无线电结构对于某些工作频段较高的场合显然是不适用的。若系统最高频率 $f_{max} = 2$ GHz，考虑到前置超宽带滤波器的矩形系数 $r = 2$ 时，即使允许过渡带混叠，最低采样速率也应满足

$$f_s \geqslant (r+1) f_{max} = 6 \text{ GHz} \tag{11.1}$$

如此高采样速率的 ADC 和 DAC 目前显然是无法实现的，尤其是当需要采用大动态、多位数器件时就更困难。而且前置滤波器带宽为整个工作带宽，同时进入接收通道的信号数会大幅度上升，对动态范围的要求就更高，给工程实现带来了极大的难度，所以该结构只适用于工作带宽不太宽的场合。

基于欠采样理论的射频软件无线电结构，是利用一个主采样频率和若干个盲区采样频率来实现对整个工作频段的采样数字化。其特点是采样速率不高，对 A/D 及后续 DSP 的要求比较低，接近于理想的 SDR 接收机结构。且整个前端接收通带并不是全宽开的，而是先由窄带电调谐滤波器选择出所需的信号进行放大，再进行带通采样，有助于提高接收通道

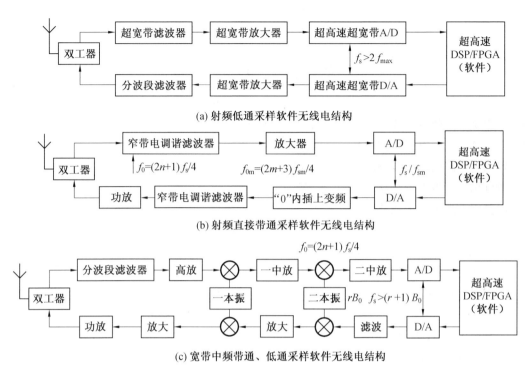

图 11.3　软件无线电系统结构框图

信噪比及改善动态范围。该结构的缺点是要求 A/D 器件以及窄带电调谐滤波器都要有足够高的工作带宽,而目前 10 位以上的 A/D 也只能工作在 1 GHz 左右,窄带电调滤波器工作带宽也还不够宽,如果要求工作带宽很宽则必须分多个分频段来实现,实现起来相当有难度。该结构另一个缺陷就是需要多个采样频率,增加了系统的复杂度。相对图 11.3(a)而言,图 11.3(b)采用了窄带电调滤波器,而非宽带滤波器;要求 A/D 为中高速采样(100 MHz 以内),而非超高速采样;同时对 DSP 的处理速度要求也相应降低。所以射频直接带通采样的 SDR 结构更容易可行,会成为未来软件无线电的发展主流。

另一种目前比较实用的是宽带中频采样 SDR 接收机结构。中频低通采样和射频低通采样无线电结构一样,在工作频段较高的情况下,要求 ADC 有足够高的采样速率;在工作频段较低的情况下,又需要复杂的射频前端电路,所以和中频带通采样 SDR 结构相比,明显处于劣势。

宽带中频带通采样 SDR 接收机结构由于中频带宽宽,使前端电路(如混频、本振和滤波器等)设计得以简化,信号经过接收通道后的失真也小,而且再配以后续的数字化处理,具有更好的波形适应性、信号带宽适应性以及可扩展性。若信号带宽为 B_s,而信号处理带宽 B 远远大于 B_s,包含有 N 个信道。至于对带宽 B 内某一特定信道上的信号进行解调、分析、识别等处理,将由后级信号处理器及其软件来完成,主要任务是实现数字滤波、数字下变频以及解调等信号处理任务,通过加载不同的信号处理软件来实现对不同体制、不同带宽以及不同种类信号的接收解调及其他信号处理任务,由此对信号环境的适应性及可扩展能力就大大提高了。

参 考 文 献

[1] 张肃文. 高频电子线路[M]. 5 版. 北京:高等教育出版社,2009.
[2] 高吉祥. 高频电子线路[M]. 北京:电子工业出版社,2007.
[3] 曾兴雯. 高频电子线路[M]. 北京:高等教育出版社,2004.
[4] 谢沅清. 模拟电子线路 II[M]. 成都:电子科技大学出版社,1994.
[5] 阳昌汉. 高频电子线路[M]. 北京:高等教育出版社,2006.
[6] 杨霓清. 高频电子线路[M]. 北京:机械工业出版社,2007.
[7] 陈启兴. 通信电子线路[M]. 北京:清华大学出版社,2008.
[8] 王卫东. 高频电子电路[M]. 北京:电子工业出版社,2009.
[9] BLAKE R. Electronic communication system[M]. 2 版. 北京:电子工业出版社, 2002.
[10] TOMASI W. Electronic communication system fundamentals through advanced[M]. 4 版. 北京:电子工业出版社,2002.